Ralf Lieb

Direkte Steuerprogression

Ralf Lieb

Direkte Steuerprogression

Geschichtliche Entwicklung und kritische Würdigung ihrer Begründungen

Springer Fachmedien Wiesbaden GmbH

Die Deutsche Bibliothek — CIP-Einheitsaufnahme

Lieb, Ralf:
Direkte Steuerprogression : geschichtliche Entwicklung und kritische Würdigung ihrer Begründungen / Ralf Lieb. —
Wiesbaden : Dt. Univ.-Verl., 1992
(DUV : Wirtschaftswissenschaft)
Zugl.: Bayreuth, Univ., Diss., 1992

ISBN 978-3-8244-0127-7 ISBN 978-3-663-19805-5 (eBook)
DOI 10.1007/978-3-663-19805-5

Druck und Buchbinder: Difo-Druck, Bamberg
Gedruckt auf chlorarm gebleichtem und säurefreiem Papier

Meiner im Januar 1992 verstorbenen
Mutter zum Gedenken

Vorwort

Die Frage des "richtigen" Steuerfußes wurde bis heute noch nicht abschließend geklärt. Allerdings erfuhr die Tarifdiskussion im Zuge der Steuerreformen, die im Laufe der 80er Jahre weltweit durchgeführt oder auf den Weg gebracht wurden, eine neue Belebung. Die zu beobachtende Tarifentwicklung bringt ein ehernes Prinzip der modernen Einkommensbesteuerung ins Zwielicht: das der direkten Steuerprogression. Es stellt sich die Frage, ob dieses Besteuerungsprinzip tatsächlich so eindeutig fundiert ist, wie manche Untersuchungen dem Leser vor Augen führen wollen, oder ob nicht vielmehr eine von diesem Grundgedanken abweichende Steuertarifgestaltung zu präferieren ist. Diese Problematik soll in der vorliegenden Arbeit unter Beachtung des geschichtlichen Hintergrunds gelöst werden.

Die nachfolgende Analyse will sich nicht an der Vorgehensweise bereits vorliegender Schriften orientieren, die die in der wissenschaftlichen Diskussion geläufigen Argumente für und wider die direkte Steuerprogression - mehr oder weniger vollständig - aufgreifen, und sich nach kritischer Abwägung der unterschiedlichen Begründungen für die Anwendung proportionaler oder progressiver Steuertarife entscheiden. Im Gegensatz hierzu soll versucht werden, die der Einführung des Progressionsprinzips ins Steuersystem zugrundeliegende politische Zielsetzung herauszuarbeiten, um so die in der Praxis bedeutsamen Rechtfertigungsansätze zu ergründen. Es liegt die Vermutung nahe, daß sich die politisch Verantwortlichen weniger an theoretischen Erkenntnissen orientieren, sondern bei ihrer Entscheidung zumeist das politisch Durchsetzbare vor Augen haben. Erst in jüngster Vergangenheit besannen sich die Mandatsträger und zogen die in der wissenschaftlichen Diskussion behandelten Begründungen in ihre Argumentation mit ein. Nachstehende Ausführungen werden jedoch ersichtlich machen, daß die Umsetzung der in der Theorie gewonnenen Erkenntnisse gegenwärtig nicht Hauptinteresse der Steuerpolitik ist.

Zur Erreichung der vorgegebenen Zielsetzung ist in einem einführenden Teil zuerst die formale Grundlegung zu schaffen. Im zweiten Abschnitt der Arbeit wird versucht, die geschichtliche Entwicklung der progressiven Besteuerung nachzuvollziehen. Bei der historischen Aufbereitung des Progressionsgedankens sind in chronologischer Abfolge die wichtigsten Entwicklungsschritte in ausgewählten Ländern aufzugreifen. Die im vorhergehenden Abschnitt herausgearbeiteten Begründungen sind im dritten Teil der Untersuchung heranzuziehen, um die verschiedenen Tariftypen bezüglich ihrer Anwendbarkeit zu beurteilen. Die Analyse will sich dabei nicht auf einen Vergleich der wohl verbreitesten Tarifgestaltungen ("proportionale Besteuerung" versus "progressive Besteuerung") beschränken, sondern sämtliche grundlegenden Tarifgestaltungen in die Betrachtung einbeziehen. Die Ergebnisse werden in einem abschließenden Teil zusammenfassend dargestellt und bewertet.

Das Gelingen dieser Arbeit, die im Februar 1992 an der Rechts- und Wirtschaftswissenschaftlichen Fakultät der Universität Bayreuth als Dissertation eingereicht und angenommen wurde, beruht auch auf der breiten Unterstützung, die mir von vielen Seiten zuteil wurde.

Zu besonderem Dank verpflichtet bin ich meinem akademischen Lehrer, Herrn Prof. Dr. J. Sigloch, der mit seinen Anregungen wesentlich zum Zustandekommen dieser Arbeit beitrug. Mein Dank gilt aber auch den Herren Prof. Dr. D. Fricke und Prof. Dr. H. Böhler für die bereitwillige Übernahme des Koreferats bzw. des Prüfungsvorsitzes.

Ein besonders herzliches Dankeschön schulde ich meiner Ehefrau Dr. Cornelia Federsel-Lieb, die mich stets fachlich und persönlich unterstützte, sowie meinem Sohn Patrick Fabian, der vor allem in der "heißen" Phase zu oft auf seinen väterlichen Spielkameraden verzichten mußte. Dank sagen möchte ich auch meinen Eltern, die mir durch ihre Unterstützung meinen späteren Berufsweg eröffneten.

Ralf Lieb

Inhaltsübersicht

Inhaltsverzeichnis

Abkürzungsverzeichnis

Abs.	Absatz
Anm.	Anmerkung
Art.	Artikel
bearb.	bearbeitet
BB	Betriebs-Berater
BGBl.	Bundesgesetzblatt
BT-Drs.	Bundestags-Drucksache
bzw.	beziehungsweise
ca.	circa
DB	Der Betrieb
d.h.	das heißt
Diss.	Dissertation
DM	Deutsche Mark
DStR	Deutsches Steuerrecht
DStZ	Deutsche Steuerzeitung
ErbSt	Erbschaftsteuer
ErbStG	Erbschaftsteuergesetz
EStG	Einkommensteuergesetz

f.	folgende
FA	Finanzarchiv
FB	Freibetrag
ff.	fortfolgende
Fl.	Gulden
HdF	Handbuch der Finanzwissenschaft
HdS	Handwörterbuch der Staatswissenschaften/Sozialwissenschaften
HdW	Handwörterbuch der Wirtschaftswissenschaften
h.M.	herrschende Meinung
Hrsg.	Herausgeber
i.e.	id est
INF	Information über Steuer und Wirtschaft
IWB	Internationale Wirtschaftsbriefe
JfNuSt	Jahrbücher für Nationalökonomie und Statistik
Jhd.	Jahrhundert
Kfz	Kraftfahrzeug
Livr.	französische Livres
Lkw	Lastkraftwagen
M.	Mark
max.	maximal
m.E.	meines Erachtens

n. Chr.	nach Christus
No.	Number
Nr.	Nummer
o.O.	ohne Ortsangabe
o.V.	ohne Verfasser
Pkw	Personenkraftwagen
REStG	Reichseinkommensteuergesetz
S.	Seite
sog.	sogenannte
SteuerStud	Steuer und Studium
StuW	Steuer und Wirtschaft
u.a.	und andere
USA	United States of America
UStG	Umsatzsteuergesetz
usw.	und so weiter
u. U.	unter Umständen
v.	von
v. Chr.	vor Christus
v. St.	vor Steuern
Verf.	Verfasser
Vgl.	Vergleiche

Vol.	Volume
WiSt	Wirtschaftswissenschaftliches Studium
WiSu	Das Wirtschaftsstudium
WTR	World Tax Report
z.B.	zum Beispiel
ZfbF	Zeitschrift für betriebswirtschaftliche Forschung
ZfgSt	Zeitschrift für die gesam(m)te Staatswissenschaft

Symbolverzeichnis

AfA_n	Steuerliche Abschreibung in der Periode n
A_n	Auszahlungen der Periode n
$ß_{ij}$	Gewichtungsfaktor
B	Bemessungsgrundlage
B_n	Buchwert eines Vermögensgegenstandes zum Zeitpunkt n
C	Konsum
C(x)	Ordinale Gesamtneidmeßzahl
C_n	Kapitalwert zum Zeitpunkt n
e_{ij}	Differenz der Wertschätzung der Güterbündel der Personen i und j durch i
E	Kardinale Gesamtneidmeßzahl
E_n	Einzahlungen der Periode n
F	Grundfreibetrag
GE	Geldeinheiten
G_n	Erlös bei Veräußerung eines Vermögensgegenstandes zum Zeitpunkt n
i	Marktzinssatz
i_s	Marktzinssatz nach Steuern
I	Investitionen
L^B	Bruttoeinkommensverteilung nach dem Lorenzkurvenkonzept
L^N	Nettoeinkommensverteilung nach dem Lorenzkurvenkonzept

$N(x)$	Risikonutzenfunktion
NE	Nutzeneinheiten
O_i	Differenz der Wertschätzung zwischen Brutto- und Netto-Einkommen beim Individuum i
P	Pareto-Optimum
P_G	Gini-Koeffizient
p_i	Wahrscheinlichkeit des Eintretens eines Ereignisses i
s	Steuersatz
s	Durchschnittsteuersatz
s'	Grenzsteuersatz
s_{eff}	effektiver Steuersatz
s_{nom}	nomineller Steuersatz
S	Ersparnis
$T(x)$	Steuerbetragsfunktion
$T^D(x)$	Durchschnittsteuersatzfunktion
$T'(x)$	Grenzsteuersatzfunktion
$t(Y_i)$	Steuerzahlung auf das Einkommen des Individuums i
t_n	Periode n
$U_i(\alpha_i)$	Nutzen des Individuums i bezüglich des Einflußfaktors α
V_n	Vermögenswert zum Zeitpunkt n
W_n	Wertverschleiß eines Vermögensgegenstandes in der Periode n

Y	Volkseinkommen
Y_i	Einkommen des Individuums i

Abbildungsverzeichnis

Einführung

I. Problemstellung

"Dagegen ist es die beständige, niemals ganz gelöste Frage nach dem Steuerfuße der einzelnen Steuerarten, welche die schwierigste des ganzen Steuerwesens bleibt, und welche den meisten dunkel vorschwebt in der Besprechung sowohl der Steuerreformen als der gerechten Besteuerung ...".[1]

Die Frage des "richtigen" Steuerfußes wurde bis heute noch nicht abschließend geklärt und wird auch in nächster Zukunft keiner eindeutigen Lösung zugeführt werden können.[2] Allerdings erfuhr die Tarifdiskussion im Zuge der Steuerreformen, die im Laufe der 80er Jahre weltweit durchgeführt oder auf den Weg gebracht wurden, eine neue Belebung. So setzte sich die deutsche Bundesregierung in der Begründung zum Steuersenkungsgesetz 1986/88 das Ziel, eine deutliche und nachhaltige Absenkung des leistungs- und wachstumshemmenden Anstiegs der Grenzbelastung in der Progressionszone des Einkommensteuertarifs zu bewirken.[3] In zahlreichen anderen Ländern wurde als Grundlage der Steuerreformvorhaben das Leitmotiv "Steuersätze senken bei gleichzeitiger Ausweitung der Bemessungsgrundlage"[4] proklamiert. Die Vertreter radikaler Reformen fordern seit Mitte der 50er Jahre sogar die Einführung einer flat-rate tax, d.h. einer proportionalen Steuer unter Freilassung des Existenzminimums.[5]

Diese sich offensichtlich in eine Richtung bewegenden Entwicklungstendenzen bringen ein ehernes Prinzip der modernen Einkommensbesteuerung ins Zwielicht: das der direkten Steuerprogression. Es stellt sich die Frage, ob dieses Besteuerungsprinzip tatsächlich so eindeutig fundiert ist, wie manche Untersuchungen dem Leser vor Augen führen wollen, oder ob nicht vielmehr eine von diesem Grundgedanken abweichende Steuertarifgestaltung zu präferieren ist.

---

1 Stein, L. von, Finanzwissenschaft (1875), S. 430.

2 Jedoch wirkt die Aussage befremdlich, daß die Diskussion in Sachen Steuerprogression ins 19. Jahrhundert gehöre und daher nicht neu eröffnet werden müsse. Vgl. Ackermann, G., 100 Jahre Steuerprogression (DB 1991), S. I.

3 Vgl. BT-Drs. 10/2884 vom 21.2.1985, S. 95.

4 Siehe Department of the Treasury, Basic Tax Reform (1977), S. I; Steuerle, E. C., United States (1988), S. 251 f.; Bundesministerium der Finanzen, Steuern im internationalen Vergleich (1989), S. 1.

5 Vgl. insbesondere Hall, R. E./Rabushka, A., Low Tax, Simple Tax, Flat Tax (1983) mit weiteren Literaturnachweisen. Der Gedanke der flat-rate tax ist bereits in der Monographie von Blum, W. J./Kalven, H., Uneasy Case for Progressive Taxation (1953; reprint 1978), S. 4 ff., zu finden.

Mit dem Problem der Sinnhaftigkeit der direkten Steuerprogression haben sich, insbesondere zur Jahrhundertwende, zahlreiche Wissenschaftler beschäftigt. In jüngerer Zeit sind zu dieser Fragestellung jedoch erstaunlicherweise keine größeren, den Gesamt-Zusammenhang beachtenden Abhandlungen verfaßt worden, so daß vor allem die neueren Begründungen einer näheren Analyse bedürfen.

Des weiteren ist zu bemängeln, daß in der Vielzahl von Untersuchungen, die zu diesem komplexen Themenbereich veröffentlicht wurden, nur eine begrenzte Anzahl von Argumenten von verschiedenen Seiten beleuchtet wird, ohne daß eindeutige Erkenntnisse abgeleitet werden können.[6]

Die nachfolgende Analyse will sich nicht an der Vorgehensweise bereits vorliegender Schriften orientieren, die die in der wissenschaftlichen Diskussion geläufigen Argumente für und wider die direkte Steuerprogression - mehr oder weniger vollständig - aufgreifen, und sich nach kritischer Abwägung der unterschiedlichen Begründungen für die Anwendung proportionaler oder progressiver Steuertarife entscheiden. Im Gegensatz hierzu soll versucht werden, die der Einführung des Progressionsprinzips ins Steuersystem zugrundeliegende politische Zielsetzung herauszuarbeiten, um so die in der Praxis bedeutsamen Rechtfertigungsansätze zu ergründen. Es liegt die Vermutung nahe, daß sich die politisch Verantwortlichen weniger an theoretischen Erkenntnissen orientieren, sondern bei ihrer Entscheidung zumeist das politisch Durchsetzbare vor Augen haben. Erst in jüngster Vergangenheit besannen sich die Mandatsträger und zogen die in der wissenschaftlichen Diskussion behandelten Begründungen in ihre Argumentation mit ein. Nachstehende Ausführungen werden jedoch ersichtlich machen, daß die Umsetzung der in der Theorie gewonnenen Erkenntnisse gegenwärtig nicht Hauptinteresse der Steuerpolitik ist.

II. Ziel und Aufbau der Untersuchung

Die vorliegende Untersuchung soll dazu dienen,

(1) die Diskussion um die Sinnhaftigkeit des Progressionsprinzips anhand exakt abgegrenzter Begriffe führen zu können,

(2) die historische Entwicklung des Prinzips der direkten Steuerprogression nachzuzeichnen und die diesem Besteuerungsgrundgedanken zugrundeliegenden politischen Begründungszusammenhänge herauszukristallisieren,

---

6 Vgl. Blum, W. J./Kalven, H., Uneasy Case for Progressive Taxation (1953; reprint 1978), S. 104 f.; Schmidt, K., Steuerprogression (1960), S. 147 ff.; Neumark, F., Probleme der Steuerprogression (1961), S. 389 f.

(3) die traditionellen Argumente, die für und gegen die direkte Steuerprogression ins Feld geführt werden, kurz zu skizzieren und unter Heranziehung neuerer Überlegungen kritisch abzuwägen,

(4) die in jüngster Vergangenheit in die Tarifdiskussion eingebrachten Begründungen vorzustellen und zu analysieren sowie

(5) unter Abwägung der gewonnenen Erkenntnisse zu einem Urteil über die Anwendbarkeit des Prinzips der direkten Steuerprogression zu gelangen.

Zur Erreichung der vorgegebenen Zielsetzung ist in einem einführenden Teil zuerst die formale Grundlegung zu schaffen. Anschließend sollen die Wesensmerkmale proportionaler, progressiver und regressiver Tarifgestaltungen aufgezeigt werden. Den Abschluß bildet die Abgrenzung und Erläuterung der bei der Diskussion um die direkte Steuerprogression oftmals verwendeten, dennoch kaum einheitlich definierten Begriffe. Zu diesem Zweck sind auch die durch die Inflation verursachten Progressionswirkungen zu analysieren.

Im zweiten Abschnitt der Arbeit wird versucht, die geschichtliche Entwicklung der progressiven Besteuerung nachzuvollziehen. Dazu sollen nicht nur die im Zeitablauf erfolgte temporäre Anwendung progressiver Steuern aufgezeigt und die entsprechenden Tarifausgestaltungen beschrieben werden. Vielmehr besteht die Zielsetzung darin, die politischen Beweggründe, auf die die Einführung des Progressionsprinzips jeweilig basierte, abzuleiten.[7] Dabei wird erstmals der Weg beschritten, die in der praktischen Steuergesetzgebung vorgebrachten Argumente für und wider die direkte Steuerprogression herauszuarbeiten und nicht die in der Literatur vorhandene Stoffsammlung zusammenzufassen und einer Bewertung zuzuführen. Diese Vorgehensweise hat den Vorteil, daß nicht nur die von wissenschaftlicher Seite vorgebrachten Argumente beleuchtet werden, sondern vielmehr die tatsächlich in der praktischen Steuerpolitik diskutierten Begründungen Beachtung finden.

Bei der historischen Aufbereitung des Progressionsgedankens sind in chronologischer Abfolge die wichtigsten Entwicklungsschritte in ausgewählten Ländern aufzugreifen. Die Länderauswahl ist dabei von der Bedeutung der in den einzelnen Territorien verankerten Rechtsetzungen für die Fortbildung des Progressionsprinzips abhängig. Sicherlich ist es nicht möglich (und nötig), alle Stationen progressiver Tarifgestaltung darzustellen. Eine Beschränkung auf die wesentlichsten Sachverhalte erscheint als oberstes Gebot, um das Ausufern der Ausführungen zu verhindern.

---

7 Dieser Ansatz unterscheidet sich von der Vorgehensweise, die bei zu diesem Problembereich bereits durchgeführten Untersuchungen beschritten wurde. In traditionellen Analysen erfolgt lediglich eine Erfassung der Argumente, die sich im Laufe der wissenschaftlichen Diskussion herausgebildet hatten und ständig weiterentwickelt wurden, ohne auf deren historischen Ursprung einzugehen (vgl. beispielsweise Blum, W. J./Kalven, H., Uneasy Case for Progressive Taxation (1953; reprint 1978), S. 1 ff.; Schmidt, K., Steuerprogression (1960), S. 4 ff.).

Als einzubeziehende Steuerarten kommen Grund- und Vermögensteuern in ihrer traditionellen Ausprägung sowie die seit dem Ende des 19. Jahrhunderts sich verbreitende Einkommens- und Erbschaftsbesteuerung in Frage.

Die im vorhergehenden Abschnitt herausgearbeiteten Begründungen sind im dritten Teil der Untersuchung heranzuziehen, um die verschiedenen Tariftypen bezüglich ihrer Anwendbarkeit zu beurteilen. Die Analyse will sich dabei nicht auf einen Vergleich der wohl verbreitesten Tarifgestaltungen ("proportionale Besteuerung" versus "progressive Besteuerung") beschränken, sondern sämtliche grundlegenden Tarifgestaltungen in die Betrachtung einbeziehen.

Die traditionellen Begründungen sollen nur kurz besprochen werden, da ihnen in der finanzwissenschaftlichen Literatur in der Vergangenheit sehr große Beachtung geschenkt wurde.[8] Besonderes Augenmerk wird im Rahmen der vorliegenden Untersuchung auf die in der neueren Tarifdiskussion besprochenen Argumente gelegt. Diese berücksichtigen - im Gegensatz zu den traditionellen Begründungen - die durch die Tarifgestaltung jeweilig auf das Entscheidungsverhalten der Steuerpflichtigen ausgelösten Wirkungen.

Die Ergebnisse der vorliegenden Analyse werden in einem abschließenden Teil zusammenfassend dargestellt und bewertet. Ziel dieser Überlegungen ist es, anhand der traditionellen sowie der neueren Argumente festzustellen, welche der grundlegenden Tarifverlaufsformen gegenüber den konkurrierenden Tarifgestaltungen die meisten Vorzüge besitzt und somit bei der Ausgestaltung der Steuersysteme angewendet werden müßte.

---

8 Vgl. beispielsweise Stuart, A. J. C., On Progressive Taxation (1889; reprint 1967), S. 48 ff.; Seligman, E., Progressive Taxation (1909), S. 129 ff.; Allix, E., Theorie der progressiven Steuer (1928), S. 246 ff.; Vergossen, H., Begründung der Progressivbesteuerung (1936), S. 11 ff.; Vickrey, W., Agenda for Progressive Taxation (1947), S. 306 ff.

Erster Teil: Terminologische Abgrenzungen

Zur Erleichterung des Verständnisses sind vorab einige formale Zusammenhänge aufzuzeigen. Anschließend sollen die Wesensmerkmale der grundlegenden Tarifformen und Tariftypen besprochen werden. Schließlich müssen die verschiedenen Progressionsbegriffe voneinander abgegrenzt und näher beschrieben werden.

I. Formale Grundlegung

Für die Beschreibung der einzelnen Tariffunktionen sollen die nachstehenden formalen Beziehungen gelten:

(1) Als Steuertarif ist die eindeutige Zuordnung eines Steuerbetrags zu einer veränderlichen Bemessungsgrundlage zu bezeichnen:

$$T = T(x)$$

Der Steuertarif T ordnet jeder Bemessungsgrundlage eindeutig einen Steuerbetrag zu.

(2) Die Durchschnittsteuersatzfunktion ergibt sich aus dem Quotienten von Steuerbetragsfunktion und Bemessungsgrundlage:

$$T^D(x) = \frac{T(x)}{x}$$

Die Durchschnittsteuersatzfunktion $T^D(x)$ gibt an, wie hoch die Steuerschuld im Verhältnis zur Bemessungsgrundlage ist.

(3) Die Grenzsteuersatzfunktion ergibt sich aus der ersten Ableitung der Steuerbetragsfunktion:

$$T'(x) = \frac{dT(x)}{dx}$$

Die Grenzsteuersatzfunktion T'(x) zeigt beispielsweise an, wie stark die Steuerschuld für den zuletzt vereinnahmten Teil der Bemessungsgrundlage steigt.

Die obenstehenden Beziehungen werden sich als ausreichend erweisen, um die in der nachstehenden Untersuchung behandelten formalen Zusammenhänge zu beschreiben. Eine tiefergehende Formalisierung würde die Ausführungen nur unnötig komplizieren, ohne zusätzliche Erkenntnisse zu Tage zu fördern.[9]

---

[9] Zur näheren Analyse der formalen Beziehungen vgl. die ausführliche Darstellung bei Pollak, H., Steuertarife (HdF 1980), S. 239 ff.

II. Wesensmerkmale der grundlegenden Tarifformen

Die Klassifikation der möglichen Steuertarife nach Tarifformen orientiert sich an deren formalen und tariftechnischen Modalitäten, mit deren Hilfe auch die einzelnen Tariftypen herbeigeführt werden können.[10] Als grundlegende Tarifformen sind Stufentarife und Formeltarife zu nennen. Nachfolgend sollen die wesentlichsten Charakteristika der unterschiedlichen Tarifformen kurz skizziert werden.

A. Stufentarife

Stufentarife zeichnen sich dadurch aus, daß die Steuerbemessungsgrundlage in eine endliche Zahl gleich oder auch unterschiedlich großer Teilabschnitte segmentiert wird.[11] Die einzelnen Teilsegmente bilden die Grundlage für die verschiedenen Formen der Steuerberechnung.

Stufentarife können als Stufenbetragstarife, Stufendurchschnittsatztarife und Stufengrenzsatztarife ausgestaltet werden. Während bei den beiden erstgenannten Tarifformen die einzelnen Besteuerungsparameter auf die gesamte jeweilige Bemessungsgrundlage bezogen werden (Gesamtmengenstaffelung), gelten diese Parameter beim Stufengrenzsatztarif nur für die auf die verschiedenen Tarifstufen entfallenden Teilbeträge der Bemessungsgrundlage.[12]

1. Stufenbetragstarife

Beim Stufenbetragstarif wird den einzelnen Tarifteilstufen jeweils ein bestimmter Steuerbetrag zugeordnet.[13] Der Steuerbetrag kann von Stufe zu Stufe steigen oder fallen.

Da der Steuerbetrag jeweils für die gesamte Stufe gilt, ist bei Stufenbetragstarifen das Phänomen der "inneren Regression" zu beobachten. Dies bedeutet, daß die Durchschnittsteuersätze innerhalb der einzelnen Stufen aufgrund der gleichbleibenden Steuerlast bei steigender Bemessungsgrundlage kontinuierlich abnehmen.[14] Der Grenzsteuersatz innerhalb der einzelnen Stufen weist den Wert Null auf.

---

[10] Vgl. Pollak, H., Steuertarife (HdF 1980), S. 243.

[11] Siehe auch Pollak, H., Steuertarife (HdF 1980), S. 249.

[12] Vgl. Bräuer, K., Lehre vom Steuertarif (1927), S. 28, S. 52 f.

[13] Vgl. Bräuer, K., Lehre vom Steuertarif (1927), S. 28 ff.

[14] Siehe auch Kipke, W., Lehre vom progressiven Steuertarif (1931), S. 17 ff.

Wegen der mit den Stufenbetragstarifen verbundenen Probleme, insbesondere der inneren Regression sowie den Sprungstellen zwischen den verschiedenen Stufen, wird diese Tarifgestaltung heutzutage kaum mehr angewendet.[15] Wie die nachstehenden Ausführungen zeigen werden, hat sich diese Tarifform in der Steuergeschichte jedoch großer Beliebtheit erfreut.

2. Stufendurchschnittsatztarife

Bei den Stufendurchschnittsatztarifen gelten für die einzelnen Tarifstufen konstante (Durchschnitt-)Steuersätze. Zwischen den Tarifstufen können die Steuersätze ansteigen oder fallen. Der Steuersatz der jeweiligen Tarifstufen gilt für die gesamte Bemessungsgrundlage und nicht nur für die auf die Tarifstufe entfallende Teilmenge der Bemessungsgrundlage.[16]

Der Durchschnittsteuersatz innerhalb der einzelnen Tarifstufen ist konstant, so daß die bei Stufenbetragstarifen zu beobachtende innere Regression nicht auftritt. Der Grenzsteuersatz innerhalb der Stufen entspricht in seiner Höhe dem Durchschnittsteuersatz.[17] Zur Vermeidung von Sprungstellen zwischen den Tarifstufen sind Grenzberichtigungen vorzunehmen.

Stufendurchschnittssatztarife waren sowohl in der Vergangenheit und sind auch heute noch sehr häufig zu finden. So ist beispielsweise der deutsche Erbschaftsteuertarif als Stufendurchschnittsatztarif ausgestaltet. Die Beliebtheit dieser Tarifform ist sicherlich auch auf die mit ihrer Anwendung verbundene Einfachheit der Steuerberechnung zurückzuführen.

3. Stufengrenzsatztarife

Beim Stufengrenzsatztarif werden für die einzelnen Tarifstufen steigende oder fallende marginale Steuersätze festgelegt. Innerhalb der Tarifstufen ist der Grenzsteuersatz konstant. Die Steuersätze gelten jeweils für die auf die jeweilige Tarifstufe entfallende Teilmenge der Bemessungsgrundlage. Der Durchschnittsteuersatz steigt oder fällt demzufolge über den gesamten Tarifverlauf.[18]

---

[15] Die im deutschen Einkommensteuerrecht zur Ermittlung der Steuerschuld verwendeten Grund- und Splittingtabellen vermitteln jedoch den Eindruck, daß der dieser Abgabe zugrundeliegende Tarif als Stufenbetragstarif ausgestaltet ist.

[16] Vgl. Pollak, H., Steuertarife (HdF 1980), S. 250.

[17] Siehe Bräuer, K., Lehre vom Steuertarif (1927), S. 37 ff.

[18] Eine Besonderheit gilt für die erste Tarifstufe, bei der der durchschnittliche dem marginalen Steuersatz entspricht. An dieser Stelle des Tarifs steigt oder fällt der Durchschnittsteuersatz demzufolge nicht, sondern bleibt konstant.

Stufengrenzsatztarife weisen den Vorteil auf, daß die ansonsten an den Stufenübergängen auftretenden sprunghaften Veränderungen in den Steuerbeträgen und den Durchschnittsteuersätzen weitestgehend vermieden werden (Anstoßtarif). Vielmehr treten bei den Tarifverläufen dieser beiden Bezugsgrößen an den Schnittstellen nur noch leichte Knicke auf.[19]

Der Gesamtsteuerbetrag ergibt sich bei Stufengrenzsatztarifen aus der Addition der einzelnen Steuerbeträge, die auf die jeweiligen Tarifstufen entfallen. Aus Vereinfachungsgründen werden bei Anwendung von Stufengrenzsatztarifen regelmäßig Steuertabellen aufbereitet, aus der die Steuerschuld bei verschieden hohen Bemessungsgrundlagen abzulesen ist.[20]

Stufengrenzsatztarife wurden wegen der relativ komplizierten Steuerberechnung in der Steuergeschichte nur sehr selten eingesetzt.[21] Heutzutage wird diese Tarifform in nahezu allen Ländern der Europäischen Gemeinschaft (Ausnahme: Bundesrepublik Deutschland) sowie in den sonstigen westlichen Industrienationen bei der Einkommensbesteuerung verwendet. Der häufige Einsatz dieser Tarifform ist wohl auf die mit ihrer Anwendung verbundene höhere "Steuergerechtigkeit" zurückzuführen, die sich mit dem Vermeiden von Sprungstellen begründet.

B. Formeltarife

Bei den Formeltarifen erfolgt die Besteuerung auf der Grundlage einer stetigen mathematischen Funktion, aus der sich unmittelbar der Gesamtsteuerbetrag ergibt. Durch geeignete mathematische Operationen lassen sich aus der Tarifformel die Durchschnitt- und Grenzsteuersatzfunktion ableiten.[22]

Im Gegensatz zu den Stufentarifen verändern sich die Bezuggrößen Steuerbetrag, Durchschnitt- und Grenzsteuersatz bei den Formeltarifen mit steigender Bemessungsgrundlage kontinuierlich.

Gegenwärtig liegt nur der deutschen Einkommensbesteuerung ein Formeltarif zugrunde. Zu Beginn dieses Jahrhunderts waren Formeltarife in Australien und Italien zu finden.[23] Die mangelnde Beliebtheit dieser Tarifform liegt vermutlich in der Kompliziertheit des Formelapparates begründet, die zur Vermeidung von Sprungstellen notwendig ist. Die Komplexität der Tarifformel

---

[19] Vgl. Bickel, W., Steuertariflehre (HdS 1959), S. 166.

[20] Vgl. Pollak, H., Steuertarife (HdF 1980), S. 252.

[21] Als beherrschende Tariffunktion hat sich diese Tarifform erst zum Ende des 19. Jahrhunderts durchgesetzt. Vgl. auch den kurzen historischen Abriß bei Bräuer, K., Lehre vom Steuertarif (1927), S. 58

[22] Vgl. Pollak, H., Steuertarife (HdF 1980), S. 252.

[23] Vgl. Bräuer, K., Lehre vom Steuertarif (1927), S. 64 ff.

bedingt die Notwendigkeit, den Steuerpflichtigen Tabellen an die Hand zu geben, aus denen sich die Steuerbelastung entnehmen läßt.

III. Wesensmerkmale der grundlegenden Tariftypen

Die verschiedenen Tariftypen dienen zur Klassifikation der Steuertarife nach der Gesamttendenz ihres Tarifverlaufs.[24] Als grundlegende Tariftypen sind proportionale, progressive und regressive Steuertarife zu nennen. Die Einbeziehung degressiver Tarifverläufe erfolgt implizit über die Betrachtung der Progressionstarife.[25] Nachfolgend sind die wesentlichsten Charakteristika der einzelnen Tariftypen näher zu beleuchten.

A. Proportionale Steuertarife

Proportionalen Steuertarifen liegt ein linearer Kurvenverlauf zugrunde. Der durchschnittliche Steuersatz ist durchgehend konstant und entspricht in seiner Höhe dem Grenzsteuersatz.[26] Formallogisch lassen sich diese Beziehungen wie folgt darstellen:

(1) $T(x) = a \cdot x$

(2) $T^D(x) = a$

(3) $T'(x) = T^D(x) = a$

B. Progressive Steuertarife

Ein progressiver Steuertarif liegt vor, falls eine der nachstehenden Bedingungen nachgewiesen werden kann:

(1) Die tarifliche Durchschnittsbelastung steigt mit wachsender Bemessungsgrundlage[27]

---

[24] Vgl. Pollak, H., Steuertarife (HdF 1980), S. 243.

[25] Es ist zu beachten, daß die Tarifbezeichnungen der Steuertariflehre von der der Formalmathematik abweichen. In der Mathematik als degressiv bezeichnete Funktionen werden in der Steuertariflehre als regressiv eingeordnet.

[26] Siehe auch Pollak, H., Steuertarife (HdF 1980), S. 243 f.

[27] Vgl. Wick, H., Indirekte Progression (1932), S. 11; Musgrave, R. A./Thin, T., Income Tax Progression (Journal of Political Economy 1948), S. 498; Dittmann, H., Grundlagen der Steuerprogression (1950), S. 7; Shehab, F., Progressive Taxation (1953), S. 4 f.; Vickrey, W., Problem of Progression (University of Florida Law Review 1968), S. 437; Blöcker, M./Petersen, H.-G., Analyse der deutschen Einkommensteuertarife (Pubic Finance 1975), S. 350; Pollak, H., Steuertarife (HdF 1980), S. 243; Hackmann, J., Progressive Besteuerung (1984), S. 103; Dziadkowski, D., Bürgernaher Einkommensteuertarif (BB 1985), Beilage 9, Seite 7.

(2) Die tarifliche Grenzbelastung übersteigt die Durchschnittsbelastung[28]

Die beiden Kriterien bedingen sich gegenseitig, so daß das Zutreffen eines der Merkmale logisch zwingend die Erfüllung der anderen Bedingung nach sich zieht.[29]

Aus formaler Sicht müssen progressive Steuertarife demzufolge diesen Charakteristika genügen:

(1) Für alle $x_2 > x_1$ gilt $T^D(x_2) > T^D(x_1)$
(2) $T'(x) > T^D(x)$ für alle $0 < x < \infty$

Im Gegensatz zu den stets gleichbleibenden proportionalen Tarifverläufen können die progressiven Steuerbetragsfunktionen noch dahingehend differenziert werden, ob die Progression gleichmäßig, beschleunigt oder verzögert verläuft.[30]

C. Regressive Steuertarife

Regressive Steuertarife sind durch die nachstehenden Merkmale gekennzeichnet:

(1) Die tarifliche Durchschnittsbelastung fällt mit wachsender Bemessungsgrundlage[31]
(2) Die tarifliche Grenzbelastung unterschreitet die durchschnittliche Tarifbelastung[32]

Formaltheoretisch lassen sich die vorstehenden Bedingungen wie folgt darstellen:

(1) Für $x_2 > x_1$ gilt $T^D(x_2) < T^D(x_1)$
(2) $T'(x) < T^D(x)$ für alle $0 < x < \infty$

Ebenso wie die Progressionstarife lassen sich die regressiven Tariffunktionen noch insofern differenzieren, als daß die Regression gleichmäßig, beschleunigt oder verzögert verlaufen kann.

Die Herbeiführung eines regressiven Tarifverlaufs kann durch Abnahme des Grenzsteuersatzes bei wachsender Bemessungsgrundlage (direkte Regression) oder durch Einbindung eines kon-

---

[28] Siehe Kakwani, N. C., Measurement of Tax Progressivity (Economic Journal 1977), S. 71; Hackmann, J., Progressive Besteuerung (1984), S. 103; Dziadkowski, D., Bürgernaher Einkommensteuertarif (BB 1985), Beilage 9, S. 7.

[29] Für den formalen Nachweis vgl. Pollak, H., Steuertarife (HdF 1980), S. 243 ff.

[30] Vgl. zum formalen Nachweis Pollak, H., Steuertarife (HdF 1980), S. 245 f.

[31] Vgl. Bräuer, K., Lehre vom Steuertarif (1927), S. 6; Bös, D./Genser, B., Steuertariflehre (HdW 1977), S. 416; Pollak, H., Steuertarife (HdF 1980), S. 243.

[32] Vgl. Bös, D./Genser, B., Steuertariflehre (HdW 1977), S. 416.

stanten Zuschlages zur Steuerbemessungsgrundlage bei konstantem Grenzsteuersatz (indirekte Regression) erzielt werden.[33]

Schließlich ist auf den - vielfach in der Steuerdiskussion nicht beachteten - Unterschied zwischen regressiver Steuertarifgestaltung und regressiv wirkenden Steuern hinzuweisen. Ersterer ist (auch) gekennzeichnet durch einen sinkenden Durchschnittsteuersatz bei wachsender Bemessungsgrundlage. Letztere wirken dagegen trotz über den gesamten Tarifverlauf gleichbleibendem Durchschnittsteuersatz regressiv, da - wie beispielsweise bei der Umsatzsteuer - ihre Bemessungsgrundlage bei wachsendem Einkommen nur unterproportional zunimmt. Der Steuertarif weist demzufolge proportionalen Charakter auf, die Regression ergibt sich aus der Veränderung der Bemessungsgrundlage.

IV. Progressionsbegriffe

Der Begriff der Steuerprogression ist sehr vielschichtig und kann anhand verschiedener Kriterien einer Klärung nahegebracht werden. Zu seiner Bestimmung wurden in der Vergangenheit zahlreiche, wegen der Zugrundelegung unterschiedlicher Prämissen jedoch nicht deckungsgleiche Definitionsansätze geleistet.

Zur begrifflichen Vielfalt trägt auch die Tatsache bei, daß die Steuerprogression auf verschiedene Ursachen zurückzuführen ist. Als Beispiele sind hier nur die durch den Einbau eines Grundfreibetrags in die Tarifformel (indirekte Progression) oder bei unveränderter Tarifformel durch Lohnsteigerungen verursachte Progression (kalte Progression) zu nennen. Die nachfolgenden Abgrenzungen dienen der Vermeidung begrifflicher Unklarheiten.

A. Direkte versus indirekte Progression

Die Progression eines Steuertarifs läßt sich

- mittels steigender Grenzsteuersätze (direkt),
- mittels Einführung eines Freibetrags bei gleichbleibenden Grenzsteuersätzen (indirekt) oder
- aus der Kombination der beiden vorgenannten Gestaltungsmöglichkeiten

---

[33] Siehe hierzu auch Pollak, H., Steuertarife (HdF 1980), S. 244. Möglichkeiten zur Herbeiführung einer direkten bzw. indirekten Progression werden an späterer Stelle behandelt.

bewirken. Nachfolgend sollen die tragenden Unterschiede zwischen direkter und indirekter Steuerprogression dargestellt werden.

1. Darstellung der Unterschiede aus formaler Sicht

Bei der Besprechung der die Progression bedingenden Merkmale wurde der Anstieg der Grenzsteuersätze nicht als hinreichendes Kriterium für das Vorliegen eines progressiven Tarifverlaufs definiert, obwohl es auf den ersten Blick angebracht erscheint, diesen Aspekt in den Anforderungskatalog aufzunehmen. Die Zunahme der Marginalsteuersätze kennzeichnet jedoch nur die direkte Progression[34], währenddessen bei der indirekten Progression die Durchschnittsteuersätze aufgrund von in die Tarifformel eingebauten Zu- bzw. Abschlägen trotz konstanter Grenzsteuersätze ansteigen[35].[36] Am Beispiel eines in einen proportionalen Steuertarif verankerten positiven Grundfreibetrags läßt sich die indirekte Progression formaltheoretisch wie folgt beschreiben:

$$(1)\ T(x) = a \cdot (x - F)$$

$$(2)\ T^D(x) = a - \frac{a \cdot F}{x}$$

$$(3)\ T'(x) = a \quad (\text{für alle } x > F)$$

Formel (2) zeigt den Anstieg der Durchschnittsteuersätze bei wachsender Bemessungsgrundlage. Der in Formel (1) abgebildete Steuertarif ist demzufolge als progressiv einzuordnen, obwohl Formel (3) die Konstanz der Grenzsteuersätze belegt.

---

[34] Vgl. Dittmann, H., Grundlagen der Steuerprogression (1950), S. 7 f.; Pollak, H., Steuertarife (HdF 1980), S. 244; Lietmeyer, V., Aufbau des deutschen Einkommensteuertarifs (StuW 1984), S. 135; Dziadkowski, D., Bürgernaher Einkommensteuertarif (BB 1985), Beilage 9, S. 7.

[35] Vgl. Wick, H., Indirekte Progression (1932), S. 9; Dittmann, H., Grundlagen der Steuerprogression (1950), S. 7 f.; Lietmeyer, V., Aufbau des deutschen Einkommensteuertarifs (StuW 1984), S. 135; Dziadkowski, D., Bürgernaher Einkommensteuertarif (BB 1985), Beilage 9, S. 7; Walzer, K., Besteuerung nach dem Leistungsfähigkeitsprinzip (StuW 1986), S. 207.

[36] Wick, H., Indirekte Progression (1932), S. 10, weist allerdings zurecht darauf hin, daß eine indirekte Progression auch dann vorliegt, falls der Verlauf eines progressiven Steuertarifs durch Zu- bzw. Abschläge verändert wird. Im wissenschaftlichen Sprachgebrauch hat sich die Interpretation des Begriffs der indirekten Progression dahingehend vereinheitlicht, daß damit die steigende Durchschnittsbelastung trotz gleichbleibender Grenzsteuersätze zu verbinden ist. M.E. ist dies jedoch nicht unbedingt zulässig, da die indirekte Progression, verstanden in der weiteren Begriffsfassung von Wick, erheblichen Einfluß auf den Progressionsgrad eines Tarifs hat.

2. Graphische Darstellung der Unterschiede

Zur Verdeutlichung der Zusammenhänge zwischen direkter und indirekter Progression wird nachstehend der Verlauf der Grenz- und Durchschnittsteuersätze bei verschiedenen Tariftypen anhand einfacher Beispiele erläutert. Die Betrachtung der theoretisch möglichen Fallkonstellationen basiert auf folgenden Tariffunktionen:

(1) Proportionaler Tarif ohne Freibetrag (Beispiel: $T_1(x) = 0{,}2 \cdot x$)

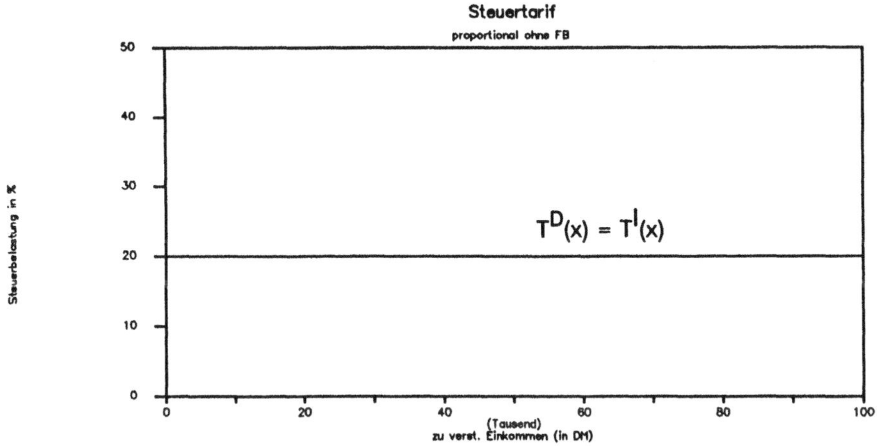

Grenz- und Durchschnittsteuersatz sind konstant und verlaufen in gleicher Höhe. Demzufolge ist der Tarifverlauf als proportional einzustufen. Es liegt weder eine indirekte noch eine direkte Progression vor.

Bei Einbeziehung eines Grundfreibetrags in die Tarifformel bleibt der Grenzsteuersatzverlauf konstant. Die Durchschnittsteuersätze steigen dagegen stetig an und nähern sich asymptotisch der Grenzsteuersatzkurve. Somit erfüllt die obenstehende Tariffunktion die Bedingungen, die die indirekte Progression kennzeichnen.

(2) Proportionaler Tarif mit Freibetrag (Beispiel: $T_2(x) = 0{,}2 \bullet (x - 10.000)$)

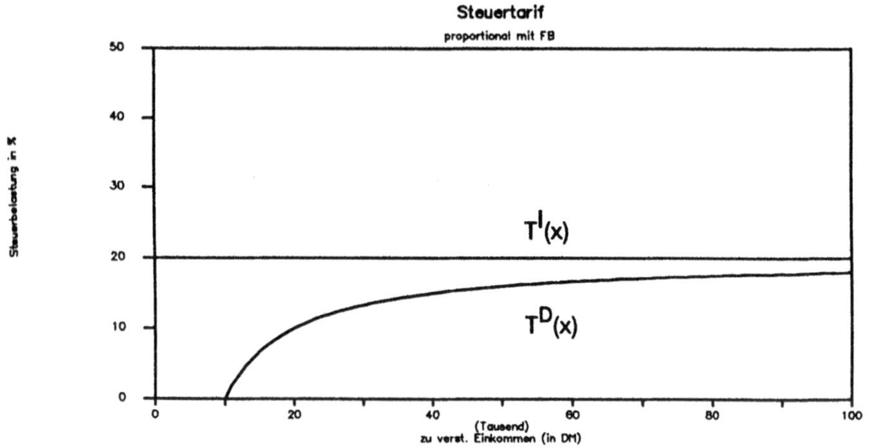

(3) Progressiver Tarif ohne Freibetrag (Beispiel: $T_3(x) = (0{,}01 \bullet x)^{1,3}$)

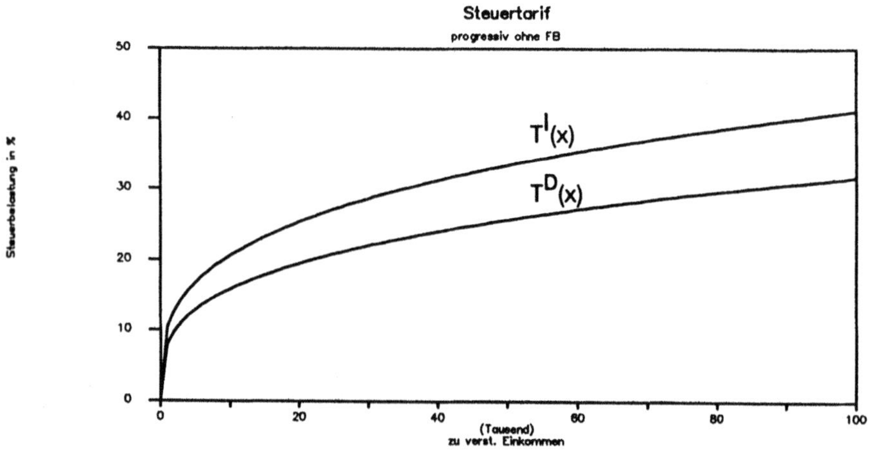

Aus der Graphik ist auch ohne formaltheoretische Prüfung der die Progression bedingenden Merkmale unschwer erkennbar, daß die Tariffunktion direkt progressiv verläuft: Die Grenzsteuersätze steigen stetig und die Grenzsteuerbelastung liegt in allen Bereichen der Funktion höher als die entsprechende Durchschnittsteuerbelastung.

(4) Progressiver Tarif mit Freibetrag (Beispiel: $T_3(x) = (0{,}01 \bullet (x - 10.000)^{1{,}3})$)

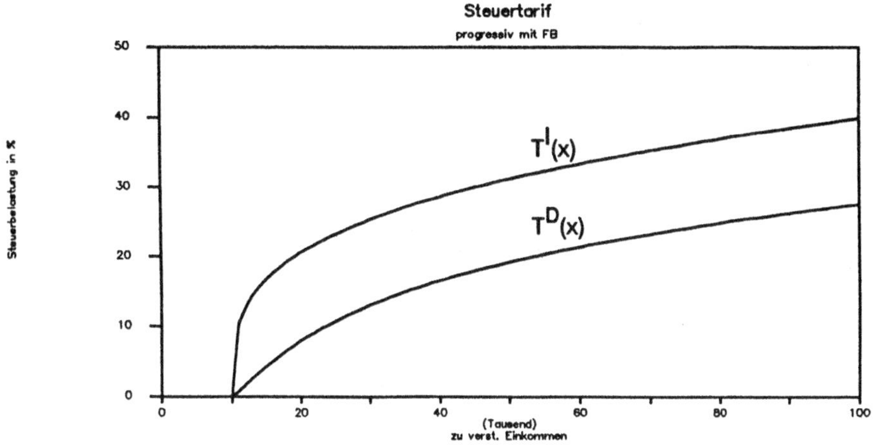

Direkte und indirekte Progression in ihrem Zusammenspiel sind aus dieser Graphik zu entnehmen. Wie in Beispiel (3) erfüllt der Tarifverlauf die Voraussetzungen, die für das Vorliegen einer direkten Progression gefordert sind. Aber das Ausmaß der Progression, im allgemeinen als Progressionsgrad bezeichnet, hat sich durch die Einbeziehung des Grundfreibetrags wesentlich verändert. Dieses Phänomen kennzeichnet die Verbindung von direkter und indirekter Progression.

Im weiteren Verlauf der vorliegenden Untersuchung soll primär die direkte Progression einer näheren Betrachtung unterzogen werden, da insbesondere deren Verankerung in das Steuerrecht zu heftigen Diskussionen führte und wohl auch in Zukunft führen wird. Die indirekte Progression, die sich durch den Einbau eines Grundfreibetrags in die Tarifformel ergibt, kann im weiteren Verlauf dieser Arbeit vernachlässigt werden, da ihre Anwendung weitestgehende Zustimmung findet.[37] Sie entspringt der Notwendigkeit, dem Steuerpflichtigen das Existenzminimum zu sichern. Einkünfte bis zu einer vorher festzulegenden Grenze sind daher von der Besteuerung freizustellen. Dies ist unmittelbar einsichtig, da eine Besteuerung des Existenzminimums zur Folge hätte, daß der Staat, um seiner Fürsorgepflicht zu genügen, dem Steuerpflichtigen durch Transferzahlungen den gleichen Betrag zurückerstatten müßte.

---

[37] Vgl. auch Sigloch, J., Verzerrende Wirkungen (StuW 1990), S. 235.

B. Progressionsprinzip versus Progressionsmaß

Mittels des Progressionsprinzips wird die grundlegende Aussage darüber getroffen, ob eine Abgabe vorliegt, bei der höhere Einkommen mit einem höheren Steuersatz belegt werden als niedrige Einkommen, oder ob die Bemessungsgrundlagen, unabhängig von ihrer Höhe, jeweils mit dem gleichen Steuersatz multipliziert werden.[38] In Abhängigkeit von der jeweiligen Ausgestaltung kann von einer progressiven oder proportionalen Steuer gesprochen werden.[39] Das Ausmaß der Progression spielt bei dieser Betrachtungsweise keine Rolle.

Progressionsmaße werden dagegen zur Beurteilung der Ausgestaltung progressiver Steuertarife, d.h. zur Bestimmung der Höhe der Progression, herangezogen.[40] Diese Analyse setzt die Beantwortung der Frage über Progressivität oder Proportionalität voraus und schließt sich als zweiter Schritt dieser vorgelagerten Untersuchungsstufe an.[41] Zur Messung der Progression bedient man sich lokaler, allgemeiner und indirekter Progressionsgrade.[42] Lokale Progressionsgrade beziehen sich lediglich auf ein bestimmtes Einkommen X (z.B. Durchschnittsteuersatzprogression[43], Grenzsteuersatzprogression[44]), währenddessen allgemeine Progressionsgrade spezielle Tariffunktionen charakterisieren (z.B. allgemeiner Progressionsgrad[45]). Die weitreichendste Bezugsgröße wird bei indirekten Progressionsgraden verwendet, die das Ausmaß der

---

38 Vgl. Hayek, F. A., Ungerechtigkeit der Steuerprogression (Schweizer Monatshefte 1952), S. 513; Brell, K.-H., Problematik der progressiven Einkommensbesteuerung (1957), S. 16 f. Im Gegensatz zu einzelnen Abgaben kann ein Steuersystem auch dann progressiv wirken, wenn die Summe aller Steuerbelastungen in Relation zum Einkommen mit steigendem Einkommen ebenfalls wächst.

39 Der zur Beantwortung dieser Fragestellung notwendige Beurteilungsmaßstab wurde schon an anderer Stelle ausführlich dargelegt und bedarf daher keiner näheren Erläuterung.

40 Siehe auch Jakobsson, U., Degree of Progression (Journal of Public Economics 1976), S. 161 ff.; Formby, J./Seaks, T./Smith, J., Measurement and Comparison (Public Finance 1984), S. 298 f.

41 Vgl. hierzu auch Brell, K.-H., Problematik der progressiven Einkommensbesteuerung (1957), S. 17.

42 Andere Unterscheidungen und einzelne Progressionsmaße finden sich bei Blöcker, M./Petersen, H.-G., Analyse der deutschen Einkommensteuertarife (Public Finance 1975), S. 350 f.; Petersen, H.-G., Reform des Einkommensteuertarifs (FA 1976), S. 130 ff.; Bös, D./Genser, B., Steuertariflehre (HdW 1977), S. 415 ff.; Hinterberger, F./Müller, K./Petersen, H.-G., Gerechte Tariftypen (FA 1987), S. 46 ff.

43 Vgl. Musgrave, R. A./Thin, T., Income Tax Progression (Journal of Political Economy 1948), S. 499 ff.; Blöcker, M./Petersen, H.-G., Analyse der deutschen Einkommensteuertarife (Public Finance 1975), S. 350; Petersen, H.-G., Reform des Einkommensteuertarifs (FA 1976), S. 130; Eichhorn, W., Progression der Einkommensteuer (1984), S. 263; Formby, J./Seaks, T./Smith, J., Measurement and Comparison (Public Finance 1984), S. 297.

44 Siehe hierzu Musgrave, R. A./Thin, T., Income Tax Progression (Journal of Political Economy 1948), S. 503 ff.; Kakwani, N. C., Measurement of Tax Progressivity (The Economic Journal 1977), S. 71; Eichhorn, W., Progression der Einkommensteuer (1984), S. 264.

45 Vgl. Dalton, H., Principles of Public Finance (1966), S. 108.

Progressivität des gesamten Steuersystems durch die Bestimmung des Einflusses der Steuern auf die Gleichverteilung der Einkommen erfassen.[46]

C. Kalte Progression

Höhere nominelle Einkommenszuwächse sind in Zeiten steigender Inflation ein häufig verwandtes Instrument, um realen Einkommensverlusten der Bevölkerung entgegenzuwirken. Die progressive Ausgestaltung des Steuersystems bewirkt jedoch, daß die Steuerbelastung nicht nur absolut, sondern auch relativ zunimmt.[47] In concreto bedeutet dies, daß die Steuerpflichtigen bei gleicher Leistungsfähigkeit einer höheren Besteuerung unterliegen, d.h. sie wachsen aufgrund der inflationären Umweltbedingungen in die Progressionszone des Tarifs hinein. Der Umfang der heimlichen Steuererhöhungen ist in der Bundesrepublik Deutschland beträchtlich und insbesondere seit Beginn der 80er Jahre vehement gestiegen. So stellte das *Karl-Bräuer-Institut des Bundes der Steuerzahler* fest, daß die inflationsbedingten Zusatzleistungen in den Jahren von 1981 bis einschließlich 1984 insgesamt 35 Milliarden DM betrugen.[48]

Zur Bewältigung dieser Problematik werden verschiedene Lösungsalternativen vorgeschlagen. Zum einen sind hier die diskretionären Steuerreformaktionen zu nennen, die anfangs zu einer Steuerminderung führen, aber im weiteren Verlauf wiederum eine Progressionsverschärfung nach sich ziehen.[49] Andererseits besteht auch die Möglichkeit, die Besteuerung durch die Einführung von Indizes inflationsneutral zu gestalten.[50] Die Indizes können sich dabei sowohl auf

---

46 Vgl. auch Jakobbson, U., Degree of Progression (Journal of Public Economics 1976), S. 162; Kakwani, N. C., Measurement of Tax Progressivity (Economic Journal 1977), S. 72; Formby, J./Seaks, T./Smith, J., Measurement and Comparison (Public Finance 1984), S. 297; Kiefer, D., Tax Progressivity Indexes (National Tax Journal 1984), S. 497.

47 Vgl. hierzu Aaron, H. J., Inflation (1976), S. 3 ff.; Bös, D./Genser, B., Steuertariflehre (HdW 1977), S. 418; Fricke, D., Heimliche Steuererhöhungen (StuW 1977), S. 243; Karl-Bräuer-Institut des Bundes der Steuerzahler, Reform des Lohn- und Einkommensteuertarifs (1984), S. 20; Dziadkowski, D., Bürgernaher Einkommensteuertarif (BB 1985), Beilage 9, S. 4; Kirchgässner, G., Entwicklung der Einkommensteuerprogression (FA 1985), S. 339; Petersen, H.-G., Finanzwissenschaft II (1988), S. 29 f.

48 Vgl. Karl-Bräuer-Institut des Bundes der Steuerzahler, Reform des Lohn- und Einkommensteuertarifs (1984), S. 21 f. Im Vergleich zu dem oben angegebenen Zeitraum sei erwähnt, daß in den Jahren von 1965 bis einschließlich 1974 die inflationsbedingten Zusatzbelastungen insgesamt rund 50 Mrd. DM betrugen (vgl. Fricke, D., Heimliche Steuererhöhungen (StuW 1977), S. 252).

49 Vgl. auch Bös, D./Genser, B., Steuertariflehre (HdW 1977), S. 418.

50 Siehe hierzu Neumark, F., Indexbindungen (1974), S. 76 f.; Steden, W., Dynamisierung von Steuertarifen (FA 1976), S. 267 f.; Bös, D./Genser, B., Steuertariflehre (HdW 1977), S. 418; Kirchgässner, G., Entwicklung der Einkommensteuerprogression (FA 1985), S. 339; Petersen, H.-G., Finanzwissenschaft II (1988), S. 30.

die Bemessungsgrundlage als auch auf die verschiedenen Tarifparameter beziehen.[51] Probleme bereitet allerdings die Festlegung der Indizes. Mangels besserer Ansätze ist die indexierte Besteuerung jedoch grundsätzlich zu befürworten.[52]

---

51 Vgl. Bös, D./Genser, B., Steuertariflehre (HdW 1977), S 419; Pichler, H./Verhonig, H./Hentschel, N., Inflation und Indexierung (1979), S. 119.

52 Eine jährliche Anpassung der Tarifparameter an die Inflation ist beispielsweise in der französischen Einkommensbesteuerung zu finden. Vgl. o.V., France - Finance Law 1991 adopted (Tax News Service 1991), S. 7.

Zweiter Teil: Geschichtliche Entwicklung der Begründungen des Prinzips der direkten Steuerprogression in der praktischen Steuergesetzgebung

I. Überblick

Das Prinzip der direkten Steuerprogression wurde bereits zu Zeiten seiner erstmaligen Anwendung und wird auch heute noch sehr kontrovers diskutiert.[53] Die Argumente, die für und wider dieses eherne Prinzip der Einkommensbesteuerung ins Feld geführt werden, haben sich jedoch nicht wesentlich verändert und können von daher gestern wie heute kein klares Ergebnis zu Tage fördern. Diese Tatsache liegt m.E. auch darin begründet, daß kein stimmiges Konzept zur Würdigung der verschiedenen Rechtfertigungstheorien entwickelt wurde und Grundsachverhalte der neueren Wirtschaftstheorie keinen Eingang in die bisher zu diesem Themenkomplex vorliegenden Untersuchungen fanden. Andererseits hat man es versäumt, die Begründungen des Gesetzgebers bei der Einführung dieses Besteuerungsgrundgedankens in das Steuersystem nachzuvollziehen.

Deshalb muß es ein vordringliches Anliegen dieser Arbeit sein, die wesentlichen Argumente aus der Sicht des Steuergesetzgebers zu erfassen und innerhalb eines klaren Systems kritisch abzuwägen.

Zu diesem Zweck wird die historische Entwicklung des Prinzips der direkten Progression und seiner Begründungen dargestellt. Denn nur mit Hilfe der aus dieser Vorgehensweise zu gewinnenden Erkenntnisse ist es möglich, die Begründungszusammenhänge von der frühgeschichtlichen Implementierung dieses Besteuerungsinstruments bis hin zu den neuesten Entwicklungen in den vergangenen Jahren zu erforschen.[54] Außerdem wird durch dieses Procedere die Verwässerung ursprünglicher Konzepte durch Autoren aufgedeckt, die die historischen Argumente

---

53 Vgl. allgemein die Ausführungen bei Blum, W. J./Kalven, H., Uneasy Case for Progressive Taxation (1953; reprint 1978), S. 1 ff. Die Schärfe der Auseinandersetzungen läßt sich unschwer an den Anmerkungen Gerloffs zu Föhls Kritik der progressiven Einkommensbesteuerung (abgedruckt in: FA 1953/54) ablesen (vgl. Gerloff, W., Steuerwirtschaftslehre (HdF 1956), S. 289).

54 Diese Ansicht vertritt - in einem etwas anderem Kontext - auch Großfeld: "Noch seltener sind die Versuche, die Geschichte von Rechtsinstitutionen vergleichend zu behandeln, um ihre gemeinsamen Wurzeln zu ermitteln. Doch gerade diese letzte Form der Rechtsvergleichung erscheint besonders erfolgsversprechend." (Großfeld, B., Einkommensteuer (1981), S. 5).

immer wieder aufgegriffen und mit ihrem Gedankengut versehen haben, ohne neue Argumentationsansätze in die Diskussion einbringen zu können.[55]

Zur Wahrung der Übersichtlichkeit ist der nachfolgende Teil der Untersuchung in mehrere Abschnitte gegliedert:

(1) Entwicklung des Prinzips der direkten Steuerprogression bis zur Einführung der allgemeinen Einkommensbesteuerung

- Zuerst soll die Entwicklung des Prinzips der direkten Steuerprogression im Altertum einer näheren Betrachtung unterzogen werden. Von besonderem Interesse erscheinen hierbei erste Ansätze einer progressiven Steuertarifgestaltung aus der Frühgeschichte, aus der griechischen Antike sowie aus dem Zeitalter des Römischen Reiches. Eine erschöpfende Behandlung der Besteuerung während dieses zeitgeschichtlichen Abschnitts erscheint allerdings aufgrund unzureichend überlieferter Literaturquellen nicht möglich, so daß sich eine Beschränkung auf besonders hervorzuhebende Geschehnisse anbietet.

- Im Anschluß daran ist die Weiterentwicklung des Prinzips der direkten Steuerprogression im Mittelalter zu untersuchen. Dieser Geschichtsabschnitt ist vor allem durch vielfältige Entwicklungen in allen Bereichen des Gemeinwesens, insbesondere des Steuerwesens, geprägt. Grundlage der Analyse bilden die Rechtsetzungen im Byzantinischen Reich, in England, Frankreich, Deutschland sowie in den italienischen Städterepubliken. Eine nähere Begründung für die Beschränkung des Untersuchungsgegenstandes auf die vorgenannten Länder wird an späterer Stelle gegeben.

- Schließlich ist der Zeitabschnitt vom Ausgang des Mittelalters bis zur Einführung einer allgemeinen Einkommensbesteuerung zu Beginn des 19. Jahrhunderts näher zu betrachten, um die Auswirkungen des Übergangs von der Feudalherrschaft zum demokratischen Pluralismus auf das Steuerwesen erfassen zu können. Einbezogen werden dazu die Rechtsverhältnisse in England, Frankreich und Deutschland. Diese Selbstbeschränkung wirkt sich nicht negativ auf die Ergebnisse der vorliegenden Untersuchung aus, da in den behandelten Ländern die wichtigsten Entwicklungen klar nachgezeichnet werden können.

(2) Entwicklung des Prinzips der direkten Steuerprogression seit Einführung der allgemeinen Einkommensbesteuerung

- Zunächst ist die Entwicklung des Progressionsprinzips während der Entstehungszeit der allgemeinen Einkommensbesteuerung zu betrachten, da in diesem Zeitabschnitt die Diskussion um die Sinnhaftigkeit der direkten Steuerprogression besonders heftig geführt wurde. Interessant erscheint in diesem Zusammenhang auch die Tatsache, daß sich das Progressionsprinzip zu diesem Zeitpunkt noch nicht endgültig als Besteue-

---

[55] Hier sei nochmals auf Gerloffs Kritik hingewiesen, der Hayeks "Ungerechtigkeit der Steuerprogression" (abgedruckt in: Schweizer Monatshefte 1952) mit den Worten kommentiert: "... und *Hayek* bringt nicht ein einziges neues Argument ..." (Gerloff, W., Steuerwirtschaftslehre (HdF 1956), S. 289).

rungsgrundsatz durchsetzen konnte. Daher ist die Frage zu stellen, welche Argumente bei der Einführung dieses Besteuerungsgrundgedankens jeweils herangezogen wurden.

- Im nächsten Abschnitt soll die Phase vom Ende des 19. bis zur Mitte des 20. Jahrhunderts beleuchtet werden. In dieser Periode konnte sich das Prinzip der direkten Steuerprogression endgültig in der Besteuerung behaupten. Daher gilt es zu eruieren, welche Begründungen letztlich dem Progressionsprinzip zum Durchbruch verhalfen. Weiterhin erscheint aber auch die Klärung der Frage interessant, wie die erheblichen Progressionsverschärfungen im Verlauf des 20. Jahrhunderts gerechtfertigt werden konnten.

- Den Abschluß der historischen Analyse bildet die Beschreibung der neuesten Entwicklungen. Angeregt wurde die erneute Diskussion um die Sinnhaftigkeit des Prinzips der direkten Steuerprogression durch den aufkommenden flat-rate tax-Gedanken. Hier gilt es zu analysieren, inwieweit sich dieses neue Konzept bereits auf die praktische Tarifgestaltung auswirken konnte.

II. Historischer Überblick über die Entwicklung der direkten Steuerprogression vor Einführung der allgemeinen Einkommensbesteuerung

Das Prinzip der direkten Steuerprogression wurde bereits vor Einführung der allgemeinen Einkommensbesteuerung im letzten Jahrhundert[56] als Instrument zur Ausgestaltung von Steuertarifen bei verschiedenen Steuerarten eingesetzt. Für die wichtigsten Anwendungsfälle soll nachfolgend versucht werden, die wesentlichsten Merkmale der jeweiligen Steuern sowie der Tarifverläufe zu erfassen und die vom Gesetzgeber für die direkte Progression ins Feld geführten Begründungen abzuleiten. Es ist bei der Analyse auch zu beachten, ob die häufig in der Literatur[57] zitierten Anfänge der progressiven Besteuerung anzuerkennen sind.

---

[56] Der Beginn der allgemeinen Einkommensbesteuerung ist in Deutschland auf den Zeitpunkt der Einführung der preußischen Einkommensteuer im Jahr 1891 zu datieren (vgl. Seligman, E., Income Tax (1914), S. 250 ff.; Neumark, F., Moderne Einkommensbesteuerung (1947), S. 220; Großfeld, B., Einkommensteuer (1981), S. 44 ff.). In England wurde bereits 1799 eine Einkommensteuer durch Sir William Pitt in das House of Commons eingebracht und verabschiedet (vgl. Seligman, E., Income Tax (1914), S. 78 ff; Dowell, S., History of Taxation and Taxes (1965), S. 208; Sabine, B., History of Income Tax (1966), S. 26 ff.; Großfeld, B., Einkommensteuer (1981), S. 10 ff.; Neumark, F., Aufstieg der Einkommensteuer (1986), S. 232).

[57] Umfassende Darstellungen finden sich bei Seligman, E., Progressive Taxation (1909), S. 11 ff., und Shehab, F., Progressive Taxation (1953), S. 9 f. Allerdings werden in diesen Abhandlungen nur die zu den unterschiedlichen Zeiten gültigen Tarifgestaltungen dargestellt, ohne auf die historisch gewachsenen Begründungen der Steuerprogression einzugehen.

A. Progressive Besteuerung im Altertum

Unter den Begriff des Altertums läßt sich die Zeit bis zur Zerschlagung des Römischen Reiches subsumieren. In dieser Periode spielte die direkte Besteuerung wegen des niedrigen Finanzbedarfs der öffentlichen Haushalte lediglich eine geringe Rolle. Nachfolgend sollen die Besteuerungssysteme in die Betrachtung einbezogen werden, die nach herrschender Auffassung progressive Elemente beinhalteten. Diese Vorgehensweise ist unabdingbar, da eine lückenlose Auflistung und widerspruchsfreie Beurteilung der damaligen Steuersysteme aufgrund des nur bruchstückhaft überlieferten Materials nicht möglich ist.

1. Frühgeschichtliche Periode

Nach Ansicht Dziadkowskis ist der Gedanke der progressiven Besteuerung bereits im Alten Testament wiederzufinden.[58] Dort wird im dritten Buch Mose, Kapitel 27, eine Steuer beschrieben[59], die in Abhängigkeit vom Alter und vom Geschlecht der Steuerpflichtigen unterschiedliche Entgeltzahlungen vorsah:

> "...einen Mann von zwanzig Jahren bis zu sechzig Jahren sollst du schätzen auf fünfzig Silberlinge; ein Weib auf dreißig Silberlinge. Von fünf Jahren bis auf zwanzig Jahre sollst du eine männliche Person schätzen auf zwanzig Silberlinge, eine weibliche aber auf zehn Silberlinge. Von einem Monat an bis auf fünf Jahre sollst du eine männliche Person schätzen auf fünf Silberlinge, eine weibliche Person aber auf drei Silberlinge. Ist die Person aber sechzig Jahre alt und darüber, so sollst du sie schätzen auf fünfzehn Silberlinge, wenn's eine männliche ist: eine weibliche aber auf zehn Silberlinge."[60]

Derjenige, der aufgrund seines Alters und seines Geschlechts mehr zu leisten vermochte, sollte auch eine höhere Steuer tragen. Dieser Ansatz kann als Besteuerung nach dem Prinzip der physischen Leistungsfähigkeit bezeichnet werden. Die unterschiedliche physische Leistungsfähigkeit

---

58 Vgl. Dziadkowski, D., Bürgernaher Einkommensteuertarif (BB 1985), Beilage 9, S. 6. Gleiche Auffassung findet sich bei Pausch, A./Pausch, J., Weltgeschichte der Steuerobrigkeit (1989), S. 32. Auch Scialpi glaubt bereits in der Heiligen Schrift eine grundsätzliche Verankerung des Prinzips der progressiven Besteuerung nachweisen zu können (vgl. Scialpi, E., Imposte dirette et indirette (1950), S. 331 ff., zitiert in: Neumark, F., Probleme der Steuerprogression (1961), S. 369).

59 Diese Abgabe basiert auf folgendem Grundgedanken: "Wer (nach altem Sippenbrauchtum) für sich oder andere die Übernahme von Dienstleistungen für das Heiligtum gelobt hat, kann dieses Gelübde durch Geldleistungen ... einlösen." (Pausch, A./Pausch, J., Weltgeschichte der Steuerobrigkeit (1989), S. 32).

60 Zitiert nach Rump, J., Das 2. bis 5. Buch Mose (1912), S. 183 f.

und die aus ihr resultierenden Steuerzahlungen bedingten nach Auffassung Dziadkowskis die erste nachweisbare Steuerprogression.[61]

Die je nach Alter und Geschlecht der Steuerpflichtigen unterschiedlich hohen Steuerzahlungen können als progressives Element eingeordnet werden, falls man als Bezugsgröße das Alter oder Geschlecht der Steuerpflichtigen zugrunde legt. Der Verweis auf die physische Leistungsfähigkeit bleibt in diesem Fall jedoch ohne Belang, da diese Maßgröße nicht für die Zwecke der Besteuerung verwendet wird.

Soll jedoch das hinter den einzelnen Steuerpflichtigen stehende Einkommen der Besteuerung unterworfen werden, läßt sich aus der zitierten Stelle die Anwendung des Progressionsprinzips nicht ableiten. Vielmehr bleibt als Tatsache festzuhalten, daß erwachsene Männer mit ihrer Hände Arbeit in der Regel einen größeren Ertrag erzielen konnten als Frauen gleichen Alters. Unstrittig dürfte auch die Behauptung sein, daß Männer im Alter von 20 bis zu 60 Jahren eine höhere wirtschaftliche Leistungskraft besaßen als Kleinkinder und Greise. Der vorliegende Bibeltext läßt demzufolge auch eine Interpretation dahingehend zu, daß die Steuerpflichtigen einer gleichmäßigen, d.h. proportionalen Besteuerung hinsichtlich ihres Einkommens unterworfen waren. Die Steuerzahlungen ergaben sich in Abhängigkeit von der den Steuerpflichtigen zuzurechnenden Bemessungsgrundlage, die je nach der individuellen Leistungsfähigkeit unterschiedlich hoch war.

2. Griechische Antike

a) Steuergesetzgebung zur Zeit Solons

Als klassisches Beispiel der progressiven Besteuerung wird die zu Zeiten Solons in Griechenland eingeführte "Eisphora"[62] bezeichnet.[63]

Bei dieser Besteuerungsform werden die Steuerpflichtigen in Abhängigkeit vom Ertrag, den sie aus ihrem Grundbesitz erzielen, in vier Gruppen eingeteilt:

---

61 Siehe Dziadkowski, D., Bürgernaher Einkommensteuertarif (BB 1985), Beilage 9, S. 6. Pausch, A./Pausch, J., Weltgeschichte der Steuerobrigkeit (1989), S. 32, folgern aus der Tatsache, daß bei sozial Schwächeren die Einschätzung der Steuer durch die Priester zu erfolgen hat, eine Orientierung nicht nur an der physischen, sondern auch an der sozialen Leistungsfähigkeit.

62 Strittig ist jedoch, ob Solon tatsächlich der Urheber dieser Steuer ist. So weist Andreades darauf hin, daß Pollux, die tragende Quelle für die Datierung der ersten "Eisphora" in die Zeit Solons, wenig glaubwürdig erscheint (vgl. Andreades, A., Griechische Staatswirtschaft (1965), S. 353). Da jedoch die finanzwissenschaftliche Literatur diesen Einwurf zumeist vernachlässigt, soll die Steuergesetzgebung Solons nachfolgend beleuchtet werden.

63 Vgl. Gerloff, W., Steuerwirtschaftslehre (HdF 1956), S. 286.

1. Pentakosiomedimnen	(Brutto-Ertrag > 500 Medimnen[64] Getreide)
2. Ritter	(Brutto-Ertrag > 300 Medimnen Getreide)
3. Zeugiten	(Brutto-Ertrag > 200 Medimnen Getreide)
4. Theten	(Brutto-Ertrag < 200 Medimnen Getreide)

Die Klassifizierung der Bevölkerung nach dem aus ihrem Grundvermögen zu erzielenden Ertrag könnte den Anschein erwecken, daß die "Eisphora" eine Art Einkommensteuer darstellt.[65] Die herrschende Meinung geht jedoch richtigerweise davon aus, daß diese Steuer unter die Vermögensteuern einzuordnen ist[66], da - wie nachfolgend gezeigt wird - die eigentliche Bemessungsgrundlage das dem Steuerpflichtigen zuzurechende unbewegliche Vermögen bildet: Ausgehend vom jeweils den einzelnen Gruppen zugrunde gelegten Ertrag ist nämlich das Grundvermögen zu berechnen, indem der Ertrag mit der Zahl 12 multipliziert wird. Die Erträge spiegeln dabei den für Grund und Boden erzielbaren Pachtzins wider.[67] Dieser ergibt sich wiederum aus einem Zwölftel des tatsächlichen Wertes des Grundeigentums.[68] Somit ist die Zuordnung zu den einzelnen Gruppen in Abhängigkeit vom Grundvermögen wie folgt vorzunehmen:[69]

1. Pentakosiomedimnen	Wert des Grund und Bodens > 6.000 Drachmen
2. Ritter	Wert des Grund und Bodens > 3.600 Drachmen
3. Zeugiten	Wert des Grund und Bodens > 2.400 Drachmen
4. Theten	Wert des Grund und Bodens < 2.400 Drachmen

[64] Unter Medimnus ist dabei ein altgriechisches Volumenmaß zu verstehen. Nach attischem Maß entsprach 1 Medimnus 52,53 Litern.

[65] Vgl. die Ausführungen bei Rodbertus, Nationalökonomie des klassischen Alterthums (JfNuSt 1867), S. 453 ff. Offensichtlich beeinflußt durch die zu seiner Zeit geführten Kontroverse um die Sinnhaftigkeit der progressiven Besteuerung, kam er unter Mißachtung der überlieferten Quellen zu dem Schluß, daß die "Eisphora" eine progressiv ausgestaltete Einkommensteuer sei. Gleiche Auffassung vertritt beispielsweise Laum, B., Öffentliche Finanzwirtschaft im Altertum (HdF 1952), S. 224).

[66] Vgl. Beloch, J., Volksvermögen von Attika (Hermes 1885), S. 238 mit weiteren Quellennachweisen. Gleiche Auffassung siehe Wagner, A., Steuergeschichte (1910), S. 20; Andreades, A., Griechische Staatswirtschaft (1965), S. 350.

[67] Vgl. Beloch, J., Volksvermögen von Attika (Hermes 1885), S. 246; Boeckh, A., Staatshaushaltung der Athener (1886), S. 587 f.; Seligman, E., Progressive Taxation (1909), S. 11 f.

[68] Dieses Verhältnis entspricht dem damals gebräuchlichen Pachtzins in Höhe von ca. 8 Prozent des Werts des Grundeigentums. So weist Boeckh darauf hin: "... noch im Isäos lesen wir von einem Gute, welches zu acht von Hundert in Pacht gegeben ist." (Boeckh, A., Staatshaushaltung der Athener (1886), S. 587 f.). Gleiche Auffassung vgl. Beloch, J., Volksvermögen von Attika (Hermes 1885), S. 243.

[69] Solon traf hierbei die Annahme, daß ein Medimne mit einer Drachme zu bewerten sei (vgl. hierzu Boeckh, A., Staatshaushaltung der Athener (1886), S. 587 f.; Seligman, E., Progressive Taxation (1909), S. 11 f.; Stahl, J. M., Eisphora und ihre Reform (Rheinisches Museum für Philologie 1912), S. 396).

Besteuerungsgrundlage war jedoch nur bei den Pentakosiomedimnen der volle Wert des Grundvermögens (Tageswert). Die Ritter hatten nur 5/6 und die Zeugiten 5/9 des Ausgangswertes der Besteuerung zu unterwerfen, während die Theten gänzlich von der Besteuerung freigestellt wurden.[70] Zur Ermittlung der endgültigen Steuerlast[71] wurde auf die so ermittelte Steuerbemessungsgrundlage ein einheitlicher Steuersatz angelegt.[72]

Die unterschiedlich starke Einbeziehung der Bemessungsgrundlage in die Steuerpflicht bei den einzelnen Bevölkerungsgruppen ist als Indiz für die progressive Ausgestaltung dieser Abgabe zu werten. Im Gegensatz zur Steuerprogression im heutigen Verständnis wird die Abstufung durch die unterschiedliche Ermittlung der Bemessungsgrundlage bei gleichbleibenden, d.h. proportionalen Steuersätzen erreicht.[73]

Es stellt sich nun die Frage, welche Begründungen für eine derartige Ausgestaltung der "Eisphora" zu finden und wie diese letztendlich zu beurteilen sind. Boeckh merkt zum progressiven Charakter der "Eisphora"[74] an: "Ganz recht: denn je geringer die Einkünfte sind, desto weniger im Verhältnis muß der Staat von dem gleich großen Theil der Einkünfte eines Bürgers nehmen, weil jeder für sich und seine Familie erst Lebensunterhalt haben muß, und der Ärmere gegen den Reichen leidet, wenn er im gleichen Verhältnis und nach demselben Ansatze besteuert wird."[75] Diese Argumentation erscheint vermutlich dem Zeitgeist Boecks zu entspringen.[76] Da

---

70 Vgl. hierzu Boeckh, A., Staatshaushaltung der Athener (1886), S. 588; Seligman, E., Progressive Taxation (1909), S. 12; Stahl, J. M., Eisphora und ihre Reform (Rheinisches Museum für Philologie 1912), S. 397.

71 Es darf nicht vergessen werden, daß in jener Zeit die "endgültige Steuerlast" noch in Naturalien und nicht in Geldform entrichtet wurde (vgl. Beloch, J., Volksvermögen von Attika (Hermes 1885), S. 245).

72 Vgl. Boeckh, A., Staatshaushaltung der Athener (1886), S. 588.

73 Siehe hierzu auch Seligman, E., Progressive Taxation (1909), S. 12; Raths, E., Vermögensteuer in historischer Sicht (1977), S. 41. Dieses Zusammenspiel aus Bemessungsgrundlage und Steuertarif war auch noch im 18. Jahrhundert vorzufinden. Vgl. beispielsweise die württembergische Steuer vom Dienst- und Berufseinkommen (Bräuer, K., Lehre vom Steuertarif (1927), S. 93).

74 Beloch weist darauf hin, daß vermutlich bereits Peisistratos und seine Söhne eine progressiv ausgestaltete Grundsteuer implementiert hatten, so daß der Ursprung der Steuerprogression nicht unbedingt in die Zeit Solons fallen muß (vgl. Beloch, J., Volksvermögen von Attika (Hermes 1885), S. 245). Allerdings läßt sich aufgrund der lückenhaften Aufzeichnungen, die der Wissenschaft aus dieser Zeit zugänglich sind, weder diese Auffassung noch die Ansicht Boeckhs, daß die Progressivsteuer erst durch Solon eingeführt wurde, eindeutig belegen.

75 Boeckh, A., Staatshaushaltung der Athener (1886), S. 588.

76 Diese Auffassung wird m.E. durch die Ausführungen, die sich an das oben angeführte Zitat bei Boeckh anschließen, bekräftigt: "Dieser dem Solon, dem menschenfreundlichen Gesetzgeber, angemessene Grundsatz ..." (Boeckh, A., Staatshaushaltung der Athener (1886), S. 588). Es ist offensichtlich, daß Boeckh die Begründungen, die zur Steuergesetzgebung Solons führten, nicht zur Kenntnis nimmt, aber andererseits seine Interpretation als für Solon "angemessen" erachtet.

vom Vater der "Eisphora", Solon, keine Begründungen zur Tarifgestaltung überliefert wurden, wird sich wohl nicht klären lassen, ob dieser ähnliche Überlegungen anstellte.

Werden die damals vorherrschenden äußeren Umstände berücksichtigt, ergibt sich ein klareres Bild: Die Republik Attika hatte zu dieser Zeit aufgrund der kriegerischen Auseinandersetzungen mit den Persern[77] einen erheblichen Finanzbedarf. Zur Bewältigung dieser Notzeiten wurde eine temporäre Steuer in Gestalt der "Eisphora" eingeführt.[78] Die Deckung des unmittelbaren Finanzbedarfs erforderte, jeden Steuerbürger einer möglichst hohen Steuerbelastung zu unterwerfen.[79] Diese Zielsetzung konnte sicherlich durch die vollständige Einbeziehung der Bemessungsgrundlage in die Steuerpflicht am besten erreicht werden. Da die ärmeren Bevölkerungsschichten jedoch keinem zu großen Steuerdruck ausgesetzt werden sollten, mußte bei dieser Gruppe Steuerpflichtiger ein Teil der Bemessungsgrundlage von der Besteuerung freigestellt werden.

Der Progressionsgedanke ist somit nicht zwingend auf theoretische Überlegungen zurückzuführen, wie von Boeckh gemutmaßt wurde, sondern kann sich aus dem Zusammenwirken der wirtschaftlichen Gegebenheiten, die zu jener Zeit bestanden, und der Forderung, den weniger Bemittelten das zum Leben Notwendige zu belassen, ergeben.

b) Steuergesetzgebung zur Zeit Nausinikos

Die auf der Steuergesetzgebung Solons beruhende "Eisphora" wurde während der zahlreichen kriegerischen Auseinandersetzungen der Athener im 5. Jahrhundert v. Chr. des öfteren in gleicher oder ähnlicher Weise erhoben.[80] Eine wesentliche Änderung der Ausgestaltung der "Eisphora" ergab sich zur Zeit der peloponnesischen Kriege[81] durch die Einbeziehung des

---

77 Vgl. Heckel, M., Vermögenssteuer (HdS 1901), S. 428.

78 Vgl. auch Heckel, M., Vermögenssteuer (HdS 1901), S. 428; Wagner, A., Steuergeschichte (1910), S. 18; Stahl, J. M., Eisphora und ihre Reform (Rheinisches Museum für Philologie 1912), S. 391; Andreades, A., Griechische Staatswirtschaft (1965), S. 85; Kolms, H., Steuern II: Geschichte (HdW 1977), S. 310; Raths, E., Vermögensteuer in historischer Sicht (1977), S. 41; Boochs, W., Finanzverwaltung im Altertum (1985), S. 104. Mit dem Abflauen der kriegerischen Auseinandersetzungen wurden die temporären Zwangsabgaben regelmäßig abgeschafft.

79 Rodbertus führt als weitere Begründung für eine höhere Besteuerung wohlhabender Bevölkerungsschichten die in der damaligen Zeit häufige Plünderung der Reichen durch Volksbeschluß an (vgl. Rodbertus, Nationalökonomie des klassischen Alterthums (JfNuSt 1867), S. 456).

80 Vgl. hierzu Wagner, A., Steuergeschichte (1910), S. 20. Die einzelnen Stationen sind jedoch sehr schwer nachzuzeichnen, da die diesbezüglichen Überlieferungen nur bruchstückhaft sind. Allerdings haben sich während dieser Periode keine wesentlichen, die Progression betreffenden Änderungen ergeben, so daß auf eine ausführlichere Darstellung verzichtet werden kann.

81 Beloch, J., Volksvermögen von Attika (Hermes 1885), S. 245, weist darauf hin, daß sich zu dieser Zeit auch der Übergang von der Natural- zur Geldabgabe vollzog.

beweglichen Vemögens[82] in die Bemessungsgrundlage.[83] Diese Umstrukturierung wurde notwendig, da sich das bewegliche Vermögen der Steuerpflichtigen erheblich vermehrt hatte[84], und eine Besteuerung nur des Grundvermögens unter dem Aspekt steuerlicher Gerechtigkeit abgelehnt wurde.

Im Zuge der Neuordnung der direkten Steuern unter der Herrschaft von Nausinikos (378/377 v. Chr.)[85] wurde "... ein genaues Kataster des gesammten beweglichen und unbeweglichen Vermögens entworfen, die alten solonischen Vermögensklassen aufgehoben, und zur besseren Erhebung der Steuern die einzelnen Pflichtigen in eine Anzahl Verbände (Symmorien) zusammengefasst."[86] Die Grundsteuer aus der Zeit der solonischen Verfassung wurde somit endgültig in eine allgemeine Vermögensteuer umgewandelt.[87] Der Tarifaufbau dieser reformierten "Eisphora" wird in der nachfolgenden Abbildung wiedergegeben.[88]

Vermögen von	bis	Steuersatz
0	25 Minen[89]	1 %
25 Minen	50 Minen	5 %
50 Minen	100 Minen	10 %
> 100 Minen		20 %

Abb. 1: Tarifaufbau der altgriechischen "Eisphora" zur Zeit Nausinikos

---

82 Wagner erläutert den Begriff des beweglichen Vermögens näher: "... werden daher jetzt zinsbare Kapitale, Geldvorräte, Sklaven, rohe und verarbeitete Erzeugnisse, Vieh, Hausgerät usw. mit besteuert."(Wagner, A., Steuergeschichte (1910), S. 20).

83 Siehe hierzu die Ausführungen bei Wagner, A., Steuergeschichte (1910), S. 20.

84 Vgl. Wagner, A., Steuergeschichte (1910), S. 20; Andreades, A., Griechische Staatswirtschaft (1965), S. 350.

85 Vgl. Stahl, J. M., Eisphora und ihre Reform (Rheinisches Museum für Philologie 1912), S. 400; Raths, E., Vermögensteuer in historischer Sicht (1977), S. 43.

86 Beloch, J., Volksvermögen von Attika (Hermes 1885), S. 247.

87 Vgl. auch Seligman, E., Essays in Taxation (1931), S. 34. Weitere Einzelheiten, insbesondere die charakteristischen Merkmale dieser Steuer wie Umfang der Bemessungsgrundlage, Grundsätze der Klasseneinteilungen und Steuererhebung über Symmorien, können wegen des begrenzten Rahmens der vorliegenden Arbeit nicht näher untersucht werden.

88 Siehe Rodbertus, Nationalökonomie des klassischen Alterthums (JfNuSt 1867), S. 455. Gleiche Auffassung vgl. Seligman, E., Progressive Taxation (1909), S. 12. Andere Auffassung vgl. Boeckh, A., Staatshaushaltung der Athener (1886), S. 603.

89 Als Mine wurde eine altgriechische Maßeinheit bezeichnet. Dabei entsprach 1 Mine nach attischem Maß 100 Drachmen.

Es darf allerdings nicht übersehen werden, daß die den Tarifaufbau betreffenden Informationen in der Überlieferung äußerst dürftig sind, so daß selbst bei anerkannten Experten der griechischen Finanzgeschichte höchst unterschiedliche Tarifsätze zu finden sind.[90] [91] Unstrittig ist indes, daß der vorliegende Tarif als Stufendurchschnittsatztarif ausgestaltet war.[92]

Der progressive Charakter dieser Steuer ist ebenfalls nicht unumstritten.[93] Die Gründe, die der progressiven Gestaltung der "Eisphora" unter Nausinikos zugrunde lagen, dürften nicht von den bereits dargestellten differieren.[94] Es bestehen lediglich graduelle Unterschiede dahingehend, daß sich die Kämpfe, aus denen sich der akute Finanzbedarf ergab, nun auf die Sicherung der Vormachtstellung (Hegemonie) der Athener gegenüber Sparta beschränkten.[95]

Für die Zeit der griechischen Antike sind aus dem uns heute zugänglichen Material keine weiteren progressiv ausgestalteten Abgaben abzuleiten, die von den Grundsätzen der Steuergesetzgebung Nausinikos abweichen.

3. Römisches Reich

Die wichtigste direkte Steuer in der Periode des Römerreiches ist das sogenannte "tributum civium"[96] (Bürgertribut), das von den römischen Bürgern in unregelmäßigen Abständen erhoben wurde.[97] Ähnlich der griechischen "Eisphora", war diese Abgabe in ihrer Frühzeit als reine

---

[90] Vgl. die Hinweise bei Seligman, E., Progressive Taxation (1909), S. 12 f.

[91] Raths charakterisiert die von Nausinikos eingeführte "Eisphora" unter Zugrundelegung ihrer eigentlichen Zwecksetzung als Einkommensteuer (vgl. Raths, E., Vermögensteuer in historischer Sicht (1977), S. 44). Dieser Ansicht kann sich der Verfasser nicht anschließen.

[92] Vgl. Rodbertus, Nationalökonomie des klassischen Alterthums (JfNuSt 1867), S. 455 f.

[93] Vgl. Boochs, W., Finanzverwaltung im Altertum (1985), S. 105.

[94] Diese Aussage gilt unabhängig davon, ob die Interpretation der überlieferten Quellen letztlich eine Verankerung der Steuerprogression mittels der "Eisphora" Nausinikos vermuten läßt oder nicht.

[95] Diese Kämpfe führten schließlich im Jahr 371 v. Chr. zum Zusammenbruch der Hegemonie Spartas (vgl. Brockhaus Enzyklopädie, Griechische Geschichte (1989), S. 118 f.

[96] Das "tributum civium" wurde in der damaligen Zeit als Sollertragsteuer ausgestaltet. Zu den möglichen Begründungen, die dazu führten, daß dieser Besteuerungsform gegenüber einer reinen Ertragsbesteuerung der Vorzug gegeben wurde, vgl. Raths, E., Vermögensteuer in historischer Sicht (1977), S. 54.

[97] Vgl. Wagner, A., Steuergeschichte (1910), S. 23; Häuser, K., Entwicklung der öffentlichen Finanzwirtschaft (HdF 1977), S. 17; Raths, E., Vermögensteuer in historischer Sicht (1977), S. 48; Hildesheim, C. U., Steuerreform im alten Rom (SteuerStud 1990), S. 83. In den Provinzen wurde das sogenannte "tributum soli", eine Grundsteuer, als regelmäßige Abgabe erhoben. Vgl. Raths, E., Vermögensteuer in historischer Sicht (1977), S. 49 ff.

Grundsteuer ausgestaltet[98], entwickelte sich jedoch später zu einer Vermögensteuer, die wiederum das unbewegliche und bewegliche Vermögen der Steuerpflichtigen zur Bemessungsgrundlage hatte.[99] [100] Strittig ist, ob das Bürgertribut als Zwangsabgabe oder als Zwangsanleihe einzuordnen ist, da es häufig aus der Kriegbeute oder den Reparationszahlungen der unterdrückten Völker an die Bürger zurückerstattet wurde.[101]

Jedoch besteht kein Zweifel daran, daß das "tributum civium" gleichförmige Steuersätze[102] für alle Steuerpflichtigen vorsah, d.h. proportionalen Charakter aufwies.[103] Die so ausgestaltete Vermögensteuer wurde in der Kaiserzeit nicht mehr erhoben, da Rom aus seinen Ländereien in genügendem Maße Tribute einziehen konnte.[104]

---

98 Vgl. Seligman, E., Essays in taxation (1931), S. 35; Baatz, D., Steuern im Römerreich (1986), S. 39. Allerdings wurde - im Unterschied zu ihrem griechischen Vorläufer - die Bemessungsgrundlage der "tributum civium" direkt aus dem tatsächlichen Wert des Grundvermögens berechnet.

99 Vgl. Marquardt, J., Römische Staatsverwaltung (1884), S. 166; Matthiass, B., Römische Grundsteuer (1882), S. 6.

100 Die so ausgestaltete Vermögensteuer wurde nur in Notzeiten zur Deckung des außergewöhnlichen Finanzbedarfs erhoben (vgl. hierzu auch Marquardt, J., Römische Staatsverwaltung (1884), S. 162; Dessau, H., Finanzen des alten Rom (HdS 1900), S. 949; Häuser, K., Entwicklung der öffentlichen Finanzwirtschaft (HdF 1977), S. 16).

101 Für die Einordnung als Zwangsabgabe spricht sich Raths, E., Vermögensteuer in historischer Sicht (1977), S. 48, unter Verweis auf Wagner, A., Steuergeschichte (1910), S. 23, aus. Andere Auffassung vgl. Häuser, K., Entwicklung der öffentlichen Finanzwirtschaft (HdF 1977), S. 17.

102 Vgl. Marquardt, J., Römische Staatsverwaltung (1884), S. 165; Wagner, A., Steuergeschichte (1910), S. 23; Raths, E., Vermögensteuer in historischer Sicht (1977), S. 48. Baatz, D., Steuern im Römerreich (1986), S. 48, behauptet sogar: "Die römische Steuer kannte noch keine Progression; diese ist erst eine Erfindung der Neuzeit." Wie später zu zeigen sein wird, ist diese Auffassung unhaltbar. Boochs, W., Finanzverwaltung im Altertum (1985), S. 162, spricht dieser Steuer dagegen bereits progressiven Charakter zu: "Durch die Anknüpfung der Erhebung des Tributum an den Zensus war es durch die Erhebung nach der Kopfzahl einerseits proportional, andererseits progressiv dadurch, daß die reichen Bürger, die ein Anrecht auf hohe Staatsämter hatten, mehr zahlen mußten als die armen Bürger." Diese Interpretation ist m.E. jedoch unzulässig, da das Anrecht auf ein Staatsamt einen zusätzlichen Nutzen verspricht, der dementsprechend die steuerliche Leistungsfähigkeit erhöht.

103 Das Prinzip der proportionalen Besteuerung galt auch für die im Römischen Reich bestehenden Provinzabgaben, die den besiegten Völkern von der Regierung Roms auferlegt wurden (vgl. auch Bringmann, K., Steuern und Fremdherrschaft (1986), S. 55).

104 Vgl. Wagner, A., Steuergeschichte (1910), S. 23; Baatz, D., Steuern im Römerreich (1986), S. 40. Andere Auffassung siehe Matthiass, B., Römische Grundsteuer (1882), S. 2 ff.

Im Jahr 6 n. Chr. wurde von Kaiser Augustus eine Erbschaftsteuer (Vicesima hereditatium) eingeführt.[105] Als Steuer waren 5 % der jeweiligen Hinterlassenschaft zu entrichten.[106] Steuerbefreit waren Verwandte der ersten sechs Grade.[107] Aus den Überlieferungen geht nicht klar hervor, ob der Erbschaftsteuertarif einen Freibetrag von 100.000 Sesterzen beinhaltete oder nicht.[108] Offensichtlich ist aber zu dieser Zeit noch keine direkte Progression im Bereich der Erbschaftsbesteuerung erkennbar.

Bis zum Zusammenbruch des Römischen Reiches sind keine neueren Entwicklungstendenzen bezüglich der progressiven Besteuerung aufzufinden. Somit kann in dieser Epoche die Anwendung des Fundamentalprinzips des modernen Einkommensteuerrechts, i.e. der Steuertarifprogression, nicht nachgewiesen werden.

B. Progressive Besteuerung im Mittelalter

Die Epoche des Mittelalters ist auf den Zeitraum von der Zerschlagung des Römischen Reiches (476 n. Chr.) bis zur Blüte der Reformzeit (Ende 15. Jahrhunderts) zu datieren. Dieser Geschichtsabschnitt wurde durch vielfältige Entwicklungen in allen Bereichen des Gemeinwesens, insbesondere auch des Steuerwesens, geprägt. Die Wandlungen der Besteuerung sollen,

---

[105] Die Bevölkerung des römischen Kaiserreiches akzeptierte diese Besteuerungsform nur, da sie ansonsten mit der noch unbeliebteren Vermögensteuer belegt worden wäre. Zur "Vicesima hereditatium" vgl. Marquardt, J., Römische Staatsverwaltung (1884), S. 266; Schanz, G., Erbschaftssteuer (HdS 1927), S. 812; Lenski, E./Klenk, F., Erbschaftsteuer (1975), S. 3; Boochs, W., Finanzverwaltung im Altertum (1985), S. 165; Baatz, D., Steuern im Römerreich (1986), S. 44. Strittig ist, ob die Erbschaftsteuer erst durch Augustus eingeführt wurde oder ob nicht schon vorher erste Ansätze dieser Besteuerungsform zu finden sind. Zur Diskussion vgl. Marquardt, J., Römische Staatsverwaltung (1884), S. 266 f.; Wagner, A., Steuergeschichte (1910), S. 23.

[106] Vgl. Clamageran, J.-J., Histoire de L'impôt (1867), S. 78; Marquardt, J., Römische Staatsverwaltung (1884), S. 267; Pausch, A./Pausch, J., Weltgeschichte der Steuerobrigkeit (1989), S. 44. Unter der Herrschaft Caracallas wurde der Steuersatz auf 10 Prozent erhöht (vgl. Marquardt, J., Römische Staatsverwaltung (1881), S. 268; Wagner, A., Steuergeschichte (1910), S. 27; Boochs, W., Finanzverwaltung im Altertum (1985), S. 165).

[107] Vgl. Marquardt, J., Römische Staatsverwaltung (1884), S. 267.

[108] Zustimmend Marquardt, J., Römische Staatsverwaltung (1884), S. 267.

insofern sie direkten Bezug zur vorliegenden Themenstellung besitzen, in groben Zügen nachgezeichnet werden.[109]

Grundlage der Untersuchung bilden die Rechtsverhältnisse im Byzantinischen Reich, in England, Frankreich, Deutschland sowie in den italienischen Städterepubliken. Die Steuerrechtsetzungen des Byzantinischen Reiches sind zu beachten, da in ihnen das Recht des Römischen Reiches fortgeführt und somit der Anknüpfungspunkt zur Antike hergestellt wird.[110] England, Frankreich und Deutschland sind zwingend in die historische Untersuchung einzubeziehen, da in diesen Territorien die gegenwärtigen Besteuerungsformen ihren Ursprung fanden.[111] Die italienischen Städterepubliken besitzen besondere Bedeutung, da die in der Blütezeit der italienischen Städterepubliken angewendeten Vermögensteuern die weitere Entwicklung der direkten Besteuerung innerhalb Europas erheblich beeinflußten.[112]

Die Entwicklung in den Untersuchungsländern ist jeweils grob in drei Phasen aufgeteilt, um eine bessere Strukturierung der Ausführungen zu erreichen:

- Früh-Mittelalter	(5. Jhd. - 9. Jhd.)
- Hoch-Mittelalter	(10. Jhd. - 13. Jhd.)
- Spät-Mittelalter	(13. Jhd. - 15. Jhd.)

Es ist zu beachten, daß sich diese Phaseneinteilung nicht für alle in die Analyse einbezogenen Steuerrechtsetzungen in gleicher Weise durchführen läßt.[113]

---

[109] Dabei kann es nicht Aufgabe des Verfassers sein, die Merkmale sämtlicher Besteuerungsformen, die in der Zeit des Mittelalters in den unterschiedlichsten Ländern Anwendung fanden, eingehend zu beleuchten. Diese Vorgehensweise verbietet sich allein schon aufgrund der Tatsache, daß das uns heute zugängliche Datenmaterial zahlreiche Lücken aufweist. Deshalb sollen nachfolgend nur diejenigen Besteuerungsformen näher untersucht werden, bei denen Belege für deren progressive Ausgestaltung vorhanden sind. Andere Besteuerungssysteme sollen nur insofern kurz skizziert werden, als daß dies dem besseren Verständnis der Arbeit dient.

[110] Vgl. Schreiner, P., Zentralmacht und Steuerhölle (1986), S. 64.

[111] Vgl. zu dieser Vorgehensweise auch Eheberg, K. T., Finanzen im Mittelalter (HdS 1927), S. 18 ff.; Wagner, A., Steuergeschichte (1910), S. 46 ff., S. 138 ff., S. 178 ff.

[112] Vgl. zur Bedeutung der Vermögensteuern in den italienischen Städterepubliken Heckel, M., Vermögenssteuer (HdS 1901), S. 439; Seligman, E., Progressive Taxation (1909), S. 21).

[113] Das byzantinische Reich wurde beispielsweise im Laufe des späten Mittelalters (1453 n. Chr.) zerschlagen, so daß für die dritte Periode keine genaueren Aussagen getroffen werden können. Andererseits begann die Blütezeit der italienischen Städterepubliken erst im Spät-Mittelalter, so daß sich Ausführungen zur Besteuerung im Früh- und Hoch-Mittelalter erübrigen.

1. Byzantinisches Reich

Die Finanzwirtschaft des Byzantinischen Reiches wies erhebliche Unterschiede im Vergleich zum Finanzwesen der westlichen Staatengemeinschaften auf. Dies gilt insbesondere für den Bereich des Steuerwesens.[114] Bereits aus der frühbyzantinischen Zeit ist eine Vielzahl regelmäßig erhobener direkter Steuern bekannt, die jedoch zumeist auf spezielle Steuerobjekte ausgerichtet waren und somit nur begrenzte Einnahmen für den Fiskus erbringen konnten.[115]

Die Hauptsteuer der damaligen Zeit bildete die sogenannte "annona"[116], eine Kombination aus Grund- und Kopfsteuer.[117] Als Bemessungsgrundlage des sich auf die sachliche Komponente beziehenden Teils dieser Abgabe diente der landwirtschaftliche Grund und Boden der Steuerpflichtigen. Die Bewertung erfolgte dabei nach der Qualität des Bodens und konnte je nach Region differieren.[118] Auf die so ermittelte Bemessungsgrundlage wurde ein einheitlicher Steuersatz erhoben. Die persönliche Komponente dieser Steuer war von den Eigentümern oder Bearbeitern des Grund und Bodens zu entrichten. Die Differenzierung der Steuerzahlungen orientierte sich an der Arbeitskraft der Steuerpflichtigen, die wiederum in Abhängigkeit vom Alter und dem Geschlecht der Bürger festgelegt wurde.[119] [120]

Die weitgehenden Differenzierungen innerhalb des Diokletianischen Steuersystems könnten zur Annahme verleiten, daß diese Besteuerungsform bereits progressiven Charakter aufwies. Da die einzelnen Abstufungen lediglich dazu dienten, die unterschiedliche Leistungsfähigkeit der Bürger zu berücksichtigen, besteht kein Zweifel daran, daß die "annona" grundsätzlich als proportionale

---

[114] Im byzantinischen Reich erhob man von frühester Zeit an regelmäßige Abgaben, während den Steuerpflichtigen im Westen direkte Steuern nur in Notzeiten abverlangt wurden. Raths beschreibt die Unterschiede im Finanzwesen wie folgt: "Während im Osten ein entwickeltes, auf strenger Gebundenheit des Steuerzahlers beruhendes Steuersystem bestand, waren die Verhältnisse im Westen charakterisiert durch eine mehr oder weniger freiwillige Deckung der noch äußerst bescheidenen staatlichen Bedürfnisse ..." (Raths, E., Vermögensteuer in historischer Sicht (1977), S. 58).

[115] Schreiner glaubt 21 direkte Steuern nachweisen zu können (vgl. Schreiner, P., Zentralmacht und Steuerhölle (1986), S. 86). Eine ausführliche Darstellung der einzelnen Steuern findet sich bei Karayannopulos, J., Finanzwesen des frühbyzantinischen Staates (1958), S. 94 ff.).

[116] Vgl. Karayannopulos, J., Finanzwesen des frühbyzantinischen Staates (1958), S. 94 ff.; Schreiner, P., Zentralmacht und Steuerhölle (1986), S. 68;

[117] Der Charakter der "annona" bleibt umstritten. Vgl. die ausführliche Ableitung des Ursprungs der beiden Grundkomponenten dieser Steuer, "iugatio" und "capitatio", bei Karayannopulos, J., Finanzwesen des frühbyzantinischen Staates (1958), S. 24 ff.

[118] Vgl. Schreiner, P., Zentralmacht und Steuerhölle (1986), S. 67.

[119] Vgl. Karayannopulos, J., Finanzwesen des frühbyzantinischen Staates (1958), S. 37 f.

[120] Es sei hier auf die Parallelen zu der bereits im Alten Testament, 3. Buch Moses, Kapitel 27 erwähnten Abgabe hingewiesen (vgl. die obenstehenden Ausführungen).

Steuer einzuordnen ist.[121] Bemerkenswert erscheint jedoch, daß bereits in dieser frühen Zeit "Einkommen", die unterhalb des Existenzminimums lagen, von der Steuer befreit wurden, d.h. eine indirekte Progression nachweisbar ist.[122]

Bis zur Zerschlagung des Byzantinischen Reiches bestand die "annona" in nahezu unveränderter Form und blieb weiterhin die tragende Säule des Steuersystems.[123] Andere direkte Steuern wurden zwar immer wieder ausgesetzt und zumeist durch ähnliche Abgaben abgelöst, jedoch ergaben sich keine wesentlichen Unterschiede zur frühbyzantinischen Epoche. Von daher erübrigt sich eine weitergehende Untersuchung des byzantinischen Steuersystems.

2. England

In der angelsächsischen Zeit (ca. 450 - 1066 n. Chr.) wurden aufgrund der noch bestehenden Abneigung gegen persönliche Abgaben und wegen des geringen öffentlichen Finanzbedarfs keine direkten Steuern erhoben.[124] Diese traten erst in den Vordergrund, als zunehmend Geldmittel zur Deckung der durch die kriegerischen Auseinandersetzungen mit den Dänen und den Normannen verursachten Ausgaben benötigt wurden.[125] Als Hauptsteuer ist das sog. Dänengeld einzustufen, eine nach dem Grundbesitz der Steuerpflichtigen bemessene Abgabe.[126] Das Dänengeld wurde den Bürgern in unregelmäßigen Abständen auferlegt. Ähnlich der griechischen "Eisphora" und dem römischen "tributum civium" hatte es den Charakter einer nur in Notzeiten zu entrichtenden Abgabe.[127] Die Steuerpflichtigen mußten auf die nach der Größe des Grundbesitzes ermittelte Bemessungsgrundlage einen einheitlichen Steuersatz anlegen.

---

[121] Vgl. hierzu Karayannopulos, J., Finanzwesen des frühbyzantinischen Staates (1958), S. 42 f., der in Beantwortung der kritischen Anmerkungen zum Diokletianischen Steuersystem ausführt, daß die progressive Besteuerung erst verhältnismäßig neueren Datums ist.

[122] Vgl. Karayannopulos, J., Finanzwesen des frühbyzantinischen Staates (1958), S. 28.

[123] Vgl. Schreiner, P., Zentralmacht und Steuerhölle (1986), S. 67.

[124] Vgl. Eheberg, K. T., Finanzen im Mittelalter (HdS 1927), S. 27; Wagner, A., Steuergeschichte (1910), S. 185; Dowell, S., History of Taxation and Taxes (1965), S. 8 ff.

[125] Vgl. Eheberg, K. T., Finanzen im Mittelalter (HdS 1927), S. 27.

[126] Vgl. Wagner, A., Steuergeschichte (1910), S. 185; Moll, B., Geschichte der englischen Vermögenssteuern (1912), S. 6; Pausch, A./Pausch, J., Weltgeschichte der Steuerobrigkeit (1989), S. 60.

[127] Vgl. Dowell, S., History of Taxation and Taxes (1965), S. 8 ff.; Raths, E., Vermögensteuer in historischer Sicht (1977), S. 70.

Die normannischen Könige (1066 - 1154 n. Chr.) ließen die Grundzüge des aus der angelsächsischen Zeit stammenden Finanzwesens nahezu unverändert.[128] Allerdings wurde die Bemessungsgrundlage der direkten Vermögensteuer auf das bewegliche und unbewegliche Vermögen ausgeweitet.[129] Die wesentlichste Korrektur der oben dargestellten Besteuerungsform bezog sich jedoch auf die Differenzierung des vormals einheitlichen Steuersatzes in Abhängigkeit vom jeweiligen Wohnsitz der Steuerpflichtigen: Städtische und Dominial-Bevölkerung hatten 10 % ihres "Einkommens" als Steuer zu entrichten, die Landbevölkerung lediglich 6 $^{2}/_{3}$ %.[130] Die Ermittlung der Bemessungsgrundlagen bezüglich der Mobilien und Immobilien erfolgte zwar nach unterschiedlichen Methoden[131], nicht jedoch getrennt nach Stadt- und Landbevölkerung, so daß die Steuersatzdifferenzierung zweifelsohne als Element progressiver Besteuerung zu bezeichnen ist. Der Leistungsfähigkeitsgedanke kann als Begründung für die progressive Ausgestaltung dieser Steuer nicht herangezogen werden, da in der Höhe gleiche Einkommen je nach dem Wohnort der Steuerpflichtigen unterschiedlichen Steuersätzen unterworfen wurden. Zieht man allerdings die Tatsache ins Kalkül, daß in der damaligen Zeit der auf dem Land ansässige Adel ein politisches Machtübergewicht hatte, erscheint die Erklärung Seligmans bezüglich der Progressivität dieser Abgabe plausibel: "... the difference in rate was, in part at all events, due to fact that the peers were politically more powerful than the commons."[132]

Im weiteren Verlauf erhielt die oben beschriebene Abgabe den Charakter einer Repartitionssteuer mit festem Gesamtbetrag.[133] Ihre Erhebung ist in unregelmäßigen Abständen bis in das Jahr

---

[128] Vgl. Wagner, A., Steuergeschichte (1910), S. 185 f. Lediglich die Bezeichnung der einzelnen Abgaben änderte sich, ohne daß dies Einfluß auf deren Charakter nahm.

[129] Siehe hierzu Eheberg, K. T., Finanzen im Mittelalter (HdS 1927), S. 27, der diese Steuer als "rohe Ertragsteuer" kennzeichnet. Ähnliche Auffassung findet sich bei Vocke, W., Steuer in der Geschichte (FA 1890), S. 22; Heckel, M., Vermögenssteuer (HdS 1901), S. 430; Moll, B., Geschichte der englischen Vermögenssteuern (1912), S. 5.

[130] Vgl. Wagner, A., Steuergeschichte (1910), S. 187; Moll, B., Geschichte der englischen Vermögenssteuern (1912), S. 20; Seligman, E., Essays in taxation (1931), S. 41; Dowell, S., History of Taxation and Taxes (1965), S. 60 ff.

[131] Vgl. die ausführliche Darstellung bei Moll, B., Geschichte der englischen Vermögenssteuern (1912), S. 17 ff.

[132] Seligman, E., Essays in taxation (1931), S. 42. Gleiche Auffassung siehe bei Vocke, W., Steuer in der Geschichte (FA 1890), S. 26; Moll, B., Geschichte der englischen Vermögenssteuern (1912), S. 21; Raths, E., Vermögensteuer in historischer Sicht (1977), S. 72.

[133] Diese Entwicklung ist bereits für den Anfang des 14. Jahrhunderts verbrieft. Vgl. hierzu Wagner, A., Steuergeschichte (1910), S. 192; Moll, B., Geschichte der englischen Vermögenssteuern (1912), S. 21; Seligman, E., Essays in taxation (1931), S. 45; Raths, E., Vermögensteuer in historischer Sicht (1977), S. 73.

1663 zu verfolgen, bevor sie wegen des geringen Steueraufkommens, das aus ihr zu schöpfen war, endgültig abgeschafft wurde.[134]

In Zeiten erhöhten Finanzbedarfs erhob die öffentliche Hand seit Beginn des 15. Jahrhunderts über die regelmäßig gültigen Steuersätze in Höhe von 6 $^2/_3$ % und 10 % hinaus einen Zuschlag in Form einer Ergänzungsteuer ("subsidy").[135] Diese trug insbesondere in der Ausprägung des Jahres 1543 Merkmale progressiver Besteuerung in sich. Der Tarif der Ergänzungsteuer war als Stufendurchschnittsatztarif ausgestaltet. Die Steuersätze sind der nachfolgenden Abbildung zu entnehmen.[136]

Einkommen von	bis	Steuersatz "Einheimische"	"Fremde"
1 Pfd.	5 Pfd.	1 $^1/_2$ %	3 %
5 Pfd.	10 Pfd.	3 %	6 %
10 Pfd.	20 Pfd.	6 %	12 %
> 20 Pfd.		10 %	20 %

Abb. 2: Tarifaufbau der englischen Ergänzungsteuer (1543)

Die Abstufung der Steuersätze für Einheimische und Fremde liegt zweifelsohne in der Diskriminierung der Nicht-Inländer begründet. Die Differenzierung der Zuschläge bei unterschiedlich hohen "Einkommen" fällt zeitlich mit dem Abschluß des Bündnisses zwischen Frankreich und Schottland zusammen, durch das die Souveränität der Insel unmittelbar bedroht wurde.[137] Somit erscheint die Annahme plausibel, daß die progressive Tarifgestaltung erforderlich war, um die Finanzdecke wegen der befürchteten kriegerischen Auseinandersetzungen zu stärken und zu diesem Zweck das "Einkommen" der Steuerpflichtigen abzuschöpfen.

---

[134] Siehe auch Seligman, E., Essays in taxation (1931), S. 46; Dowell, S., History of Taxation and Taxes (1965), S. 29 f.

[135] Vgl. hierzu die ausführliche Darstellung bei Manes, A., Einkommensteuer in der englischen Finanz-Politik (1907), S. 126 ff.

[136] Vgl. auch Vocke, W., Steuer in der Geschichte (FA 1890), S. 43 f.; Manes, A., Einkommensteuer in der englischen Finanz-Politik (1907), S. 129. Der dargestellte Ausschnitt der damals gültigen Tarifgestaltung bezieht sich auf den Teil der Bemessungsgrundlage, der die Mobilien umfaßte.

[137] Vgl. zu den geschichtlichen Ereignissen der damaligen Zeit Brockhaus Enzyklopädie, Geschichte Großbritanniens und Nordirlands (1989), S. 180.

Abgesehen von den bereits erwähnten Vermögensteuern belegte der Fiskus die Bürger im mittelalterlichen England mit zahlreichen sonstigen direkten Steuern, insbesondere Kopfsteuern und einkommensteuerähnlichen Abgaben.

Differenzierende "poll-taxes" (Kopfsteuern) sind aus den Jahren 1379, 1380, 1513, 1614 und letztmalig 1698 überliefert.[138] Die unterschiedliche Leistungspflicht der Untertanen bei den Kopfsteuern sollte jedoch regelmäßig deren individuelle wirtschaftliche Steuerkraft widerspiegeln. Andererseits ist diese Steuersatzdifferenzierung als Ausdruck machtpolitischer Interessen zu interpretieren.[139] Die Verwirklichung des Progressionsgedankens war sicherlich nicht die Zielsetzung der Tarifgestaltung bei den abgestuften Kopfsteuern.

Der Charakter der einkommensteuerähnlichen Abgaben, die in den Jahren 1435 und 1450 ins Leben gerufen wurden, bleibt nach wie vor strittig: Während diese Steuer einerseits als Einkommensteuer klassifiziert wird, "... wie man sie sich vollkommener für diese Zeit kaum denken kann..."[140], verneinen zahlreiche Autoren andererseits aufgrund der nur teilweisen Erfassung aller Einkunftsarten das Vorhandensein der Wesensmerkmale einer Einkommensteuer moderner Ausprägung.[141] Ohne die skizzierten Meinungen hinsichtlich der Problematik des Umfangs der Bemessungsgrundlage näher zu vertiefen, sollen in den Abbildungen 3 und 4 die in den Jahren 1435 und 1450 gültigen Tarifverläufe wiedergegeben werden.[142] Die Steuertarife waren jeweils als Stufendurchschnittsatztarife ausgestaltet.[143]

---

[138] Vgl. hierzu die umfassenden Ausführungen bei Vocke, W., Steuer in der Geschichte (FA 1890), S. 32 ff.; Dowell, S., History of Taxation and Taxes (1965), S. 94 ff. Ähnliche Angaben finden sich bei Seligman, E., Progressive Taxation (1909), S. 15; Wagner, A., Steuergeschichte (1910), S. 195. Manes datiert die Erhebung der letzten Kopfsteuer auf das Jahr 1702 (vgl. Manes, A., Einkommensteuer in der englischen Finanz-Politik (1907), S. 138).

[139] Dies gilt m.E. insbesondere in den Fällen, in denen Ausländer einer höheren Steuer unterworfen wurden als Inländer.

[140] Manes, A., Einkommensteuer in der englischen Finanz-Politik (1907), S. 125. Die Klassifizierung dieser Abgabe als Einkommensteuer findet sich auch bei Seligman, E., Progressive Taxation (1909), S. 15 f.

[141] Vgl. zu dieser Problematik den ausführlichen Nachweis bei Moll, B., Geschichte der englischen Vermögenssteuern (1912), S. 22 ff. Diesen Ausführungen ist m.E. eine gewisse Plausiblität nicht abzusprechen, obwohl eine eindeutige Stellungnahme wegen des unzureichenden Quellenmaterials nicht abgegeben werden kann.

[142] Im Gegensatz zu den heute in der Einkommensbesteuerung gängigen Stufengrenzsatztarifen sind hier Stufensatztarife zu finden. Eventuelle Grenzberichtigungen an der Schnittstelle zweier Stufen sind aus der damaligen Zeit nicht überliefert.

[143] Vgl. Bräuer, K., Lehre vom Steuertarif (1927), S. 163.

Einkommen von	bis	Steuersatz
0	5 Pfd.	0 %
5 Pfd.	100 Pfd.	2 1/2 %
100 Pfd.	400 Pfd.	3 1/3 %
> 400 Pfd.		10 %

Abb. 3: Tarifverlauf der englischen einkommensteuerähnlichen Abgabe (1435)[144]

Einkommen von	bis	Steuersatz
0	1 Pfd.	0 %
1 Pfd.	20 Pfd.	2 1/2 %
20 Pfd.	200 Pfd.	5 %
> 200 Pfd.		10 %

Abb. 4: Tarifverlauf der englischen einkommensteuerähnlichen Abgabe (1450)[145]

Aus den obenstehenden Tableaus ist nicht nur die progressive Ausgestaltung dieser Abgaben ersichtlich, sondern auch eine erhebliche Progressionsverschärfung des später geltenden gegenüber dem vorher gültigen Tarif: Das steuerfreie Existenzminimum wurde ebenso wie die untere Proportionalzone auf 20 Prozent reduziert, während der Steuersatz der Tarifklasse III um 50 Prozent erhöht wurde. Der Spitzensteuersatz galt im Tarif des Jahres 1450 bereits für Einkommen ab 200 Pfund, während er vorher erst für 400 Pfund überschreitende Einkommen anzuwenden war.

Diese Entwicklung ist offensichtlich auf die in der damaligen Situation vorherrschende politische Lage zurückzuführen: "Die Veranlassung war ein besonders großer Finanzbedarf für einen Kriegszug nach Frankreich, der die Eroberungen, welche England Heinrich V. verdankte, dem

[144] Vgl. Vocke, W., Steuer in der Geschichte (FA 1890), S. 33; Manes, A., Einkommensteuer in der englischen Finanz-Politik (1907), S. 125; Seligman, E., Progressive Taxation (1909), S. 15 f.; Bräuer, K., Lehre vom Steuertarif (1927), S. 163 ; Dowell, S., History of Taxation and Taxes (1965), S. 113.

[145] Vgl. Vocke, W., Steuer in der Geschichte (FA 1890), S. 33; Seligman, E., Progressive Taxation (1909), S. 16; Dowell, S., History of Taxation and Taxes (1965), S. 116.

Reiche erhalten sollte."[146] Die Stichhaltigkeit dieser Begründung zeigt sich auch darin, daß die Erhebung dieser Steuern jeweils nur einmalig erfolgte, d.h. die Abgaben keinen regelmäßigen, jährlich wiederkehrenden Charakter besaßen.[147] Die Möglichkeit einer Bewilligung bestand nur in Notzeiten, da ansonsten keine Mehrheit für derart krasse Maßnahmen zu erzielen war.[148] Ohne Zweifel legt der Zwang zur Bewältigung von Finanzmiseren diesen Ausmaßes ein Procedere dergestalt nahe, das Vermögen der wohlhabenderen ebenso wie das der ärmeren Bevölkerung bis an die Grenze des Vertretbaren zu besteuern. Somit unterscheiden sich die Gründe, die die progressive Ausgestaltung der Abgaben in den Jahren 1435 und 1450 zur Folge hatten, nicht von denen, die bereits in der Antike zur Anwendung dieser Tarifgestaltung führten.

Zusammenfassend bleibt festzuhalten, daß auch die englische Nation bereits im Mittelalter einer differenzierenden Besteuerung unterworfen wurde. Politische Wirren und die mit ihnen verbundenen zusätzlichen Staatsausgaben bedingten die relativ höhere Besteuerung der Reichen gegenüber den Armen.[149]

3. Frankreich

Die Steuerpflicht im fränkischen Reich lehnte sich während der merowingischen Zeit teils an die aus dem Römerreich stammenden Abgabepflichten an[150], teils wurden aber auch neue Steuerformen entwickelt, über deren genauen Charakter heute noch Unklarheit besteht. Insbesondere

---

[146] Manes, A., Einkommensteuer in der englischen Finanz-Politik (1907), S. 125. Vgl. auch Vocke, W., Steuer in der Geschichte (FA 1890), S. 33; Wagner, A., Steuergeschichte (1910), S. 195.

[147] Vgl. Vocke, W., Steuer in der Geschichte (FA 1890), S. 33; Wagner, A., Steuergeschichte (1910), S. 195.

[148] Die alleinige Steuerhoheit der Könige wurde im 14. Jahrhundert beendet. Das Parlament mußte von dieser Zeit an geplante Abgaben bewilligen, bevor sie in Kraft treten konnten (vgl. Wagner, A., Steuergeschichte (1910), S. 187).

[149] Diese Auffassung vertritt auch Vocke, W., Steuer in der Geschichte (FA 1890), S. 36. Er zieht an gleicher Stelle folgende Schlußfolgerung: "Aber das bleibt doch festzuhalten, dass die menschenerziehende Not zuerst unbewusst schon um der Einträglichkeit willen dazu treibt, die Verteilung der Steuer nach der Leistungsfähigkeit und auf alle Glieder der Gesellschaft ins Auge zu fassen, dass aber das Mass und die Art und Weise, in welcher diese Absicht zu verwirklichen ist, nicht eben so schnell erkannt werden, sondern einer langen Erfahrung bedürfen."

[150] Vgl. zu dieser Auffassung auch Dahn, F., Zum merowingischen Finanzrecht (1893), S. 335; Orth, E., Vom Königsschatz und Kataster (1986), S. 76; Pausch, A./Pausch, J., Weltgeschichte der Steuerobrigkeit (1989), S. 56.

fehlen Überlieferungen zur Höhe und Ausgestaltung der Steuersätze bei diesen Abgaben.[151] Clamageran teilt die verschiedenartigen Steuern des frühen Mittelalters wie folgt ein:[152]

(1) Abgaben römischen Ursprungs (tributum, census)[153]

(2) Abgaben barbarischen Ursprungs (freda, heribannum, dona)[154]

(3) Abgaben kirchlichen Ursprungs (decumae)[155]

(4) Außerordentliche, in unregelmäßigen Abständen erhobene Abgaben[156]

Die Abgaben barbarischen und kirchlichen Ursprungs wiesen zumeist gebührenähnlichen Charakter auf, so daß sich eine weitergehende Untersuchung ihrer Ausgestaltung erübrigt. Des weiteren sind die außerordentlichen Steuern außer acht zu lassen, da sie im Gesamt-Finanzwesen des merowingischen Reiches von untergeordneter Bedeutung waren. Das Hauptaugenmerk richtet sich somit auf die Abgabeformen "tributum" und "censum", die bereits im Römischen Reich Bestand hatten.

Besonderheiten hinsichtlich dieser Besteuerungsformen ergaben sich in der Zeit des frühen Mittelalters, da der mit den Grund- und Kopfsteuern verbundene Steuerdruck beachtliche Steuerwiderstände zur Folge hatte.[157] Die Steueraversion lag einerseits in der Mentalität der Franken begründet, die sich vor allem durch die Kopfsteuer in ihrer Bewegungsfreiheit beschränkt

---

[151] Vgl. Orth, E., Vom Königsschatz und Kataster (1986), S. 77 f.

[152] Vgl. Clamageran, J.-J., Histoire de L'impôt (1867), S. 117. Diese Einteilung wird auch von Wagner, A., Steuergeschichte (1910), S. 42 f., übernommen.

[153] Zur Ausprägung dieser beiden Abgabeformen sei auf die obenstehenden Ausführungen zur progressiven Besteuerung im Römerreich verwiesen. Vgl. auch die Angaben bei Dahn, F., Zum merowingischen Finanzrecht (1893), S. 356 ff.

[154] "Freda" bezeichnet die mit der Gerichtsbarkeit in Verbindung stehenden Abgaben, "heribannum" wurde als Strafgeld bei Nicht-Ableistung des Kriegsdienstes erhoben, während "dona" als Unterstützungsleistungen der Zurückbleibenden für die in den Krieg ziehenden Bürger zu charakterisieren sind. Vgl. zu den einzelnen Abgabeformen auch Clamageran, J.-J., Histoire de L'impôt (1867), S. 170 ff.

[155] Die vom Klerus auferlegte Bürde, die alle Bürger in die Steuerpflicht einbezog, trug die Bezeichnung "decumae" (vgl. Clamageran, J.-J., Histoire de L'impôt (1867), S. 175 ff.

[156] Zu den außerordentlichen Abgaben, die nur äußerst selten als Instrument der Finanzbedarfsdeckung eingesetzt wurden, vgl. Clamageran, J.-J., Histoire de L'impôt (1867), S. 179 ff.

[157] Dahn, F., Zum merowingischen Finanzrecht (1893), S. 353 ff., beschreibt anhand einzelner Beispiele die sich verstärkenden Steuerwiderstände in sehr bildlicher Weise. Vgl. zu Einzelheiten auch die Ausführungen bei Orth, E., Vom Königsschatz und Kataster (1986), S. 74 f. Allerdings ist anzumerken, daß sich die Höhe des Steuerdrucks aufgrund fehlender Überlieferungen nicht quantifizieren läßt, so daß eine Objektivierung dieser Aussagen nicht möglich ist.

sahen[158], andererseits aber sicherlich auch in der Tatsache, daß sich aufgrund mangelnder Fortschreibung der Steuerlisten schwerwiegende Ungerechtigkeiten ergaben.[159] Diese Entwicklungen führten schließlich zur Durchlöcherung und teilweisen Beseitigung des altrömischen Steuersystems am Ende des 8. Jahrhunderts.[160]

Mit dem Beginn des 9. Jahrhunderts manifestierte sich im Gebiet des heutigen Frankreichs zunehmend ein Feudalsystem konsequentester Ausprägung.[161] Diese gesellschaftliche Umwälzung übte entscheidenden Einfluß auf das Steuerrecht der damaligen Zeit aus: Grund- und Kopfsteuern wurden zunehmend durch Dominialabgaben verdrängt. Die Dominialeinkünfte zog man allerdings nur zur Bestreitung der Ausgaben für die Hofhaltung heran, so daß den Bürgern zur Erledigung der öffentlichen Pflichten zusätzliche steuerähnliche Abgaben auferlegt wurden.[162] In erster Linie sind hier die "aides" und "exactiones" zu nennen, die sich in der Zeit des 11. bis 13. Jahrhunderts entwickelten.[163]

Im Jahre 1185 findet erstmals die "taille"[164] Erwähnung, die in ihrer ursprünglichen Form als unregelmäßige Abgabe zur Deckung außerordentlichen Finanzbedarfs in Notzeiten zu charakterisieren ist.[165] Als Bemessungsgrundlage diente anfangs das unbewegliche Vermögen, später wurde in diese auch das bewegliche Vermögen einbezogen.[166] Abgesehen von unterschiedlichen Steuersätzen für Immobilien und Mobilien war die "taille" als proportionale Abgabe ausge-

---

[158] Vgl. hierzu Dahn, F., Zum merowingischen Finanzrecht (1893), S. 360 ff.; Orth, E., Vom Königsschatz und Kataster (1986), S. 78 f.

[159] Dahn, F., Zum merowingischen Finanzrecht (1893), S. 350, kennzeichnet die damaligen Verhältnisse wie folgt: "... der Werth mochte gestiegen sein, Steuerbefreiungen waren oft nicht eingetragen, ebenso oft nicht das Erlöschen von solchen ...; zumal in den Listen der Kopfsteuerpflichtigen mochten längst Verstorbene noch fortgeführt, dagegen neue Steuerpflichtige nicht eingetragen sein."

[160] Vgl. Wagner, A., Steuergeschichte (1910), S. 43.

[161] Vgl. Eheberg, K. T., Finanzen im Mittelalter (HdS 1927), S. 29.

[162] Vgl. Eheberg, K. T., Finanzen im Mittelalter (HdS 1900), S. 972; Wagner, A., Steuergeschichte (1910), S. 145.

[163] Zu genaueren Erläuterungen über die Ausgestaltung dieser Abgaben vgl. Clamageran, J.-J., Histoire de L'impôt (1867), S. 199 ff.; Eheberg, K. T., Finanzen im Mittelalter (HdS 1900), S. 973; Wagner, A., Steuergeschichte (1910), S. 146 f.

[164] Wagner, A., Steuergeschichte (1910), S. 147, weist darauf hin, daß die "taille" zu den "exactiones" zu rechnen ist.

[165] Vgl. Heckel, M., Taille (HdS 1901), S. 48. Zunächst diente bei der "taille" die Zahl der Rauchstellen ("feux") als Bemessungsgrundlage, später wurde der Grundbesitz für die Besteuerung herangezogen.

[166] Vgl. Eheberg, K. T., Finanzen im Mittelalter (HdS 1900), S. 973; Raths, E., Vermögensteuer in historischer Sicht (1977), S. 77.

staltet.[167] Im späteren Verlauf, insbesondere mit der Einführung stehender Heere, erhob der König die "taille" in regelmäßigen Abständen.[168]

Neben der "taille" als Hauptsteuer sind uns aus dem mittelalterlichen Frankreich auch andere, außerordentliche Personal- und Vermögensteuern überliefert, die wegen ihrer Fülle im Rahmen dieser Arbeit nicht umfassend behandelt werden können.[169]

Besonders interessant erscheint indes die Abgabe, die im Jahr 1295 n. Chr. den Steuerpflichtigen auferlegt wurde: "le cinquatième", d.h. der Fünfzigste.[170] Sie verband zum einen Personal- und Vermögensbesteuerung miteinander, zum anderen beinhaltete ihr Tarifverlauf fixe, proportionale und stellenweise regressive Elemente.[171] Ihre Ausgestaltung ist der nachfolgenden Abbildung zu entnehmen.[172]

---

[167] Vgl. hierzu Seligman, E., Essays in taxation (1931), S. 40.

[168] Vgl. Hanstein, W., Entstehungsgeschichte (1931), S. 18.

[169] Zu den Einzelheiten vgl. die ausführliche Darstellung bei Clamageran, J.-J., Histoire de L'impôt (1867), S. 191 ff.

[170] Vgl. hierzu Clamageran, J.-J., Histoire de L'impôt (1867), S. 313; Seligman, E., Progressive Taxation (1909), S. 15; Wagner, A., Steuergeschichte (1910), S. 150 f.

[171] Vgl. Seligman, E., Progressive Taxation (1909), S. 15. Clamageran, J.-J., Histoire de L'impôt (1867), S. 313, interpretiert den Tarifverlauf richtigerweise als stellenweise progressiv: "L'impôt est donc successivement progressif, proportionnel et fixe."

[172] Vgl. auch Clamageran, J.-J., Histoire de L'impôt (1867), S. 343; Seligman, E., Progressive Taxation (1909), S. 15.

(1) Grundvermögen < 100 sols (Nicht-Besitzende): Besteuerung des Arbeitseinkommens

Arbeitseinkommen	Steuer
jährliches Einkommen	1/365 des Jahreslohnes
monatliches Einkommen	5 Livr./Tag
tägliches Einkommen	5 Livr./Tag

(2) Grundvermögen > 100 sols (Besitzende): Besteuerung des Grundvermögens

Grundvermögen von	bis	Steuersatz
5 Livr.	9 Livr.	0.5 %
10 Livr.	999 Livr.	2 %
> 1.000 Livr.		20 Livr.

Abb. 5: Tarifaufbau des französischen "le cinquatième" (1295)

Die Besteuerung des Arbeitseinkommens basierte auf fixen Steuerbeträgen, die diesem Teil der Abgabe kopfsteuerähnlichen Charakter verliehen. Die Besteuerung des Grundvermögens vollzog sich anhand eines Stufendurchschnittsatztarifs. Die niedrige Belastung der kleineren Vermögen in Höhe von 5 bis 9 Livres ist vermutlich auf den geringen Anteil dieser Tarifklasse am Gesamt-Steueraufkommen und den damals schon vorhandenen Grundgedanken der Freihaltung des Existenzminimums zurückzuführen. Die Annahme, daß das Hauptaugenmerk dieser Abgabe der Besteuerung der Vermögensklasse von 10 bis 999 Livres galt, wird dadurch bestätigt, daß der in dieser Tarifstufe verankerte Steuersatz der gesamten Steuer ihren Namen gibt (le cinquatième, der fünfzigste Teil). Die relative Besserstellung der vermögenderen Bevölkerungsschichten durch die Einführung eines fixen Steuerbetrags bei Vermögen > 1.000 Livres liegt zweifelsohne in deren politischer Macht begründet. Der Tarifverlauf entspringt somit offensichtlich den tatsächlichen sozialen und politischen Gegebenheiten der damaligen Zeit.

Kriegerische Auseinandersetzungen in der Mitte des 14. Jahrhunderts zwangen zur Einführung einer außerordentlichen Abgabe, die aufgrund ihrer interessanten Ausgestaltung einer näheren Betrachtung zu unterziehen ist. Als Besteuerungsgrundlage wurde wiederum das bewegliche und unbewegliche Vermögen herangezogen.[173] Eine Differenzierung der Steuerbeträge erfolgte dergestalt, daß die ärmeren Bevölkerungsschichten - in bezug auf ihr Vermögen - einer relativ höheren Besteuerung unterworfen wurden als die wohlhabenderen.[174] Zur Tarifgestaltung bediente man sich nun eines Stufenbetragstarif. Dieser Zusammenhang läßt sich auch aus der nachstehenden Abbildung ablesen.

Einkommen von	bis	Steuerbetrag
0	9 Livr.	0,5 Livr.
10 Livr.	39 Livr.	1 Livr.
40 Livr.	99 Livr.	2 Livr.
100 Livr.	199 Livr.	4 Livr.
200 Livr.	299 Livr.	6 Livr.
> 300 Livr.		6 Livr. + 2 Livr. je 100 Livr.

Abb. 6: Tarifaufbau der französischen außerordentlichen Abgabe (Mitte des 14. Jhd.)

Die Analyse des Tarifverlaufs zeigt die innere Regression innerhalb der Tarifstufen, die dazu führt, daß beispielsweise ein Vermögen in Höhe von 40 Livres mit der gleichen Steuer belastet wird wie das um 147,5 % höhere Vermögen von 99 Livres. Des weiteren ist festzustellen, daß die relative Belastung der Steuerpflichtigen mit zunehmenden Vermögen immer stärker abnimmt: Die Tarifklasse I führt bei einem Vermögen von 9 Livres zu einem Steuersatz von 5,55 %, während vergleichsweise das Vermögen in der Tarifklasse IV einem Mindeststeuersatz in Höhe von 2,01 % (Maximalsteuersatz: 4 %) unterliegt.

Zieht man ins Kalkül, daß die vermögenden Angehörigen des Adelstandes und des Klerus, die bisher regelmäßig von der Abgabenpflicht freigestellt waren, erstmals zu dieser Steuer herangezogen wurden, ist die Feststellung nicht von der Hand zu weisen, daß deren Einfluß zu dieser Steuertarifgestaltung führte. Die Anwendung des regressiven Tarifverlaufs erfährt ihre Begründung demzufolge im politischen Bereich.

---

173 Vgl. Clamageran, J.-J., Histoire de L'impôt (1867), S. 364; Wagner, A., Steuergeschichte (1910), S. 151.

174 Siehe hierzu Clamageran, J.-J., Histoire de L'impôt (1867), S. 364. Die in dieser Tarifgestaltung verankerten Plafonds für reiche Bürger sollen außer acht gelassen werden.

In der weiteren Entwicklung des französischen Besteuerungssystems blieb die "taille" auch im 14. und 15. Jahrhundert Hauptsteuer, so daß keine nennenswerten Neuerungen zu verzeichnen waren.

Zusammenfassend läßt sich die Besteuerung im mittelalterlichen Frankreich wie folgt charakterisieren: Die dominierende Abgabe ist eine proportional ausgestaltete Vermögensteuer. Elemente progressiver Besteuerung wurden nur in Notzeiten zur Erzielung des höchstmöglichen Steueraufkommens implementiert. Der starke Einfluß privilegierter Bevölkerungsschichten auf die Steuertarifgestaltung findet seinen Ausdruck in den teilweise regressiv aufgebauten Steuertarifen.

4. Deutschland

Die Gebiete Frankreichs und Deutschlands bildeten bis zum Ausgang des 9. Jahrhunderts das fränkische Reich. Im Früh-Mittelalter konnte sich somit kein eigenständiges deutsches Steuerwesen entwickeln, da die Regelungen der merowingischen Könige auch im Ostteil des fränkischen Reiches Gültigkeit hatten.[175]

Am Ausgang des 9. Jahrhunderts, als die fränkische Monarchie in Westteil (Frankreich) und Ostteil (Deutschland) zerfiel, bildete sich im Deutschen Reich ein territorial geprägtes Steuerwesen aus. Der König mußte seine Machtbefugnisse in bezug auf die Abgabenhoheit an die Städte und die Fürsten abgeben.[176] Diese dezentral organisierte Steuergesetzgebung charakterisierte das deutsche Steuerwesen bis zum Ende des Spät-Mittelalters mit der Folge, daß eine Vielzahl unterschiedlicher Abgaben existierte, deren Entwicklung im einzelnen nicht näher nachgezeichnet werden kann. Im folgenden beschränkt sich die Analyse auf die wichtigsten Abgabeformen, die den Bürgern im Namen des Reichs, der Städte und der Territorien auferlegt wurden.

Wie bereits erwähnt wurde, bestand auf Reichsebene keine Möglichkeit, eine allgemeine Steuer zu erheben und bei den Bürgern durchzusetzen. Da der König dennoch für den Ausgleich der angefallenen Ausgaben Sorge tragen mußte, bürgerten sich sog. "Städtesteuern" ein.[177] Die

---

[175] Deshalb ist bezüglich der geschichtlichen Entwicklung der deutschen Steuergesetzgebung im frühen Mittelalter auf die vorstehenden Ausführungen zum französischen Steuerwesen zu verweisen.

[176] Anfangs konnten auf Reichsebene noch Heersteuern veranlagt werden. Die Einführung außerordentlicher oder allgemeiner Reichssteuern scheiterte (vgl. Wagner, A., Steuergeschichte (1910), S. 50; Eheberg, K. T., Finanzen im Mittelalter (HdS 1927), S. 19; Klein, E., Geschichte der öffentlichen Finanzen (1974), S. 4; Raths, E., Vermögensteuer in historischer Sicht (1977), S. 67 f.).

[177] Vgl. hierzu Zeumer, K., Geschichte der Reichssteuern (Historische Zeitschrift 1898), S. 30 f., der die Bedeutung der Städtesteuern wie folgt beschreibt: "Aus diesen Städtesteuern bestanden in der Hauptsache die laufenden Steuereinnahmen des Reiches."

königlichen Städte hatten demnach - je nach Größe und Bedeutung - unterschiedliche, aber jährlich feste Steuerbeträge zu entrichten. Diese Städtesteuern sind als Repartitionsabgaben einzuordnen, da es im freien Ermessen der Städte stand, wie sie den zu entrichtenden Steuerbetrag eintreiben wollten[178]: "Dabei blieb die Selbständigkeit und Geschlossenheit der inneren Finanzverfassung der Städte unberührt."[179]

Am Ausgang des Mittelalters wurde nochmals versucht, eine allgemeine Reichssteuer einzuführen: den Gemeinen Pfennig.[180] Die Notwendigkeit dieser Abgabe lag in dem durch die Zerwürfnisse mit Hussiten und Türken gestiegenen Finanzbedarf sowie in der Tatsache begründet, daß die Modernisierung des Heeres erhebliche Finanzmittel beanspruchte. Der Charakter des Gemeinen Pfennigs ist nicht genau festzulegen, da im Laufe der unterschiedlichen Ausschreibungen ein Wirrwarr aus Kopf- und Standessteuern sowie einkommensteuerähnlichen Abgaben und Vermögensteuern zu einer einheitlichen Abgabe zusammengefügt wurde.[181] Die Mischung der verschiedenen Steuerarten soll am Beispiel des auf dem Nürnberger Reichstag des Jahres 1431 beschlossenen Gemeinen Pfennigs verdeutlicht werden.[182] Dieser setzte sich aus einem Kopfsteuer- und einem Vermögensteueranteil zusammen. Die Vermögensabgabe wurde mittels eines Stufenbetragstarifs erhoben.

---

[178] Zu den Städtesteuern vgl. die ausführliche Beschreibung bei Nuglisch, A., Finanzwesen des Deutschen Reiches (JfNuSt 1901), S. 149 f.

[179] Zeumer, K., Geschichte der Reichssteuern (Historische Zeitschrift 1898), S. 42.

[180] Vgl. Wagner, A., Steuergeschichte (1910), S. 52; Eheberg, K. T., Finanzen im Mittelalter (HdS 1927), S. 20. Den Bürgern wurde die Abgabe in Form des Gemeinen Pfennigs zwischen 1427 und 1551 elfmal auferlegt (vgl. Klein, E., Geschichte der öffentlichen Finanzen (1974), S. 8).

[181] Vgl. Lang, K.-H., Entwicklung der Steuerverfassungen (1793), S. 182; Raths, E., Vermögensteuer in historischer Sicht (1977), S. 68; Pausch, A./Pausch, J., Weltgeschichte der Steuerobrigkeit (1989); S. 70.

[182] Vgl. hierzu Lang, K.-H., Entwicklung der Steuerverfassungen (1793), S. 182. Andere Beispiele finden sich bei Wagner, A., Steuergeschichte (1910), S. 53.

(1) Kopfsteueranteil

- Kinder, die jünger als 15 Jahre sind:	0
- Frauen und Männer, die älter als 15 Jahre sind:	1 Groschen
- Juden:	1 Gulden (Fl.)

(2) Vermögensteueranteil

Vermögen von	bis	Steuerbetrag
0 Fl.	199 Fl.	0 Fl.
200 Fl.	999 Fl.	0,5 Fl.
> 1.000 Fl.		1 Fl.

Abb. 7: Tarifaufbau des "Gemeinen Pfennigs" (1431)

Obenstehendes Tableau belegt die Diskriminierung der jüdischen Bevölkerung, die eine wesentlich höhere Kopfsteuer als alle anderen Bürger zu entrichten hatte. Des weiteren verdeutlicht der Tarif der Vermögensteuer, daß die Reichen gegenüber den Armen - in bezug auf ihr Vermögen - relativ bevorzugt, andererseits die Ärmsten aber von der Steuer befreit wurden.

Die willkürliche Steuerfestlegung, die zumeist machtpolitische Verstrickungen zum Hintergrund hatte, ist nur einer der Nachteile des Gemeinen Pfennigs. Hinzu kommt die mangelnde Zahlungsbereitschaft einzelner Reichsstände, die dazu führte, daß der Gemeine Pfennig bei keiner Bewilligung vollständig eingetrieben werden konnte.[183] Diese Entwicklung lag aber sicherlich auch darin begründet, daß der Gemeine Pfennig im Laufe des 16. Jahrhunderts durch die sog. "Römermonate" abgelöst wurde, die wiederum bis zum Zerfall des ursprünglichen Deutschen Reichs Bestand hatten.[184]

Die Abgabe in Form der Römermonate war - ähnlich den Städtesteuern - als Repartitionssteuer ausgestaltet. Daher wurde diese Abgabe vom Adel und anderen privilegierten Schichten gegen-

---

[183] Vgl. Wagner, A., Steuergeschichte (1910), S. 53; Klein, E., Geschichte der öffentlichen Finanzen (1974), S. 8.

[184] Zum Begriff der Römermonate vgl. Lang, K.-H., Entwicklung der Steuerverfassungen (1793), S. 187 ff.; Wagner, A., Steuergeschichte (1910), S. 54 f.; Klein, E., Geschichte der öffentlichen Finanzen (1974), S. 10.

über dem Gemeinen Pfennig bevorzugt, da die festgeschriebene Steuersumme unschwer auf Bauern und Bürger verteilt und somit die eigene Leistungspflicht umgangen werden konnte.[185]

Die Versuche einer allgemeinen Reichsbesteuerung in Form der Städtesteuern, des Gemeinen Pfennigs und der Römermonate[186] beinhalteten hinsichtlich ihrer Tarifverläufe proportionale, teilweise sogar regressive Elemente.[187] Nachfolgend soll untersucht werden, inwieweit die städtischen und territorialen Steuern progressiven Charakter aufweisen.

Das Steuerwesen entwickelte sich in den Reichsstädten bereits sehr früh, da in diesen ein höherer Grad an Geldwirtschaft als in den ländlichen Gebieten sowie eine größere Solidarität der Bürger bezüglich der Deckung der Ausgaben für öffentliche Güter zu verzeichnen war.[188] Die Besteuerungssysteme in den verschiedenen Städten wiesen in ihren Grundzügen einige Ähnlichkeiten auf: Im Rahmen der direkten Besteuerung wurden Besitzende mit einer Vermögensteuer belegt, die Mobilien und Immobilien zur Bemessungsgrundlage hatte[189], während Nicht-Be-

---

[185] Siehe zum Vergleich zwischen Gemeinem Pfennig und Römermonaten die Ausführungen bei Lang, K.-H., Entwicklung der Steuerverfassungen (1793). S. 190 f. Ähnliche Auffassung findet sich bei Pausch, A./Pausch, J., Weltgeschichte der Steuerobrigkeit (1989), S. 70.

[186] Städtesteuern und Römermonate bezeichnen regelmäßig feste Steuerbeträge, die von Städten oder Ständen zu entrichten waren. Mit dieser Feststellung ist keine Aussage darüber getroffen, in welchem Maße von den Steuerdestinataren die Beträge aufgebracht wurden, d.h. die Steuer auf Bürger und Bauern umverteilt wurde.

[187] Gerloff, W., Steuerwirtschaftslehre (HdF 1956), S. 286, ordnet den Heerbann zur Zeit Karl des Großen als Ansatz einer Progressivbesteuerung in der Gesetzgebung ein. Diese Annahme beruht auf der nachfolgenden Tarifgestaltung (vgl. Waitz, G., Deutsche Verfassungsgeschichte (1955), S. 556 f.):

Vermögen	Steuerbetrag
1 Pfund	5 Solidi
2 Pfund	10 Solidi
3 Pfund	30 Solidi
6 Pfund	120 Solidi

Allerdings ist darauf zu verweisen, daß diesem Stufenbetragstarif nicht eine Steuer im Sinne einer öffentlichen Abgabe zugrunde liegt, sondern vielmehr eine Strafgebühr darstellt, die bei Nicht-Ableistung des Kriegsdienstes zu entrichten war. Die abgestufte Gebührenleistung wurde wie folgt begründet: "... damit der Bestrafte noch im stande bleibe sich das nächste Mal wieder zum Dienst zu rüsten."(vgl. Waitz, G., Deutsche Verfassungsgeschichte (1955), S. 558).

[188] Vgl. hierzu auch Eheberg, K. T., Finanzen im Mittelalter (HdS 1927), S. 22 f.

[189] Moll, B., Geschichte direkter Steuern (1912), S. 47, weist darauf hin, daß bis zur Mitte des 13. Jahrhunderts Immobiliensteuern vorherrschten und sich erst im Anschluß die Besteuerung der Mobilien und Immobilien durchsetzen konnte.

sitzende regelmäßig einer Kopfsteuer unterworfen waren.[190] Die einzelnen Städte wählten zwar unterschiedliche Steuersätze, jedoch genügte die Besteuerung grundsätzlich dem Prinzip der Proportionalität.[191] Wie die nachfolgende Abbildung verdeutlicht, bevorzugten die Stadtväter bei der Vermögensbesteuerung teilweise auch Stufenbetragstarife, die nicht nur innerhalb, sondern auch zwischen den Tarifstufen regressiv verliefen.[192]

Steuerklasse	Vermögen von	bis	Steuersatz max.	min.
I	0 Fl.	10 Fl.	-	17,1 %
II	10 Fl.	50 Fl.	45 %	10 %
III	50 Fl.	100 Fl.	14,7 %	7,5 %
IV	100 Fl.	150 Fl.	9,9 %	6,6 %
V	150 Fl.	300 Fl.	13,2 %	6,6 %
VI	300 Fl.	500 Fl.	8,3 %	5 %
VII	500 Fl.	700 Fl.	5,7 %	4%
VII	700 Fl.	1.000 Fl.	4,6 %	3,5 %
VIII	1.000 Fl.	1.500 Fl.	3,9 %	2,6 %
IX	1.500 Fl.	2.000 Fl.	2,9 %	2,2 %
X	2.000 Fl.	2.500 Fl.	2,5 %	2 %

Abb. 8: Tarifaufbau der Vermögensteuer in Basel (1429)

Die Steuersätze zeigen, daß die Ärmeren relativ höher belastet wurden als die Wohlhabenderen. Diese regressive Steuertarifgestaltung fand ihre Begründung im Fehlen einer Einkommensbesteuerung: Diejenigen, die wenig besitzen, müßten mehr arbeiten, um ihren Lebensunterhalt zu sichern. Da das Arbeitseinkommen nicht erfaßt wird, haben sie eine relativ höhere Vermögensteuer zu entrichten als die wohlhabenderen Bevölkerungsschichten, für die aufgrund des höheren Vermögens keine Notwendigkeit bestehe, ihr "Einkommen" durch Arbeit aufzubessern.[193] Allerdings läßt diese Begründung außer acht, daß das Vermögen der Besitzenden für diese "arbeiten" kann und somit zusätzliches Einkommen schafft, das steuerfrei bleibt.

---

[190] Vgl. Seligman, E., Essays in taxation (1931), S. 40; Eheberg, K. T., Finanzen im Mittelalter (HdS 1927), S. 24 f.

[191] Vgl. Wagner, A., Steuergeschichte (1910), S. 62; Moll, B., Geschichte direkter Steuern (1912), S. 50 f.

[192] Vgl. auch Seligman, E., Progressive Taxation (1909), S. 18 f. Seligman bezieht die pro Tarifstufe geltenden Steuerbeträge jeweils auf Stufenbeginn und -ende, so daß er zu den nachstehenden Steuersätzen gelangt. Allerdings scheinen seine Berechnungen nicht exakt zu sein, da bei den einzelnen Tarifstufen Rundungsfehler auftreten.

[193] Diese Begründung findet sich bei Moll, B., Geschichte direkter Steuern (1912), S. 52.

Zur Vervollständigung der Betrachtungen über das Steuerwesen des Deutschen Reiches im Mittelalter sind abschließend die Territorialsteuern einer kurzen Betrachtung zu unterziehen.[194] In frühester Zeit erzielten die Landesherren zumeist Domäneneinkünfte aus ihren Besitzungen.[195] Als in der Mitte des 12. Jahrhunderts der Finanzbedarf der Reichsländer sprunghaft anstieg, führten die Fürsten eine bisher unbekannte Steuerform ein: die Bede.[196] Diese war anfangs als einmalige und außerordentliche Abgabe ausgestaltet, die auf Bitten (=Bede) der Landesherren von den Bürgern entrichtet wurde.[197] Steuerbemessungsgrundlage bildete in der Regel der Grundbesitz oder das Vermögen der Steuerpflichtigen.[198] Für eine progressive Ausgestaltung der Bede gibt es keinerlei Anhaltspunkte.

Die vorstehenden Ausführungen zeigen, daß im mittelalterlichen Deutschland eine Vielzahl unterschiedlicher Steuern erhoben wurde, die auf die jeweils eigenständige Steuergewalt des Reiches, der Städte und der Territorien zurückzuführen ist. Trotz der vielfältigen Gestaltungen ist jedoch bis zu diesem Zeitpunkt eine Verwirklichung des Prinzips der progressiven Besteuerung nicht nachweisbar.

5. Italienische Städterepubliken

Die maßgeblichen italienischen Städterepubliken des Mittelalters, Genua, Venedig, Mailand und Florenz, erlangten aufgrund der dort zu verzeichnenden, frühen Entwicklung der Waren- und Geldwirtschaft besondere Bedeutung. Die fortschrittliche Denk- und Handlungsweise nahm auch erheblichen Einfluß auf das Steuerwesen. Bereits zu Beginn des 13. Jahrhunderts sind Vermögensteuern zu finden, die bis zum Ende des 15. Jahrhunderts in allen Städterepubliken Einzug hielten.[199]

---

[194] Eine nähere Betrachtung der einzelnen Steuern, die den Bürgern in den verschiedenen Territorien auferlegt wurden, würde den Rahmen der vorliegenden Arbeit bei weitem sprengen. Eine tiefergehende Analyse würde auch keine neuen Erkenntnisse zu Tage fördern, da die Steuerarten nicht von denjenigen, derer sich die Städte bedienten, abwichen.

[195] Vgl. Wagner, A., Steuergeschichte (1910), S. 81; Häuser, K., Entwicklung der öffentlichen Finanzwirtschaft (HdF 1977), S. 33.

[196] Siehe hierzu Bellstedt, C., Steuer als Instrument (1966), S. 23; Häuser, K., Entwicklung der öffentlichen Finanzwirtschaft (HdF 1977), S. 30. Zum Begriff "Bede" vgl. die Ausführungen bei Below, G., Bede (HdS 1899), S. 535; Klein, E., Geschichte der öffentlichen Finanzen (1974), S. 14.

[197] Siehe Waitz, G., Deutsche Verfassungsgeschichte (1955), S. 394; Pausch, A./Pausch, J., Weltgeschichte der Steuerobrigkeit (1989), S. 74.

[198] Vgl. Waitz, G., Deutsche Verfassungsgeschichte (1955), S. 399. Ebenso Häuser, K., Entwicklung der öffentlichen Finanzwirtschaft (HdF 1977), S. 36, der an gleicher Stelle auch die Gelegenheiten, bei denen diese Abgabe fällig wurde, näher untersucht.

[199] Vgl. Heckel, M., Vermögenssteuer (HdS 1901), S. 429.

In Mailand wurde den Bürgern im Jahre 1208 die "Stima e Catastro de beni" als Vermögensabgabe auferlegt, später folgten dann die "Coletta" in Genua und der "Estimo" in Florenz.[200] In Venedig wurde erst im 15. Jahrhundert eine ähnliche Abgabe, die sog. "Decima", eingeführt.[201] Die Steuerfreiheit privilegierter Schichten ist hier ebenso wie im übrigen Europa zu beobachten, so daß "Klein-Besitzer" von der Steuerlast besonders stark getroffen wurden.[202]

In Florenz sind zum Ende des 14. Jahrhunderts verstärkte Tendenzen einer progressiven Besteuerung zu verspüren. Im Jahr 1427 wurde die ursprüngliche Abgabe, der "Estimo", durch den "Castato" ersetzt[203], bei dem man sich 1443 erstmals der Steuerprogression bediente. Der Tarif differenzierte zwischen 14 Tarifklassen, die Steuersätze reichten von 4 % bis 33 $^1/_3$ %. Der Tarif war als Stufendurchschnittsatztarif ausgestaltet.[204]

Einkommen von	bis	Steuersatz
1 Fl.	50 Fl.	4 %
51 Fl.	100 Fl.	7 %
101 Fl.	150 Fl.	8 %
151 Fl.	200 Fl.	10 %
201 Fl.	250 Fl.	12 %
251 Fl.	300 Fl.	14 %
301 Fl.	400 Fl.	16 %
401 Fl.	500 Fl.	18 %
501 Fl.	600 Fl.	20 %
601 Fl.	700 Fl.	22 %
701 Fl.	1.000 Fl.	25 %
1.001 Fl.	1.200 Fl.	28 %
1.201 Fl.	1.500 Fl.	31 %
> 1.500 Fl.		33 $^1/_3$ %

Abb. 9: Tarif der florentinischen Einkommensteuer (1443)

[200] Vgl. Seligman, E., Essays in taxation (1931), S. 44; Raths, E., Vermögensteuer in historischer Sicht (1977), S. 79.

[201] Siehe hierzu Heckel, M., Vermögenssteuer (HdS 1901), S. 429.

[202] Seligman, E., Essays in taxation (1931), S. 52, beschreibt die Auswirkungen dieser einseitigen Steuerbelastung sehr anschaulich.

[203] Siehe hierzu Raths, E., Vermögensteuer in historischer Sicht (1977), S. 80.

[204] Vgl. Canestrini, G., L'arte di stato (1862), S. 217; Grabein, M., Geschichte der Lehre von der Steuerprogression (FA 1895), S. 479; Bräuer, K., Lehre vom Steuertarif (1927), S. 163.

Hinzu trat eine abgestufte Kopfsteuer, nach der die Angehörigen der einzelnen Standesklassen Steuern in Höhe von 1 bis 80 Solidi zu entrichten hatten.[205] Im Jahr 1447 wurde zwar der Kopfsteueranteil der Abgabe aufgehoben, jedoch betrugen die Steuersätze für den "Castato" nun 8 % bis 50 %.[206]

Eine wesentliche Änderung des in Florenz geltenden Steuersystems war im Jahr 1480 zu verzeichnen: Der progressiv ausgestaltete Tarifverlauf wurde jetzt auf eine neue Abgabe, die die Einkünfte aus dem unbeweglichen Vermögen zur Bemessungsgrundlage hatte, angewendet und nicht mehr auf den "Castato". Der Tarif unterschied nunmehr zwischen 9 Klassen, die Steuersätze lagen zwischen 7 % und 22 %.[207] Des weiteren beinhaltete diese Steuer - wie beispielsweise auch der ursprünglich ausgestaltete "Castato" - einen nach Standesklassen abgestuften Kopfsteueranteil.[208]

Die vorstehenden Ausführungen belegen, daß im mittelalterlichen Florenz bereits eine Tarifgestaltung moderner Prägung zu finden ist. Der Spitzensteuersatz in Höhe von 50 % belastete die florentinischen Steuerzahler in gleicher Schärfe wie die Differenz zwischen Spitzen- und Mindeststeuersatz in Höhe von 42 Prozentpunkten. Die für die damalige Zeit höchst ungewöhnliche Tarifgestaltung findet ihre Begründung im Machtstreben der herrschenden Medici. Diese Adelsfamilie sicherte sich ihre Stellung nicht durch kriegerische Auseinandersetzungen, sondern durch das wirtschaftliche Niederringen der Konkurrenten. Die extrem hohe Steuerbelastung diente dazu, die wohlhabenden Gegner der Medici in den Ruin und aus der Stadt zu treiben.[209]

Allerdings erscheint bemerkenswert, daß sich bedeutende Wissenschaftler der damaligen Zeit mit dem Problem der Steuerprogression beschäftigten und zahlreiche Argumente für und wider dieses Besteuerungsinstrument ins Feld führten, die heutzutage nur allzu bekannt klingen. So weist Francesco Guicciardini auf Vorzüge und Gefahren der progressiven Tarifgestaltung hin:[210]

---

[205] Vgl. Seligman, E., Progressive Taxation (1909), S. 22; Bräuer, K., Lehre vom Steuertarif (1927), S. 163.

[206] Siehe hierzu Seligman, E., Progressive Taxation (1909), S. 22; Bräuer, K., Lehre vom Steuertarif (1927), S. 163. Ausführliche Darstellungen des Tarifverlaufs finden sich bei Canestrini, G., L'arte di stato (1862), S. 224, und Grabein, M., Geschichte der Lehre von der Steuerprogression (FA 1895), S. 479.

[207] Vgl. hierzu die umfangreichen Ausführungen bei Canestrini, G., L'arte di stato (1862), S. 234 ff.; Grabein, M., Geschichte der Lehre von der Steuerprogression (FA 1895), S. 479 f.

[208] Vgl. Seligman, E., Progressive Taxation (1909), S. 22.

[209] Vgl. Seligman, E., Progressive Taxation (1909), S. 21; Hope-Jones, A., Income Tax (1939), S. 9.

[210] Vgl. Guicciardini, F., Opere inedite (1862), S. 353 ff., zitiert nach Grabein, M., Geschichte der Lehre von der Steuerprogression (FA 1895), S. 482 ff. Grabein weist an gleicher Stelle darauf hin, daß Karl Theodor von Eheberg die Niederschrift dieses Werkes auf das Jahr 1538 datiert.

- Die Gleichheit einer Steuer bestehe nicht im Entrichten eines gleichen Prozentsatzes durch jeden Steuerpflichtigen, sondern vielmehr in der Auferlegung der gleichen Bürde. Diese Opfergleichheit sei nicht durch eine Proportionalsteuer zu erreichen, sondern erfordere die Einrichtung einer progressiv ausgestalteten Abgabe.

- Die Steuer sei zum Ausgleich der Vermögensunterschiede zwischen wohlhabenden und armen Bevölkerungsschichten heranzuziehen. Reichere Bürger müßten von daher stärker belastet werden als Ärmere.

- Demgegenüber müsse beachtet werden, daß die Gleichmachung der Bürger durch eine Progressivbesteuerung unzulässig sei. Die Idee der Gleichheit sei in dem Sinne zu interpretieren, daß allen Bürgern die gleiche Rechtstellung eingeräumt werden müsse. Aus dem Gleichheitsgedanken den Einsatz der progressiven Besteuerung als sozialpolitische Maßregel abzuleiten, erscheine verfehlt.

- Die Höhe der Ausgaben der einzelnen Bürger sei direkt abhängig von deren sozialer Stellung. Angehörigen höherer Standesklassen erscheine die Befriedigung mancherlei Bedürfnisse als unabdingbar, während die gleichen Bedürfnisse für die Angehörigen der unteren Standesklassen entbehrlich seien. Einschränkungen des sozial geprägten Anspruchsniveaus würden ebenso schwer wie Verzicht auf oder Einschränkungen der Befriedigung physisch notwendiger Bedürfnisse wiegen. Opfergleichheit werde somit durch Proportional-, nicht aber durch Progressivbesteuerung erreicht.

- Ein Abweichen von der festen Regel der Proportionalbesteuerung eröffne Willkürhandlungen Tür und Tor, so daß eine Abkehr von diesem historisch geprägten Besteuerungsgrundgedanken abzulehnen sei.

Diese kurzen Auszüge aus dem Gedankengut Guicciardinis belegen, daß bereits zu Beginn des 16. Jahrhunderts Argumente für und wider die direkte Steuerprogression erarbeitet wurden, die sich heute in der folgenden Begriffsfassung wiederfinden: Opfertheorie, Umverteilungstheorie, Willkürargument. Besondere Berücksichtigung findet dabei die Opfertheorie, die zuerst im Sinne der Grenznutzendenker interpretiert, dann jedoch mit gewichtigen Gegenargumenten zur Gegenstandslosigkeit geführt wird. Die beeindruckenden Schlußfolgerungen von Francesco Guicciardini dürfen aber nicht darüber hinwegtäuschen, daß seine Theorien bei den Machthabern kein Gehör fand. Ihre Tarifgestaltung prägte sich allein durch Machtstreben und Intrigentum.

Nach der Vertreibung der Medici aus Florenz im Jahr 1494 wurde in Notzeiten, die es in der damaligen Zeit sehr häufig gab, wiederum das Prinzip der progressiven Besteuerung - zumindest vereinzelt - angewendet.[211] Allerdings verzichtete die florentinische Regierung auf die unter der Herrschaft der Medici üblichen Mißbräuche sowie auf überhöhte Steuersätze. Im Jahr 1530

---

[211] Zur Entwicklungsgeschichte vgl. Canestrini, G., L'arte di stato (1862), S. 301 ff.

bemaß sich die Steuer der florentinischen Bürger letztmalig nach einem progressiv ausgestalteten Tarif.[212]

Die Erbschaftsbesteuerung nahm ebenfalls in den italienischen Städterepubliken ihren Anfang. Aus Genua wird bereits im Jahr 1395 von einer Erbschaftsteuer berichtet. Der Steuersatz betrug - unabhängig vom Verwandtschaftsgrad zwischen Erblasser und Erbberechtigten - einheitlich 2 %.[213] Venedig führte die Erbschaftsbesteuerung im Jahre 1565 zur Deckung öffentlicher Ausgaben ein. Verwandte der direkten Linie waren von der Abgabe befreit, Erben der Seitenlinien hatten auf die Bemessungsgrundlage einen Steuersatz von 5 % anzulegen. Des weiteren wurde im Jahr 1573 ein Freibetrag eingeführt.[214] Schließlich ist aus Mantua eine Steuer bei Erwerb von Todes wegen überliefert, der ebenfalls ein Steuersatz von 5 % zugrunde lag.[215] Für eine progressive Ausgestaltung der Tarife in der Erbschaftsbesteuerung sind keine Anhaltspunkte zu finden.

Da die italienischen Städterepubliken in ihrer weiteren geschichtlichen Entwicklung in einen einheitlichen Staat übergingen und in diesem keine wesentlichen Neuerungen hinsichtlich einer progressiven Besteuerung festzustellen sind, kann auf eine nähere Betrachtung der späteren Perioden (vom Ausgang des Mittelalters bis zum Ende des 18. Jahrhunderts) für diesen Bereich verzichtet werden.

C. Progressive Besteuerung vom Ausgang des Mittelalters bis zum Ende des 18. Jahrhunderts

Im Laufe des 17. und 18. Jahrhunderts entwickelte das mittelalterliche Finanzwesen Strukturen, die bis in die heutige Zeit erhalten sind. Die Differenzierung zwischen Sollertragsteuern und reinen Ertragsteuern bildete sich zunehmend aus, die Erbschaftsbesteuerung setzte sich - ausgehend von den italienischen Städterepubliken - auch diesseits der Alpen durch.[216]

Nachfolgend soll untersucht werden, ob sich die einschneidenden Veränderungen im Bereich des Finanzwesens auch auf das Gebiet des Steuerwesens, insbesondere auf die Tarifgestaltung, auswirkten. Dazu sind die wesentlichen Besteuerungsmerkmale in England, Frankreich und Deutschland zu beleuchten. Die im vorhergehenden Abschnitt zusätzlich erfaßten Nationen kön-

---

[212] Vgl. Seligman, E., Progressive Taxation (1909), S. 24.

[213] Vgl. Schanz, G., Geschichte der Erbschaftssteuer (FA 1900), S. 36.

[214] Vgl. Schanz, G., Geschichte der Erbschaftssteuer (FA 1900), S. 38 f.

[215] Vgl. Schanz, G., Geschichte der Erbschaftssteuer (FA 1900), S. 39.

[216] Zu der Entwicklung der Erbschaftsbesteuerung nach Ausgang des Mittelalters vgl. Schanz, G., Geschichte der Erbschaftsteuer (FA 1900), S. 36 ff.

nen hier vernachlässigt werden, da sie nach Ausgang des Mittelalters entweder zerschlagen waren (Byzantinisches Reich) oder der prägende Einfluß ihrer Rechtssetzungen auf andere Länder erloschen war (Italienische Städterepubliken).

1. England

a) Laufende Besteuerung der Substanz und des Einkommens

Mitte des 16. Jahrhunderts bediente sich der englische Gesetzgeber einer neuartigen Abgabe direkter Natur, der sog. Monatsschatzung ("monthly assessment"), da die Einnahmen aus den bisher veranlagten Hauptsteuern (Zehnter und Fünfzehnter, Subsidy) immer spärlicher in die Staatskasse flossen.[217] Das Prinzip der Besteuerung im Monatszyklus liegt in der damit verbundenen schnelleren Mittelaufbringung begründet. Die durch das Parlament gestärkte Macht des Volkes fand ihren Niederschlag in der Abschaffung der vormals differenzierten Steuersätze für städtische und Land-Bevölkerung.[218] Um die Einnahmen des Fiskus sicherzustellen, gestaltete das Parlament die "monthly assessments" von Beginn an als Repartitionssteuer.[219]

Am Ende des 16. Jahrhunderts verloren die Monatsschatzungen zunehmend an Bedeutung, da sie nicht das erhoffte Steueraufkommen erbrachten. Nachdem das Parlament vergeblich versucht hatte, durch die Wiedereinführung der bereits oben beschriebenen Kopfsteuern die finanzielle Situation des Landes zu verbessern, faßte es im Jahr 1692 den Beschluß, eine zusätzliche Abgabe in Form der "land tax" einzuführen.[220] Anfangs war deren Bemessungsgrundlage auf das bewegliche und unbewegliche Vermögen ausgerichtet, ehe sie wegen der bei der Erfassung der Mobilien auftretenden Schwierigkeiten zunehmend zur Grundsteuer verkümmerte.[221] Bereits im Jahr 1697 erhielt die Landsteuer aufgrund des geringen Steueraufkommens Repartitionscha-

---

[217] Vgl. Vocke, W., Steuer in der Geschichte (FA 1890), S. 52; Seligman, E., Essays in taxation (1931), S. 46; Dowell, S., History of Taxation and Taxes (1965), S. 4 f. Manes sieht in der neuen Abgabe eine Vereinigung der bisherigen Hauptsteuern, wobei die Subsidy später noch einzeln neben den "monthly assessments" erhoben wurde (vgl Manes, A., Einkommensteuer in der englischen Finanz-Politik (1907), S. 132).

[218] Siehe hierzu auch Manes, A., Einkommensteuer in der englischen Finanz-Politik (1907), S. 132.

[219] Vgl. Wagner, A., Steuergeschichte (1910), S. 201; Dowell, S., History of Taxation and Taxes (1965), S. 4 f.

[220] Vgl. Vocke, W., Steuer in der Geschichte (FA 1890), S. 59; Manes, A., Einkommensteuer in der englischen Finanz-Politik (1907), S. 135; Coffield, J., History of Taxation (1970), S. 80.

[221] Siehe hierzu Wagner, A., Steuergeschichte (1910), S. 205; Seligman, E., Income Tax (1914), S. 49; Shehab, F., Progressive Taxation (1953), S. 17; Coffield, J., History of Taxation (1970), S. 81.

rakter.[222] Die Steuersätze differierten zwar in den einzelnen Perioden des 18. Jahrhunderts, belasteten jedoch alle Steuerpflichtigen in gleicher Höhe.

Unter der Vielzahl direkter Abgaben, die im Laufe des 17. und 18. Jahrhunderts eingeführt und immer wieder aufgehoben wurden, fällt vor dem Hintergrund der vorliegenden Themenstellung insbesondere die auf das Jahr 1696 zurückzuführende Fenstersteuer ins Auge. Mit Erhebung der sog. "window tax" verankerte man erneut eine Differenzierung der Steuerlast in das englische Steuersystem, die in dieser und ähnlicher Form bis zur Einführung der allgemeinen Einkommensbesteuerung im Jahr 1799 aufrechterhalten wurde.[223] Unterschiedliche Steuerzahlungen bemaßen sich jeweils nach der Zahl der in den Wohnhäusern der Steuerpflichtigen eingebauten Fensteröffnungen: Die Bewohner von Häusern mit weniger als zehn Fenstern hatten eine Steuer in Höhe von 2 Shilling zu entrichten, bei zehn bis zwanzig Fenstern betrug die Steuer 6 Shilling und bei mehr als zwanzig Fenstern 10 Shilling.[224] Im Jahr 1747 mußte die Fenstersteuer mit einer Haussteuer verknüpft werden, da die Wohnungseigentümer dazu übergingen, zur Vermeidung der Abgabe die Fenster ihrer Häuser durch Mauerwerk zu schließen.[225]

In Anbetracht der grundsätzlichen Wesensmerkmale dieser Steuer erscheint die Schlußfolgerung keineswegs vermessen, daß hier indirekt und sicherlich nur in äußerst unpräziser Weise die unterschiedliche Leistungsfähigkeit der Steuerpflichtigen berücksichtigt wurde. Offensichtlich wurde ein - unmittelbar einleuchtender - Zusammenhang zwischen Anzahl der Fenster, Größe des Hauses und Einkommen des Steuerpflichtigen hergestellt. Die Feststellung von Vocke, "... dass die Reichen allmählich doch nicht umhin konnten, sich in etwas stärkerem Verhältnis an der Belastung zu beteiligen, als anfänglich ..."[226], ist sicherlich vor dem Hintergrund zu sehen, daß die unterschiedlichen Steuerzahlungen die gleichförmige Behandlung individueller Leistungsfähigkeit - ungeachtet der regressiven Wirkungen, die sich durch die einheitliche Belastung innerhalb der einzelnen Steuerklassen ergeben - widerspiegeln sollten. Die Verschärfung der Steuersätze in den Jahren 1757 und 1766 liegt zweifelsohne in der zunehmend genaueren Bewertung des Wohneigentums begründet.

---

[222] Vgl. Vocke, W., Steuer in der Geschichte (FA 1890), S. 60; Seligman, E., Essays in taxation (1931), S. 47; Dowell, S., History of Taxation and Taxes (1965), S. 49.

[223] Die vielfachen Steuerbetragsänderungen, die im Verlauf des 18. Jahrhunderts vorgenommen wurden, können an dieser Stelle nicht im einzelnen besprochen werden. Vgl. aber die ausführliche Darstellung bei Vocke, W., Steuer in der Geschichte (FA 1890), S. 62 f.

[224] Vgl. hierzu Vocke, W., Steuer in der Geschichte (FA 1890), S. 62; Wagner, A., Steuergeschichte (1910), S. 207; Dowell, S., History of Taxation and Taxes (1965), S. 52.

[225] Vgl. Wagner, A., Steuergeschichte (1910), S. 207; Dowell, S., History of Taxation and Taxes (1965), S. 117.

[226] Vocke, W., Steuer in der Geschichte (FA 1890), S. 63.

b) Besteuerung beim Erwerb von Todes wegen

Letztlich ist auch die Ausgestaltung der Erbschaftsteuer, die die englische Regierung am Ende des 17. Jahrhunderts ins Leben rief, einer näheren Betrachtung zu unterziehen.[227] 1694 hatten die Erbberechtigten für die Bestätigung des Testaments und für die Ermächtung zur Verwaltung des Intestatnachlasses eine Steuer in Höhe von 5 Shilling zu entrichten, falls der Wert des beweglichen Teils des Erbanfalls 20 Pfund überschritt.[228] Dieser einheitliche Steuerbetrag wurde im Jahr 1697 auf 10 Shilling erhöht.[229] Die erste Steuerbetragsdifferenzierung im Rahmen der englischen Erbschaftsbesteuerung erfolgte 1779: Erbanfälle in Höhe von 20 bis 100 Pfund wurden mit einem Steuerbetrag in Höhe von 10 Shilling belegt, bei Erbsummen von 100 bis 300 Pfund waren 1 Pfund 10 Shilling und bei größeren Erbschaften 2 Pfund 10 Shilling zu entrichten.[230] Indes erscheint es unzulässig, angesichts der unterschiedlichen Steuerbeträge für die Einordnung dieser Steuer als "steigende Abgabe"[231] zu plädieren. Diese Auffassung wird eindeutig durch die nachfolgende Abbildung belegt.

---

[227] Übersichtliche Darstellungen der Zeitabfolge, in der die Erbschaftsteuer in den verschiedenen europäischen Ländern eingeführt wurde, finden sich bei Schanz, G., Erbschaftssteuer (HdS 1927), S. 795, und Oberhauser, A., Erbschaft- und Schenkungsteuern (HdF 1980), S. 495.

[228] Vgl. hierzu die Ausführungen bei Schanz, G., Geschichte der Erbschaftssteuer (FA 1900), S. 61 f.; Wagner, A., Steuergeschichte (1910), S. 216.

[229] Vgl. Vocke, W., Steuer in der Geschichte (FA 1890), S. 79; Schanz, G., Erbschaftssteuer (HdS 1927), S. 819.

[230] Vgl. auch Vocke, W., Steuer in der Geschichte (FA 1890), S. 79; Schanz, G., Geschichte der Erbschaftssteuer (FA 1901), S. 553.

[231] Vocke, W., Steuer in der Geschichte (FA 1890), S. 79.

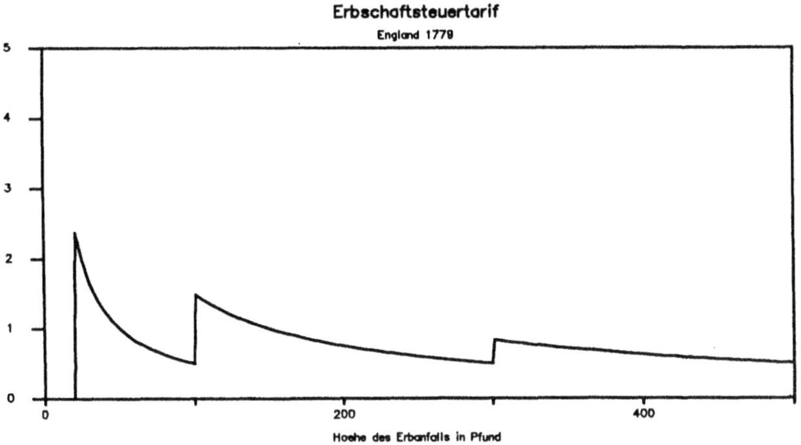

Die graphische Darstellung der Durchschnittsteuersatzkurve vermittelt die regressiven Wirkungen des Erbschaftsteuertarifs 1779, die sich aus der relativ höheren Besteuerung der kleinen Erbanfälle ergibt. Bei einer Beurteilung darf aber nicht übersehen werden, daß der damaligen Steuer eher gebühren- als steuerähnlicher Charakter innewohnte. Die Ableitung eines Steuertarifs aus den Gebührensätzen ist daher von vorneherein skeptisch zu betrachten.

2. Frankreich

a) Laufende Besteuerung der Substanz und des Einkommens

Vom Ausgang des späten Mittelalters bis zum Ende des 18. Jahrhunderts unterlag das französische Steuersystem nur geringen Veränderungen. Die "taille" blieb weiterhin die Hauptabgabe im Rahmen der direkten Besteuerung. Die Steuersätze dieser Abgabe wurden sukzessive erhöht; die Erhebung erfolgte in den verschiedenen Provinzen Frankreichs teilweise als "taille personelle", teilweise als "taille réelle".[232] In der erstgenannten Ausgestaltung wies die "taille" den Charakter einer Familien- und Haushaltungssteuer auf mit der Folge, daß es aufgrund der mangelnden Objektivierbarkeit des Steuergegenstandes zu Willkürhandlungen bei der Steuererhebung kam, insbesondere als die Kommunen immer höhere Steuerbeträge repartieren mußten.[233] Die "taille

[232] Vgl. Eheberg, K. T., Finanzen im Mittelalter (HdS 1900), S. 975; Lasteyrie, C., L'impôt (Revue des deux mondes 1910), S. 680; Wagner, A., Steuergeschichte (1910), S. 156; Seligman, E., Income Tax (1914), S. 50.

[233] Vgl. Raths, E., Vermögensteuer in historischer Sicht (1977), S. 77 f.

réelle" blieb eine reale Grundsteuer und war somit - trotz der Ungerechtigkeiten bei der Festlegung der Steuersubjekte - relativ willkürfrei.[234] Adel, Geistlichkeit, Beamte und sonstige Privilegierte waren von beiden Abgaben befreit.[235] Der vormals einheitliche Steuersatz zerfiel im Laufe des 16. Jahrhunderts in ein "principal" und verschiedene "crues", d.h. in einen Grundbetrag und in abgestufte Zuschläge, die auf den Basisbetrag gelegt wurden.[236] Die zunehmend drückender wirkende Steuerbelastung und die Freistellung bevorzugter Schichten führten im Zuge der französischen Revolution zur Abschaffung der "taille".[237]

Im 18. Jahrhunderts traten neben die "taille", deren Steueraufkommen durch die hohe Anzahl von Befreiungen immer geringer wurde, neue Hauptsteuern: "capitation", "le dixième" und "le vingtième".[238]

Die im Jahr 1695 den Bürgern erstmal auferlegte "capitation" sollte ihrem Charakter nach als Einkommensteuer ausgestaltet werden, verkümmerte jedoch zu einer nach Berufs- und Standesklassen abgestuften Kopfsteuer.[239] Innerhalb des Steuertarifs wurde zwischen 22 Klassen differenziert. Die Steuerplichtigen hatten - je nach Zugehörigkeit zu einer Klasse - Abgaben in Höhe von 1 bis 2.000 Livres zu entrichten.[240] Im Verlauf des 18. Jahrhunderts wurde die "capitation" mehrmals erhoben. Es erfolgten allerdings Modifikationen hinsichtlich der Höhe des zu bezahlenden Steuerbetrags und der Einbeziehung privilegierter Schichten in die Steuerpflicht.[241] Auffällig bei dieser Abgabe ist die undifferenzierte Ausgestaltung der Steuerbemessungsgrund-

---

[234] Vgl. Heckel, M., Taille (HdS 1901), S. 49; Hanstein, W., Entstehungsgeschichte (1931), S. 18; Seligman, E., Essays in taxation (1931), S. 50.

[235] Vgl. auch Heckel, M., Taille (HdS 1901), S. 49; Lasteyrie, C., L'impôt (Revue des deux mondes 1910), S. 680; Wagner, A., Steuergeschichte (1910), S. 156; Seligman, E., Income Tax (1914), S. 50; Hanstein, W., Entstehungsgeschichte (1931), S. 18.

[236] Vgl. Eheberg, K. T., Finanzen im Mittelalter (HdS 1900), S. 975. Die aus den Zuschlägen resultierenden Steuereinkünfte waren meist für die Deckung militärischer Ausgaben vorgesehen (vgl. Heckel, M., Taille (HdS 1901), S. 49).

[237] Siehe hierzu Hanstein, W., Entstehungsgeschichte (1931), S. 18.

[238] Ausführliche Darstellungen zu diesen Besteuerungsformen finden sich bei Clamageran, J.-J., Histoire de L'impôt (1876), S. 31 ff.; Lasteyrie, C., L'impôt (Revue des deux mondes 1910), S. 692 ff.; Wagner, A., Steuergeschichte (1910), S. 160 ff.; Seligman, E., Income Tax (1914), S. 50 ff.

[239] Vgl. Clamageran, J.-J., Histoire de L'impôt (1876), S. 36; Wagner, A., Steuergeschichte (1910), S. 160.

[240] Vgl. Lasteyrie, C., L'impôt (Revue des deux mondes 1910), S. 692 f.; Seligman, E., Income Tax (1914), S. 50.

[241] Für weitere Details sei auf die Ausführungen bei Clamageran, J.-J., Histoire de L'impôt (1876), S. 36 ff., verwiesen.

lage[242], die aufgrund des Wohlstandsgefälles innerhalb der einzelnen Klassen zu regressiven Wirkungen führen mußte, sowie die bereits bei der "taille" zu beobachtende Freistellung privilegierter Schichten, die eine übermäßige Belastung des bürgerlichen Wohlstands bedingte. Diese schwerwiegenden Mängel hatten schließlich zur Folge, daß diese Besteuerungsform die Zeit der französischen Revolution ebenfalls nicht überdauern konnte.

Der aufgrund des spanischen Erbfolgekriegs gestiegene Finanzbedarf führte im Jahr 1710 zur Einführung einer einkommensteuerähnlichen Abgabe, dem sog. "le dixième".[243] Als Besonderheiten dieser Steuer sind die für die damalige Zeit sehr umfassende Bemessungsgrundlage[244] sowie das Ausweiten der subjektiven Steuerpflicht auf alle Bürger, unabhängig von deren sozialer Stellung, zu nennen. Die Steuer genügte dem Prinzip der Proportionalität, da die Bemessungsgrundlage mit einem konstanten Steuersatz in Höhe von 10 % belegt wurde. Im Jahr 1717 wird diese Besteuerungsform letztmalig erwähnt. Sie wird jedoch im Jahr 1749 in Gestalt des "le vingtième" erneut angewendet. Die Bemessungsgrundlagen der beiden einkommensteuerähnlichen Abgaben können als nahezu identisch bezeichnet werden, jedoch reduzierte sich der Steuersatz von 10 % auf 5 %.[245] Aushöhlungen bei der Erfassung der Einkünfte sowie erneute Steuerbefreiungen für privilegierte Schichten und einzelne Kommunen führten letztlich dazu, daß die ersten Versuche einer allgemeinen Einkommensbesteuerung das Schicksal der "taille" und "capitation", im Zuge der französischen Revolution abgeschafft zu werden, teilten.

Bei kritischer Betrachtung der bisherigen Ausführungen ist die Feststellung zu treffen, daß im Frankreich des 16. - 18. Jahrhunderts das Prinzip der direkten Progression in der laufenden Besteuerung keine Rolle spielte.

---

[242] Diese Problematik beschreibt auch Lasteyrie, C., L'impôt (Revue des deux mondes 1910), S. 693. Er bedient sich zu diesem Zwecke eines einfachen, aber eingänglichen Beispiels.

[243] Vgl. Clamageran, J.-J., Histoire de L'impôt (1876), S. 92 ff.; Lasteyrie, C., L'impôt (Revue des deux mondes 1910), S. 697; Seligman, E., Income Tax (1914), S. 51; Hanstein, W., Entstehungsgeschichte (1931), S. 18.

[244] Bemessungsgrundlage bildeten die Einkünfte aus Grundvermögen, nicht-selbständiger Tätigkeit, Geldanlage (Zinseinkünfte) sowie aus gewerblicher Tätigkeit (vgl. Seligman, E., Income Tax (1914), S. 52). Besonders beachtenswert erscheint die Tatsache, daß für bestimmte Einkünfte die Steuer im Quellenabzugsverfahren erhoben wurde (vgl. Wagner, A., Steuergeschichte (1910), S. 161).

[245] Vgl. Wagner, A., Steuergeschichte (1910), S. 161.

b) Besteuerung beim Erwerb von Todes wegen

Erste Ansätze der Erbschaftsbesteuerung lassen sich bis auf das Jahr 1703 zurückverfolgen, als der Immobiliarübergang ab intestato und durch Testament mit einer Abgabe belegt wurde.[246] Der eigentliche Beginn dieser Besteuerungsform in Frankreich ist auf das Jahr 1790 zu datieren. In die Bemessungsgrundlage wurden Immobilien und Mobilien einbezogen.[247] In Abhängigkeit vom Verwandtschaftsverhältnis zwischen Erblasser und Erbberechtigten sowie dem Charakter des Erbgutes ergab sich der in der nachstehenden Abbildung wiedergegebene Tarifverlauf.[248]

Verwandtschafts-verhältnis	Steuersatz für Immobilien	Steuersatz für Mobilien
Direkte Linie	0,25 %	0,25 %
Verwandte 1. Grades	1 %	1 %
Verwandte 2. Grades	2 %	1,5 %
Verwandte 3. und 4. Grades	3 %	1,5 %
Sonstige Verwandte und Nichtverwandte	4 %	1,5 %

Abb. 11: Tarif der französischen Erbschaftsteuer (1790)

Dieses Tableau verdeutlicht, daß für die Zwecke der Erbschaftsbesteuerung ein progressiv ausgestalteter Tarif verwendet wurde. Die stärkere Belastung der Immobilien gegenüber den Mobilien setzte den schon im Mittelalter verankerten Usus fort. Die relativ höhere Belastung der entfernteren Verwandten wurde mit der neu geschaffenen Sicherung ihres Erbrechts begründet, für die diese Personengruppe ein höheres Entgelt an den Staat zu entrichten habe.[249] Dabei gilt es zu beachten, daß am Ausgang des Mittelalters noch das Prinzip vorherrschte, dem Staat den Erbanfall zuzurechnen, falls keine Verwandten direkter Abstammung ihre Ansprüche geltend

---

[246] Für weitere Details vgl. die Ausführungen bei Schanz, G., Geschichte der Erbschaftssteuer (FA 1901), S. 555; Frank, D., Erbschaftsteuer und Unternehmung (1969), S. 27.

[247] Für die rechnerische Ermittlung der Bemessungsgrundlage war der Bruttowert des Erbanfalls ohne Abzug der Lasten maßgeblich (vgl. Schanz, G., Geschichte der Erbschaftssteuer (FA 1901), S. 555).

[248] Siehe hierzu Schanz, G., Geschichte der Erbschaftssteuer (FA 1901), S. 555.

[249] Für einen kurzen Überblick vgl. Schanz, G., Erbschaftssteuer (HdS 1926), S. 797.

machten, mit der Folge, daß alle anderen Verwandten von der Erbfolge ausgeschlossen wurden.[250]

Die Äquivalenztheorie gilt demzufolge als gewichtiges Argument für die Einführung einer progressiven Tarifgestaltung im Rahmen der Besteuerung beim Erwerb von Todes wegen. Für die Leistung des Staates - hier: Sicherung des Erbanspruches - hat der Erbe eine Gegenleistung - hier: Abgabe in Form eines Teils des Erbanfalls - zu erbringen. Da für die entfernteren Verwandten die Sicherung ihres Erbes immer ungewisser wird, muß der Staat mehr Mittel zur Erlangung der Rechtsicherheit einsetzen. Dementsprechend ist eine relativ höhere Gegenleistung von Seiten der Erben zu erwarten.

3. Deutschland

a) Laufende Besteuerung der Substanz und des Einkommens

Im 17. und 18. Jahrhundert tritt die Domänenwirtschaft im Deutschen Reich in den Hintergrund, das Steuerwesen prägt sich dagegen zunehmend aus.[251] Die einzelnen Territorien implementieren eine Vielzahl verschiedener Steuern, die aufgrund ihrer Fülle nur beispielhaft benannt werden können: In Preußen erlegte man den Steuerpflichtigen sog. "Kontributionen" auf, die als Vermögen-, Personal- und einkommensteuerähnliche Abgaben ausgestaltet waren.[252] Bayern bediente sich regelmäßig allgemeiner Grund- und Vermögensteuern, wagte jedoch im Jahr 1746 den Versuch einer klassifizierten Personal- und Erwerbsteuer, die wenig später scheiterte und aufgehoben wurde.[253] Andere Territorien und Städte kannten zumeist ähnliche Steuern, die in unterschiedlichster Weise ausgeprägt waren.

Besonders interessant erscheint indes eine im Jahr 1742 in Sachsen eingeführte Steuer, die durchaus als progressiv ausgestaltete einkommensteuerähnliche Abgabe zu charakterisieren ist. Als Bemessungsgrundlage dienten die jährlichen Einnahmen von Grundstücken, Kapitalien, Renten, Erwerb und Verdienst. Reallasten, Schuldzinsen und Produktionskosten durften vom

---

[250] Vgl. Schanz, G., Geschichte der Erbschaftssteuer (FA 1901), S. 662 ff. Die Idee der Beschränkung des Erbrechts auf die direkten Abkömmlinge wird seit dem Ende des 18. Jahrhunderts wieder heftig diskutiert. Vgl. hierzu den ideengeschichtlichen Abriß bei Kisker, K. P., Erbschaftsteuer als Mittel der Vermögensredistribution (1964), S. 16 ff.

[251] Vgl. auch Eheberg, K. T., Finanzwissenschaft (1920), S. 124. An gleicher Stelle werden die verschiedenen Abgaben ausführlich charakterisiert.

[252] Vgl. Eheberg, K. T., Finanzen (HdS 1900), S. 908.

[253] Siehe hierzu Wagner, A., Steuergeschichte (1910), S. 87.

Gesamteinkommen in Abzug gebracht werden. Die so ermittelte Bemessungsgrundlage mußte dem nachfolgend wiedergegebenen Tarif[254] unterworfen werden.[255]

Einkommen von	bis	Steuersatz
0 Fl.	100 Fl.	0 %
101 Fl.	1.000 Fl.	1 %
1.001 Fl.	10.000 Fl.	2 %
10.001 Fl.	12.000 Fl.	3 %
12.001 Fl.	15.000 Fl.	4 %
15.001 Fl.	20.000 Fl.	5 %
20.001 Fl.	25.000 Fl.	6 %
> 25.000 Fl.		8 %

Abb. 12: Tarif der kursächsischen "Einkommensteuer" (1742)

Die progressive Ausgestaltung dieser Abgabe wurde damit begründet, daß die wohlhabenderen Bürger einen größeren Anteil an Schutz und Wohlfahrt des Staates als die Ärmeren genießen würden und somit mehr zum Staatshaushalt beizutragen hätten. Bereits zur Mitte des 18. Jahrhunderts bediente man sich also des äquivalenztheoretischen Ansatzes, um die Einführung des Progressionsprinzips zu rechtfertigen.

Allerdings darf nicht verschwiegen werden, daß diese modern ausgestaltete Steuer lediglich als außerordentliche Abgabe konzipiert worden war und demzufolge bereits im Jahr 1746 wieder abgeschafft wurde. Von diesem Zeitpunkt an ruhte die Einkommensbesteuerung in Sachsen bis zum Jahr 1850.

Diese Beschreibung zeigt, daß sich das deutsche Steuerwesen am Ausgang des Mittelalters nicht wesentlich weiterentwickelte und in seiner Ausgestaltung - mit geringfügigen Ausnahmen - gegenüber dem anderer Länder zurückblieb. Wagner umschreibt die hinter dieser Erscheinung stehende Problematik trefflich: "Es liegt an der verschiedenen politischen Entwicklung, daß die französische und britische Finanz- und Steuergeschichte früher bedeutsam und interessant, die

---

[254] Der Tarif wurde als Anstoßtarif nach heutigem Verständnis konstruiert, d.h. die Steuerbelastung für höhere Einkommen mußte über die einzelnen Teilmengen berechnet werden.

[255] Vgl. hierzu Judeich, A., Rentensteuer im Königreiche Sachsen (1857), S. 11 f. Judeich vertritt an gleicher Stelle die Ansicht, daß alles Lob, welches Gesetzgeber, Landtagsdeputierte und Schriftsteller dem englischen Minister William Pitt dafür zollen, daß er der erste Staatsmann gewesen ist, der durch die Bill vom 18. März 1799 die reine Einkommensteuer auf einen ganzen Staat anwendete, dem Kurfürsten Friedrich August und seinen Räten gebühre.

Finanzwirtschaft viel früher Steuerwirtschaft wird als die deutsche. Das betreffende Material ... bietet nicht das gleiche Interesse, hat auch für die allgemeine vergleichende Geschichte wirklicher Staatsfinanzen nicht den gleichen Wert wie das Material aus Frankreich und England."[256]

b) Besteuerung beim Erwerb von Todes wegen

Die geschichtliche Entwicklung der Erbschaftsbesteuerung begann im Deutschen Reich ebenfalls auf Territorialebene mit der Folge, daß eine Vielzahl kaum überschaubarer Regelungen existierte. Ihren Ausgangspunkt findet die Erbschaftsteuer am Anfang des 18. Jahrhunderts in Thüringen, wird dann aber im weiteren zeitlichen Verlauf auch in den übrigen Reichsterritorien angewendet.[257] Den unterschiedlichen Regelungen ist zum einen die Zwecksetzung - Mittelaufbringung für den Bau und Erhalt von Waisenhäusern[258] -, zum anderen die Verwendung einheitlicher Steuersätze - bei Steuerfreiheit der Blutsverwandten[259] - gemeinsam. Das Prinzip der Steuerprogression spielte somit auch bei der Besteuerung beim Erwerb von Todes wegen bis zum Beginn des 19. Jahrhunderts keine Rolle.

III. Entwicklung des Prinzips der direkten Steuerprogression seit Einführung der allgemeinen Einkommensbesteuerung

Als Geburtsstunde der allgemeinen Einkommensbesteuerung wird die 1799 durch Sir William Pitt ins englische Steuersystem eingebrachte "income tax" angesehen.[260] Allerdings war diese Abgabe mit zahlreichen Unzulänglichkeiten behaftet, so daß der Beginn der modernen Einkommensbesteuerung eigentlich auf den Zeitpunkt der Einführung der durch Addington maßgeblich beeinflußten "income tax" im Jahr 1803 zu datieren ist.[261] Bereits vor der Jahrhundertwende sind

---

[256] Wagner, A., Steuergeschichte (1910), S. 32.

[257] Die Anfänge der Erbschaftsbesteuerung in Deutschland lassen sich zeitlich wie folgt fassen: 1710 Heldburghausen und Hessen, 1728 Eisenach, 1733 Gotha, 1751 Speier, 1755 Jena, 1758 Erfurt, 1762 Coburg, 1766 Ansbach, 1769 Bayreuth, 1772 Schwarzburg-Sondershausen, 1778 Weimar und Sachsen-Altenburg.

[258] Vgl. Schanz, G., Geschichte der Erbschaftssteuer (FA 1901), S. 569.

[259] Die Kollateralabgaben betrugen beispielsweise in Gotha 5 %, Eisenach 3 %, Jena 3 %, Weimar 3 % (ab dem Jahr 1836 4 %), Schwarzburg-Sondershausen 3 %, Hessen 2,5 %, Speier 2 %, Ansbach 5 %, Bayreuth 2,5 % (vgl. Schanz, G., Geschichte der Erbschaftssteuer (FA 1901), S. 569 ff.).

[260] Vgl. beispielsweise Kennedy, W. English Taxation (1913), S. 168; Arendt, H., Entwicklung der englischen Einkommensteuer (1931), S. 4; Farnsworth, A., Addington (1951), S. 1; Shehab, F., Progressive Taxation (1953), S. 9; Sabine, B., History of Income Tax (1966), S. 27; Coffield, J., History of Taxation (1970), S. 89; Franke, S., Entwicklung der Einkommensbesteuerung (1981), S. 9.

[261] Für diese Auffassung vgl. Hope-Jones, A., Income Tax (1939), S. 20; Farnsworth, A., Addington (1951), S. X.

aber erste Ansätze einkommensteuerähnlicher Abgaben - insbesondere in Frankreich im Zuge der 1789 beginnenden Revolution - zu erkennen, deren Tarifgestaltung einer näheren Betrachtung bedarf.

Die vorliegenden Eckdaten begründen die Notwendigkeit, im nachfolgenden Abschnitt die Entwicklung der progressiven Besteuerung seit 1780 zu beleuchten. Um eine größere Übersichtlichkeit zu erreichen, wird dieser Zeitabschnitt in drei Unterabschnitte unterschiedlicher Wichtigkeit zerlegt:

(1) Periode während der Entstehungszeit der allgemeinen Einkommensbesteuerung: In diesem Zeitraum wurde das Für und Wider des Prinzips der direkten Steuerprogression heftig diskutiert mit dem Ergebnis, daß sich die Befürworter dieses Besteuerungsgrundgedankens durchsetzen konnten.

(2) Periode vom Ende des 19. bis zur Mitte des 20. Jahrhunderts: Dieser Zeitabschnitt ist durch die zunehmende Verflachung der Diskussion um das Prinzip der direkten Steuerprogression gekennzeichnet. Verschiedene Autoren sind zwar bemüht, die für und wider dieses Besteuerungsprinzip sprechenden Argumente zu erfassen, zu systematisieren und zu beurteilen[262], jedoch gelingt es zumeist nicht, neue Gesichtspunkte in den wissenschaftlichen Widerstreit einzubringen.

(3) Periode von der Mitte des 20. Jahrhunderts bis heute: Insbesondere in den Vereinigten Staaten von Amerika, aber auch in anderen Ländern[263], entwickelte sich zu dieser Zeit die Auffassung, daß ein einheitlicher Steuersatz aus Effizienzgründen der progressiven Tarifgestaltung vorzuziehen sei. Diese Erkenntnis führte zu einer neuerlichen Belebung der Diskussion um das Prinzip der direkten Steuerprogression. Im Gegensatz zur Vorperiode änderten sich nun auch die Argumentationsansätze, so daß wichtige Erkenntnisse aus diesem Zeitabschnitt zu ziehen sind.

Grundlage der Untersuchung bilden wiederum die Gegebenheiten in England, Frankreich sowie in Deutschland:

(1) England ist in die Untersuchung einzubeziehen, da dort die allgemeine Einkommensbesteuerung - mit ersten progressiven Ansätzen - ihren Ursprung nahm. In neuester Zeit vollzog sich der Weg zur einstufigen flat-rate tax in England durch Einführung eines zweistufigen Steuertarifs am ehesten.

(2) Die Verhältnisse in Frankreich erscheinen aufgrund der tiefgreifenden Einschnitte, die die französische Revolution auch im Steuerwesen hinterließ, beachtenswert. Gegen-

---

[262] Als Standardwerke sind hier zu nennen: Seligman, E., Progressive Taxation (1909), S. 129 ff.; Shehab, F., Progressive Taxation (1953), S. 9 ff.; Blum, W. J./Kalven, H., Uneasy Case for Progressive Taxation (1953; reprint 1978), S. 1 ff.

[263] In Neuseeland wurde Ende der 80er Jahre die Einführung einer flat-rate tax beschlossen. In der Umsetzung ergab sich jedoch ein zweistufiger Einkommensteuertarif. Vgl. hierzu o.V., Taxation and Economic Reforms (WTR 1/1988), S. 13 ff.

wärtig präferiert die französische Regierung - unbeeindruckt von der weltweiten Steuerreformbewegung mit ihren weitreichenden Steuertarifkorrekturen - die traditionelle Steuersatzdifferentiation, ohne eine grundsätzliche Abkehr vom Prinzip der direkten Steuerprogression zu erwägen.

(3) Die Steuerrechtsetzungen Deutschlands sind von besonderem Interesse, da - wie schon im vorhergehenden Abschnitt gezeigt wurde - das deutsche Steuerwesen in seiner Entwicklung nicht mit denjenigen der Vergleichsländer Schritt halten konnte. So wurde die allgemeine Einkommensbesteuerung in Deutschland nahezu ein Jahrhundert nach Pitts "income tax" eingeführt. Die Frage stellt sich, inwieweit die Erfahrungen der Vergleichsländer auf die deutschen Rechtsverhältnisse einwirkten. Die "Große Steuerreform" der Jahre 1986 - 1990, die die Einführung eines linear-progressiven Einkommensteuertarifs mit sich brachte, verdient eine nähere Betrachtung mit der Zielsetzung, die Einflußnahme der neueren Diskussion um die Sinnhaftigkeit der direkten Steuerprogression auf die Tarifgestaltung herauszuarbeiten.

Für die letzte Teilperiode ist die Entwicklung der Tarifgestaltung im Steuersystem der Vereinigten Staaten von Amerika ebenfalls zu untersuchen, da von dort der Gedanke der flat-rate tax ausging.

A. Progressive Besteuerung während der Entstehungszeit der allgemeinen Einkommensbesteuerung

1. England

a) Laufende Besteuerung der Substanz und des Einkommens

Am Ausgang des 18. Jahrhunderts dominierten im englischen Steuerwesen die Akzisen.[264] An direkten Steuern wurden den Steuerpflichtigen die "land tax" sowie die "house taxes" auferlegt. Mit diesen Abgaben konnten jedoch nicht genügend Mittel zur Milderung der Finanzmisere Englands aufgebracht werden.[265] Nach Ausbruch der englisch-französischen Kriege im Jahr 1793 führte der damalige englische Finanzminister, Sir William Pitt, eine Vielzahl neuer Steuern ein und

[264] Vgl. auch Großfeld, B., Einkommensteuer (1981), S. 8. Als Akzisen bezeichnete man zur damaligen Zeit die Vielzahl der Verbrauchsteuern.

[265] Vgl. Seligman, E., Income Tax (1914), S. 60, der an dieser Stelle das aus direkten und indirekten Abgaben resultierende Steueraufkommen berechnet. Gleiche Auffassung findet sich bei Manes, A., Einkommensteuer in der englischen Finanz-Politik (1907), S. 174.

erhöhte bestehende Abgaben[266], ohne daß dadurch eine Verbesserung der angespannten Finanzsituation eintrat.

So sah sich die englische Regierung im Jahr 1798 gezwungen, eine tiefgreifende Korrektur des geltenden Besteuerungssystems mittels Einführung der sog. "triple assessments" vorzunehmen.[267] Diese Abgabe vermischte Elemente einer Ausgaben- und Einkommensbesteuerung.[268] Das Vermögen und/oder Einkommen der Steuerpflichtigen wurde nicht direkt veranlagt. Vielmehr erfolgte eine Einteilung der Gesamtheit der Abgabepflichtigen in drei Klassen anhand ihrer jeweiligen Besitzverhältnisse. Als Beurteilungsmaßstab diente die Steuerveranlagung des Vorjahres. Je nach Besitzklasse hatten die Steuerpflichtigen die veranlagte Steuer des Vorjahres mit einem bestimmten Multiplikator zu versehen, um die Steuerlast des laufenden Jahres zu ermitteln.[269] Da die Steuerzahlung des Vorjahres größtenteils auf indirekten Abgaben beruhte, ist den "triple assessments" Verbrauchsteuercharakter zuzuschreiben.

Die "triple assessments" waren aufgrund ihrer weitreichenden Unzulänglichkeiten erheblicher Kritik ausgesetzt, so daß sich der englische Finanzminister im Jahr 1799 gezwungen sah, das Besteuerungssystem durch Einführung einer neugestalteten Abgabe wiederum zu reformieren.[270] Als Folge dieser Umgestaltung entstand die Pitt'sche Einkommensteuer. Diese Abgabe bestach insbesondere durch folgende Neuerungen:

- Erfassung des gesamten Einkommens,
- Bewilligung von Abzugsbeträgen zur Berücksichtigung der individuellen Leistungsfähigkeit der Steuerpflichtigen,
- Einführung eines steuerfreien Grundbetrags,
- Besteuerung mittels progressiver Tarifgestaltung.

---

[266] Eine ausführliche Darstellung der einzelnen Maßnahmen - in chronologischer Folge geordnet - findet sich bei Manes, A., Einkommensteuer in der englischen Finanz-Politik (1907), S. 173 f.

[267] Siehe zu dieser Besteuerungsform Manes, A., Einkommensteuer in der englischen Finanz-Politik (1907), S. 185 ff.; Seligman, E., Progressive Taxation (1909), S. 40; Kennedy, W., English Taxation (1913), S. 167; Hope-Jones, A., Income Tax (1939), S. 14 f.; Shehab, F., Progressive Taxation (1953), S. 43 f.; Großfeld, B., Einkommensteuer (1981), S. 9.

[268] Vgl. Manes, A., Einkommensteuer in der englischen Finanz-Politik (1907), S. 186.

[269] Vgl. Seligman, E., Income Tax (1914), S. 65; Hope-Jones, A., Income Tax (1939), S. 14.

[270] Vgl. Shehab, F., Progressive Taxation (1953), S. 44. Die Abschaffung der "triple assessments" lag hauptsächlich im Nicht-Erreichen des geplanten Steueraufkommens begründet: Anstatt der erhofften 4,5 Millionen Pfund konnten im Jahr 1798 nur 2 Millionen Pfund an Steuergeldern vereinnahmt werden. Siehe auch Seligman, E., Income Tax (1914), S. 71; Hope-Jones, A., Income Tax (1939), S. 14.

Von besonderem Interesse ist im Rahmen dieser Untersuchung der Tarif der Pitt'schen Einkommensteuer, der der nachstehenden Abbildung zu entnehmen ist. Der Steuertarif war wiederum als Stufendurchschnittsatztarif ausgestaltet.[271]

Einkommen von	bis	Steuersatz prozentual	dezimal
0 Pfd.	59 Pfd.	0	
60 Pfd.	64 Pfd.	0,833 %	1/120
65 Pfd.	69 Pfd.	1,053 %	1/95
70 Pfd.	74 Pfd.	1,429 %	1/70
75 Pfd.	79 Pfd.	1,538 %	1/65
80 Pfd.	84 Pfd.	1,667 %	1/60
85 Pfd.	89 Pfd.	1,818 %	1/55
90 Pfd.	94 Pfd.	2,000 %	1/50
95 Pfd.	99 Pfd.	2,222 %	1/45
100 Pfd.	104 Pfd.	2,500 %	1/40
105 Pfd.	109 Pfd.	2,631 %	1/38
110 Pfd.	114 Pfd.	2,778 %	1/36
115 Pfd.	119 Pfd.	2,941 %	1/34
120 Pfd.	124 Pfd.	3,125 %	1/32
125 Pfd.	129 Pfd.	3,333 %	1/30
130 Pfd.	134 Pfd.	3,571 %	1/28
135 Pfd.	139 Pfd.	3,846 %	1/26
140 Pfd.	144 Pfd.	4,167 %	1/24
145 Pfd.	149 Pfd.	4,545 %	1/22
150 Pfd.	154 Pfd.	5,000 %	1/20
155 Pfd.	159 Pfd.	5,263 %	1/19
160 Pfd.	164 Pfd.	5,556 %	1/18
165 Pfd.	169 Pfd.	5,882 %	1/17
170 Pfd.	174 Pfd.	6,250 %	1/16
175 Pfd.	179 Pfd.	6,667 %	1/15
180 Pfd.	184 Pfd.	7,143 %	1/14
185 Pfd.	189 Pfd.	7,692 %	1/13
190 Pfd.	194 Pfd.	8,333 %	1/12
195 Pfd.	199 Pfd.	9,091 %	1/11
> 200 Pfd.		10,00 %	1/10

Abb. 13: Tarifaufbau der Pitt'schen Einkommensteuer (1799)

---

[271] Zu dieser Tarifgestaltung vgl. auch Seligman, E., Income Tax (1914), S. 66; Bräuer, K., Lehre vom Steuertarif (1927), S. 164 f.

Die Grenzsteuersätze der Pitt'schen Einkommensteuer reichten von ca. 1 % bis zu einem "Spitzensteuersatz" in Höhe von 10 %.[272] Bereits im Jahr 1797 - also vor Einführung der "triple assessments" - wurde die nunmehr verwirklichte Steuersatzdifferenzierung[273] gefordert mit der Begründung, "... at the period in which liberality alone is the virtue to exercise, we are at the point when either a sacrifice must be made of some such affectual proportion of fortune in order to protect the whole, or we may contend in vain against devastation and rapine."[274]

Demzufolge zwangen die englisch-französischen Kriege zu einer besonderen Anstrengung der Bürger, die nur durch die Einführung einer allgemeinen, progressiv ausgestalteten Einkommensteuer zu bewältigen war. Diskutiert wurde in dieser Zeit insbesondere die Opfertheorie als Grundlage für die progressive Tarifgestaltung. Vereinzelt wiesen Politiker darauf hin, daß Geringverdienende den Großteil ihres Einkommens zur Deckung des lebensnotwendigen Bedarfs verausgaben müssen, bei steigenden Einkommen dagegen zunehmend mehr Geld für die Beschaf-

[272] Allerdings bleibt fraglich, ob die Pitt'sche Einkommensteuer als progressiv ausgestaltete Abgabe gewollt war. Grundgedanke des Tarifaufbaus ist die Verankerung eines einheitlichen Steuersatzes in Höhe von 10 % sowie die Gewährung einkommensabhängiger Tarifvergünstigungen, so daß die Tarifstruktur eher als degressiv zu bezeichnen ist, obwohl - wie bereits an anderer Stelle gezeigt wurde - der Unterschied zwischen progressiven und degressiven Tarifverläufen lediglich in der gewählten Betrachtungsweise liegt. Dies belegt die graphische Darstellung des Steuertarifs, der eine beschleunigte Progression im Bereich geringer Einkommen erkennen läßt:

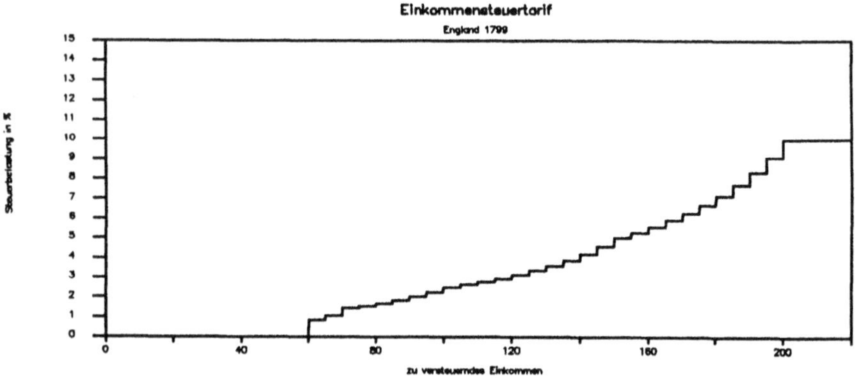

[273] Die Diskussion über proportionale bzw. progressive Besteuerung bezog sich nicht nur auf eine Differenzierung der Steuersätze in Abhängigkeit von der Höhe des zu versteuerenden Einkommens, sondern insbesondere auf die unterschiedliche Besteuerung der Einkommen aus den verschiedenen Einkunftsquellen: "... it was unfair to tax at the same rates landed or funded income, life income, and professional or commercial income. There should be differentiation between settled, temporary and precarious incomes."(Kennedy, W., English Taxation (1913), S. 173 f.).

[274] Zitiert nach Manes, A., Einkommensteuer in der englischen Finanz-Politik (1907), S. 178 f.

fung von Luxusgütern aufgewendet werden könne. Notwendige Konsequenz sei es somit, höhere Einkommen relativ stärker zu belasten als niedrige Einkünfte.[275]

Andererseits lebte in den Debatten zur "income-tax" die "leave-them-as-you-find-them-rule" auf: Mit diesem Argument wies Pitt die Kritik seiner Gegner zurück, die forderten, die Einkünfte aus den unterschiedlichen Einkommensquellen mit verschiedenen Steuersätzen zu belegen.[276]

Trotz der vielschichtigen Argumentation um das Für und Wider der Steuerprogression muß man sich vor Augen führen, daß die Einkommensteuer des Jahres 1799 keineswegs als progressive Abgabe konzipiert war, sondern vielmehr Vergünstigungen für Geringverdienende bewilligen wollte. Die politischen und sozialen Umstände sowie die parlamentarische Diskussion verbieten es m.E., diese Epoche als Ausgangspunkt für den Siegeszug der Progressivsteuer zu betrachten.[277]

Die Abschaffung der Pitt'schen Einkommensteuer fällt in das Jahr 1802. Zu dieser Zeit beendete der Friedensvertrag von Amiens den englisch-französischen Krieg und zerstörte somit auch die Bestandsgrundlage der als Kriegsteuer ausgewiesenen "income-tax".[278] Als die Animositäten im Jahr 1803 erneut aufflackerten, führte Lord Addington eine Kriegsteuer ein, die er als "property tax" bezeichnete, die ihrem Charakter nach jedoch ebenso als Einkommensteuer ausgestaltet war wie die Pitt'sche Einkommensteuer.[279] Allerdings nahm Addington Abstand von der Verknüpfung aller Einkunftsarten. Er gestaltete die auf ihn zurückzuführende Einkommensteuer als Schedulensteuer, um bei den Bürgern den Eindruck zu erwecken, eine Vielzahl kleinerer Abgaben leisten zu müssen. Des weiteren reduzierte sich der Spitzensteuersatz auf 5 %, stufenweise Ermäßigungen wurden für Einkommen in Höhe von 60 - 150 Pfund gewährt. Das steuerfreie Existenzminimum in Höhe von 60 Pfund wurde beibehalten.[280]

---

[275] Diese Aussage ist Gilbert Wakefield zuzurechnen, wiedergegeben bei Kennedy, W., English Taxation (1913), S. 177.

[276] "What does the new tax do? Are they not left in relation to each other precisely as they were before? The tax creates no new inequality."(Pitt, W., Speeches (1817; reprint 1982), S. 9).

[277] Gleiche Auffassung findet sich bei Kennedy, W., English Taxation (1913), S. 177 f.

[278] Siehe hierzu Arendt, H., Entwicklung der englischen Einkommensteuer (1931), S. 3; Shehab, F., Progressive Taxation (1953), S. 46; Dowell, S., History of Taxation and Taxes (1965), S. 230.

[279] Vgl. Hope-Jones, A., Income Tax (1939), S. 20; Dowell, S., History of Taxation and Taxes (1965), S. 230 f.

[280] Vgl. Arendt, H., Entwicklung der englischen Einkommensteuer (1931), S. 4; Shehab, F., Progressive Taxation (1953), S. 55; Coffield, J., History of Taxation (1970), S. 99.

In dieser Grundstruktur konnte sich die Addington'sche Einkommensteuer - abgesehen von Änderungen der Steuersätze, der Begünstigungen für Geringverdienende sowie der Höhe des steuerfreien Existenzminimums[281] - bis in das Jahr 1816 behaupten, ehe sie mit Beendigung der napoleonischen Kriege endgültig abgeschafft wurde.[282]

Erst im Jahr 1842 zwang das sich zunehmend steigernde Budgetdefizit zur Wiedereinführung der Einkommensbesteuerung mit der Zielsetzung, die desolaten Staatsfinanzen zu konsolidieren. Sir Robert Peel griff dabei auf das bereits 1806 von Addington verwendete Besteuerungssystem zurück[283], nahm jedoch insbesondere im Bereich der Tarifgestaltung tiefgreifende Korrekturen vor: Der Grundfreibetrag wurde von 50 auf 150 Pfund erhöht mit der Folge, daß die steuerlichen Erleichterungen für Geringverdienende ersatzlos wegfallen konnten. Für Einkommen, die 150 Pfund überschritten, galt ein einheitlicher Steuersatz in Höhe von 7 Dimes je Pfund[284], umgerechnet circa 2,9 %.[285] Von der am Anfang des 19. Jahrhunderts ins Steuersystem eingeführten Steuersatzdifferenzierung wurde somit Abstand genommen.

Obwohl die Peel'sche Einkommensteuer nur für einen eng begrenzten Zeitraum erhoben werden sollte, blieb sie in ihrer Grundstruktur bis in die Gegenwart bestehen, da das mit ihr erzielte Steueraufkommen einen wesentlichen Bestandteil der Einnahmen des Vereinigten Königreiches bildete. Insbesondere im Bereich der Tarifgestaltung waren allerdings zahlreiche Änderungen zu vermerken. Bereits im Jahr 1853 erfolgte - wie nachfolgende Abbildung in übersichtlicher Form zeigt - erneut eine Differenzierung der Steuersätze.[286] Wiederum wurde die Einkommensteuer jedoch über einen Stufendurchschnittsatztarif erhoben.

---

[281] Vgl. hierzu Seligman, E., Income Tax (1914), S. 100 ff.; Farnsworth, A., Addington (1951), S. 99 ff.

[282] Seligman, E., Income Tax (1914), S. 106 ff., beschreibt die Umstände sehr trefflich, die das Schicksal der ersten Einkommensteuer in England besiegelten. Ebenso Hope-Jones, A., Income Tax (1939), S. 33.

[283] Vgl. Seligman, E., Income Tax (1914), S. 132; Arendt, H., Entwicklung der englischen Einkommensteuer (1931), S. 5; Coffield, J., History of Taxation (1970), S. 104.

[284] Vgl. Dowell, S., History of Taxation and Taxes (1965), S. 325; Coffield, J., History of taxation (1970), S. 106. Somit wies diese Abgabe starke Ähnlichkeiten mit der Tarifgestaltung der gegenwärtig diskutierten "flat-rate tax" auf.

[285] Die Umrechnung basiert auf folgender Beziehung: 1 Pfund = 20 Shilling = 240 Dimes.

[286] Vgl. Seligman, E., Progressive Taxation (1909), S. 42; Sabine, B., History of Income Tax (1966), S. 76.

Einkommen von	bis	Steuersatz
0	100 Pfd.	0 %
101 Pfd.	150 Pfd.	2,08 %
> 150 Pfd.		2,92 %

Abb. 14: Tarif der englischen Einkommensteuer (1853)

Die Höhe der Steuersätze sowie der lediglich geringe Unterschied zwischen den Steuersätzen der Tarifklassen II und III belegen, daß die Steuersatzdifferenzierung nicht auf eine relative Mehrbelastung der Besserverdienenden, sondern vielmehr auf eine relative Entlastung der Geringverdienenden abstellte. Die progressive Tarifgestaltung ist somit zwar erneut formal nachweisbar, jedoch entzieht sie sich dem Verständnis der damaligen Zeit.

In der zweiten Hälfte des 19. Jahrhunderts traten neben das steuerfreie Existenzminimum die sog. "abatements" als Mittel zur Entlastung der Bezieher niedriger Einkommen.[287] Die "abatements" sind nach der heutigen Nomenklatur als pauschale Abzüge vom zu versteuernden Einkommen zu charakterisieren, die bei mittleren und kleineren Einkommen am höchsten sind und sich mit wachsendem Einkommen immer mehr ermäßigen, bevor sie von einer festgelegten Grenze ab ganz entfallen.[288] Die Tarifstruktur der englischen Einkommensteuer wies bis zum Ende des 19. Jahrhunderts die in der nachfolgenden Abbildung wiedergegebene Gestalt auf.[289]

[287] Vgl. hierzu ausführlich Arendt, H., Entwicklung der englischen Einkommensteuer (1931), S. 7.

[288] Vgl. auch Bräuer, K., Lehre vom Steuertarif (1927), S. 83 ff.; Wick, H., Indirekte Progression (1932), S. 33 ff.

[289] In Anlehnung an die Ausführungen bei Seligman, E., Progressive Taxation (1909), S. 42 f.; Harzendorf, F., Einkommensteuer in England (1914), S. 169; Arendt, H., Entwicklung der englischen Einkommensteuer (1931), S. 6 f.

Jahr	steuerfreies Existenzminimum	Abzüge von der Bemessungsgrundlage			Steuersatz
		Einkommen von	bis	Abzug	
1863	100 Pfd.	100 Pfd.	200 Pfd.	60 Pfd.	2,92 %
1873	100 Pfd.	100 Pfd.	300 Pfd.	80 Pfd.	1,25 %
1876	150 Pfd.	150 Pfd.	400 Pfd.	120 Pfd.	1,25 %
1894	160 Pfd.	160 Pfd. 400 Pfd.	400 Pfd. 500 Pfd.	160 Pfd. 100 Pfd.	2,92 %
1898	160 Pfd.	160 Pfd. 400 Pfd. 500 Pfd. 600 Pfd.	400 Pfd. 500 Pfd. 600 Pfd. 700 Pfd.	160 Pfd. 150 Pfd. 120 Pfd. 70 Pfd.	3,33 %

Abb. 15: Grundelemente der Einkommensteuertarife in England (1863 - 1898)

Die in der englischen Einkommensbesteuerung in den Jahren 1863 - 1898 geltenden Tarifverläufe belegen, daß bis zum Ausgang des 19. Jahrhunderts kein erneuter Versuch unternommen wurde, das Prinzip der direkten Steuerprogression als Besteuerungsinstrument zu verwirklichen.[290] Bei Anwendung einheitlicher, aber im Zeitablauf unterschiedlicher Steuersätze wurde durch die Einführung des "abatement-Systems" eine indirekte Steuerprogression verwirklicht mit der Zielsetzung, Geringverdienende durch die Gewährung von Steuervergünstigungen besserzustellen als Höherverdienende. Zu diesem Abzugssystem ist kritisch anzumerken, daß zwischen den einzelnen "Tarifklassen" - in Abhängigkeit von der Höhe der jeweiligen Abzugsbeträge - erhebliche Sprünge bei den Steuersätzen auftreten können.[291]

---

[290] Allerdings gab es ab 1875 ernsthafte Verfechter einer Verwirklichung progressiver Besteuerung. Die ersten Ankündigungen dieses "revolutionären" Besteuerungsgrundgedankens fanden wenig Beachtung. Jedoch traf Joseph Chamberlain bereits in einer seiner Wahlkampfreden die folgende Feststellung: "Taxation ought to involve equality of sacrifice and I do not see how this result is to be obtained except by some form of graduated taxation." (Chamberlain, J., Speech at Warrington 8/9/1885, zitiert nach Sabine, B., History of Income Tax (1966), S. 133). Später wurde der Gedanke der progressiven Besteuerung von Sir William Harcourt aufgegriffen und - wie die folgenden Ausführungen belegen - im Rahmen der Erbschaftsbesteuerung in die Praxis umgesetzt. Sir William Harcourt äußerte sich jedoch schon im Jahr 1890 zum Problem der progressiven Besteuerung. Bei dieser Gelegenheit vertrat er die Auffassung, daß für die ärmeren Bevölkerungsschichten geringere Steuersätze als für die wohlhabenderen angelegt werden müssen (vgl. hierzu Sabine, B., History of Income Tax (1966), S. 133 f).

[291] Vgl. Bräuer, K., Lehre vom Steuertarif (1927), S. 89; Wick, H., Indirekte Progression (1932), S. 34.

b) Besteuerung beim Erwerb von Todes wegen

Abschließend ist ausführlicher auf die Entwicklung der Erbschaftsbesteuerung in England einzugehen, da - wie später zu zeigen sein wird - diese Abgabe eher eine dauerhafte progressive Ausgestaltung erfuhr als die Einkommensteuer. Am Anfang des 18. Jahrhunderts bürgerten sich im englischen Finanzwesen abgestufte Stempelgebühren für die Abwicklung der Nachlässe ein, die jedoch zunächst eher regressiven als progressiven Charakter aufwiesen (probate duty). 1780 wurde die sog. "legacy duty" eingeführt, die ihrem Wesen nach ebenfalls den Stempelabgaben zuzuordnen war.[292] Bereits im Jahr 1796 wandelte sie sich jedoch zu einer Nachlaßsteuer auf Mobilien[293], die unterschiedliche Steuersätze in Abhängigkeit vom Verwandtschaftsgrad zwischen Erblasser und Erbberechtigten vorsah: Großeltern, Kinder und Ehegatten blieben steuerbefreit, Geschwister und ihre Nachkommen wurden mit einem Steuersatz von 2 % belegt, Geschwister der Eltern und ihre Nachkommen hatten 3 % des Erbanfalls als Steuer zu entrichten, Geschwister der Großeltern 4 % sowie alle übrigen Personen 6 %.[294]

Die Differenzierung der Steuersätze richtete sich nach Pitts eigener Aussage vor allem am Vorbild der holländischen Erbschaftsteuer aus.[295] Weiterhin wurde die progessive Ausgestaltung dieser Abgabe mit der Notwendigkeit begründet, zur Minderung der Finanznot Englands das höchstmögliche Steueraufkommen erzielen zu müssen.[296]

Gegen diese Tarifgestaltung und die Erbschaftsbesteuerung selbst erhob sich kaum Widerstand, da diese Steuer als außerordentliche Abgabe einzelner Bürger und somit im Empfinden der Steuerpflichtigen nicht als drückende Last angesehen wurde. Außerdem wurde in jener Zeit eine heftige Diskussion um die Einführung und Ausgestaltung der Einkommensteuer geführt, die von den Problemen anderer Steuerarten ablenkte.

---

[292] Vgl. Leser, E., Britische Erbschaftsbesteuerung (ZfgSt 1881), S. 499; Schanz, G., Geschichte der Erbschaftssteuer (FA 1901), S. 553; Haensel, P., Erbschaftssteuer in England (FA 1908), S. 515.

[293] Sir William Pitt, der Begründer der Einkommensteuer, versuchte im Parlament eine Besteuerung der Erbanfälle für Mobilien und Immobilien zu erreichen. Die Abgeordneten stimmten aber nur einer Besteuerung der Mobilien zu. Erbschaften, die Immobilien zum Gegenstand hatten, blieben wegen der starken Lobby der Landbesitzer weiterhin steuerfrei. Zur Diskussion vgl. Haensel, P., Erbschaftssteuer in England (FA 1908), S. 517 f.

[294] Siehe hierzu Leser, E., Britische Erbschaftsbesteuerung (ZfgSt 1881), S. 502; Schanz, G., Geschichte der Erbschaftssteuer (FA 1901), S. 554; Haensel, P., Erbschaftssteuer in England (FA 1908), S. 517; Frank, D., Erbschaftsteuer und Unternehmung (1969), S. 27.

[295] Vgl. Schanz, G., Geschichte der Erbschaftssteuer (FA 1901), S. 554; Haensel, P., Erbschaftssteuer in England (FA 1908), S. 517.

[296] Vgl. Schanz, G., Geschichte der Erbschaftssteuer (FA 1901), S. 554; Haensel, P., Erbschaftssteuer in England (FA 1908), S. 518.

Die Grundstruktur der "legacy duty" unterlag im Verlauf des 19. Jahrhunderts zwar keinen wesentlichen Änderungen, jedoch wurden Korrekturen hinsichtlich der Tarifgestaltung sowie der Einbeziehung der Verwandtschaftsgrade in die Steuerpflicht vorgenommen. Die wichtigsten Merkmale der Erbschaftsbesteuerung in England im Zeitraum von 1796 - 1853 werden in der folgenden Abbildung nachgezeichnet.[297]

Verwandtschaftsgrad / Jahr	Ehegatten	Kinder, Großeltern	Geschwister	Geschwister der Eltern	Geschwister der Großeltern	Sonstige Personen
1796	steuerbefreit	steuerbefreit	2 %	3 %	4 %	6 %
1804	steuerbefreit	steuerbefreit	$2\,^1/_2$ %	4 %	5 %	8 %
1805 [1)]	steuerbefreit	1 % [2)]	$2\,^1/_2$ %	4 %	5 %	10 %
1815	steuerbefreit	1 %	3 %	5 %	6 %	10 %
1853 [3)]	steuerbefreit	1 %	3 %	5 %	6 %	10 %

Abb. 16: Steuersätze der englischen Erbschaftsteuer (1796 - 1853)

1) Ab 1805 erfaßte die Steuer auch Mobiliarwerte, die nicht aus einem Immobiliarnachlaß ererbt wurden.

2) Die Steuerpflicht bezog sich nur auf die Deszendenten, Aszendenten blieben weiterhin steuerbefreit.

3) Ab 1853 erfolgte eine Änderung der Steuerpflicht dahingehend, daß Schwiegersöhne/-töchter den Töchtern/Söhnen bzw. Schwager/Schwägerinnen den Schwestern/Brüdern gleichgestellt wurden. Des weiteren erfolgte nun durch die Erhebung der sog. "succession duty" auch eine Einbeziehung der Immobiliarwerte in die Erbschaftsteuerpflicht.

Die Höhe der Steuersätze blieb im genannten Zeitraum relativ konstant, jedoch wurden zahlreiche Erweiterungen im Hinblick auf den Umfang der Bemessungsgrundlage beschlossen mit der Zielsetzung, ein höheres Steueraufkommen zu erreichen. Die teilweise einschneidenden Maßnahmen konnten mühelos durchgesetzt werden, da die Erbschaftsteuer als direktes Pendant zur Einkommensteuer gesehen wurde und ein weiterer Ausbau der Einkommensteuer auf hefti-

[297] In Anlehnung an die Ausführungen bei Leser, E., Britische Erbschaftsbesteuerung (ZfgSt 1881), S. 502 ff.; Schanz, G., Geschichte der Erbschaftssteuer (FA 1901), S. 554 ff.; Vocke, W., Steuer in der Geschichte (FA 1890), S. 93. Das Steueraufkommen, das aus den einzelnen Teilen der Erbschaftsteuer erzielt werden konnte, ist für die Jahre 1856 - 1865 bei Baron, J., Zur Erbschaftssteuer (JfNuSt 1876), S. 275 f., nachgewiesen. Außerdem gelingt es dem Verfasser an gleicher Stelle, eine Aufteilung des gesamten Erbschaftsteueraufkommens auf die einzelnen Steuerklassen vorzunehmen. Aus den Ergebnissen dieser Untersuchung leitet Baron Empfehlungen zur Höhe der Steuer bei den einzelnen Verwandtschaftsklassen ab, die allerdings rein fiskalisch begründet sind.

gen Widerstand stieß, so daß erstere im Blickpunkt der Finanzminister stand. Vor- und Nachteile einer progressiven Ausgestaltung der Erbschaftsteuer wurden weder im Parlament noch in seinem Umfeld diskutiert, so daß die vorliegende Tarifgestaltung letztlich auf finanzwirtschaftliche Zwänge, nicht aber auf die endgültige Akzeptanz des Prinzips der direkten Progression zurückzuführen ist.

In der zweiten Hälfte des 19. Jahrhunderts wurde das System der Erbschaftsbesteuerung in England mehr und mehr verfeinert, um Lücken bei der Erfassung steuerpflichtiger Vorgänge zu schließen. 1889 bestanden die "death duties" schließlich aus folgenden Einzelabgaben: probate duty, legacy duty, succession duty (Besteuerung des unbeweglichen Vermögens), account duty (Besteuerung der Geschenke von Todes wegen sowie der Geschenke des Erblassers innerhalb dreier Monate vor seinem Tod), estate duty (Besteuerung des gesamten Mobiliarnachlasses mit einem Steuersatz in Höhe von 1 %, falls der Erbanfall 10.000 Pfund überstieg).[298]

Im Jahr 1894 wurde die Erbschaftsteuer dahingehend reformiert, daß "estate duty", "probate duty" and "account duty" zu einer umfassenden "estate duty" mit progressiver Tarifgestaltung vereint wurden.[299] Die Steuersätze reichten von 1 % bis 8 %.[300] Erstmals lag der Steuersatzdifferenzierung nicht der Verwandtschaftsgrad zwischen Erblasser und Erbberechtigten, sondern vielmehr die Höhe der Erbmasse zugrunde.[301] Die einzelnen Steuerklassen verdeutlicht die nachstehende Abbildung.[302]

---

[298] Vgl. Schanz, G., Geschichte der Erbschaftssteuer (FA 1901), S. 629; Seligman, E., Essays in taxation (1931), S. 453; Frank, D., Erbschaftsteuer und Unternehmung (1969), S. 34 ff.

[299] Vgl. hierzu Schanz, G., Geschichte der Erbschaftssteuer (FA 1901), S. 629; Seligman, E., Essays in taxation (1931), S. 453.

[300] Daß diese Veränderung für die damaligen Verhältnisse als äußerst rigoros galt, zeigt sich auch an der Würdigung dieser Abgabe durch Karl Theodor von Eheberg, der die Steuersätze 26 Jahre später noch als sehr hoch und stark progressiv einordnete (vgl. Eheberg, K. T., Finanzwissenschaft (1920), S. 140).

[301] Eine progressive Gesamtbelastung im Rahmen der Erbschaftsbesteuerung ergab sich bereits 1889 mit der Einführung der "estate duty", bei der Nachlässe, deren Umfang 10.000 Pfund überstieg, einer zusätzlichen Steuer in Höhe von 1 % zu unterwerfen waren. Allerdings wies der damalige Schatzkanzler Goschen darauf hin, daß die Regierung nicht beabsichtige, eine progressive Besteuerung einzuführen, sondern sich bei der Tarifgestaltung vielmehr von praktischen Gesichtspunkten leiten ließe (vgl. hierzu Haensel, P., Erbschaftssteuer in England (FA 1908), S. 558). Eine Besteuerung nach dem Verwandtschaftsgrad vollzog sich nach der Reform über die "legacy duty" und die sie ergänzende "succession duty". Vgl. Frank, D., Erbschaftsteuer und Unternehmung (1969), S. 36.

[302] In Anlehnung an die Ausführungen bei Seligman, E., Essays in taxation (1931), S. 455. Der Erbschaftsteuertarif war als Stufendurchschnittsatztarif ausgestaltet. Die nachstehenden Steuersätze geben indes nicht die tatsächliche Belastung des Erbanfalls wieder. Vielmehr ist zu berücksichtigen, daß das Erbgut auch der "legacy duty" sowie der "succession duty" unterlag. Somit reichten die Steuersätze in Abhängigkeit vom jeweiligen Verwandtschaftsverhältnis zwischen Erblasser und Erbberechtigten von 1 % bis 18 %.

Erbanfall von	bis	Steuersatz
0 Pfd.	100 Pfd.	0 %
101 Pfd.	500 Pfd.	1 %
501 Pfd.	1.000 Pfd.	2 %
1.001 Pfd.	10.000 Pfd.	3 %
10.001 Pfd.	25.000 Pfd.	4 %
25.001 Pfd.	50.000 Pfd.	4,5 %
50.001 Pfd.	75.000 Pfd.	5 %
75.001 Pfd.	100.000 Pfd.	5,5 %
100.001 Pfd.	150.000 Pfd.	6 %
150.001 Pfd.	250.000 Pfd.	6,5 %
250.001 Pfd.	500.000 Pfd.	7 %
500.001 Pfd.	1.000.000 Pfd.	7,5 %
> 1.000.000 Pfd.		8 %

Abb. 17: Tarif der progressiv ausgestalteten Erbschaftsteuer in England (1894)

Sir William Harcourt, der die Änderungen des Erbschaftsteuertarifs im Rahmen seiner Budgetrede am 16.04.1894 im englischen Parlament erläuterte, verwies in seiner Begründung zur progressiven Tarifgestaltung auf den in der Wissenschaft unbestrittenen Grundgedanken der Besteuerung nach der Leistungsfähigkeit der Steuerpflichtigen[303]: "Every writer on political economy and finance has laid down the doctrine that taxation should be proportionate to the ability to bear it of those on whom it is imposed."[304] Des weiteren traf er in seiner unumstritten brillianten Rede die Feststellung, daß das Prinzip der Steuerprogression grundsätzlich auch in der Einkommensbesteuerung anzuwenden sei: "In principle there is nothing to be said against such a system (*Anm. d. Verf.*: system of graduation); indeed, there is every argument in its favour. The

[303] John Stuart Mill nahm großen Einfluß auf die Argumentationsweise von Sir William Harcourt. In seinem Werk "Principles of Political Economy" beschäftigte er sich eingehend mit dem Problem der progressiven Besteuerung. Mill befürwortet die Anwendung des Prinzips der direkten Progression in der Erbschaftsbesteuerung, verwirft jedoch die Opfertheorie und die Äquivalenztheorie als mögliche Begründungen zur Durchsetzung dieses Besteuerungsprinzips in der Einkommensbesteuerung. Vgl. Mill, J. S., Principles of Political Economy (1909; reprint 1976), S. 804.

[304] Hansard, Parliamentary Debates (1894), S. 495.

difficulties which lie in the way are of an administrative and a practical nature, which, as yet, I have not been able to find means to overcome."[305]

Im Verlauf des 19. Jahrhunderts konnte sich somit in der Erbschaftsbesteuerung das Prinzip der direkten Steuerprogression nicht durchsetzen. Die Notwendigkeit, wohlhabendere Bevölkerungsschichten relativ höher zu belasten als die ärmeren, wurde aus dem Leistungsfähigkeitsgedanken sowie dem Grundsatz des "equal sacrifice" abgeleitet.

2. Frankreich

a) Laufende Besteuerung der Substanz und des Einkommens

Das französische Steuersystem war zum Ausgang des 18. Jahrhunderts - zumindest bis zu den schicksalhaften Ereignissen der französischen Revolution - von den bereits beschriebenen Steuern "taille", "capitation" und "le vingtième" geprägt. Diese Steuerarten trugen nach Schätzungen von Necker im Jahr 1780 209 Millionen Livres zum französischen Staatshaushalt bei. Sie erbrachten somit immerhin 35,7 % der gesamten Staatseinnahmen des betreffenden Jahres.[306]

Allerdings führten die Probleme bei der Erhebung der genannten Steuern, insbesondere die mangelnde Steuersolidarität privilegierter Klassen, bereits seit der Mitte des 18. Jahrhunderts zu einer heftigen politischen Diskussion über die Neuorientierung des Systems der direkten Abgaben. Bei dieser Debatte trat zunehmend die Frage nach einer Einführung des Prinzips der direkten Steuerprogression in die Besteuerung in den Vordergrund. Montesquieu, der häufig als Schöpfer der Idee progressiver Besteuerung bezeichnet wird[307], stützte die Befürwortung dieses Besteuerungsgrundgedankens auf das Postulat der Opfergleichheit. Er führte aus, daß die Abgaben den Bürgern proportional zu ihren Bedürfnissen, nicht aber zu ihren Besitztümern auferlegt werden müßten. Eine Differenzierung zwischen notwendigen und überflüssigen Bedürfnissen sei vorzunehmen, um das Lebensnotwendige niedriger als den Überfluß besteuern zu können.[308]

---

[305] Hansard, Parliamentary Debates (1894), S. 502. Die optimistisch klingende Aussage von Sir William Harcourt, daß er die Schwierigkeiten, die mit der Einführung einer progressiv ausgestalteten Einkommensteuer verbunden sind, rasch lösen könne, erwies sich in praxi als unhaltbar. Es sollten noch nahezu 2 Jahrzehnte verstreichen, ehe sich die progressive Einkommensbesteuerung in England endgültig durchsetzen konnte.

[306] Vgl. hierzu Necker, J., L'administration des finances de la France (1784; reprint 1970), S. 151 f.

[307] Vgl. beispielsweise Eisenhart, H., Kunst der Besteuerung (1868), S. 99; Mann, F. K., Steuerpolitische Ideale (1937), S. 161.

[308] Vgl. zu dieser Begründung die ausführliche Dokumentation bei Grabein, M., Geschichte der Lehre von der Steuerprogression (FA 1895), S. 505 ff.

Ähnliches Gedankengut findet sich bei zahlreichen anderen Literaten dieser Zeit, insbesondere auch bei Rousseau.[309]

Eine Umsetzung dieser Besteuerungsideen in die aktuelle Tarifgestaltung konnte in der Zeit des Ancien Régime noch nicht erfolgen. Erst die denkwürdigen Ereignisse der Nacht vom 04. August 1789 ermöglichten eine Neuorientierung des französischen Steuersystems, die von dem oben beschriebenen theoretischen Hintergrund erheblich beeinflußt wurde.

Das bisher geltende System direkter und indirekter Abgaben wurde vollends aufgelöst.[310] Die bisherigen direkten Hauptsteuern wurden 1790 durch eine Grundsteuer (Contribution foncière) ersetzt, die allein für das benötigte Steueraufkommen sorgen sollte. Jedoch mußte die Revolutionsregierung sehr bald erkennen, daß sich mit den so erzielten Steuereinnahmen noch nicht einmal die ordentlichen Staatsausgaben finanzieren ließen. Konsequenterweise mußten der Grundgedanke der "Einheits"-Steuer alsbald aufgegeben und in der Folgezeit mehrere Steuerarten sukzessive neu eingeführt werden.[311]

Im Jahr 1791 trat neben die Grundsteuer die "taxe personelle et mobilière", die das geschätzte Arbeitseinkommen der Steuerpflichtigen sowie die tatsächlichen und fiktiven Eigenmieten ihrer Häuser zur Bemessungsgrundlage hatte.[312] Die Höhe der Personalsteuer ergab sich aus der Multiplikation der Anzahl der Steuerpflichtigen mit deren geschätztem Arbeitseinkommen. Diese Abgabe hatte den Charakter einer reinen Repartitionssteuer. Die Mobiliarsteuer belastete die Steuerpflichtigen mit einem einheitlichen Steuersatz in Höhe von 5 %. Zur Ermittlung der Bemes-

---

[309] Vgl. hierzu Grabein, M., Geschichte der Lehre von der Steuerprogression (FA 1895), S. 510 ff. Grabein bezeichnet an gleicher Stelle Rousseau - angesichts seiner Äußerungen - als Verteidiger der Progression aus sozialistischen Motiven.

[310] Vgl. hierzu Stein, L., Finanzwissenschaft (1875), S. 361; Eheberg, K. T., Finanzwissenschaft (1920), S. 142; Hanstein, W., Entstehungsgeschichte (1931), S. 18. Die Beseitigung aller bisherigen Steuern sollte den Weg für einen Neubeginn im Sinne des revolutionären Denkens freimachen. Allerdings scheiterte - wie nachfolgend zu zeigen sein wird - die vollkommene Neuorientierung zum System einer einheitlichen Steuer hin, so daß aus heutiger Sicht die Änderungen der Revolutionsjahre lediglich als gründliche Umgestaltung des bisherigen Steuersystems einzuordnen sind. Gleiche Auffassung findet sich bei Wagner, A., Steuergeschichte (1910), S. 425.

[311] Siehe auch Stein, L., Finanzwissenschaft (1875), S. 360 ff.; Wagner, A., Steuergeschichte (1910), S. 426.

[312] Vgl. Stourm, R., Les finances de l'ancien régime (1885), S. 247 ff.; Hanstein, W., Entstehungsgeschichte (1931), S. 24. Eine auf der Grundlage der tatsächlichen Verhältnisse der Steuerpflichtigen basierende Besteuerung wurde aus Gründen der Einblicksverweigerung zugunsten der Merkmalsbesteuerung abgelehnt. Der Widerwillen gegen die Offenlegung der persönlichen Einkommens- bzw. Vermögenssituation war in Frankreich so stark ausgeprägt, daß erst zu Beginn des 20. Jahrhunderts eine Veranlagung anhand materieller Besteuerungsgrundlagen erfolgen konnte. Gleiche Auffassung findet sich bei Neumark, F., Moderne Einkommensbesteuerung (1947), S. 281; Cluseau, M., Geschichte der französischen Finanzwirtschaft (HdF 1952), S. 367.

sungsgrundlage wurden die Häuser jedoch in 18 unterschiedliche Klassen eingeteilt, so daß diesem Teil der Abgabe progressiver Charakter erwuchs. Die nachfolgende Abbildung zeigt die wesentlichsten Merkmale der "taxe mobilière" im groben Überblick.

Mietwert je Objekt von	bis	Multiplikator	Geschätztes Einkommen von	bis	Steuersatz
0 Livr.	99 Livr.	2	0 Livr.	198 Livr.	5 %
100 Livr.	499 Livr.	3	300 Livr.	1.497 Livr.	5 %
.	.	.	.	.	.
.	.	.	.	.	.
	> 12.000 Livr.	12,5	>150.000 Livr.		5 %

Abb. 18: Ausgestaltung der französischen "taxe mobilière" (1791)

Obwohl die "tax mobilière" hinsichtlich des Mietwerts offensichtlich eine progressive Ausgestaltung erfuhr[313], sollte diese Abgabe die Bemessungsgrundlage proportional belasten.[314] Dieser Schlußfolgerung liegt die Vorstellung zugrunde, daß bei steigendem Einkommen der Anteil der Mieteinkünfte an den Gesamteinkünften relativ sinkt, d.h. die Besitzer von Häusern mit hohem Mietwert relativ höhere Einkünfte erzielen als die Eigentümer billiger Wohnungen. Der mit höherem Mietwert gleichzeitig ansteigende Multiplikator führt somit zur Ermittlung des geschätzten Gesamt-Einkommens, das wiederum einem einheitlichen Steuersatz zu unterwerfen ist.[315] Das Vorliegen eines progressiven Steuertarifs im Sinne einer mit steigender Leistungsfähigkeit wachsenden relativen Steuerbelastung ist demzufolge bei der "tax mobilière" nicht zu unterstellen.

Zur Erfassung der gewerblichen Einkünfte wurde ab 1791 zusätzlich zu den bestehenden Steuern eine Gewerbesteuer, die sog. "Contribution des Patentes", erhoben. Der Aufbau dieser Abgabe soll im weiteren nicht näher untersucht werden.[316]

---

[313] Bei einem tatsächlichen Mietwert von 50 Livres mußten der Steuer als Bemessungsgrundlage 100 Livres zugrunde gelegt werden. Betrug der tatsächliche Mietwert 150 Livres, mußte dieser Betrag bereits mit dem Faktor 3 multipliziert werden. Im ersten Fall ergibt sich ein Durchschnittsteuersatz in Höhe von 10 %, im letzteren ist bereits ein Steuersatz in Höhe von 15 % zu verzeichnen.

[314] Vgl. Seligman, E., Progressive Taxation (1909), S. 28.

[315] Vgl. Seligman, E., Progressive Taxation (1909), S. 28. Erstmalig wurde dieser Besteuerungsgedanke von Monsieur DeFermond, Abgeordneter des französischen Parlaments, geäußert.

[316] Auf die ausführlichen Darstellungen bei Stourm, R., Les finances de l'ancien régime (1885), S. 275 ff., sowie bei Hanstein, W., Entstehungsgeschichte (1931), S. 25 f., sei verwiesen.

Die weiterhin fortbestehende Finanzmisere zwang die französische Regierung schließlich im Jahr 1798 zur Einführung einer vierten direkten Abgabe, der sog. "Contribution des Portes et Fenêtres", die die verschließbaren Außenöffnungen der Wohn- und Arbeitsgebäude zur Bemessungsgrundlage hatte.[317] Eine Steuertarifprogression ist bei dieser Abgabe nicht zur Anwendung gekommen.

Am Ende des 18. Jahrhunderts kannte Frankreich demzufolge vier direkte Hauptsteuern, die sog. "quatre vieilles" (Contribution foncière, taxe personelle et mobilière, Contribution des Patentes, Contribution des Portes et Fenêtres).[318] Trotz der heftig geführten Diskussion über Einführung oder Nicht-Einführung der Steuerprogression konnte sich dieser Besteuerungsgrundgedanke auch in den Revolutionsjahren nicht allgemein durchsetzen.[319]

Jedoch soll nicht unerwähnt bleiben, daß im Finanzwesen Frankreichs am Ausgang dieser Epoche durchaus Tendenzen zur Verwirklichung des Progressionsprinzips zu verspüren waren. Zur Deckung des in den Zeiten der Revolution entstandenen außerordentlichen Finanzbedarfs wurden den Bürgern Zwangsanleihen auferlegt, die größtenteils progressiv, teilweise sogar konfiskatorisch wirkten.[320] Außerdem brachten Regierungsvertreter vereinzelt Vorschläge zur Einführung einer progressiven Einkommensbesteuerung in die Diskussion ein; diese Anregungen scheiterten jedoch am Widerstand des Parlaments.[321]

Als Besteuerungsinstrument konnte sich das Prinzip der direkten Progression jedoch zu keinem Zeitpunkt durchsetzen. Vielmehr führten die konfiskatorischen Auswüchse bei der Eintreibung der Zwangsanleihen dazu, daß der Grundsatz der Steuerprogression als revolutionäre Maßnahme gebrandmarkt und seine Anwendung für längere Zeit verhindert wurde.[322]

---

[317] Vgl. Stein, L., Finanzwissenschaft (1875), S. 361 f.; Stourm, R., Les finances de l'ancien régime (1885), S. 265 ff.; Cluseau, M., Geschichte der französischen Finanzwirtschaft (HdF 1952), S. 367.

[318] Siehe hierzu Eheberg, K. T., Finanzwissenschaft (1920), S. 142 f.; Beichelt, B. u.a., Steuernorm und Steuerwirklichkeit (1969), S. 57.

[319] Hanstein, W., Entstehungsgeschichte (1931), S. 27, vertritt die Ansicht, daß sich die "quatre vieilles" deshalb so lange halten konnten, weil sie "Schutz gegen Progression und Deklaration" boten. Ähnliche Auffassung findet sich bei Beichelt, B. u.a., Steuernorm und Steuerwirklichkeit (1969), S. 57.

[320] Vgl. zu den Einzelheiten Grabein, M., Geschichte der Lehre von der Steuerprogression (FA 1895), S. 53 ff.; Seligman, E., Progressive Taxation (1909), S. 30 ff.; Bräuer, K., Lehre vom Steuertarif (1927), S. 165. Eine nähere Analyse der Ausgestaltung der einzelnen Zwangsanleihen soll unterbleiben, da diese regelmäßig vom Staat zurückgezahlt werden mußten und somit nicht als Abgaben im engeren Sinne einzuordnen sind.

[321] Innenminister Roland schlug beispielsweise ein Ersetzen der "contribution mobilière" durch eine Einkommensteuer mit 30 Steuerklassen vor. Dieses Anliegen wurde jedoch im Parlament abgelehnt (vgl. Seligman, E., Progressive Taxation (1909), S. 31 f.).

[322] Vgl. Grabein, M., Geschichte der Lehre von der Steuerprogression (FA 1895), S. 527.

Wenig verwunderlich erscheint daher die Tatsache, daß das Steuerwesen Frankreichs im folgenden Jahrhundert nur sehr geringen Wandlungen unterlag. Die vier direkten Hauptsteuern blieben in ihrer grundlegenden Ausgestaltung bestehen.[323] Es wurden lediglich die nachstehenden Änderungen vorgenommen:

- Die Grund- und die Patentsteuer wurden weiterentwickelt, um die bei der Steuererhebung aufgetretenen Schwachstellen zu beseitigen.[324]
- 1832 nahm der Finanzminister bei der "taxe mobilière" eine Neuerung dahingehend vor, daß als Bemessungsgrundlage nun nicht mehr das auf der Basis der Mieteinkünfte (multipliziert mit vorher festgelegten Koeffizienten) geschätzte Einkommen verwendet wurde, sondern die Mieten selbst. Diese Korrektur führte einerseits zur proportionalen Ausgestaltung dieser Abgabe[325], andererseits aber auch zu geringeren Steuereinnahmen des Staates.[326]
- Mit der Einführung der "taxe sur le revenue des valeurs mobilières" im Jahr 1872 gelang es der französischen Regierung schließlich, eine Lücke im bisherigen Besteuerungssystem zu schließen. Diese Abgabe sollte die ungleichmäßige steuerliche Behandlung des Grundbesitzes und des Kapitalvermögens beseitigen.[327] Der Steuersatz wurde für alle Kapitaleinkünfte einheitlich auf 3 % festgelegt.

Die allgemeine Einkommensbesteuerung ließ sich in Frankreich zu diesem Zeitpunkt noch nicht durchsetzen, da weiterhin erhebliche Widerstände gegen eine Einblicknahme des Fiskus in die Einkommens- und Vermögensverhältnisse der Steuerpflichtigen bestanden.[328] Seit der Mitte des 19. Jahrhunderts wurden dem französischen Parlament zwar zahlreiche Einkommensteuerprojekte vorgeschlagen, ihnen fehlte jedoch - wie schon ihren Vorläufern aus der Zeit der französischen Revolution - sämtlich die Zustimmung der Mehrheit der Abgeordneten.[329]

Die zweite französische Revolution brachte die Diskussion um die Einführung des Prinzips der direkten Steuerprogression erneut in den Vordergrund. Die damalige Revolutionsregierung ver-

[323] Siehe Cluseau, M., Geschichte der französischen Finanzwirtschaft (HdF 1952), S. 372.

[324] Vgl. hierzu Wagner, A., Steuergeschichte (1910), S. 426; Eheberg, K. T., Finanzwissenschaft (1920), S. 142.

[325] Geht man davon aus, daß sich die ursprüngliche These - bei steigendem Einkommen sinken die Mieteinkünfte relativ - als zutreffend erweist, würde diese Änderung sogar die Einführung eines Regressionstarifs bedeuten.

[326] Vgl. Cluseau, M., Geschichte der französischen Finanzwirtschaft (HdF 1952), S. 373.

[327] Diese Zielsetzung konnte jedoch nicht erreicht werden, da die neue Abgabe nicht sämtliche Zinseinkünfte der Steuerpflichtigen erfaßte.

[328] Vgl. hierzu Hanstein, W., Entstehungsgeschichte (1931), S. 31.

[329] Für eine Zusammenstellung der Einzel-Vorschläge sei auf Hanstein, W., Entstehungsgeschichte (1931), S. 28 ff., verwiesen.

abschiedete im Jahr 1848 einen Erlaß mit der Feststellung, daß eine wirklich gleichmäßige Steuerlastverteilung nur mittels einer progressiven Tarifgestaltung zu erreichen sei.[330] Allerdings ist eine Umsetzung des neuen Gedankenguts in der praktischen Steuergesetzgebung nicht zu erkennen.

Die Einführung des Progressionsprinzips scheiterte im 19. Jahrhundert insbesondere am Widerstand des wohlhabenden Bürgertums. Diese Bevölkerungsschicht, die bis zum Beginn der französischen Revolution vom Adel beherrscht und mit erheblichen Abgaben belastet wurde, wollte sich nicht mittels dieses Besteuerungsinstruments dem Druck des niederen Volkes aussetzen. Den Widerwillen gegen Neuerungen des Steuersystems belegen auch Auszüge aus den in der damaligen Zeit geführten Diskussionen: Es herrschte die Auffassung vor, daß die Besteuerung nicht sozialpolitische Umverteilungszwecke erfüllen solle, sondern die Abgaben vielmehr als Preis für durch den Staat empfangene Leistungen zu verstehen seien. Da alle Steuerpflichtigen gleiche Vorzüge aus dem Gemeinwesen erhalten könnten, müsse die Steuerbelastung die Bürger in relativ gleicher Höhe treffen.[331] Offensichtlich wurde aus dem Äquivalenzprinzip die Forderung nach einer proportionalen Besteuerung abgeleitet.

b) Besteuerung beim Erwerb von Todes wegen

Nachdem die Entwicklungsgeschichte der einkommensteuerähnlichen Abgaben in der Zeit der französischen Revolution und der sich anschließenden Herrschaft der Bourgeoisie vermittelt wurde, soll nachfolgend für den gleichen Zeitraum der Bereich der Erbschaftsbesteuerung einer näheren Betrachtung unterzogen werden. Es stellt sich die Frage, ob sich in Frankreich ebenfalls wie in England die progressive Besteuerung der Erbschaften früher durchsetzen konnte als die der laufenden Einkommen.

Die Anfänge der Erbschaftsbesteuerung reichen in Frankreich bis in das Jahr 1790 zurück, d.h. dem dem Beginn der französischen Revolution folgenden Jahr. 1798 erfolgte eine Abwandlung des Erbschaftsteuertarifs zugunsten des Mobiliar- und zuungunsten des Immobiliarvermögens.[332] Die Steuersätze für Immobilien wurden auf 1 % - 5 % erhöht, die Steuersätze für Mobilien auf 0,25 % - 1,25 % gesenkt.[333] Die grundsätzliche progressive Ausgestaltung des Tarifverlaufs hinsichtlich des Verwandtschaftgrades zwischen Erblasser und Erbberechtigten

---

[330] Siehe Seligman, E., Progressive Taxation (1909), S. 86.

[331] Vgl. hierzu Hanstein, W., Entstehungsgeschichte (1931), S. 29 f.

[332] Vgl. Frank, D., Erbschaftsteuer und Unternehmung (1969), S. 28.

[333] Siehe hierzu Schanz, G., Geschichte der Erbschaftssteuer (FA 1901), S. 634.

blieb weiterhin bestehen. Eine nach der Höhe des Erbanfalls differenzierende Steuerbelastung war dem Verständnis der damaligen Zeit fremd.

Im Laufe des 19. Jahrhunderts erfuhr die Erbschaftsteuer - im Gegensatz zu den "quatre vieilles" - zahlreiche Änderungen, die sich zumeist auf den Tarifverlauf bezogen. Die einzelnen Tarifgestaltungen gibt die nachfolgende Abbildung wieder.[334]

Jahr / Verwandtschaftsgrad	1816		1832		1850[3]	1873[4]
	A[1]	B[2]	A[1]	B[2]		
Direkte Linie	1 %	0,25 %	1 %	0,25 %	1 %	1,25 %
Ehegatten	3 %	1,5 %	3 %	1,5 %	3 %	3,75 %
Geschwister	5 %	2,5 %	6,5 %	3 %	6,5 %	8,125 %
Onkel, Tante, Neffe, Nichte	5 %	2,5 %	6,5 %	3 %	6,5 %	8,125 %
Großonkel etc., Großneffe etc.	5 %	2,5 %	7 %	4 %	7 %	8,75 %
Geschwisterkinder	5 %	2,5 %	8 %	5 %	8 %	10 %
Verwandte des 5ten und 6ten Grades	5 %	2,5 %	8 %	5 %	8 %	10 %
Verwandte über den 6ten Grad	5 %	2,5 %	8 %	5 %	8 %	10 %
Nichtverwandte	7 %	3,5 %	8 %	6 %	9 %	11,25 %

Abb. 19: Steuersätze der französischen Erbschaftsteuer (1816 - 1873)
1) Steuersatz für Mobilien.
2) Steuersatz für Immobilien.
3) Ab 1850 wurden Mobilien und Immobilien mit dem gleichen Steuersatz belegt.
4) Diese Tarifgestaltung hatte bis zum Beginn des 20. Jahrhunderts Gültigkeit.

Im Zeitablauf ist eine zunehmende Differenzierung der Erbschaftsteuersätze in Abhängigkeit vom Verwandtschaftsgrad zwischen Erblasser und Erbberechtigten sowie eine sukzessive Erhöhung des Niveaus der Steuersätze zu erkennen. Jedoch erfolgte bis zur Reform des Erbschaftsteuer-

---

[334] In Anlehnung an die Ausführungen bei Schanz, G., Geschichte der Erbschaftssteuer (FA 1901), S. 634 f.

rechts im Jahr 1901 keine progressive Gestaltung des Tarifverlaufs hinsichtlich der Höhe des Erbanfalls.[335]

Die Zusammenfassung der bisherigen Ergebnisse führt zur Schlußfolgerung, daß das Steuersystem Frankreichs - zumindest hinsichtlich der Tarifgestaltung - in der oben beschriebenen Epoche in seiner Entwicklung hinter dem Stand seiner Nachbarn zurückblieb. Die Mentalität des französischen Volkes, die im heftigen Widerstand gegen Einblicksgewährung gegenüber dem Fiskus und Konfiskation des Einkommens ihren Ausdruck fand, verhinderte bis zum Beginn des 20. Jahrhunderts eine Besteuerung der Steuerpflichtigen nach ihren tatsächlichen Verhältnissen ebenso wie die Anwendung des Prinzips der direkten Progression. Vielmehr hielt die französische Regierung an traditionellen Besteuerungsformen fest.[336]

3. Deutschland

Bis zum Ausgang des 18. Jahrhunderts konnte sich die direkt progressive Besteuerung in den deutschen Einzel-Territorien nicht durchsetzen, da die privilegierten Schichten eine allgemeine Steuer - und damit den Verlust ihrer Steuervergünstigungen - zu verhindern wußten.[337] Erst zu Beginn des 19. Jahrhunderts vollzog sich eine grundlegende Umgestaltung des deutschen Steuerwesens, die insbesondere durch die Auflösung des Deutschen Reiches im Jahr 1806 und der damit verbundenen Erlangung einer souveränen Steuergewalt durch die verschiedenen Reichsterritorien begünstigt war.[338]

An dieser Stelle kann aber nicht die Detailentwicklung aller Einzelstaaten des späteren Deutschen Reiches beleuchtet werden. Vielmehr soll eine Beschränkung auf die ehemaligen Königreiche (Preußen, Bayern, Sachsen, Württemberg) sowie die wichtigsten Großherzogtümer (Baden, Hessen) erfolgen.[339] Deren Entwicklungspfad wird genügend Anhaltspunkte ergeben, um die

---

[335] Im Jahr 1849 schlug der amtierende Finanzminister Godchaux zwar einen progressiven Erbschaftsteuertarif vor, jedoch konnte dieser Vorstoß in der französischen Nationalversammlung keine Zustimmung finden (vgl. Seligman, E., Income Tax (1914), S. 86).

[336] Diese Feststellung traf wenig später auch Caillaux bei der Vorstellung seines bahnbrechenden Einkommensteuerprojekts vor der französischen Nationalversammlung. Seine Äußerungen sind nachzulesen bei Geraud-Bastet, M., Transformation Sociale (1910), S. 161.

[337] Vgl. hierzu Vocke, W., Geschichte der Einkommen-Steuer in Bayern (ZfgSt 1864), S. 233; Eheberg, K. T., Finanzwissenschaft (1920), S. 138.

[338] Siehe auch Pistorius, T., Steuerrecht (1928), S. 30.

[339] Bei den nachfolgenden Betrachtungen werden zum Zwecke der besseren Übersichtlichkeit jeweils nur die auf Landesebene erhobenen Abgaben einbezogen, d.h. kommunale Steuern bleiben unberücksichtigt. Die Beschränkung auf die genannten Reichsterritorien erscheint zulässig, da sich in diesen Ländern die Entwicklung am einschneidendsten vollzog.

Begründungen für die Einführung des Prinzips der direkten Steuerprogression ins deutsche Steuerwesen nachvollziehen zu können.[340]

a) Laufende Besteuerung der Substanz und des Einkommens

aa) Preußen

Die ersten Ansätze einer progressiven Einkommensbesteuerung in Preußen sind auf das Jahr 1808 zurückzuführen.[341] Zu diesem Zeitpunkt wurde in den östlichen Teilen des preußischen Staatsgebietes eine außerordentliche Abgabe erhoben.[342] In der Stadt Königsberg reichten die Steuersätze von 0,67 % bis 20 %.[343] Die Steuererträge dienten der Finanzierung der Kriegslasten, so daß erneut der temporäre Finanzbedarf des Staates als Anknüpfungspunkt für die progressive Tarifgestaltung herangezogen werden kann.[344] Dieser erste Versuch einer Einkommensbesteuerung wurde im Jahr 1814 mit der Aufhebung der Kriegsabgabe beendet, denn die Zeit für einen derart radikalen Umbau des Steuersystems schien noch nicht gekommen.[345]

Das Jahr 1820 brachte wiederum eine gründliche Neugestaltung des preußischen Steuersystems mit sich. Der steigende Finanzbedarf des Staates sowie die ablehnende Haltung der ländlichen

---

[340] Es soll jedoch nicht unerwähnt bleiben, daß sich auch in den kleineren Ländern des deutschen Staatenbundes das Prinzip der direkten Steuerprogression temporär in der Besteuerung durchsetzen konnte. So ist für die Jahre 1818 - 1821 aus der im Fürstentum Schwarzenberg-Rudolstadt gelegenen Stadt Frankenhausen eine progressiv ausgestaltete Einkommensteuer überliefert, deren Steuersätze zwischen 2 % und 100 % (völlige Einkommenskonfiskation) lagen. Ihre Begründung fand diese Tarifgestaltung darin, daß jeder Untertan desto mehr zur Bestreitung der allgemeinen Staatslasten beizutragen habe, je größer sein Einkommen sei und er daher leisten könne. Ab 1821 wurde diese Einkommensteuer auf das gesamte Fürstentum ausgeweitet mit der Maßgabe, daß der Steuersatz sein Maximum nun bei 6 % erreichte (vgl. zu den Einzelheiten dieser Abgabe Statistisches Bureau vereinigter Thüringischer Staaten, Progressive Einkommensteuer (JfNuSt 1874), S. 192 ff.).

[341] Vgl. auch Oechsle, K., Einkommensteuergesetze (SteuerStud 1991), S. 203.

[342] Vgl. Mann, F. K., Steuerpolitische Ideale (1937), S. 241; Franke, S., Entwicklung der Einkommensbesteuerung (1981), S. 10. Die provinzielle Beschränkung dieser Abgabe läßt es allerdings zweifelhaft erscheinen, ob mit ihr tatsächlich der Beginn der preußischen Einkommensbesteuerung einhergeht.

[343] Siehe hierzu Linzbach, P., Werdegang der preussischen Einkommensteuer (1984), S. 80.

[344] Oechsle, K., Einkommensteuergesetze (SteuerStud 1991), S. 203, vertritt zur Begründung der progressiven Tarifgestaltung eine andere Auffassung: "Damit war erstmals in Deutschland eine allgemeine Steuer geschaffen worden, die von der Leistungsfähigkeit des Steuerschuldners ausging." Diese Ansicht wird von Oechsle jedoch nicht näher belegt.

[345] Neumark, F., Moderne Einkommensbesteuerung (1947), S. 219, merkt hierzu an: "In weit stärkerem Maße noch als die *Pitt*sche Steuer jedoch war die preußische Maßnahme verfrüht, d.h. zu einem Zeitpunkte ergriffen, in dem die für eine erfolgreiche Einkommensbesteuerung erforderlichen materiellen und ideellen Bedingungen noch nicht gegeben waren. Ein Scheitern des Versuchs war also unabwendbar."

Bevölkerung gegen die seit 1810 erhobene Mahl- und Schlachtsteuer bedingten die Einführung einer Klassensteuer, die sich auf das gesamte Staatsgebiet - mit Ausnahme der großen Städte, die weiterhin der Mahl- und Schlachtsteuer unterlagen - erstreckte.[346] Die Steuerpflichtigen wurden - seit Vervollkommnung der Klassensteuer im Jahr 1822 - einer von insgesamt 12 Klassen zugeordnet, die Steuerbeträge reichten von 0,5 Thaler bis max. 144 Thaler.[347] Die individuelle Leistungsfähigkeit der Steuerpflichtigen gab bei der Festlegung der Steuerbeträge keinerlei Ausschlag, so daß die Klassensteuer bei kritischer Betrachtung für das preußische Steuerwesen einen Rückschritt bedeutete.[348] Höhere Einkommen wurden relativ entlastet, niedrigere Einkünfte dagegen stärker belastet. Da die Klassenzuordnung nach Standesmerkmalen vorgenommen wurde, ist die Klassensteuer letztlich als nach Standesklassen abgestufte Kopfsteuer zu charakterisieren.

Die zunehmende Unzufriedenheit der Bürger mit dem geltenden Steuersystem führte 1851 zu einer erneuten Reform, die die Abschaffung der bisherigen Klassensteuer und die Einführung der sog. "Klassen- und klassifizierten Einkommensteuer" zum Ergebnis hatte.[349] Die modifizierte Klassensteuer bezog wiederum nur ländliche Gebiete sowie kleinere Städte in die Steuerpflicht ein und differenzierte nicht nach der Höhe des Einkommens, sondern vielmehr in Abhängigkeit von der Zuordnung zu den einzelnen Standesklassen. Allerdings wurde diese Abgabe nur noch für Einkünfte bis 1.000 Thaler erhoben.[350] Höhere Einkünfte mußten der klassifizierten Einkommensteuer unterworfen werden, die insgesamt 30 Einkommenstufen unterschied und Steuerbeträge in Höhe von 30 bis 7.200 Thaler vorsah.[351] Dies entsprach einer konstanten Steuerbelastung - bezogen auf den Beginn der jeweiligen Steuerstufen - in Höhe von 3 %. Die grundsätzliche Höherbelastung der Besserverdienenden durch die (zusätzliche) klassifizierte Einkommensteuer war im Hinblick auf die in der Revolutionszeit von 1848 im Landtag geführten

---

[346] Vgl. Popitz, J., Einkommensteuer (HdS 1927), S. 440; Seligman, E., Income Tax (1914), S. 228. Die Entwicklung der Besteuerung in dieser Periode wird in sehr ausführlicher Weise bei Dieterici, C., Geschichte der Steuerreform in Preußen (1875), S. 261 ff., nachgezeichnet.

[347] Vgl. Wagner, A., Steuergeschichte (1910), S. 363; Popitz, J., Einkommensteuer (HdS 1927), S. 440.

[348] Ausführlicher zu den Gründen, die für die Einführung der Klassensteuer, nicht aber der Einkommensteuer sprachen, vgl. Linzbach, P., Werdegang der preussischen Einkommensteuer (1984), S. 146 ff.

[349] Vgl. Seligman, E., Progressive Taxation (1909), S. 46; Popitz, J., Einkommensteuer (HdS 1927), S. 440.

[350] Zu den Steuerbeträgen der Klassensteuer vgl. Cohn, G., Preußische Steuerreform (JfNuSt 1891), S. 41. Ausführlicher zur allgemeinen Ausgestaltung der Klassensteuer siehe Linzbach, P., Werdegang der preussischen Einkommensteuer (1984), S. 161 ff. An dieser Stelle zeigt Linzbach auch die wesentlichsten Unterschiede zur bisherigen Klassensteuer auf.

[351] Nähere Angaben finden sich bei Seligman, E., Income Tax (1914), S. 239; Popitz, J., Einkommensteuer (HdS 1927), S. 440.

Debatten vor allem sozialpolitisch motiviert.[352] Allerdings dürfen die Unzulänglichkeiten der klassifizierten Einkommensteuer nicht übersehen werden, insbesondere die durch die Anwendung des Stufenbetragstarifs sich ergebenden regressiven Wirkungen innerhalb der einzelnen Einkommenstufen sowie die relative Entlastung der Wohlhabenden durch die Festlegung einer Steuerobergrenze.[353]

Die offensichtlichen Mängel der Klassen- und klassifizierten Einkommensteuer bedingten ihre grundlegende Revision im Jahr 1873. Die Neuordnung hatte unter anderem zum Ziel, die Klassenintervalle - und somit die regressiven Wirkungen innerhalb der einzelnen Klassen - zu verringern sowie die Steuerobergrenze zu beseitigen.[354] Des weiteren wurde die Einteilung der Steuerpflichtigen nach Standesklassen durch die Differenzierung des Steuerbetrags nach der Höhe des Einkommens abgelöst. Die Steuersätze bei der Klassensteuer reichten von 0,6 % bis 2,7 %, bei der Einkommensteuer wurde die Bemessungsgrundlage weiterhin mit einem einheitlichen Steuersatz von 3 % - bezogen auf den Stufenbeginn - belegt.[355] Abgesehen von den immer noch bestehenden regressiven Wirkungen innerhalb der einzelnen Einkommenstufen, stellt sich die Frage, inwieweit diese Tarifgestaltung als progressiv einzuordnen ist. Eine Analyse der Gesetzesbegründungen und des einschlägigen Schrifttums zeigt, daß die Staffelung der Entlastung der Geringverdienenden, nicht aber der stärkeren Belastung der Besserverdienenden Vorschub leisten sollte.[356] Ausgehend vom einheitlichen Steuersatz in Höhe von 3 %, sollte die Steuersatzdifferenzierung für geringere Einkommen eine Degression bewirken.[357] Eine Verwirklichung des Prinzips der direkten Steuerprogression stand sicherlich nicht in der Absicht des Gesetzgebers.

Die Unzufriedenheit mit den nebeneinander bestehenden Personalsteuern, die letztlich auch eine Ungleichbehandlung der Steuerpflichtigen zur Folge hatten, führte schließlich zur Miquel'schen Steuerreform des Jahres 1891, die allgemein als Beginn der modernen deutschen Einkommens-

---

[352] Siehe auch Held, A., Einkommensteuer (1872), S. 286; Wagner, A., Steuergeschichte (1910), S. 366. Linzbach, P., Werdegang der preussischen Einkommensteuer (1984), S. 184 f., führt diese Entwicklung dagegen auf fiskalische Erfordernisse zurück, die aus dem Scheitern verschiedener Einkommensteuerprojekte resultierten.

[353] Eine Quantifizierung der Wirkungen findet sich bei Linzbach, P., Werdegang der preussischen Einkommensteuer (1984), S. 165 f.

[354] Siehe hierzu Linzbach, P., Werdegang der preussischen Einkommensteuer (1984), S. 190.

[355] Vgl. Cohn, G., Preußische Steuerreform (JfNuSt 1891), S. 41; Seligman, E., Progressive Taxation (1909), S. 46; Popitz, J., Einkommensteuer (HdS 1927), S. 440.

[356] Siehe hierzu auch die Ausführungen bei Cohn, G., Preußische Steuerreform (JfNuSt 1891), S. 40 f., mit weiteren Quellenangaben.

[357] Zum Unterschied zwischen den Begriffen "Degression" und "Progression" nach damaligem Verständnis vgl. Gerlach, O., Einkommensteuer (HdS 1900), S. 392.

besteuerung angesehen wird. Die Klassen- und klassifizierte Einkommensteuer wurde durch eine allgemeine Einkommensteuer ersetzt, mit Hilfe derer sämtliche steuerpflichtigen Einkünfte erfaßt und auf die so ermittelte Bemessungsgrundlage ein einheitlicher Tarif angewendet werden konnten.[358] Die Einzelheiten des Reformgesetzes sollen nicht näher erläutert werden.[359] Vielmehr wird mit den nachfolgenden Abbildungen das Augenmerk auf den Tarifaufbau gelenkt.

Einkommen von (in Mark)	bis	Steuerbetrag	Steuersatz Stufenbeginn	Stufenmitte	Stufenende
900	1.050	6	0,67 %	0,62 %	0,57 %
1.051	1.200	9	0,86 %	0,80 %	0,75 %
1.201	1.350	12	1,00 %	0,94 %	0,89 %
1.351	1.501	16	1,19 %	1,12 %	1,06 %
1.501	1.650	21	1,40 %	1,33 %	1,27 %
1.651	1.800	26	1,58 %	1,51 %	1,44 %
1.801	2.100	31	1,72 %	1,59 %	1,48 %
2.101	2.400	36	1,71 %	1,60 %	1,50 %
2.401	2.700	44	1,83 %	1,73 %	1,63 %
2.701	3.000	52	1,93 %	1,82 %	1,73 %
3.001	3.300	60	2,00 %	1,90 %	1,82 %
3.301	3.600	70	2,12 %	2,03 %	1,94 %
3.601	3.900	80	2,22 %	2,13 %	2,05 %
3.901	4.200	92	2,36 %	2,27 %	2,19 %
4.201	4.500	104	2,48 %	2,39 %	2,31 %
4.501	5.000	118	2,62 %	2,48 %	2,36 %
5.001	5.500	132	2,64 %	2,51 %	2,40 %
5.501	6.000	146	2,65 %	2,54 %	2,43 %
6.001	6.500	160	2,67 %	2,56 %	2,46 %
6.501	7.000	176	2,71 %	2,61 %	2,51 %
7.001	7.500	192	2,74 %	2,65 %	2,56 %
7.501	8.000	212	2,83 %	2,74 %	2,65 %
8.001	8.500	232	2,90 %	2,81 %	2,73 %
8.501	9.000	252	2,96 %	2,88 %	2,80 %
9.001	9.500	276	3,07 %	2,98 %	2,91 %
9.501	10.500	300	3,16 %	3,00 %	2,86 %

Abb. 20: Tarif der preußischen Einkommensteuer I (1891)

[358] Im Jahr 1893 wurde den Steuerpflichtigen eine Ergänzungsteuer in Gestalt einer Vermögensteuer auferlegt mit dem Ziel, eine Höherbelastung des fundierten gegenüber dem unfundierten Einkommen zu erreichen. Der Steuersatz dieser Abgabe betrug einheitlich 0,05 %.

[359] Es sei auf die umfangreiche Literatur zu diesem Themenkreis verwiesen. Vgl. beispielsweise Cohn, G., Preußische Steuerreform (JfNuSt 1891), S. 20 ff.; Wagner, A., Reform der direkten Staatsbesteuerung (FA 1891), S. 237 ff.

Bei höherem Einkommen steigt die Steuer wie folgt:

Einkommen von mehr als (in Mark)	bis einschließlich	in Stufen von	um je
10.500	30.500	1.000	30
30.500	32.000	1.500	60
32.000	78.000	2.000	80
78.000	100.000	2.000	100
>100.000		5.000	200

Abb. 21: Tarif der preußischen Einkommensteuer II (1891)

Der preußische Einkommensteuertarif wurde als Stufenbetragstarif ausgestaltet mit der Folge, daß innerhalb der einzelnen Einkommenstufen regressive Wirkungen auftraten.[360] Die Steuersätze reichten - bezogen auf den jeweiligen Stufenbeginn - von 0,68 % bis 4 %. Zur besseren Verdeutlichung und zur Erleichterung der Beurteilung seiner progressiven Ausgestaltung wird der vorstehende Tarif nochmals graphisch dargestellt.

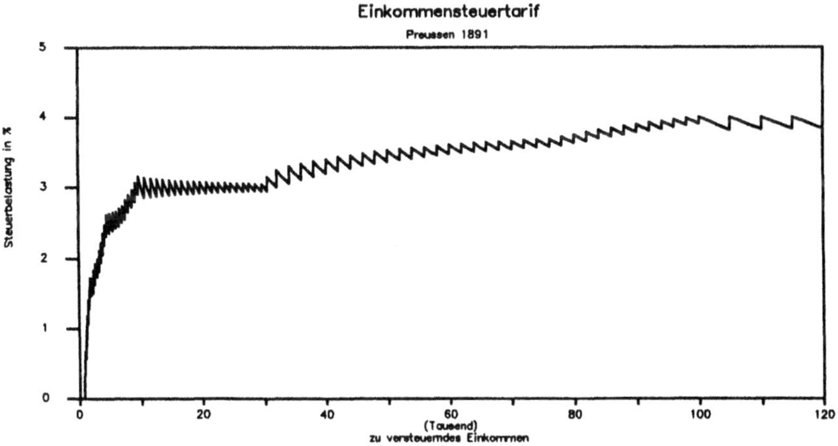

Abb. 22: Graphische Darstellung des preußischen Einkommensteuertarifs (1891)

[360] Die Entscheidung zugunsten des Stufenbetragstarifs wurde mit der Ungenauigkeit der Steuerveranlagung begründet (vgl. Gerlach, O., Einkommensteuer (HdS 1900), S. 393).

Die graphische Aufbereitung zeigt für den Bereich der Einkommen über 10.500 Mark eine moderate Steigerung der Steuersätze. Bei kleineren Einkommen ist dagegen ein sehr rasches Wachder Geringverdienenden, da diese durch die indirekten Steuern besonders belastet wurden. Dieser Aspekt fand im Abgeordnetenhaus auch einhellige Zustimmung.

Heftig diskutiert wurde dagegen die Frage, ob der bisherige Maximalsteuersatz in Höhe von 3 % beibehalten werden solle. Für eine stärkere Belastung der wohlhabenden Bevölkerungsschichten wurden insbesondere deren größere Leistungsfähigkeit sowie wirtschafts- und sozialpolitische Gründe ins Feld geführt.[361] Die Regierung warnte andererseits eindringlich vor einer Erhöhung der Steuersätze, da sie damit die Anwendung des Progressionsprinzip verwirklicht glaubte. Dieser Besteuerungsgrundgedanke wurde wiederum seitens der Regierung mit der Begründung abgelehnt, daß seine Umsetzung in die Praxis mit erheblicher Willkür verbunden sei und zudem gravierende Schwierigkeiten bei der Steuerveranlagung nach sich ziehe.

Die Kontroverse im preußischen Landtag hatte schließlich die Erhöhung des Maximalsteuersatzes auf 4 % zum Ergebnis, wobei jedoch von allen Beteiligten betont wurde, daß damit die Verwirklichung des Prinzips der direkten Progression nicht gewollt sei.[362] Vielmehr müsse die Tarifgestaltung als degressiv eingeordnet werden.

Den beginnenden Gesinnungswandel der damaligen Zeit belegt aber die folgende Äußerung Gustav Cohns: "Die Zeit wird kommen, da man weiter geht. Daß von dem Bestehenden aus für uns eine Entwicklung der Progression zu einem Steuersatze von fünf Prozent schon als etwas Außerordentliches erscheint, ist nach den herrschenden Vorstellungen unzweifelhaft. ... Es wird freilich eine Zeit kommen, wo die Spötter auf der anderen Seite sitzen werden."[363]

bb) Bayern

In Bayern setzten sich - ähnlich den preußischen Verhältnissen - ebenfalls zu Beginn des 19. Jahrhunderts die Personalbesteuerung[364] und - zumindest zeitweise - das Prinzip der direkten Progression als Besteuerungsinstrument durch. Nachfolgend sollen die wichtigsten Stationen der Entwicklung kurz nachgezeichnet werden.

---

[361] Vgl. Wagner, A., Reform der direkten Staatsbesteuerung (FA 1891), S. 238.

[362] Siehe hierzu die ausführliche Dokumentation bei Wagner, A., Reform der direkten Staatsbesteuerung (FA 1891), S. 237 ff.

[363] Cohn, G., Preußische Steuerreform (JfNuSt 1891), S. 43.

[364] Ausgangspunkt des Umbruchs bildeten die Ereignisse der französischen Revolution sowie die Gründung des Königreichs Bayern im Jahr 1806. Diese Umstände bedingten auch in Bayern die vollkommene Gleichstellung aller Standesklassen gebenüber der Steuerpflicht sowie die Neuordnung des Steuersystems. In der Folge mußten daher die bestehenden Steuergesetze revidiert werden (vgl. auch Vocke, W., Geschichte der Einkommen-Steuer in Bayern (ZfgSt 1864), S. 237; Schanz, G., Bayrisches Ertragssteuersystem (FA 1900), S. 556 f.).

Als objektbezogene Abgaben bestanden zur Jahrhundertwende eine Grundvermögensteuer sowie eine Gewerbesteuer.[365] Im Jahr 1808 wurde zusätzlich eine Personalsteuer in Gestalt des sog. Familienschutzgeldes eingeführt.[366] Diese Abgabe war als Klassensteuer ausgestaltet. Als Anknüpfungspunkte der Klassenzuordnung dienten beispielsweise die Besoldungs- und Pensions-Bezüge oder die im Veranlagungsjahr entrichtete Vermögen- und Gewerbesteuer.[367] Zwischen den einzelnen Klassen variierten die Steuerbeträge von 20 Kreuzern bis 12 Gulden.[368] Das Familienschutzgeld kann als relativ fortschrittliche Klassensteuer angesehen werden, da die Einkommensverhältnisse der Steuerpflichtigen - zumindest in groben Zügen - und nicht die jeweilige Standeszugehörigkeit für die Klassenzuordnung herangezogen wurden.

1814 wurde das Familienschutzgeld durch die allgemeine Familiensteuer abgelöst. Diese war im einzelnen als Familien-, Kapitalrenten-, Vermögen- und Gewerbesteuer ausgestaltet. Die Steuerpflichtigen wurden einer von zehn Abteilungen zugeordnet. Die Steuerbeträge reichten von 10 Kreuzern bis 12 Gulden.[369] In den ersten sechs Abteilungen richtete sich die Steuerzahlung nach der tatsächlich ausgeübten Tätigkeit der Steuerpflichtigen, in den letzten vier Abteilungen wurde die Steuer über Zuschläge zu der Haussteuer, der Rentensteuer oder der Gewerbesteuer erhoben.[370] Obwohl die einzelnen Bestimmungen dieser Abgabe viele Willkürlichkeiten und Ungerechtigkeiten enthielten, blieb sie bis in das Jahr 1848 nahezu unverändert bestehen.

Die mit dem Revolutionsjahr 1848 verbundenen starken Anforderungen an den bayerischen Staatshaushalt erforderten eine gründliche Umgestaltung des Steuersystems, da eine Erhöhung der bestehenden Steuern zu wenig einträglich erschien.[371] Daher ergänzte man die lückenhafte Familiensteuer durch eine - zunächst vorläufige - Einkommensteuer.[372] Die Familiensteuer entfiel

---

[365] Vgl. Popitz, J., Einkommensteuer (HdS 1927), S. 443.

[366] Vgl. auch Seiffert, K., Geschichte des Steuerwesens (JfNuSt 1890), S. 622

[367] Vgl. Schanz, G., Bayrisches Ertragssteuersystem (FA 1900), S. 556 f.

[368] Vgl. ausführlicher Vocke, W., Geschichte der Einkommen-Steuer in Bayern (ZfgSt 1864), S. 234 ff.; Schanz, G., Bayrisches Ertragssteuersystem (FA 1900), S. 556 f.

[369] Zu den Einzelheiten vgl. Vocke, W., Geschichte der Einkommen-Steuer in Bayern (ZfgSt 1864), S. 242 f.

[370] Vgl. Schanz, G., Bayrisches Ertragssteuersystem (FA 1900), S. 557 f.

[371] In der Abgeordnetenkammer wurde die Neuorientierung wie folgt begründet: "... eine Erhöhung der bestehenden Steuern würde bei den vielfachen Gebrechen und dem ungleichen Drucke des Steuersystems auf die am schwersten beladenen Schultern die grössten Lasten wälzen. ... Außerdem werde die Erhebung einer Einkommensteuer als ein Versuch zur Anbahnung einer gerechteren Verteilung der Steuerlast überhaupt zur Lösung dieser ebenso wichtigen als schwierigen Frage wesentlich beitragen." (Verhandlungen der Kammer der Abgeordneten (1848), S. 361 f., zitiert nach Schanz, G., Bayrisches Ertragssteuersystem (FA 1900), S. 582 f.).

[372] Kapitaleinkünfte wurden zusätzlich einer Kapitalrentensteuer unterworfen.

schließlich im Jahr 1850, Einkommen- und Kapitalrentensteuer wurden zu einer einheitlichen Einkommensteuer zusammengefaßt.[373]

Der Gesetzesentwurf des Jahres 1848 sah Steuersätze in Höhe von 0,2 % bis 2 % vor. In den der Verabschiedung des Gesetzesentwurfes vorausgehenden Verhandlungen diskutierten die Abgeordneten heftig über die Sinnhaftigkeit der Verwirklichung des Prinzips der direkten Progression.[374] Einerseits wurde diese Maßnahme als Bestrafung der großen Einkommen und Mittel zur Vermeidung von Kapitalansammlungen gebrandmarkt, andererseits lobte man den mit der Progression verbundenen Effekt der gleichmäßigeren Besteuerung.[375] Schließlich konnte sich die Mehrheit der Abgeordneten für den mäßigen Anstieg der Steuersätze entscheiden.

Bereits mit Reformierung der vorläufigen Einkommensteuer im Jahr 1850 bediente sich der bayerische Gesetzgeber eines Stufengrenzsatztarifs - im Gegensatz zu den bisher üblichen Stufenbetragstarifen - zur Ermittlung der Steuerlast. In der nachfolgenden Abbildung sind die Steuersätze wiedergegeben.[376]

Einkommen von	bis	Steuersatz
0 Fl.	200 Fl.	0 %
201 Fl.	1.000 Fl.	0,5 %
1.001 Fl.	5.000 Fl.	1 %
5.001 Fl.	10.000 Fl.	1,5 %
> 10.000 Fl.		2 %

Abb. 23: Tarif der bayerischen Einkommensteuer (1850)

Der Verabschiedung der obenstehenden Tarifskala ging erneut eine energisch geführte Debatte voraus. Die Progressionsgegner ordneten dieses Besteuerungsprinzip dem kommunistischen Gedankengut zu und verwiesen inbesondere auf die mit einer progressiven Tarifgestaltung ver-

373 Vgl. auch Gerlach, O., Einkommensteuer (HdS 1900), S. 411; Seligman, E., Income Tax (1914), S. 237.

374 Im Gegensatz zum preußischen Parlament waren sich die Abgeordneten in Bayern durchaus der Tatsache bewußt, daß der gestaffelte Tarifaufbau den Beginn der progressiven Besteuerung mit sich bringen und nicht nur die Entlastung der Geringverdienenden mittels degressiver Steuerbeträge bedeuten würde.

375 Zu den einzelnen Äußerungen vgl. Vocke, W., Geschichte der Einkommen-Steuer in Bayern (ZfgSt 1864), S. 250 f.

376 Vgl. hierzu Seiffert, K., Geschichte des Steuerwesens (JfNuSt 1890), S. 626; Schanz, G., Bayrisches Ertragssteuersystem (FA 1900), S. 582.

bundene Willkür. Progressionsbefürworter nahmen dagegen die These für sich in Anspruch, daß der Reiche die gleiche relative Steuerlast leichter trage als der Ärmere und daher - aus Gerechtigkeitsgründen - höher zu besteuern sei.[377] Wiederum konnten sich aber die Befürworter des Prinzips der direkten Progression im Abgeordnetenhaus durchsetzen, da sie zurecht darauf hinweisen konnten, daß der mäßige Anstieg der Steuersätze mit einem Maximum in Höhe von 2 % keine zu große Belastung der Steuerpflichtigen darstelle.

Die allgemeine Einkommensteuer wurde nur bis zum Jahr 1856 erhoben. Sie scheiterte am zunehmenden Unmut der Bevölkerung, der sich insbesondere gegen die mit der Einkommensbesteuerung verbundene Doppelbelastung einzelner Einkunftsarten richtete. Dieses Faktum wurde als höchst ungerecht empfunden und veranlaßte die Regierung dazu, die bisherige Personalbesteuerung zu revidieren und auf ein System einzelner Ertragsteuern überzuwechseln.[378]

Die umgestaltete "Einkommensteuer" trat neben die Grund-, Häuser-, Gewerbe- und Kapitalrentensteuer und sollte die Einkünfte erfassen, die den vorstehenden Abgaben nicht unterlagen. Diese Entwicklung bedeutete für das bayerische Besteuerungssystem einen erheblichen Rückschritt, der auch in der Tarifgestaltung der neuen Abgabe seinen Niederschlag fand: Die einzelnen Einkunftsarten, die die Bemessungsgrundlage der partiellen Einkommensteuer bildeten, wurden einer von drei Hauptabteilungen zugeordnet und schließlich - je nach Zuordnung - unterschiedlichen Steuertarifen unterworfen. Der Maximalsteuersatz betrug dabei nur 1 % des steuerpflichtigen Einkommens.[379] Von einer progressiven Besteuerung wurde Abstand genommen, da die "... Festhaltung (*Anm. d. Verf.*: am Prinzip der Progression) bei der gegenwärtigen Steuer eine weder theoretisch noch praktisch zu rechtfertigende Ungleichmässigkeit in den Besteuerungsprinzipien mit sich führen würde."[380] Die differierenden Steuersätze innerhalb der einzelnen Einkunftsarten wurden mit der Notwendigkeit begründet, Erleichterungen für die weniger begüterten Steuerpflichtigen zu schaffen. Der bayerische Gesetzgeber zog somit auch den Gebrauch des Begriffs "Degression" dem des Begriffs "Progression" vor.

---

377 Zu den einzelnen Argumenten vgl. ausführlicher Vocke, W., Geschichte der Einkommen-Steuer in Bayern (ZfgSt 1864), S. 265.

378 In der Regierungsbegründung wird diese neuerliche Umgestaltung des Steuersystems zum einem mit der Doppelbelastung einzelner Einkommensarten, zum anderen mit dem Widerstand der Bevölkerung gegen die Deklarationspflicht begründet (vgl. Verhandlungen der Kammer der Abgeordneten (1855/56), S. 242 f., zitiert nach Schanz, G., Bayrisches Ertragssteuersystem (FA 1900), S. 582 f.). Zur Kritik der allgemeinen Einkommensteuer vgl. auch Seligman, E., Income Tax (1914), S. 237.

379 Vgl. die ausführliche Beschreibung bei Vocke, W., Geschichte der Einkommen-Steuer in Bayern (ZfgSt 1864), S. 309 f.; Neumann, F., Progressive Einkommensteuer (1874), S. 125 f.

380 Verhandlungen der Kammer der Abgeordneten (1855/56), S. 242 ff., zitiert nach Schanz, G., Bayrisches Ertragssteuersystem (FA 1900), S. 583.

Verwunderlich erscheint indes nicht nur der Rückschritt innerhalb des bayerischen Besteuerungssystems zur Mitte des 19. Jahrhunderts, sondern vielmehr die Tatsache, daß sich die partielle Einkommensteuer in Bayern - ungeachtet der Entwicklung in den anderen deutschen Territorien - bis über die Jahrhundertwende hinaus halten konnte. In die Kammer der Abgeordneten wurde zwar im Jahr 1881 der Vorschlag einer allgemeinen progressiven Einkommensteuer eingebracht, er fand jedoch nicht die erforderliche Mehrheit. Wesentliche Änderungen hinsichtlich der Tarifgestaltung - nicht aber hinsichtlich des Charakters der Einkommensteuer - ergaben sich aus dem Steuerreformgesetz des Jahres 1899. Die bisherigen Hauptabteilungen wurden zusammengefaßt mit der Folge, daß die einkommensteuerliche Bemessungsgrundlage nur noch einem einheitlichen Tarif zu unterwerfen war. Das zu versteuernde Einkommen wurde einer Einkommenstufe zugeordnet, für die ein fester Steuerbetrag galt. Die bayerische Einkommensteuer bediente sich demzufolge einer Art von Stufenbetragstarif und mußte die mit dieser Tarifgestaltung verbundenen Nachteile - insbesondere deren regressive Wirkungen - in Kauf nehmen. Die Steuersätze lagen - bezogen auf den jeweiligen Stufenbeginn - zwischen 0,2 % und 3 %.[381]

Die Entwicklung des bayerischen Steuersystems bis zum Ende des 19. Jahrhunderts vollzog sich sehr sprunghaft. Die gelungenen Ansätze einer Personalbesteuerung, insbesondere verbunden mit einer auch heutzutage gebräuchlichen Tarifgestaltung, konnten sich nicht durchsetzen. Die Steuerprogression fand zur Mitte des Jahrhunderts allgemeine Anerkennung, wurde im weiteren Verlauf jedoch nicht mehr als Besteuerungsinstrument eingesetzt. Diese Tatsache läßt m.E. die Schlußfolgerung zu, daß die Entscheidung über die Einführung oder Nicht-Einführung der direkten Progression hauptsächlich vom Gutdünken der politisch Verantwortlichen abhängig war.

cc) Sachsen

Der Übergang von den traditionellen Besteuerungsformen zum modern ausgeprägten Abgabensystem vollzog sich in Sachsen in der ersten Hälfte des 19. Jahrhunderts[382] Eingeleitet wurde die

---

[381] Die Tarifgestaltung findet sich bei Schanz, G., Bayrisches Ertragssteuersystem (FA 1900), S. 700 f.; Seligman, E., Progressive Taxation (1909), S. 49 f.

[382] Zu Beginn des 19. Jahrhunderts bestand in Sachsen - im Gegensatz zu anderen Reichsländern - noch kein akuter Handlungsbedarf, da die einzelnen Gebiete Sachsens keine zu unterschiedlichen Steuersysteme aufwiesen (vgl. auch Eheberg, K. T., Finanzen im 19. Jahrhundert (HdS 1909), S. 213).

grundlegende Reformierung im Jahr 1834 mit der Einführung einer Personal- und Gewerbesteuer.[383]

Im Rahmen der Personalsteuer differenzierte man zwischen sieben Abteilungen, denen die Steuerpflichtigen nach ihrem ausgeübten Beruf zugeordnet wurden.[384] Die Besteuerung der einzelnen Gruppen wich erheblich voneinander ab, so daß eigentlich sieben artfremde Steuern zu unterscheiden sind.[385] Besonders hervorzuheben ist die Tatsache, daß Renteneinkommen, Arbeitseinkommen und Pensionen einem progressiven Tarif unterworfen wurden, die Veranlagung in den anderen Einkunftsarten dagegen nicht nach deren Höhe, sondern nach äußeren Merkmalen der Steuerpflichtigen erfolgte.[386] Die Steuersätze stiegen nur sehr mäßig und erreichten ihr Maximum bei 2,67 %.[387]

Das oben beschriebene Besteuerungssystem blieb in seinen Grundzügen bis zur Reform der Jahre 1874/1878 bestehen. Im Jahr 1850 entschloß sich die sächsische Abgeordnetenkammer jedoch zu einer besseren Ausbildung der Rentensteuer sowie zur weiteren progressiven Ausgestaltung des Tarifverlaufs.[388] Renteneinkünfte unterlagen nun einer höheren Tarifbelastung als Arbeitseinkommen und Pensionen. Nach damaligen Verständnis erfuhr die progressive Tarifgestaltung ihre Rechtfertigung aus der Historie, d.h. sie wurde aus ehemals gültigen Steuergesetzen abgeleitet. Daher wurde dieser Besteuerungsgrundsatz in den Verhandlungen des sächsischen Landtages niemals in Zweifel gezogen.[389] Vielmehr wiesen die Parlamentarier darauf hin, daß eine niedrigere Besteuerung der Geringverdienenden notwendig sei, um einen Ausgleich für ihre

---

383 Vgl. auch Conrad, J., Directe Steuern in Sachsen (JfNuSt 1871), S. 430. Der Reformgedanke wurde bereits in der sächsischen Landesverfassung des Jahres 1831 festgeschrieben: "Es soll ein neues Abgabensystem festgestellt werden, wobei die Gegenstände der direkten und indirekten Besteuerung nach möglichst richtigen Verhältnisse zur Mitleidenheit gezogen werden. Die bisher bestandenen Realbefreiungen sollen gegen angemessene Entschädigung, deren Modalität unter Vernehmung mit den Ständen durch die künftige Gesetzgebung näher zu bestimmen ist, aufgehoben werden." (§ 39 der Sächsischen Landesverfassung vom 04.09.1831).

384 Siehe hierzu Gerlach, O., Einkommensteuer (HdS 1909), S. 714.

385 Vgl. Gensel, J., Steuerreform im Königreich Sachsen (Annalen des Deutschen Reiches 1874), S. 1375 f. Die einzelnen Bestimmungen des Gesetzes sollen nicht näher erläutert werden.

386 Vgl. hierzu auch Gensel, J., Steuerreform im Königreich Sachsen (Annalen des Deutschen Reiches 1874), S. 1376; Gerlach, O., Einkommensteuer (HdS 1909), S. 714.

387 Die einzelnen Tarifbestimmungen sowie die der Einführung der Progression zugrundeliegenden Begründungen konnten nicht im Detail eruiert werden. Rudimentäre Ausführungen finden sich bei Conrad, J., Directe Steuern in Sachsen (JfNuSt 1871), S. 431 f.

388 Die detaillierten Bestimmungen hinsichtlich der Rentensteuer finden sich bei Judeich, A., Rentensteuer im Königreiche Sachsen (1857), S. 22 ff.

389 Vgl. die Ausführungen und Quellennachweise bei Judeich, A., Rentensteuer im Königreiche Sachsen (1857), S. 111.

stärkere Belastung mit indirekten Abgaben zu schaffen.[390] Die gegen die Progression vorgebrachten Einwände, insbesondere deren Willkürlichkeit sowie die mit ihrer Anwendung verbundene Gefahr der Einkommenskonfiskation, wurden als realitätsfremd zurückgewiesen.

Zu Beginn der 70er Jahre des vorigen Jahrhunderts mußte das sächsische Besteuerungssystem grundlegend umgestaltet werden, da die bisherigen Abgaben dem sozialen und wirtschaftlichen Fortschritt des Landes nicht mehr genügten.[391] Vor allem das Mißverhältnis zwischen Grundsteuer und Personal-/Gewerbesteuer sowie die fehlende Aufkommenselastizität der bestehenden Steuern bedingten eine zunehmende Unzufriedenheit der Bevölkerung.[392] Deshalb wurde im Jahr 1874 ein Gesetz verabschiedet, das die Ersetzung der Personal- und Gewerbesteuer durch eine allgemeine Einkommensteuer vorsah.[393] In § 11 des sächsischen EStG wurde festgelegt, daß die Einkommensteuer in festen Steuerbeträgen nach Klassen zu erheben sei. Die Steuersätze reichten - bezogen auf den jeweiligen Klassenanfang - von 0,3 % bis 2,5 %.[394] Die Frage ob der Einführung des Progressionsprinzips wurde in der Abgeordnetenkammer eingehend diskutiert. Die zustimmende Haltung der Mehrheit der Abgeordneten beruhte auf dem Willen, eine gleichmäßigere Besteuerung der Steuerpflichtigen herbeizuführen sowie für einen Ausgleich der durch die indirekten Steuern verursachten regressiven Wirkungen Sorge zu tragen.[395]

---

[390] Siehe hierzu Judeich, A., Rentensteuer im Königreiche Sachsen (1857), S. 112. An gleicher Stelle findet sich auch eine andere Begründung für die Notwendigkeit der progressiven Ausgestaltung der Personalsteuer: "Der Staat bietet eine Menge Vortheile, welche zwar von allen Unterthanen benutzt werden dürfen, die aber nur von den Wohlhabenden benutzt werden können. Es wäre ungerecht, den weniger Bemittelten im gleichen Verhältnisse zu besteuern, da er nicht im Stande ist, im gleichen Verhältnisse die Einrichtungen des Staates zu gebrauchen."

[391] Siehe Gensel, J., Sächsische Einkommensteuer (JfNuSt 1885), S. 490.

[392] Siehe auch Gensel, J., Steuerreform im Königreich Sachsen (Annalen des Deutschen Reiches 1874), S. 1379; Gerlach, O., Einkommensteuer (HdS 1909), S. 714.

[393] Zu den einzelnen Bestimmungen siehe Conrad, J., Steuergesetzgebung in Sachsen (JfNuSt 1879), S. 445 ff.; Gensel, J., Sächsische Einkommensteuer (JfNuSt 1885), S. 493 f. Das Einkommensteuerprojekt wäre beinahe am Widerstand der sächsischen Abgeordnetenkammer gescheitert. Die Mißbilligung richtete sich aber nicht gegen die vermeintliche Ungerechtigkeit der Steuerprogression, sondern entsprang vielmehr aus der Befürchtung, mit dieser Maßnahme die Fremden aus dem Lande zu treiben und bei den wohlhabenden Klassen zuviel Anstoß zu erregen (vgl. Conrad, J., Revision der Gesetzgebung (JfNuSt 1873), S. 228).

[394] Der Tarif der sächsischen Einkommensteuer ist bei Gensel, J., Steuerreform im Königreich Sachsen (Annalen des Deutschen Reiches 1874), S. 1416 f., abgedruckt.

[395] Die Argumente finden sich in der Begründung zu § 11 des Entwurfes des sächsischen Einkommensteuergesetzes, abgedruckt in Gensel, J., Steuerreform im Königreich Sachsen (Annalen des Deutschen Reiches 1874), S. 1447 f. Die Grundsätze der neu zu gestaltenden Einkommensteuer wurden bereits auf den Landtagssitzungen 1871/72 erörtert.

Da sich die sächsischen Parlamentarier bei ihren Debatten zunehmend dem Vorwurf der Verwirklichung kommunistischen Gedankengutes ausgesetzt sahen, wählten sie im weiteren Verlauf den Weg, der in der Finanzgeschichte des Deutschen Reiches allzu bekannt erscheint: Im Bericht der Finanzdeputation der Ersten Kammer wurde vorgeschlagen, als Grundlage der Besteuerung einen Normalsatz des Einkommens heranzuziehen und von diesem abwärts allmählich wachsende Ermäßigungen eintreten zu lassen. Die progressive Ausgestaltung des Tarifs wurde den Steuerpflichtigen demzufolge als Degression vor Augen geführt.[396]

Das in einigen Punkten geänderte Einkommensteuergesetz konnte aufgrund verwaltungstechnischer Schwierigkeiten und der Notwendigkeit einer Probeveranlagung erst im Jahr 1878 in Kraft treten. Hinsichtlich der Tarifgestaltung ergab sich eine Anhebung des Spitzensteuersatzes auf 3 %.[397] An der progressiven Ausgestaltung des Steuertarifs nahmen die Abgeordneten keine Änderungen vor.[398]

Finanzpolitische Zwänge führten im Jahr 1894 zu einer grundlegenden Korrektur des sächsischen Einkommensteuertarifs.[399] Im Zuge der Reform wurden das Existenzminimum angehoben, die vermeintlich zu starke Progression für mittlere Einkommen abgeschwächt und der Maximalsteuersatz auf 4 % erhöht.[400] Mit der Verringerung der Breite der Klassenintervalle konnten die regressiven Wirkungen des Stufenbetragstarifs begrenzt werden. Die Erhöhung des Maximalsteuersatzes diente dazu, die durch die für geringere Einkommen geschaffenen Erleichterungen bedingten Einnahmeausfälle zu kompensieren und gleichzeitig die Steuereinnahmen zur Finan-

---

396 Conrad, J., Revision der Gesetzgebung (JfNuSt 1873), S. 238, merkt hierzu in trefflicher Weise an: "Man erkannte sehr wohl, dass dies auf dasselbe hinauskommt, wie eine Progression bis zu einer ziemlich tief stehenden Grenze, hoffte aber damit das Princip zu wahren und nicht in den Verdacht einer Begünstigung des Communismus zu kommen. Sehr ergötzlich ist es zu beobachten, wie dieser Vorschlag von der 1. und einem grossen Theil der 2. Kammer mit besonderer Genugthuung aufgenommen wurde, wie den Herren 'es plötzlich wie Schuppen von den Augen fiel', und ihnen ein Stein vom Herzen genommen wurde, als man ihnen diese Hinterthür zeigte."

397 Vgl. § 12 des sächsischen Einkommensteuergesetzes vom 2.7.1878, abgedruckt in Conrad, J., Steuergesetzgebung in Sachsen (JfNuSt 1871), S. 455.

398 Conrad, J., Steuergesetzgebung in Sachsen (JfNuSt 1879), S. 465, beschreibt die Sachlage hinsichtlich der progressiven Ausgestaltung des sächsischen Einkommensteuertarifs wie folgt: "... die Leistungsfähigkeit, wie sie im Einkommen zu Tage tritt, ist als Steuermaassstab angenommen, deshalb die Progression, wenn auch nicht konsequent bis in die höheren Stufen fortgesetzt, zur Anwendung gelangt." Es gilt zu beachten, daß das Progressionsprinzip explizit mit der unterschiedlichen Leistungsfähigkeit der Steuerpflichtigen begründet wird.

399 Zu den Beweggründen vgl. ausführlicher Schanz, G., Novelle zum sächsischen Einkommensteuergesetz (FA 1895), S. 751.

400 Genaue Angaben finden sich bei Schanz, G., Novelle zum sächsischen Einkommmensteuergesetz (FA 1895), S. 752 ff. Die Novellierung des sächsischen Einkommensteuergesetzes hatte zweifelsohne seine Anpassung an die preußischen Verhältnisse zur Folge.

zierung des Haushaltsdefizits zu steigern. Die Tarifgestaltung entsprang einzig aus politischen Notwendigkeiten und hatte keine Änderung der bei Einführung der Einkommensteuer vorherrschenden Ansichten zum Hintergrund.

Die progressive Besteuerung etablierte sich in Sachsen bereits zur Mitte des 19. Jahrhunderts Bemerkenswert erscheint dabei die Tatsache, daß die politisch Verantwortlichen zu ihrer Begründung auf die Kompensationstheorie sowie das Opfergleichheitsprinzip verwiesen. Andererseits fand aber auch das Leistungsfähigkeitsprinzip bereits Eingang in die Diskussion. Negativ ist bei der Analyse der Entwicklungsgeschichte zu vermerken, daß die Tarifgestaltung eben mit der Willkür in Angriff genommen wurde, die man zu vermeiden gedachte.

dd) Württemberg

Die politischen Veränderungen zu Beginn des 19. Jahrhunderts führten in Württemberg nicht zwangsläufig zur Revision des bestehenden Ertragsteuersystems. Die Grund-, Gebäude- und Gewerbesteuer wurde für die neu in das Königreich aufgenommenen Gebiete unverändert angewendet. Lediglich die Befreiungen für die privilegierten Bevölkerungsschichten fielen ersatzlos weg.[401]

Nach Verabschiedung der württembergischen Verfassung im Jahr 1819 kam - entsprechend der Entwicklung in den anderen Reichsterritorien - zwar Bewegung in das Besteuerungssystem, jedoch gab es hinsichtlich der bestehenden Abgaben keine wesentlichen Änderungen. Diese hatten in modifizierter Form weiterhin Bestand.[402] Allerdings wurde den Steuerpflichtigen ab 1820 eine Kapital- und Besoldungsteuer als außerordentliche Abgabe auferlegt.[403] Die Bemessungsgrundlage der Kapital- und Besoldungsteuer umfaßte zunächst Rentenbezüge jeglicher Art sowie Besoldungen, Pensionen und Apanagen, später erfolgten sukzessive Erweiterungen der der Besteuerung unterliegenden Einkünfte. Höhere Einkommen wurden relativ stärker belastet als niedrige Einkommen. Die Steuersätze änderten sich bis zur Mitte des 19. Jahrhunderts sehr häufig und reichten bei den Besoldungen von 0,18 % bis 12 %.[404]

---

[401] Vgl. Eheberg, K. T., Finanzen im 19. Jahrhundert (HdS 1909), S. 215. Zur Ausgestaltung der traditionellen Ertragsteuern siehe Siebert, A., Entwicklung der direkten Besteuerung (ZfgSt 1912), S. 22 f.

[402] Zu den Modifikationen vgl. Siebert, A., Entwicklung der direkten Besteuerung (ZfgSt 1912), S. 23 f.

[403] Siehe hierzu Schall, K. F., Reform der direkten Steuern (FA 1895), S. 5; Pistorius, T., Württembergische Steuerreform (FA 1904), S. 7; Eheberg, K. T., Finanzen im 19. Jahrhundert (HdS 1909), S. 215. Da die Kapital- und Besoldungsteuer in den folgenden Jahren vom württembergischen Parlament regelmäßig und ohne Unterbrechung bewilligt wurde, ist ihr durchaus der Charakter einer ordentlichen Abgabe zuzuschreiben.

[404] Vgl. auch Siebert, A., Entwicklung der direkten Besteuerung (ZfgSt 1912), S. 25 f. Der Steuertarif wurde als Stufendurchschnittsatztarif ausgestaltet.

Die Verankerung des Prinzips der direkten Steuerprogression bei der württembergischen Kapital- und Besoldungsteuer begründete sich nach Ansicht von Siebert wie folgt: "Schon vorher bestandene wachsende Besteuerungen (... in Württemberg in der Besoldungs- und Pensionssteuer von 1820) waren nicht Anwendung richtig erkannter prinzipieller Forderungen, sondern lediglich Nachgeben auf Ausflüsse subjektiver Stimmungen einer Volksmeinung, die, wie diese, wiederholten Wechseln und bei völligem Umschlag schließlich für sich der Wiederausschaltung aus dem Steuersystem unterlagen."[405] Mit dieser Äußerung wird die Anwendung einer progressiven Tarifgestaltung erstmals auf das Bestehen neidähnlicher Gefühle zurückgeführt, obwohl diese Begründung dem Empfinden der ärmeren Bevölkerungsschichten - bei den damaligen Lebensverhältnissen - schon früher durchaus entsprechen mußte.

Die Besteuerung des Kapital- und Renten-, Dienst- und Berufseinkommens erfuhr durch das Gesetz vom 19. September 1852 eine durchgreifende Neuregelung mit der Zielsetzung, das bestehende Ertragsteuersystem zu vervollkommnen.[406] Einkünfte aus Dienst- und Arbeitsverhältnissen mußten dabei - abgestuft nach der jeweiligen Einkommenshöhe - nur teilweise der Steuer unterworfen werden, bis schließlich ab 2.000 Gulden der Mehrbetrag des Einkommens der vollen Besteuerung unterlag.[407] Auf die so ermittelte Bemessungsgrundlage war ein einheitlicher Steuersatz anzuwenden, der für den Zeitraum 1852 - 1858 8 % betrug.[408] Diese Regelungen führten zu der in der nachfolgenden Abbildung wiedergegebenen Tarifgestaltung, die nach heutigem Sprachgebrauch als Stufengrenzsatztarif zu bezeichnen ist.

---

405 Siebert, A., Entwicklung der direkten Besteuerung (ZfgSt 1912), S. 51.

406 Die Kapital-, Renten-, Dienst- und Berufseinkommensteuer hatte objektartigen Charakter und diente dazu, die Erträge der Besteuerung zu unterwerfen, die von den traditionellen Katastersteuern nicht erfaßt wurden (vgl. Pistorius, T., Württembergische Steuerreform (FA 1904), S. 10). Die einzelnen Regelungen dieses Gesetzes sollen nicht näher analysiert werden.

407 Diese Tarifgestaltung kann mit dem Tarifverlauf der späteren französischen Einkommensteuer verglichen werden. Seit der Jahrhundertwende wird diese Tarifkonstruktion allgemein als Aufbau nach dem Partranche-Verfahren bezeichnet.

408 Vgl. zu diesen Angaben Ministerielle Denkschrift vom 14.05.1895, abgedruckt in: FA 1895, S. 228 ff. In der Folgezeit entwickelten sich die auf das Dienst- und Berufseinkommen anzuwendenden Steuersätze wie nachstehend beschrieben: 1.7.1858 - 30.6.1868 4 %; 1.7.1868 - 30.6.1871 4,4 %; 1.7.1871 - 31.3.1889 4,8 %; 01.04.1889 - 31.03.1894 4,4 %. Bei anderen Autoren finden sich abweichende Angaben, die jedoch nicht berücksichtigt werden sollen. Bestätigung findet das vorstehende Zahlenmaterial bei Schall, K. F., Reform der direkten Steuern (FA 1895), S. 6.

Einkommen[1] von	bis	Berücksichtigungsfaktor[2]	Bemessungsgrundlage[3] von	bis	Steuersatz (effektiv) s'	$\bar{s}$[4]
200 Fl.	500 Fl.	0,1	20 Fl.	50 Fl.	0,8 %	0,8 %
501 Fl.	1.000 Fl.	0,2	50 Fl.	150 Fl.	1,6 %	0,8 % - 1,2 %
1.001 Fl.	1.500 Fl.	0,4	150 Fl.	350 Fl.	3,2 %	1,2 % - 1,9 %
1.501 Fl.	2.000 Fl.	0,8	350 Fl.	750 Fl.	6,4 %	1,9 % - 3,0 %
> 2.000 Fl.		1,0	> 750 Fl.		8,0 %	3,0 % - 8 %[5]

Abb. 24: Tarif der württembergischen Dienst- und Berufseinkommensteuer (1852)

1) Ein Existenzminimum in Höhe von 200 Gulden unterlag nicht der Besteuerung. Später wurden das Existenzminimum auf 350 Mark erhöht und die Einkommensintervalle auf 650 Mark, 1.700 Mark, 2.550 Mark und 3.400 Mark ausgeweitet.

2) Der Berücksichtigungsfaktor bezieht sich jeweils nur auf den Mehrbetrag (Grenzsatzverfahren).

3) Für Einkünfte in Höhe von 3.000 Gulden berechnete sich die Bemessungsgrundlage beispielsweise wie folgt: B = 500 • 0,1 + 500 • 0,2 + 500 • 0,4 + 500 • 0,8 + 1.000 • 1.0; B = 1.750 Gulden.

4) Der Durchschnittsteuersatz berechnet sich nach der folgenden Formel:

$$s_{eff} = (B \cdot s_{nom})/\text{Einkommen}$$

5) Der Durchschnittsteuersatz kann sich natürlich der 8 %-Marke nur annähern, diese aber nicht erreichen.

Die Tarifgestaltung nach dem Partranche-Verfahren ist als höchst fortschrittlich einzustufen. Verglichen mit dem Entwicklungsstand der übrigen Reichsterritorien, ist in Württemberg bereits frühzeitig eine erhebliche Steuerprogression zu erkennen, die jedoch in den folgenden Jahren durch die beträchtliche Senkung des Basissteuersatzes spürbar gemildert wurde.[409] Die Anwendung des Progressionsprinzips ist auf sozialpolitische Beweggründe zurückzuführen und sollte dazu beitragen, die ärmeren Bevölkerungsschichten zuungunsten der Wohlhabenden zu entlasten.[410]

409 Obenstehende Ausführungen belegen die Senkung des Steuersatzes von 8 % im Jahr 1852 auf 4 % im Jahr 1858.

410 Diese Auffassung vertrat auch die württembergische Finanzverwaltung, als die Einführung einer allgemeinen Einkommensbesteuerung bei gleichzeitiger Aufhebung des voll ausgebildeten Ertragsteuersystems diskutiert wurde (vgl. Mayr, G., Württembergische Steuerreformfragen (ZfgSt 1891), S. 258 und 269).

Das aus Kataster- und Fassionsteuern zusammmengesetzte Ertragsteuersystem blieb in Württemberg bis zum Ausgang des 19. Jahrhunderts in seinen Grundzügen unverändert bestehen.[411] Die Einführung einer allgemeinen Einkommensbesteuerung wurde zwar heftig diskutiert, konnte aber bis zum Beginn des 20. Jahrhunderts nicht verwirklicht werden.[412]

ee) Baden

Zu Beginn des 19. Jahrhunderts wurde im Großherzogtum Baden ein aus einer Grund-, Gebäude- und Gewerbesteuer bestehendes Ertragsteuersystem eingerichtet, das sich im wesentlichen auf die traditionellen Besteuerungsformen beschränkte.[413] Mit der Verordnung vom 31.10.1820 fügte der Gesetzgeber den bisherigen Ertragsteuern jedoch eine Klassensteuer hinzu, der insbesondere die nicht von der Gewerbesteuer erfaßten Einkünfte aus Berufstätigkeit unterliegen sollten.[414] Die Klassensteuer erfuhr eine für damalige Verhältnisse ungewöhnlich starke progressive Ausgestaltung. Die Steuersätze reichten von 1,67 % bis 16,67 %.[415] Die Anwendung des Prinzips der direkten Steuerprogression fand ihre Begründung zum einen im Leistungsfähigkeitsgedanken[416], zum anderen schien eine relativ höhere Belastung der wohlhabenderen gegenüber den ärmeren Bevölkerungsschichten ein geeignetes Mittel zur Verwirklichung der Steuergerechtigkeit zu sein.[417]

---

[411] 1873 erfolgte eine Revision der Grund-, Gebäude- und Gewerbesteuer, insbesondere die Anwendung neuer Kataster für diese Steuerarten. Die "Personalsteuern" erfuhren in den Jahren 1861, 1872, 1887 und 1888 unwesentliche Änderungen. Die Tarifgestaltung blieb von den Neuregelungen unberührt. Die einzelnen Gesetzeskorrekturen können jedoch keiner näheren Untersuchung unterzogen werden. Ausführlich siehe hierzu Schall, K. F., Reform der direkten Steuern (FA 1895), S. 14 ff.; Pistorius, T., Württembergische Steuerreform (FA 1904), S. 12 ff.

[412] Der Widerstand gegen die allgemeine Einkommensbesteuerung fand seine Begründung auch in der ungewöhnlich gut gelungenen Ausgestaltung des Ertragsteuersystems (vgl. hierzu Schall, K. F., Reform der direkten Steuern (FA 1895), S. 1).

[413] Vgl. Wagner, A., Steuergeschichte (1910), S. 391; Siebert, A., Entwicklung der direkten Besteuerung (ZfgSt 1912), S. 5. Zur näheren Ausgestaltung dieser Abgaben siehe die Ausführungen bei Lewald, F., Direkte Steuern im Grossherzogtum Baden (FA 1886), S. 764 ff.

[414] Vgl. Lewald, F., Direkte Steuern im Grossherzogtum Baden (FA 1886), S. 767. "Die Einführung dieser Steuer erfolgte, weil nur als außerordentliche Maßregel zu vorübergehender Mehrbedarfsdeckung gedacht, auf dem Wege einer Verordnung, nicht durch Gesetz ..." (Siebert, A., Entwicklung der direkten Besteuerung (ZfgSt 1912), S. 10).

[415] Zur Tarifgestaltung vgl. Neumann, F., Progressive Einkommensteuer (1874), S. 127. Der Tarif wurde als Stufendurchschnittsatztarif ausgestaltet. Vgl. hierzu Siebert, A., Entwicklung der direkten Besteuerung (ZfgSt 1912), S. 10.

[416] Vgl. zu dieser Begründung Siebert, A., Entwicklung der direkten Besteuerung (ZfgSt 1912), S. 11.

[417] Siehe Lewald, F., Direkte Steuern im Grossherzogtum Baden (FA 1886), S. 768. Siebert, A., Entwicklung der direkten Besteuerung (ZfgSt 1912), S. 10, vertritt demgegenüber die folgende Auffassung: "Bei der Klassensteuer wird das bisher so hochgehaltene Prinzip der Gleichheit der Besteuerung durchbrochen ...".

Die Klassensteuerverordnung wurde 1837 durch das Klassensteuergesetz abgelöst. Die modifizierte Klassensteuer hatte zum Ziel, die übermäßige Belastung der Klassensteuerpflichtigen zu mildern.[418] Hinsichtlich der Tarifgestaltung ergab sich eine wesentliche Änderung dahingehend, daß die Progression nun bereits bei der Ermittlung der Bemessungsgrundlage Eingang fand und nicht über eine Differenzierung der Steuersätze herbeigeführt wurde.[419] Nachfolgende Abbildung zeigt die Vorgehensweise zur Festsetzung der Bemessungsgrundlage und die daraus resultierenden Progressionswirkungen.[420] Es ist zu beachten, daß sich die Multiplikatoren auf die jeweiligen Teilmengen und nicht auf die gesamte Bemessungsgrundlage beziehen (Anstoßtarif).

Einkommen von	bis	Multiplikator	Bemessungsgrundlage[1)] von	bis	Steuersatz (effektiv) s'	$\bar{s}$
0 Fl.	2.000 Fl.	3	0 Fl.	6.000 Fl.	1,15 %	1,15 %
2.001 Fl.	3.000 Fl.	6	6.000 Fl.	12.000 Fl.	2,30 %	1,15 % - 1,53 %
3.001 Fl.	4.000 Fl.	7	12.000 Fl.	19.000 Fl.	2,68 %	1,53 % - 1,83 %
4.001 Fl.	5.000 Fl.	8	19.000 Fl.	27.000 Fl.	3,06 %	1,83 % - 2,07 %
5.001 Fl.	6.000 Fl.	9	27.000 Fl.	36.000 Fl.	3,45 %	2,07 % - 2,30 %
6.001 Fl.	7.000 Fl.	10	36.000 Fl.	46.000 Fl.	3,83 %	2,30 % - 2,52 %
7.001 Fl.	8.000 Fl.	11	46.000 Fl.	57.000 Fl.	4,22 %	2,52 % - 2,73 %
> 8.000 Fl.		12	> 57.000 Fl.		4,60 %	2,73 % - 4,6 %[2)]

Abb. 25: Tarif der badischen Klassensteuer (1837)

1) Im Jahr 1837 betrug der Steuerfuß 23 Kreuzer für je 100 Gulden, wobei 1 Gulden dem Wert von 60 Kreuzern entsprach. Der Steuerbetrag ergab sich aus der Multiplikation von Bemessungsgrundlage und Steuerfuß.

2) Der Durchschnittsteuersatz kann sich natürlich der 4,6 %-Marke nur annähern, diese aber nicht erreichen.

Die Bandbreite der Steuersätze reichte bei der modifizierten Klassensteuer von 1,15 % bis 4,6 %. In der Regierungsbegründung erfolgte erneut eine entschiedene Befürwortung des Prinzips der direkten Progression zum Zwecke der Erreichung einer gerechten Steuerlastverteilung.[421] Die Argumentation des Jahres 1820 wurde demzufolge unverändert übernommen.

---

[418] Zur Regierungsbegründung vgl. Lewald, F., Direkte Steuern im Grossherzogtum Baden (FA 1886), S. 768.

[419] Vgl. Neumann, F., Progressive Einkommensteuer (1874), S. 127.

[420] Das Zahlenmaterial ist zum Teil den Ausführungen von Neumann, F., Progressive Einkommensteuer (1874), S. 127, entnommen, zum Teil wurde es vom Verfasser selbst generiert.

[421] Vgl. hierzu Wagner, A., Deutsche Besteuerung des 19. Jahrhunderts (1901), S. 252.

Zur Mitte des 19. Jahrhunderts begann der Einkommensteuergedanke in Baden Fuß zu fassen. Die Mängel der Ertragsbesteuerung, insbesondere die fehlende Berücksichtigung der individuellen Leistungsfähigkeit der Steuerpflichtigen, gaben Anlaß zu heftig geführten Diskussionen, die schließlich im Jahr 1848 in einen Gesetzesentwurf zur Einführung einer allgemeinen Einkommensbesteuerung mündeten.[422] Die Vorlage sah eine mäßige Steuerprogression mit Steuersätzen in Höhe von 0,5 % bis 3 % vor.

Von Interesse sind die die Anwendung des Progressionsprinzips betreffenden Ausführungen im Motivbericht der badischen Regierung: Diese führte die Notwendigkeit der progressiven Besteuerung erneut auf die damit verbundene, gerechtere Verteilung der Steuerlast zurück.[423] Die Einführung der progressiv ausgestalteten Einkommensteuer war zu diesem Zeitpunkt jedoch zum Scheitern verurteilt, "... weil angesichts der infolge der Ereignisse von 1848 und 1849 erheblich gesteigerten Steuerbedürfnisse auf sichere Einnahmen, um ein ungewisses Aequivalent dafür einzutauschen, nicht verzichtet werden konnte."[424]

Die Folgezeit sah zunächst Änderungen im Bereich der Gewerbe- und Kapitalbesteuerung[425], ehe 1873 die badische Regierung dem Landtag einen Gesetzesentwurf über die Einführung einer allgemeinen Einkommensteuer[426] - gedacht als mäßig progressive Zusatzsteuer zum bestehen-

---

[422] Vgl. Gerlach, O., Einkommensteuer (HdS 1909), S. 717.

[423] Siehe auch Lewald, F., Direkte Steuern im Grossherzogtum Baden (FA 1886), S. 771.

[424] Lewald, F., Direkte Steuern im Grossherzogtum Baden (FA 1886), S. 772.

[425] An dieser Stelle sei auf die interessante Neugestaltung des Tarifs der badischen Gewerbesteuer im Jahr 1854 hingewiesen. Für die einzelnen Einkommenstufen wurden Steueranschläge gebildet, die einem proportionalen Steuersatz zu unterwerfen waren. Innerhalb der einzelnen Einkommensintervalle führte diese Vorgehensweise zu regressiven Wirkungen, die denen der Stufenbetragstarife entsprechen (vgl. ausführlicher Neumann, F., Progressive Einkommensteuer (1874), S. 128; Bräuer, K., Lehre vom Steuertarif (1927), S. 90 f.).

[426] Vgl. hierzu Hecht, F., Steuerreform im Grossherzogthum Baden (JfNuSt 1876), S. 248. Im Bericht der badischen II. Kammer wird die Notwendigkeit der Besteuerung nach dem Einkommensteuerprinzip wie folgt begründet: Im Ertragsteuersystem bleibt "... keine andere Wahl als den gleichen Steuerfuß ohne Rücksicht auf die Größe des Steuercapitals anzuwenden, und die Folge davon ist, daß die größeren Einkommen verhältnismäßig geringer belastet erscheinen, als die mittleren und kleineren Einkommen. Ein Steuersatz z.B. von 5 % auf das Einkommen wird das Einkommen von 1000 fl. schon zur Beschränkung in der Befriedigung nothwendiger Lebensbedürfnisse veranlassen, dem Einkommen von 2000 fl. die Möglichkeit einer Ersparnis berauben, während sie bei einem Einkommen von 10.000 fl. sich kaum bei Befriedigung von Luxusbedürfnissen fühlbar machen wird." (zitiert nach: Neumann, F., Progressive Einkommensteuer (1874), S. 144).

den Ertragsteuersystem[427] - vorlegte, der allerdings wiederum keine Zustimmung finden konnte. Statt dessen erfolgte im Jahr 1876 eine Revision der Gewerbe- und Klassensteuer mit dem Ergebnis einer einheitlichen Erwerbsteuer.[428] Bei der Festlegung des Steuertarifs bediente man sich aus Leistungsfähigkeitsgründen ebenfalls einer progressiven Tarifgestaltung.[429]

Das Einkommensteuergesetz vom 20. Juni 1884 führte zu einer tiefgreifenden Umgestaltung des badischen Steuersystems. Im Gegensatz zum Reformentwurf des Jahres 1873 war die Einkommensteuer als einziges Besteuerungsinstrument für das unfundierte Einkommen vorgesehen und sollte nicht nur als Zusatzsteuer wirken. Die bisherigen Ertragsteuern hatten demgegenüber die Aufgabe, fundierte Einkünfte zusätzlich zu belasten.[430] Der durch die Ertragsteuern bewirkte Steuerdruck konnte vermittels Steuersatzsenkungen spürbar gemildert werden.

Bei der Berechnung der individuellen Steuerschuld bediente man sich erneut der bereits angesprochenen Steueranschläge, mit deren Hilfe eine progressive Tarifgestaltung erreicht werden konnte. Die Steueranschläge stiegen mäßig und betrugen für Einkommen bis 500 Mark 20 %, bei 1.000 Mark 25 %, bei 3.000 Mark 50 %, bei 4.500 Mark 66 $^{2}/_{3}$ % und bei 6.000 Mark 75 %, bis schließlich Einkünfte über 30.000 Mark der vollen Besteuerung unterlagen.[431] Auf die so ermittelten Steueranschläge war ein einheitlicher Steuersatz anzuwenden, der jährlich durch Finanzgesetz zu bestimmen war und 1884 eine Höhe von 2 % aufwies. Die Steuersätze lagen bei diesem Stufengrenzsatztarif unter Berücksichtigung der abgestuften Bemessungsgrundlage zwischen 0,4 % und 2 %. Im Gesetzesentwurf fand die progressive Tarifgestaltung die folgende Begründung: "Es sollen hiernach nicht alle Einkommen verhältnismässig gleich hoch besteuert

---

[427] Lewald, F., Direkte Steuern im Grossherzogtum Baden (FA 1886), S. 799, führt zur Rechtfertigung der Anwendung des Prinzips der direkten Steuerprogression aus: "Der Entwurf von 1873 war von der Anschauung ausgegangen, dass nicht die proportionale, sondern nur die mit dem Wachstum der Leistungsfähigkeit Schritt haltende, progressive Einkommensteuer dem Grundsatz der Verteilung der Steuerlast nach der Leistungsfähigkeit gerecht werde ...".

[428] Für die Einzelheiten vgl. Lewald, F., Direkte Steuern im Grossherzogtum Baden (FA 1886), S. 789 ff.; Wagner, A., Deutsche Besteuerung des 19. Jahrhunderts (1901), S. 258 f.

[429] Zur Begründung vgl. Wagner, A., Deutsche Besteuerung des 19. Jahrhunderts (1901), S. 261. Die erneute Anwendung des Progressionsprinzips im Ertragsteuersystem veranlaßte Hecht zu heftiger Kritik: "Die Beurtheilung der Leistungsfähigkeit, die klare Erkenntnis der Steuerkraft des Einzelnen, erfordert im Gegensatz zur Objektbilanz die Einsicht in die Gesamtvermögensbilanz. ... Wie ist es möglich, aus dem größeren oder geringeren Ertrag einer einzelnen Ertragquelle auf die Steuerkraft einer Person zu schließen, deren übrige Einkommentheile gar nicht mit in Erwägung gezogen werden?" (Hecht, F., Zur Reform der direkten Steuern (Annalen des Deutschen Reiches 1876), S. 409).

[430] Vgl. hierzu Badische Landesregierung, Einführung einer allgemeinen Einkommenssteuer (FA 1884), S. 319 f.; Lewald, F., Direkte Steuern im Grossherzogtum Baden (FA 1886), S. 794; Gerlach, O., Einkommensteuer (HdS 1909), S. 718.

[431] Ausführlich zur Tarifgestaltung siehe Badische Landesregierung, Einführung einer allgemeinen Einkommenssteuer (FA 1884), S. 335 ff.

werden, sondern die niederen Einkommen geringer, als die höheren, jedoch in der Weise, dass von einer gewissen Höhe des Einkommens an ein weiteres Ansteigen der Steuerquote unterbleibt, die den betreffenden Betrag übersteigenden Einkommen soweit (verhältnismässig) gleich, die diesen Betrag nicht erreichenden Einkommen dagegen nach einer nach unten abnehmenden (degressiven) Skala besteuert werden."[432] Diese Argumentation belegt, daß auch in Baden zum Ende des 19. Jahrhunderts der Begriff der Steuerdegression eingeführt und als geeignete Begründung zur höheren steuerlichen Belastung der Wohlhabenden angesehen wurde. Zweck der Tarifgestaltung sei es, "... eine Überbuerdung der Pflichtigen mit geringen und mässigen Einkommen zu verhüten ...".[433]

Die Tarifgestaltung der badischen Einkommensteuer erfuhr im Jahr 1894 eine erhebliche Modifikation dahingehend, daß die Obergrenze der Degression von 30.000 Mark auf 20.000 Mark herabgesetzt und für Einkünfte zwischen 25.000 Mark und 200.000 Mark zusätzliche Steuerzuschläge eingeführt wurden.[434] Dieser Tarifverlauf bedingte eindeutig eine zunehmende Belastung der besserverdienenden Bevölkerungschichten bei gleichzeitiger Entlastung der ärmeren Bürger. Begründet wurde die Progressionsverschärfung wie folgt: "Die Berechtigung dieses Begehrens (*Anm. d. Verf.*: eine progressive Besteuerung der höheren Einkommen) kann eingeräumt werden, da durch dessen Erfüllung, sofern die Progression ein gewisses Mass nicht übersteigt, der Grundsatz, die Pflichtigen nach ihrer Leistungsfähigkeit zu besteuern, seiner Verwirklichung näher gebracht wird. Dazu kommt, dass die dermalige Lage des Staatshaushalts eine weitere dauernde Vermehrung der Staatseinnahmen geboten erscheinen lässt ...".[435] Die badische

[432] Badische Landesregierung, Einführung einer allgemeinen Einkommenssteuer (FA 1884), S. 334.

[433] Badische Landesregierung, Einführung einer allgemeinen Einkommenssteuer (FA 1884), S. 323.

[434] Vgl. hierzu Wagner, A., Deutsche Besteuerung des 19. Jahrhunderts (1901), S. 276; Gerlach, O., Einkommensteuer (HdS 1909), S. 718. Die Steuerzuschläge für höhere Einkommen entwickelten sich - unter Zugrundelegung eines Basissteuersatzes in Höhe von 2,5 % - nach dem neu eingefügten Art. 24 Abs. 2 des Badischen Einkommensteuergesetzes wie folgt:

Steueranschlag von	bis	Erhöhung des Basissteuersatzes	Modifizierter Steuersatz
25.000 M.	30.000 M.	5 %	2,625 %
30.000 M.	40.000 M.	10 %	2,750 %
40.000 M.	50.000 M.	15 %	2,875 %
50.000 M.	75.000 M.	20 %	3,000 %
75.000 M.	100.000 M.	25 %	3,125 %
100.000 M.	150.000 M.	30 %	3,250 %
150.000 M.	200.000 M.	35 %	3,375 %
> 200.000 M.		40 %	3,500 %

[435] Badische Landesregierung, Badisches Gesetz vom 26. Juni 1894 (FA 1895), S. 175.

Landesregierung führt die Anwendung des Progressionsprinzips demzufolge auf die Umsetzung des Leistungsfähigkeitsgedankens, aber auch auf fiskalische Notwendigkeiten zurück.[436]

ff) Hessen

Die territorialen Veränderungen sowie die Notwendigkeit, Steuerprivilegien einzelner Bevölkerungsgruppen zu beseitigen, führten zu Beginn des 19. Jahrhunderts auch in Hessen zu einem grundlegenden Umbau des Steuersystems, der Mitte der 20er Jahre zum Abschluß kam. Ähnlich den Verhältnissen in den süddeutschen Reichsterritorien, lag der Schwerpunkt der direkten Besteuerung in Hessen auf der Grund- und Gebäudesteuer sowie auf der Gewerbesteuer.[437] 1827 wurde zur Abrundung des Ertragsteuersystems zusätzlich eine Personalsteuer eingeführt.[438] Zur Ermittlung der Steuerlast erfolgte die Einordnung der Steuerpflichtigen in eine von neun Klassen. Ansatzpunkt der Klassenzuordnung bildete der unter Verwendung der Gebäudesteuerkapitalien ermittelte Wohnungsaufwand der Steuerpflichtigen. Somit orientierte sich die Personalbesteuerung zu dieser Zeit rein an äußeren Merkmalen, nicht aber am tatsächlichen Einkommen der Bürger.[439]

In der Folgezeit unterlag das hessische Besteuerungssystem nur geringfügigen Änderungen. Besonders hervorzuheben ist dabei der erste Versuch einer allgemeinen Einkommensbesteuerung im Jahr 1848, der aus dem durch die Kriegswirren resultierenden Finanzbedürfnis erwuchs.

---

[436] Im Bericht der Budgetkommission der Zweiten Kammer fällt die Begründung umfassender aus: "Die Forderung der Progressivsteuer beruht auf der Erwägung, dass die Steuerfähigkeit nicht bloss im einfachen, sondern in einem stärkeren Verhältnis zu dem steigenden Einkommen wächst. Ein Steuerpflichtiger, der ein Jahreseinkommen von 20,000 M. bezieht, ist nicht bloss doppelt so steuerfähig, als derjenige, dem ein solches von 10,000 M. zufliesst, sondern die Steuerkraft des ersteren übertrifft in einem erheblich stärkeren Verhältnis jene des letzteren." (Hug, Bericht der Budgetkommission (FA 1895), S. 179). Jedoch erkannten die Kommissionsmitglieder auch die mit der Progression verbundenen Probleme: "So gerechtfertigt an sich die Einführung der progressiven Einkommensteuer ist, so grosse Schwierigkeiten bietet die Ermittelung einer angemessenen Progression. Eine absolut richtige Progression aufzufinden, ist ein unlösbares Problem; schon der Umstand, dass die Progression im Interesse der Erhaltung des Stammvermögens, wenn sie eine bestimmte Höhe erreicht hat, aufhören muss, stellt die Lösung des Problems in einer für alle möglicherweise vorkommenden Fälle, also auch für die grössten Einkommen, angemessenen Form unüberwindliche Hindernisse entgegen. Denn wenn die Progression ohne bestimmte Grenze fortgeführt wird, so gefährdet sie, wenn auch vielleicht nicht die Erhaltung des Grundstocksvermögens, so doch die an sich erwünschte Wirksamkeit des Spartriebs; wird aber, um diese Folgen zu vermeiden, mit der Progression von einem gewissen Einkommen an aufgehört, so geniessen alle höheren Einkommen, welche von der steigenden Progression nicht betroffen werden, eine unbillige Schonung." (Hug, Bericht der Budgetkommission (FA 1895), S. 181).

[437] Zu den Einzelheiten vgl. Schanz, G., Direkte Steuern Hessens (FA 1885), S. 238 ff.

[438] Vgl. hierzu Wagner, A., Deutsche Besteuerung des 19. Jahrhunderts (1901), S. 316.

[439] Ausführlicher siehe Wagner, A., Deutsche Besteuerung des 19. Jahrhunderts (1901), S. 319.

Die progressive Tarifgestaltung dieser Abgabe ist der nachfolgenden Abbildung zu entnehmen.[440]

Einkommen von	bis	Steuersatz
200 Fl.	500 Fl.	1 %
500 Fl.	1.000 Fl.	2 %
1.000 Fl.	2.000 Fl.	3 %
2.000 Fl.	3.000 Fl.	4 %
> 3.000 Fl.		5 %

Abb. 26: Tarif der hessischen Einkommensteuer (1848)

Zu Beginn der 60er Jahre des letzten Jahrhunderts bedingten die Mängel des bisherigen Ertragsteuersystems sowie die gestiegenen Finanzbedürfnisse eine grundlegende Revision der bisherigen Hauptsteuern, die ihren Abschluß in der Einkommensteuergesetzgebung der Jahre 1868 und 1869 fand.[441] Zum Zweck der Ermittlung der Einkommensteuerschuld trennte man die Steuerpflichtigen in zwei Gruppen. Die erste Abteilung umfaßte die Bürger mit Einkünften über 1.500 Gulden, die zweite war den Steuerpflichtigen mit geringeren Einkünften vorbehalten. Im Gesetz war für die beiden Gruppen jeweils ein eigener Steuertarif vorgesehen, deren Besonderheit darin bestand, daß nicht das tatsächliche Einkommen, sondern ein aus dem Einkommen abgeleitetes Steuerkapital als Bemessungsgrundlage Verwendung fand.

Zur Berechnung der Steuerkapitalien wurden in der ersten Abteilung Einkommensintervalle eingerichtet und jeweils 10 % des den Stufenbeginn bildenden Einkommens als Bemessungsgrundlage herangezogen. Das so ermittelte Steuerkapital mußte einem einheitlichen, jährlich durch Finanzgesetz festzulegenden Steuersatz unterworfen werden, so daß insgesamt eine proportionale Besteuerung zu konstatieren war. Allerdings ergaben sich innerhalb der einzelnen Einkommenstufen regressive Wirkungen.

Die für die zweite Abteilung anzuwendende Vorgehensweise ähnelt der bereits beschriebenen bis auf die Tatsache, daß das Steuerkapital mit steigendem Einkommen relativ wuchs. Die Beson-

---

[440] Das Zahlenmaterial findet sich auch bei Schanz, G., Direkte Steuern Hessens (FA 1885), S. 243. Der Tarif war als Stufengrenzsatztarif ausgestaltet.

[441] Die Details der einzelnen Abänderungen sind in ausführlicher Weise bei Schanz, G., Direkte Steuern Hessens (FA 1885), S. 245 ff., beschrieben.

derheiten der Veranlagung in der zweiten Steuerabteilung bei der hessischen Einkommensteuer sind in der nachfolgenden Abbildung zusammengefaßt.[442]

Klasse	Einkommen von	bis	Steuerkapital	Steuerbetrag	Steuersatz[1)] (bezogen auf Stufenbeginn)
I	0 Fl.	199 Fl.	10 Fl.	1,9 Fl.	-
II	200 Fl.	299 Fl.	15 Fl.	2,85 Fl.	1,43 %
III	300 Fl.	399 Fl.	20 Fl.	3,8 Fl.	1,26 %
IV	400 Fl.	499 Fl.	30 Fl.	5,7 Fl.	1,43 %
V	500 Fl.	599 Fl.	40 Fl.	7,6 Fl.	1,52 %
VI	600 Fl.	699 Fl.	50 Fl.	9,5 Fl.	1,58 %
VII	700 Fl.	799 Fl.	60 Fl.	11,4 Fl.	1,63 %
VIII	800 Fl.	949 Fl.	75 Fl.	14,25 Fl.	1,78 %
IX	950 Fl.	1099 Fl.	90 Fl.	17,1 Fl.	1,80 %
X	1100 Fl.	1299 Fl.	110 Fl.	20,9 Fl.	1,90 %
XI	1300 Fl.	1499 Fl.	130 Fl.	24,7 Fl.	1,90 %

Abb. 27: Tarif der zweiten Abteilung der hessischen Einkommensteuer (1869)

1) Im Jahr 1869 betrug der Steuerfuß 19 Kreuzer für je 1 Gulden Steuerkapital. Es ist anzumerken, daß sich seit Änderung der Maßeinheiten im Jahr 1857 1 Gulden aus 100 Kreuzern zusammensetzte.

Die niedrigeren Steuersätze der ersten neun Einkommensklassen - im Vergleich zum Normalsteuersatz in Höhe von 1,9 % - sollten insbesondere zur Entlastung der Geringverdienenden beitragen, so daß in diesem Bereich noch nicht von einer Verwirklichung der Progressivbesteuerung gesprochen werden kann. Jedoch wurden auch für den der zweiten Abteilung zugehörigen Einkommensteuertarif keinerlei Vorkehrungen getroffen, um den aus der Klassenbildung resultierenden regressiven Tendenzen entgegenzuwirken.

Das EStG vom 21. Juni 1869 blieb - trotz der offensichtlich bestehenden Mängel im Hinblick auf die Tarifgestaltung - eineinhalb Jahrzehnte ohne Abänderung in Geltung und wurde erst 1884 erneut modifiziert.[443] Geringverdienende erfuhren dabei erhebliche Entlastungen, während Bes-

[442] Zu den unterschiedlichen Tarifgestaltungen vgl. Neumann, F., Progressive Einkommensteuer (1874), S. 129; Schanz, G., Direkte Steuern Hessens (FA 1885), S. 402, S. 426. Es ist noch darauf hinzuweisen, daß innerhalb der zweiten Abteilung eine Berücksichtigung der individuellen Leistungsfähigkeit insofern möglich war, als daß die Steuerkommissionen die Zuordnung eines Steuerpflichtigen nach pflichtgemäßen Ermessen zu einer niedrigeren Klasse vornehmen konnten.

[443] Vgl. Fuld, L., Hessische Einkommen- und Kapitalrentensteuer (JfNuSt 1886), S. 40.

serverdienende, die bisher einem proportionalen Steuertarif unterlagen, progressiv belastet wurden.[444] Die Steuersätze variierten zwischen 0,96 % und 2,56 %.[445]

In den Beratungen zum Gesetzesentwurf entbrannte eine heftige Debatte zwischen Progressionsbefürwortern und -gegnern. Erstere verwiesen darauf, daß die Progression dem Gedanken der Leistungsfähigkeit entspreche und weit verbreitet sei. Sie verwarfen auch das Argument, daß die Progression zur Einkommenskonfiskation führen würde, da niemand an eine Übertreibung des Prinzips denke. Schließlich gab man zu Bedenken, daß die progressive Besteuerung größere Staatseinnahmen vermittle.[446] Letztere verwiesen dagegen auf die Tatsache, daß die Progression, die bei einem bestimmten Punkt ende, eine Prägravation der mittleren gegenüber den höheren Einkommen mit sich bringe und in letzter Konsequenz im Kommunismus enden werde.[447] Die Progressionsbefürworter konnten sich im hessischen Landtag letztendlich mit ihren Argumenten durchsetzen, da insbesondere der mit dem Reformvorhaben verbundene Zweck der Steigerung der Staatseinnahmen die Einführung der Steuerprogression nahelegte.

Die Tarifstruktur der hessischen Einkommensteuer erfuhr 1895 - nach langwierigen Verhandlungen[448] - eine erneute Änderung, die insbesondere eine Weiterführung der Progression für Besserverdienende bei gleichzeitiger Entlastung der Geringverdienenden zum Ziel hatte.[449] Konsequenterweise wurde der Höchststeuersatz auf 4 % erhöht, der Eingangsteuersatz dagegen auf 0,8 % abgesenkt.[450] Der Anhebung des Maximalsteuersatzes lagen allerdings keine theoretischen, sondern rein fiskalische Überlegungen zugrunde: Der durch die Entlastung der ärmeren Bevölkerungsschichten resultierende Einnahmeausfall sollte durch eine Verschärfung der Pro-

---

[444] Zur Tarifgestaltung vgl. die ausführliche Beschreibung bei Schanz, G., Direkte Steuern Hessens (FA 1885), S. 296 ff. Des weiteren erfolgte im Zug dieser Einkommensteuerreform eine Verringerung der Breite der Klassenintervalle, um eine Minderung der regressiven Wirkungen des Klassentarifs zu erreichen. Eine völlige Beseitigung dieses negativen Effekts konnte bei Beibehaltung der Klasseneinteilung selbstredend nicht bewirkt werden.

[445] Vgl. zu den Steuersätzen Glässing, C., Reform der direkten Steuern im Grossherzogtum Hessen (FA 1896), S. 274. Der Berechnung wurde ein Steuerbetrag von 16 Pfennig je Mark Steuerkapital zugrundegelegt (Stufenbetragstarif).

[446] Siehe auch Schanz, G., Direkte Steuern Hessens (FA 1885), S. 311, S. 315.

[447] Vgl. Schanz, G., Direkte Steuern Hessens (FA 1885), S. 309.

[448] Vgl. hierzu Glässing, C., Reform der direkten Steuern im Grossherzogtum Hessen (FA 1896), S. 274 ff.

[449] Vgl. Wagner, A., Deutsche Besteuerung des 19. Jahrhunderts (1901), S. 332.

[450] Zur Tarifgestaltung siehe Glässing, C., Reform der direkten Steuern im Grossherzogtum Hessen (FA 1896), S. 327, S. 331 f.

gression bei höheren Einkünften ausgeglichen werden, damit die Aufkommensneutralität des Reformgesetzes gewahrt blieb.[451]

Im Jahr 1899 vollzog sich in Hessen - nach preußischem Vorbild - ein radikaler Umbau des Steuersystems. Das bisher bestehende Ertragsteuersystem wurde endgültig zugunsten der Personalbesteuerung abgelöst. Als direkte Steuern erhob man nun in Anlehnung an die preußische Gesetzgebung eine Einkommensteuer sowie eine ergänzende Vermögensteuer. Bei der Einkommensteuer wurde erstmals auf die Bildung der Steuerkapitalien verzichtet. Als Bemessungsgrundlage wurde das tatsächliche Einkommen herangezogen.[452] Zur Ermittlung der Steuerlast bediente sich der Gesetzgeber eines Stufenbetragstarifs mit einem (umgerechneten) Höchststeuersatz in Höhe von 4,94 %. Zur neuerlichen Anhebung des Höchststeuersatzes - Hessen wählte den zu dieser Zeit höchsten Steuersatz aller deutschen Reichsländer - sah sich die Regierung gezwungen, da die Einnahmeminderungen aus dem Wegfall der Ertragsteuern ausgeglichen werden sollten.[453] Die Progressionsverschärfung fand also - wie im Jahr 1895 - ihre Begründung in rein fiskalischen Überlegungen und nicht in der Erkenntnis, daß die Tarifstruktur unter wissenschaftlichen Gesichtspunkten zu modifizieren sei.[454]

b) Besteuerung beim Erwerb von Todes wegen

Im 19. Jahrhundert zwangen insbesondere die durch die napoleonischen Kriege verursachten Mehrausgaben zur Einführung neuer und/oder Erhöhung bestehender Erbschaftsteuern.[455] Allerdings forderten auch kommunale Bestrebungen, wie z.B. die Förderung des Straßenbaus oder die Unterstützung des Schulwesens[456], eine stärkere Einbeziehung der Erbschaftsteuer in das Finanzwesen.

---

[451] Die Tarifdiskussion wird sehr ausführlich bei Glässing, C., Reform der direkten Steuern im Grossherzogtum Hessen (FA 1896), S. 316 ff., beschrieben. Besonders interessant erscheint hierbei, daß sich die Akzeptanz des Prinzips der progressiven Besteuerung erheblich verbessert hat: "Was damals (*Anm. d. Verf.*: zur Zeit der letzten Einkommensteuerreform im Jahr 1895) als 'sozialistische, sozialdemokratische Steuerpolitik' angesehen wurde, das galt heute, wo man sogar weit über die preußische Maximalbelastung hinausging, als soziale Steuerpolitik. Was damals geeignet war, die Begehrlichkeit der Massen hervorzurufen, das gehörte 'heute, wo die soziale Frage scharf an die Thüren des Staates klopft, zu den ersten Pflichten, an die sich die besser Situierten zu erinnern haben.'" (Glässing, C., Reform der direkten Steuern im Grossherzogtum Hessen (FA 1896), S. 334).

[452] Siehe auch Glässing, C., Neugestaltung der direkten Staatsbesteuerung (FA 1900), S. 242.

[453] Siehe hierzu Wagner, A., Deutsche Besteuerung des 19. Jahrhunderts (1901), S. 336.

[454] Vgl. auch Glässing, C., Neugestaltung der direkten Staatsbesteuerung (FA 1900), S. 334 ff., der an dieser Stelle die Tariffrage sehr ausführlich bespricht.

[455] Siehe auch Eckart, M., Erbschaftsteuer (1937), S. 15 f.

[456] Vgl. Schanz, G., Geschichte der Erbschaftssteuer (FA 1901), S. 93 ff.

Aus der Vielfalt der durch die einzelstaatliche Rechtsetzungshoheit bewirkten Regelungen sollen nur zwei Beispiele herausgegriffen werden, die einen Überblick über die grundsätzliche Ausgestaltung der Erbschaftsbesteuerung im Deutschen Reich geben können.

Preußen ist als Vertreter der traditionellen Linie anzusehen, da weiterhin von einer Steuersatzdifferenzierung in Abhängigkeit von der Höhe des Erbanfalls Abstand genommen wurde: 1822 führte man ein Stempelgesetz ein, das für Witwer einen Steuersatz in Höhe von 1 %, für Geschwister des Verstorbenen in Höhe von 2 % und für entferntere Verwandte in Höhe von 4 % bis 8 % vorsah. Diese Abstufung nach dem Verwandtschaftsgrad erklärte sich aufgrund der Tatsache, daß "... die Besteuerung um so ansehnlicher ausfallen dürfe, je weniger Anrecht der Erbe ... auf einen solchen Anfall ..."[457] hätte. Wiederum standen Erwägungen erbrechtlicher Natur im Vordergrund der Begründung der am Verwandtschaftsverhältnis zwischen Erblasser und Erbberechtigen anknüpfenden Steuersatzdiffenzierung. Allerdings steht zu vermuten, daß die erbrechtliche Begründung für eine erhöhte Besteuerung entfernter Verwandter als vorgeschobenes Argument zu qualifizieren ist. Letztlich war wohl der gestiegene Finanzbedarf Preußens für die erneute Abstufung der Steuersätze ausschlaggebend.

Die enge Verbindung mit dem Stempelwesen, die bis zur Mitte des 19. Jahrhunderts im Rahmen der preußischen Erbschaftsbesteuerung bestand, wurde mit Hilfe des ErbStG des Jahres 1866 abgestreift. Nach Modifikationen im Jahr 1873 erhielt die preußische Erbschaftsteuer im Jahr 1891 schließlich die Gestalt, in der sie die Jahrhundertwende überdauerte. Die Steuersätze erfuhren wiederum in Abhängigkeit vom Verwandtschaftsgrad zwischen Erblasser und Erbberechtigten eine progressive Ausgestaltung. Die Steuersätze lagen zwischen 2 % und 8 %.[458] Auf eine an der Höhe des Erbanfalls sich ausrichtende Differenzierung wurde weiterhin verzichtet.

Sachsen wich von der traditionell bestimmten Linie insoweit ab, als daß nach heftigen Diskussionen ein zweifach progressiver Erbschaftsteuertarif eingeführt wurde.[459] Zur Jahrhundertwende

---

[457] Schanz, G., Geschichte der Erbschaftssteuer (FA 1901), S. 101.

[458] Vgl. Schanz, G., Geschichte der Erbschaftssteuer (FA 1901), S. 189.

[459] Vgl. auch Schanz, G., Sparsteuer (FA 1898), S. 614. Diese Diskussion stand auch im Vordergrund der Reformbemühungen zur hessischen ErbSt im Jahr 1884. Vgl. hierzu Fuld, L., Hessische Erbschafts- und Schenkungssteuern (JfNuSt 1885), S. 238 ff. Er verweist zur Begründung der zweifachen Progression auf das Gerechtigkeitspostulat und auf soziale Gesichtspunkte: "Es ist durchaus nicht die Rede davon, daß lediglich nach diesem Prinzip (*Anm. d. Verf.*: Differenzierung nach der Höhe der Erbmasse) die Erbschaftssteuer zu gestalten wäre, im Gegenteil die Progression nach dem Verwandtschaftsgrad ist ein sehr berechtigtes und gerechtes System, sie bedarf aber notwendig noch der Ergänzung und Korrektur durch das System der Progression mit Rücksicht auf die Größe der Steuermasse. Erst dann kann mit Recht behauptet werden, daß die Erbschaftssteuer allseits den Postulaten eines gerechten und sozialen Steuerrechts entspricht." (Fuld, L., Hessische Erbschafts- und Schenkungssteuern (JfNuSt 1885), S. 251).

begründete man im Reformentwurf zur Erbschaftsteuer die geplante progressive Ausgestaltung mit der Tatsache, daß "... es doch jetzt dem allgemein herrschendem Grundsatze der Angemessenheit, ja sogar der Notwendigkeit der stärkeren Besteuerung der Vermögenderen und daher der Leistungsfähigeren ... " widerspricht, "... wenn man dem Grade der stattfindenden Bereicherung nicht auch ... eine gewisse Berücksichtigung schenkt."[460] Offensichtlich hatte sich zu dieser Zeit bei der sächsischen Regierung die Erkenntnis durchgesetzt, daß die für die Rechtfertigung der progressiven Ausgestaltung des Einkommensteuertarifs verwendeten Argumente auch im Rahmen der Erbschaftsbesteuerung dienlich sein können. Die Steuersatzdifferenzierung fand schließlich Eingang in das Erbschaftsteuergesetz des Jahres 1899.

Die beiden Beispiele zeigen bereits, daß die Erbschaftsbesteuerung in den deutschen Einzelterritorien höchst unterschiedlicher Natur war. Neuere Begründungen sind jedoch vor dem Hintergrund, daß sich die Differenzierung der Steuersätze nach der Höhe des Erbanfalls zumindest bis zur Jahrhundertwende noch nicht durchsetzen konnte[461], nicht zu erwarten.

B. Progressive Besteuerung vom Ende des 19. Jahrhunderts bis zur Mitte des 20. Jahrhunderts

1. England

a) Laufende Einkommensbesteuerung

Gegen Ende des 19. Jahrhunderts wurde bei der englischen Einkommensbesteuerung unverändert ein proportional ausgestalteter Tarif angewendet, in den durch die Gewährung eines steuerfreien Existenzminimums sowie durch das bereits beschriebene "abatement"-System Erleichterungen für Geringverdienende eingebaut waren.

Zu Beginn des 20. Jahrhunderts trat die Diskussion um die Anwendung proportionaler oder progressiver Steuertarife - insbesondere beeinflußt durch die heftige Debatte, die in der wissenschaftlichen Literatur ausgetragen wurde - zunehmend in den Vordergrund. Am 4. Mai 1906 setzte das englische Parlament eine Kommission ein, der die Aufgabe zukam, zum einen die Vor- und Nachteile einer abgestuften, d.h. einer progressiv ausgestalteten Einkommensteuer, und

---

460 o.V., Ministerielle Denkschrift (FA 1898), S. 400.

461 Scheel, H., Erbschaftssteuer (JfNuSt 1873), S. 233 f., stellte fest, daß in den meisten Ländern zwar eine Differenzierung in Abhängigkeit vom Verwandtschaftsverhältnis zwischen Erblasser und Erbberechtigten vorgenommen wird, jedoch eine Progression hinsichtlich der Höhe des Erbanfalls bis in das Jahr 1870 nicht in der praktischen Gesetzgebung verankert war.

zum anderen die Möglichkeit einer differenzierten Besteuerung von Arbeits- und Besitzeinkommen zu erforschen.[462] Der Endbericht der Kommission, der dem Parlament am 29. November 1906 vorgelegt wurde, hielt die folgenden Ergebnisse fest:[463]

- Eine Abstufung bei der Einkommensbesteuerung ergibt sich für Einkünfte unter 700 Pfund bereits aus dem "abatement"-System.
- Die Einführung einer Steuerprogression erscheint den Kommissionsmitgliedern durchaus wünschenswert. Jedoch sind nicht alle Möglichkeiten, die zur progressiven Ausgestaltung des Einkommensteuertarifs führen, zu befürworten. Am geeignetsten ist die Einführung einer Zusatzsteuer (super-tax), der hohe Einkommen zusätzlich zu der eigentlichen Einkommensteuer unterliegen sollten.
- Eine differenzierte steuerliche Behandlung von Arbeits- und Besitzeinkommen ist insbesondere für Arbeitseinkommen unter 300 Pfund zu befürworten.

Gegen diese Beratungsergebnisse wurden seitens einzelner Kommissionsmitglieder erhebliche Bedenken angebracht und zu diesem Zweck gewichtige Argumente ins Feld geführt. Insbesondere die mit der Einführung der Steuerprogression verbundenen Gefahren - zu nennen sind Kapitalflucht und Steuerhinterziehung - sowie die bei Anwendung eines progressiven Tarifs notwendige Deklaration des Gesamteinkommens[464] lösten heftige Kritik an den Ergebnisvorlagen aus. Jedoch beeinflußten die Aussicht auf ein höheres Steueraufkommen sowie die Gedanken der Opfergleichheit und der Besteuerung nach der Leistungsfähigkeit die Mehrheit der Kommissionsmitglieder dahingehend, daß sie den Ergebnisentwurf letztendlich billigten.

Die anschließende Umsetzung der Kommissionsvorschläge erfolgte schrittweise: Die Einführung unterschiedlicher Steuersätze für Arbeits- und Besitzeinkommen vollzog sich bereits im Jahr 1907.[465] Die progressive Tarifgestaltung ist dagegen erst auf die Jahre 1909/1910[466] zu datieren:

---

[462] Vgl. hierzu Harzendorf, F., Einkommensteuer in England (1914), S. 176; Seligman, E., Income Tax (1914), S. 196; Arendt, H., Entwicklung der englischen Einkommensteuer (1931), S. 7; Sabine, B., History of Income Tax (1966), S. 141.

[463] Die Zusammenfassung der wichtigsten Ergebnisse ist den Ausführungen von Seligman, E., Income Tax (1914), S. 197 ff., entnommen.

[464] Dieses Problem liegt in der Mentalität der Engländer begründet und wog bei den liberal eingestellten Parlamentariern besonders schwer. Die Deklaration des Gesamteinkommens wurde als schwerer Eingriff in die Privatsphäre der einzelnen Steuerpflichtigen empfunden (vgl. zu dieser Problematik die umfangreichen Ausführungen bei Blunden, G. H., Progressive Income Tax (Economic Journal 1895), S. 527 ff.).

[465] Dieser Schritt des Gesetzgebers erfüllte die seit Einführung der Einkommensteuer gestellte und immer wieder erneuerte Forderung, Einkünfte aus verschiedenen Einkommensquellen unterschiedlich hoch zu belasten.

[466] Das Fiskaljahr in Großbritannien erstreckt sich vom 01. April des laufenden Jahres bis zum 31. März des Folgejahres.

Das Einkommen der Steuerpflichtigen sollte grundsätzlich mit einem Steuersatz in Höhe von 5,83 % (basic rate) belegt werden. Überstieg das Einkommen eines Steuerpflichtigen jedoch 5.000 Pfund, sollte er für den Teil seiner Einkünfte, der höher als 3.000 Pfund lag, eine zusätzliche Steuer in Höhe von 2,5 % (super-tax) entrichten.[467] Der damalige Finanzminister erreichte mittels dieses Besteuerungssystems (basic tax - super-tax) verschiedene Ziele:

(1) Besteuerung der Steuerpflichtigen nach ihrer individuellen Leistungsfähigkeit.[468]

(2) Traditionelle Vorteile des englischen Steuersystems, insbesondere das Quellenabzugsverfahren, mußten bei Einführung der progressiven Besteuerung nicht generell aufgegeben werden.[469]

(3) Gleichmäßige Belastung der Bezieher höherer Einkommen durch die einstufige "super-tax", so daß das Auftreten erheblicher Steuerwiderstände und wohl auch von Steuerhinterziehungen, die sich aus der Anwendung eines Tarifs mit durchgängiger Progression ergeben hätten, nicht zu befürchten war.

(4) Verankerung des Prinzips der direkten Progression in das englische Einkommensteuersystem. Dieser Grundgedanke der Besteuerung ist der Einkommensteuer bis zum heutigen Tag erhalten geblieben.

Nachdem das Prinzip der direkten Steuerprogression als Besteuerungsgrundsatz allgemein anerkannt worden war, zielten die Veränderungen der Einkommensteuertarife in den Folgejahren auf eine zunehmende Ausbreitung der progressiven Tarifgestaltung.[470] Die Verschärfung der Steuerprogression lag größtenteils im enormen Anwachsen der Sozialausgaben begründet.[471] 1914 erfolgte eine Differenzierung der bisher proportional verlaufenden Zusatzsteuer in 7 Stufen.[472] Die Steuerpflicht setzte nun bereits für Einkommen größer 3.000 Pfund ein. Besteuert

---

[467] Diese Idee der Besteuerung ist originär nicht der 1906 ins Leben gerufenen Kommission zur Klärung strittiger Fragen bei der Einkommensbesteuerung zuzuordnen, sondern entspringt vielmehr dem Gedankengut von J. Burns, der bereits 1896 eine "super-tax" als Mittel der Steuersatzdifferenzierung forderte.

[468] Vgl. auch Sabine, B., History of Income Tax (1966), S. 147.

[469] Steuerpflichtige, deren Einkommen unter 5000 Pfund lag, mußten ihr Gesamteinkommen nicht deklarieren, da die "super-tax" für diese Einkünfte keine Anwendung fand.

[470] Neumark, F., Moderne Einkommensbesteuerung (1947), S. 172, beschreibt die weitere Entwicklung wie folgt: "Was sich seither in der Gesetzgebung vollzogen hat, betraf im wesentlichen nur Details, nicht die Prinzipien."

[471] Vgl. hierzu Hicks, U., Öffentliche Finanzwirtschaft Großbritanniens (HdF 1952), S. 333.

[472] Arbeits- und Besitzeinkommen wurden von diesem Zeitpunkt an ebenfalls mit progressiven Steuersätzen belegt. Bei den Arbeitseinkommen steigerten sich die Steuersätze in fünf Stufen bis zu einem Höchstbetrag von 2.500 Pfund, bei Besitzeinkommen in drei Stufen bis zu einem Höchstbetrag in Höhe von 2.000 Pfund (vgl. Arendt, H., Entwicklung der englischen Einkommensteuer (1931), S. 9).

wurden alle Einkünfte, die höher als 2.500 Pfund lagen. Den Tarifaufbau verdeutlicht die nachfolgende Abbildung. Der Tarif war als Stufengrenzsatztarif ausgestaltet.[473]

Einkommen von	bis	Steuersatz
0 Pfd.	2.500 Pfd.	0 %
2.501 Pfd.	3.000 Pfd.	2,08 %
3.001 Pfd.	4.000 Pfd.	2,92 %
4.001 Pfd.	5.000 Pfd.	3,75 %
5.001 Pfd.	6.000 Pfd.	4,58 %
6.001 Pfd.	7.000 Pfd.	5,42 %
7.001 Pfd.	8.000 Pfd.	6,25 %
> 8.000 Pfd.		6,67 %

Abb. 28: Tarif der englischen Zusatzsteuer (1914/15)

Die Festschreibung des Prinzips der direkten Steuerprogression führte auch für die weitere Zukunft zur Unumstößlichkeit dieses Besteuerungsgrundgedankens. Der Widerstand gegen die Anwendung dieser Tarifgestaltung hielt sich in engen Grenzen, da die wissenschaftliche Auseinandersetzung zu diesem Zeitpunkte zu einem "eindeutigen" Ergebnis geführt hatte: Wurden in der Mitte des 19. Jahrhunderts noch die Verfechter der Idee einer progressiven Besteuerung belächelt und sogar diskreditiert, sprach zu Beginn des 20. Jahrhunderts die Mehrheit der Wissenschaftler den Vertretern des Prinzips der proportionalen Besteuerung jedwede Kompetenz ab. Besonders bemerkenswert erscheint hierbei die Tatsache, daß die Bewertung der ins Feld geführten Argumente zumeist nicht auf sachlicher, sondern vielmehr auf emotionaler Basis erfolgte. So konnte sich das Prinzip der direkten Steuerprogression nur aufgrund der sozialen und politischen Gegebenheiten, nicht aber wegen seiner theoretischen Begründetheit endgültig in der englischen Einkommensbesteuerung durchsetzen.

In den Folgejahren gab es zahlreiche Änderungen der Steuersätze sowie weiterer Elemente der Einkommensbesteuerung. Da am Prinzip der direkten Steuerprogression festgehalten wurde, können die Steuersatzkorrekturen ab Beginn der 20er Jahre dieses Jahrhunderts zusammenfassend dargestellt werden mit der Zielsetzung, die Tarifentwicklung in den Einzelperioden ableiten zu können. Die Steuersätze in den Jahren 1920/21 bis 1955/56 sind der nachstehenden Abbildung zu entnehmen.[474]

---

[473] Vgl. hierzu Bräuer, K., Lehre vom Steuertarif (1927), S. 169.

[474] In Anlehnung an Wiese, H., Steuern im Vereinigten Königreich (1957), Tabelle V.

Jahr Einkommens- stufen	1920/21	1925/26	1929/30	1930/31	1938/39	1939/40	1946/47	1951/52	1952/53	1955/56
Income tax - reduced rates	bis 225 Pfd.: 15 %	bis 225 Pfd.: 10 %	bis 225 Pfd.: 10 %	bis 250 Pfd.: 10 %	bis 135 Pfd.: 8,33 %	bis 135 Pfd.: 11,67 %	bis 50 Pfd.: 15 % 50-125 Pfd.: 30 %	bis 50 Pfd.: 15 % 50-250 Pfd.: 27,5 %	bis 100 Pfd.: 15 % 100-250 Pfd.: 27,5 % 250-400 Pfd.: 37,5 %	bis 60 Pfd.: 11,25 % 60-210 Pfd.: 23,75 % 210-360 Pfd.: 33,75 %
- standard rate	> 225 Pfd.: 30 %	> 225 Pfd.: 20 %	> 225 Pfd.: 20 %	> 250 Pfd.: 12,5 %	> 135 Pfd.: 27,5 %	> 135 Pfd.: 35 %	> 125 Pfd.: 45 %	> 250 Pfd.: 47,5 %	> 400 Pfd.: 47,5 %	> 360 Pfd.: 42,5 %
Surtax										
bis 2 000	-	-	-	-	-	-	-	-	-	-
2.001 - 2.500	7,5 %	3,75 %	5 %	5,5 %	6,25 %	10 %	10 %	10 %	10 %	10 %
2.501 - 3.000	10 %	5 %	6,25 %	6,875 %	7,5 %	11,25 %	12,5 %	12,5 %	12,5 %	12,5 %
3.001 - 4.000	12,5 %	7,5 %	10 %	11 %	12,5 %	16,25 %	17,5 %	17,5 %	17,5 %	17,5 %
4.001 - 5.000	15 %	11,25 %	15 %	16,5 %	17,5 %	21,25 %	22,5 %	22,5 %	22,5 %	22,5 %
5.001 - 6.000	17,5 %	15 %	17,5 %	19,25 %	21,25 %	25 %	27,5 %	27,5 %	27,5 %	27,5 %
6.001 - 7.000	20 %	17,5 %	20 %	22 %	25 %	28,75 %	32,5 %	32,5 %	32,5 %	32,5 %
7.001 - 8.000	22,5 %	17,5 %	20 %	22 %	25 %	28,75 %	32,5 %	32,5 %	32,5 %	32,5 %
8.001 - 10.000	25 %	20 %	25 %	27,5 %	31,25 %	35 %	37,5 %	37,5 %	37,5 %	37,5 %
10.001 - 12.000	25 %	22,5 %	27,5 %	30,25 %	37,5 %	41,25 %	42,5 %	42,5 %	42,5 %	42,5 %
12.001 - 15.000	25 %	22,5 %	27,5 %	30,25 %	37,5 %	41,25 %	47,5 %	47,5 %	47,5 %	47,5 %
15.001 - 20.000	25 %	25 %	30 %	33 %	42,5 %	45 %	50 %	50 %	50 %	50 %
20.001 - 30.000	27,5 %	27,5 %	32,5 %	35,75 %	45 %	47,5 %	52,5 %	50 %	50 %	50 %
30.001 - 50.000	30 %	30 %	35 %	38,5 %	47,5 %	47,5 %	52,5 %	50 %	50 %	50 %
> 50.000	30 %	30 %	37,5 %	41,25 %	47,5 %	47,5 %	52,5 %	50 %	50 %	50 %

Abb. 29: Steuersätze bei der englischen "income-tax" und "surtax" in den Jahren 1920/21 bis 1955/56

b) Besteuerung beim Erwerb von Todes wegen

Im vorhergehenden Kapitel wurde bereits eruiert, daß die englische Erbschaftsteuer im Jahr 1894 auf Bestreben von Sir William Harcourt progressiv ausgestaltet worden war. Zu Beginn des 20. Jahrhunderts vollzog sich nun eine sukzessive Erhöhung der Steuersätze: Im Jahr 1914 betrug der Spitzensteuersatz 20 %, 1940 stieg er auf 65 % und erreichte schließlich 1946 mit einer Höhe von 75 % ein vorläufiges Maximum.[475] Die Steuersatzerhöhungen dienten anfangs dem Ausgleich von Tarifermäßigungen im Bereich der Einkommensbesteuerung, später dann zur Deckung des immer stärker steigenden Finanzbedarfs.[476] An der progressiven Ausgestaltung des Erbschaftsteuertarifs gab es bis zu diesem Zeitpunkt keine Änderungen.

Im Jahr 1949 erfolgte eine wesentliche Vereinfachung des britischen Erbschaftsteuersystems. Die "legacy duty" und "succession duty", die ohnehin nur ein geringes Steueraufkommen erbrachten, wurden ersatzlos gestrichen, der Tarif der "estate duty" im Gegenzug mit einem Spitzensteuersatz in Höhe von 80 % versehen.[477] Schatzkanzler Cripps begründete diese Neuerung mit dem Hinweis, daß die abzuschaffenden Abgaben nicht mehr den heutigen Besteuerungsgrundsätzen genügten, da ihre Tarife nicht nach der steuerlichen Leistungsfähigkeit, sondern nach dem Verwandtschaftsgrad zwischen Erblasser und Erbberechtigten abgestuft seien.[478] Demzufolge bezog sich die Progression nach der Erbschaftsteuerreform nur noch auf die Höhe des Erbanfalls, die zweifach gestaffelte Progression entfiel. Die weiterhin bestehende Verwirklichung des Progressionsgedankens in der Erbschaftsbesteuerung sollte nach dem Willen der englischen Finanzpolitiker dem Ausgleich noch bestehender Ungleichheiten in der Vermögensverteilung dienen.[479] Die Rechtfertigung des Prinzips der direkten Steuerprogression erfolgte zu diesem Zeitpunkt über den Vermögensumverteilungsgedanken.[480]

---

[475] Vgl. auch Frank, D., Erbschaftsteuer und Unternehmung (1969), S. 56 ff. Die Tarifentwicklung der britischen Nachlaßsteuer für den Zeitraum 1894 - 1955 findet sich in sehr ausführlicher Form bei Wiese, H., Steuern im Vereinigten Königreich (1957), Tabelle IX.

[476] Siehe die Ausführungen bei Büchner, R., Erbschaftsbesteuerung (FA 1922), S. 399 ff.; Graeff, F., Erbschaftsteuer (1925), S. 16 ff.; Christmann, W., Theorie der Erbschaftsteuer (1939), S. 90 ff.; Frank, D., Erbschaftsteuer und Unternehmung (1969), S. 55 ff.

[477] Vgl. Büchner, R., Erbschaft- und Schenkungsteuern (HdF 1956), S. 552 f.; Kisker, K. P., Erbschaftsteuer als Mittel der Vermögensredistribution (1964), S. 35.

[478] Vgl. hierzu ausführlich Frank, D., Erbschaftsteuer und Unternehmung (1969), S. 62.

[479] Vgl. Frank, D., Erbschaftsteuer und Unternehmung (1969), S. 62.

[480] Gleiche Auffassung findet sich bei Kisker, K. P., Erbschaftsteuer als Mittel der Vermögensredistribution (1964), S. 43. Er bejaht das Vorhandensein eines Umverteilungseffektes bei einer progressiv ausgestalteten Erbschaftsteuer und versucht die Redistribution anhand der Ergebnisse der englischen "estate duty" im Zeitablauf zu belegen.

2. Frankreich

a) Laufende Einkommensbesteuerung

Am Ausgang des 19. Jahrhunderts bestanden in Frankreich immer noch die im Zuge der Revolution von 1789 eingeführten "quatre vieilles". Eine allgemeine Einkommensbesteuerung scheiterte weiterhin am Widerstand der Bevölkerung sowie an der Unbeständigkeit der Regierungen. Die Steuerprogression stieß - wie bereits im vorhergehenden Abschnitt dieser Untersuchung ausgeführt wurde - aus Gründen des Äquivalenzdenkens sowie aus Furcht vor staatlicher Willkür und Konfiskation des Einkommens auf breite Ablehnung.

So wurden in den Jahren 1887 bis 1907 elfmal Regierungsprojekte in die französische Nationalversammlung eingebracht, die die Einführung einer allgemeinen Einkommensbesteuerung zum Ziel hatten. Die Vorschläge führten zu heftig ausgetragenen Kontroversen, in denen die Befürworter die zahlreichen Schwachstellen des bisherigen Systems und die Vorzüge ihrer Projekte herausarbeiteten. Die Mehrheit der Abgeordneten konnte sich jedoch für keines der Projekte entscheiden, da die mit der Einkommensbesteuerung verbundene Deklarationspflicht einmütig abgelehnt wurde.[481]

Caillaux, der später als Vater der französischen Einkommensbesteuerung in die Finanzgeschichte einging, legte mit seinem zweiten Einkommensteuerprojekt den Grundstein für ein modernes Steuersystem. Er schlug eine nach Erwerbsarten gegliederte Abgabe vor, die für die einzelnen Einkunftsarten unterschiedliche Steuersätze vorsah. Des weiteren sollten die wohlhabenderen Steuerpflichtigen mit einer zusätzlichen Ergänzungsteuer belegt werden.[482] Ihm gelang somit die Verbindung des englischen Schedulensteuersystems[483] mit der in der deutschen Einkommensteuer zu findenden Komponente der Besteuerung des Gesamteinkommens.[484]

---

[481] Vgl. zu den Einzelvorschlägen Seligman, E., Income Tax (1914), S. 293 ff.; Hanstein, W., Entstehungsgeschichte (1931), S. 37 ff.

[482] Vgl. hierzu Seligman, E., Income Tax (1914), S. 312 ff.; Lemcke, J., Gestaltung des französischen Steuersystems (1927), S. 26.

[483] Es ist zu beachten, daß die englische Einkommensteuer zu diesem Zeitpunkt noch als reine Schedulensteuer ausgeprägt war, d.h. die Zusatzsteuer auf das gesamte Einkommen noch keine Anwendung fand.

[484] Die französische Einkommensteuer war von Caillaux bewußt als Verbindung aus englischer und deutscher Einkommensteuer gedacht, da seiner Ansicht nach beide Systeme in ihrer Reinform nicht in Frankreich anwendbar seien (vgl. hierzu Cluseau, M., Geschichte der französischen Finanzwirtschaft (HdF 1952), S. 378).

Obwohl das Gesamtprojekt von Caillaux bereits im Jahr 1909 Zustimmung in der französischen Nationalversammlung fand, konnte es nicht in Kraft treten, da der Senat die Verwirklichung nochmals für mehrere Jahre verzögerte. Der erhebliche Widerstand der konservativ eingestellten Senatsmitglieder konnte erst im 1. Weltkrieg gebrochen werden, als die immensen Verteidigungs- und Rüstungsausgaben die Eröffnung neuer Finanzierungsquellen erzwangen.[485] So kam es 1914 zuerst zur Einführung der ersten Schedulen sowie der Ergänzungsteuer und 1917 schließlich zur Implementierung des gesamten Systems der nach Erwerbsarten abgestuften Einkommensteuer.[486] Die progressiv ausgestaltete Ergänzungsteuer wies dabei den in der nachfolgenden Abbildung wiedergegebenen Verlauf auf.[487] Der Aufbau nach dem Partranche-Verfahren wurde in einen heute eher geläufigen Stufengrenzsatztarif umgerechnet.

Einkommen von	bis	Steuersatz
0 Francs	5.000 Francs	0 %
5.001 Francs	10.000 Francs	0,4 %
10.001 Francs	15.000 Francs	0,8 %
15.001 Francs	20.000 Francs	1,2 %
20.001 Francs	25.000 Francs	1,6 %
> 25.000 Francs		2 %

Abb. 30: Tarif der französischen Ergänzungsteuer (1914)

Die erstmalige Anwendung des Prinzips der direkten Steuerprogression begründete Caillaux bei den Beratungen in der französischen Nationalversammlung mit der Notwendigkeit, die regressive Wirkung der Verbrauchsteuern auszugleichen. Ziel sei die Herstellung einer proportionalen Gesamt-Abgabenbelastung.[488]

Der theoretische Hintergrund der Einkommensteuerprogression in Frankreich ist demzufolge durch die Vertreter der Kompensationstheorie vorgegeben. Es darf aber nicht übersehen werden, daß die Akzeptanz dieses Besteuerungsgrundgedankens der politischen und wirtschaftlichen

---

485 Gleiche Auffassung findet sich bei Lemcke, J., Gestaltung des französischen Steuersystems (1927), S. 26.

486 Zu den Einzelheiten vgl. Neumark, F., Moderne Einkommensbesteuerung (1947), S. 282.

487 Vgl. zur Tarifgestaltung Wick, H., Indirekte Progression (1932), S. 19.

488 Vgl. Seligman, E., Income Tax (1914), S. 320. In der gleichen Rede erteilt er den Befürchtungen der Progressionsgegner, die Progression könne zu willkürlichen Steuererhöhungen bzw. -festsetzungen führen, eine klare Absage.

Notsituation der damaligen Zeit entsprang. Es erfolgte nun allerdings eine dauernde Verwirklichung des progressiven Tarifverlaufs.

Das System der französischen Einkommensbesteuerung erfuhr seit der Umsetzung des Caillaux'schen Projektes bis zur Mitte des 20. Jahrhunderts keine grundlegenden Neuerungen. Jedoch erscheinen einige Detailveränderungen, insbesondere die Tarifgestaltung der Ergänzungsabgabe betreffend, erwähnenswert.[489] So wurde die Progression des Steuertarifs - im Zeitablauf wechselnd - auf zwei unterschiedliche Arten realisiert: Zum einen als "Progressivité globale", zum anderen als "Progressivité par tranches".[490]

Erstgenannte Methode ist dadurch gekennzeichnet, daß die Bemessungsgrundlage bei wachsendem Einkommen steigenden Steuersätzen unterworfen wird, wobei eine größere Anzahl kleinerer Teilmengen gebildet wird.[491] Zur Ermittlung der Steuerschuld wird das gesamte Einkommen mit dem in der Tarifstufe jeweilig gültigen Steuersatz belegt, d.h. es erfolgt keine Staffelung hinsichtlich der einzelnen Teilmengen. Diese Tarifgestaltung wird regelmäßig als Stufendurchschnittsatztarif bezeichnet.[492] Nachfolgend wird die "Progressivité globale" anhand der Ergänzungsteuer des Jahres 1918 dargestellt.

Tarif-Klasse	Einkommen von	bis	Steuersatz	
I	0 Francs	3.000 Francs	0 %	
II	3.001 Francs	5.000 Francs	1,5 %	
III	5.001 Francs	150.000 Francs	1,5 - 16 %	(für je 100 Francs um 0,01 % steigend)
IV	150.001 Francs	550.000 Francs	16 - 20 %	(für je 1.000 Francs um 0,01 % steigend)
V	> 550.000 Francs		20 %	

Abb. 31: "Progressivité globale" am Beispiel der französischen Ergänzungsteuer (1918)

---

[489] Die Ausführungen beschränken sich lediglich auf die Besonderheiten der Ergänzungsteuer. Innerhalb der einzelnen Schedulen waren ebenfalls progressive Tendenzen vorzufinden, die aus der Gewährung personenbezogener Abzugsbeträge resultierten. Die Einzelheiten sollen jedoch nicht näher beleuchtet werden, da die so bewirkte indirekte Progression außerhalb des Betrachtungsrahmens dieser Untersuchung steht.

[490] Vgl. Lemcke, J., Gestaltung des französischen Steuersystems (1927), S. 32.

[491] Siehe Trotabas, L./Basso, J., Enquete sur les tarifs d'Impôts (1964), S. 97.

[492] Bräuer bezeichnet diese Tarifform als Linientarif. Zur Charakteristik reiner bzw. gebrochener Linientarife vgl. die Ausführungen bei Bräuer, K., Lehre vom Steuertarif (1927), S. 41 ff.

In der Tarifklasse II wird ein proportionaler Steuersatz in Höhe von 1,5 % angewendet. Tarifklasse III ist durch ein lineares Ansteigen der Steuersätze von 1,5 % auf 16 % gekennzeichnet. Die Progression flacht demgegenüber in der Tarifklasse IV ab, d.h. der Anstieg der Steuersätze von 16 % auf 20 % vollzieht sich langsamer. Wesentliches Merkmal der Tarifklasse V ist wiederum der proportionale Steuersatz. Des weiteren verdeutlicht vorstehender Tarifverlauf, daß sich die Steuersatzänderungen auf sehr kleine Teilmengen beziehen. Diese Vorgehensweise ist notwendig, um bei der gegebenen Einheit von Grenz- und Durchschnittsteuersatz eklatante Belastungssprünge zu vermeiden.

Werden dagegen bei einem einheitlichen Steuersatz kleine Einkommen nur teilweise, höhere Einkünfte jedoch zunehmend in die Bemessungsgrundlage einbezogen, spricht man von der sog. "Progressivité par tranches".[493] Diese Methode der progressiven Steuertarifgestaltung bedient sich einer Teilmengendurchstaffelung. Die in Abbildung 30 dargestellte, französische Ergänzungsteuer des Jahres 1914 genügte dem "Par tranche"-System: Der proportionale Steuersatz betrug 2 %. Einkommensteile von 5.000 bis 10.000 Francs waren zu 20 %, von 10.000 bis 15.000 Francs zu 40 %, von 15.000 bis 20.000 Francs zu 60 % und von 20.000 bis 25.000 Francs zu 80 % der Bemessungsgrundlage zuzurechnen. Alle höheren Einkommen (> 25.000 Francs) waren dem proportionalen Steuersatz in voller Höhe zu unterwerfen. Dabei ist jedoch zu beachten, daß diese Tarifgestaltung aufgrund der Teilmengenstaffelung mit den gebräuchlicheren Stufengrenzsatztarifen übereinstimmt, d.h. Grenzsteuersätze und Durchschnittsteuersätze voneinander abweichen.

Beide Varianten der progressiven Tarifgestaltung kamen zukünftig im französischen Steuersystem zur Anwendung. Die Einzelheiten der vielfach geänderten Steuertarife sollen jedoch nicht näher erläutert werden, da das Prinzip der direkten Progression durchgehend verwirklicht wurde, so daß keine neuen theoretischen Erkenntnisse aus einer tiefergehenden Analyse resultieren würden.

Besonders interessant erscheint indes die Erhöhung der Steuersätze sowie die Verschärfung der Progression nach Einführung der Ergänzungsteuer: Caillaux schlug als Höchststeuersatz 2 % vor, im Jahr 1932 wurden die wohlhabenden Steuerpflichtigen bereits mit Steuern in Höhe von 40 % ihres Gesamteinkommens belastet und 1943 betrug der Steuersatz 70 % für zu versteuernde Einkommen, die höher als 400.000 Francs lagen.[494] Die extrem hohen Steuersätze beschränkten sich - wie vielleicht anzunehmen wäre - nicht nur auf Kriegszeiten, in denen ein verstärkter Finanzbedarf bestand, sondern wurden vielmehr auch in der Nachkriegszeit beibehalten.

---

[493] Vgl. hierzu Wick, H., Indirekte Progression (1932), S. 19.

[494] Vgl. zu weiteren Details Trotabas, L./Basso, J., Enquete sur les tarifs d'Impôts (1964), S. 106 ff.

So betrug der Spitzensteuersatz der Ergänzungsteuer im Jahr 1951 immerhin 60 %, der Eingangsteuersatz erreichte 10 %.[495] Diese immensen Steuersatzerhöhungen belegen erneut, daß die progressiv ausgestaltete Einkommensteuer - sobald der Widerstand gegen ihre Erhebung gebrochen werden konnte - die Staatseinnahmen drastisch beeinflußte und sich als fiskalpolitisches Instrument großer Beliebtheit erfreute.

Andererseits zeigt die Entwicklung des französischen Einkommensteuertarifs, daß die schlimmsten Befürchtungen der Progressionsgegner vermutlich noch übertroffen wurden: Lag die Differenz zwischen Eingangs- und Spitzensteuersatz anfangs noch bei 1,6 Prozentpunkten (Mindeststeuersatz 0,4 %, Spitzensteuersatz 2 %), wuchs sie bis 1943 auf 68,6 Prozentpunkte (Mindeststeuersatz 1,4 %; Spitzensteuersatz 70 %). Begründungen für den enormen Anstieg der Progression mußten nicht vorgebracht werden, nachdem dieses Besteuerungsinstrument Anfang des 20. Jahrhunderts allgemeine Anerkennung fand. Leider wurde im Zuge der Entwicklung die Tatsache vernachlässigt, daß einer gemäßigten Progression bei niedrigen Steuersätzen zugestimmt wurde, nicht aber den Ausschweifungen der von finanziellen Nöten geplagten Politiker.

Eine wesentliche Korrektur erfuhr die französische Einkommensbesteuerung im Jahr 1959, da die bisherige Struktur - Trennung in Schedulensteuern und Ergänzungsteuer - aufgehoben und eine einheitliche Steuer auf das Gesamteinkommen eingeführt wurde.[496] Die progressive Ausgestaltung dieser Abgabe sowie die hohen Steuersätze änderten sich jedoch nicht, so daß auf die Beschreibung der Details verzichtet werden kann.

b) Besteuerung beim Erwerb von Todes wegen

Im vorhergehenden Abschnitt wurde bereits die Feststellung getroffen, daß die an der Höhe des Erbanfalls sich orientierende Progression bis zum Ende des 19. Jahrhunderts innerhalb des französischen Erbschaftsteuersystems keine Rolle spielte. Dies änderte sich mit der Neufassung des Erbschaftsteuerrechts im Jahr 1901. Art. 2 des betreffenden Budgetgesetzes befaßte sich explizit mit der Tarifgestaltung: Der bisher hinsichtlich der Höhe der Erbschaft proportionale Tarif wurde durch einen progressiv ausgestalteten Tarifverlauf ersetzt. Die Abstufung umfaßte sieben Verwandtschaftsgrade und acht Einkommensklassen.[497] Die nachfolgende Abbildung beschreibt

---

[495] Die Tarifverläufe der Ergänzungsteuer sind für die Jahre 1914 bis 1955 ausführlich bei Albers, W., Einkommensbesteuerung in Frankreich (1957), Übersicht II (Anhang), aufgelistet.

[496] Vgl. Beichelt, B. u.a., Steuernorm und Steuerwirklichkeit (1969), S. 58; Tanzi, V., Individual Income Tax (1969), S. 7. Die Steuersätze lagen zwischen 5 % und 65 %.

[497] Vgl. auch Frank, D., Erbschaftsteuer und Unternehmung (1969), S. 65.

die Einzelheiten des französischen Erbschaftsteuertarifs des Jahres 1901.[498] Die Abstufung der Steuersätze nach der Höhe des Erbanfalls vollzog sich nach dem Gesamtmengenverfahren.

Erbanfall / Verwandtschaftsgrad	1.000 - 2.000 Francs	2.001 - 10.000 Francs	10.001 - 50.000 Francs	50.001 - 100.000 Francs	100.001 - 250.000 Francs	250.001 - 500.000 Francs	500.001 - 1.000.000 Francs	> 1.000.000 Francs
Direkte Linie	1 %	1,25%	1,5 %	1,75 %	2 %	2,5 %	2,5 %	2,5 %
Ehegatten	3,75 %	4 %	4,5 %	5 %	5,5 %	6 %	6,5 %	7 %
Geschwister	8,5 %	9 %	9,5 %	10 %	10,5 %	11 %	11,5 %	12 %
Onkel, Tante, Neffe, Nichte	10 %	10,5 %	11 %	11,5 %	12 %	12,5 %	13 %	13,5 %
Großonkel etc., Großneffe etc. Geschwisterkinder	12 %	12,5 %	13 %	13,5 %	14 %	14,5 %	15 %	15,5 %
Verwandte des 5ten und 6ten Grades	14 %	14,5 %	15 %	15,5 %	16 %	16,5 %	17 %	17,5 %
Verwandte über den 6ten Grad, Nichtverwandte	15 %	15,5 %	16 %	16,5 %	17 %	17,5 %	18 %	18,5 %

Abb. 32: Tarif der französischen Erbschaftsteuer (1901)

Der Einführung des zweifach progressiven Erbschaftsteuertarifs ging eine heftig geführte Kontroverse voraus. Obwohl die Nationalversammlung die Anwendung dieses Besteuerungsgrundgedankens grundsätzlich befürwortete, scheiterten zahlreiche Projekte am Widerstand des Senats.[499] Die Verwirklichung der Progression konnte letztendlich nur gelingen, da im Rahmen der Erbschaftsteuerreform eine andere wesentliche Neuerung geschaffen wurde: Bisher mußte der Bruttowert des Erbanfalls versteuert werden, nun wurde der Abzug der Schulden bei der Ermittlung der erbschaftsteuerlichen Bemessungsgrundlage zugelassen. Diese Änderung für sich

---

[498] In Anlehnung an Schanz, G., Reform der französischen Erbschaftssteuer (FA 1901), S. 731.

[499] Vgl. zur Entwicklungsgeschichte der Reform des Erbschaftsteuerrechts Schanz, G., Reform der französischen Erbschaftssteuer (FA 1901), S. 727 ff.; Büchner, R., Erbschaft- und Schenkungsteuern (HdF 1956), S. 554 f.

hätte jedoch zu einer Minderung des Erbschaftsteueraufkommens geführt, so daß sich die Senatsmitglieder schließlich für die Einführung des Progressionsprinzips entschieden, um den Aufkommensausfall zu kompensieren. Die erstmalige Verankerung einer progressiven Tarifgestaltung (hinsichtlich der Höhe des Erbanfalls) im Rahmen der Erbschaftsbesteuerung entsprang demzufolge finanzpolitischen Zwängen, nicht aber der Tragfähigkeit der Argumente der Progressionsbefürworter.[500]

Die eben angeführten Begründungszusammmenhänge gelten auch für die im weiteren Zeitablauf folgenden Änderungen des Erbschaftsteuerrechts, die vornehmlich eine sukzessive Erhöhung der Steuersätze mit sich brachten: Im Jahr 1910 stiegen die Spitzensteuersätze von 2,5 %/18,5 % (engster Verwandtschaftsgrad/Nicht-Verwandte) auf 18 %/29 %, 1920 erfolgte eine Erhöhung auf 17 %/59 % und schließlich wurde im Jahr 1940 ein Maximum mit Steuersätzen in Höhe von 66 %/88 % erreicht.[501]

Allerdings trat Ende der 50er Jahre eine Neuerung ein, die die bisherige Entwicklung im französischen Steuerrecht erstmalig umkehrte: Mit dem Steuerreformgesetz vom 28.12.1959 wurde für den Bereich der Erbschaftsbesteuerung die sich auf die Höhe des Erbanfalls beziehende Progression teilweise abgeschafft. Verwandte der Seitenlinien und Nicht-Verwandte unterlagen ab diesem Zeitpunkt - abgestuft nach der Enge des Verwandtschaftsverhältnisses - nur noch proportionalen Steuersätzen, die sich allerdings in einer Höhe von 30 % bis 60 % bewegten, so daß eine wirkliche Entlastung der Steuerpflichtigen nicht eintrat.

3. Deutschland

Die Untersuchung der Entwicklung der Progressivbesteuerung in Deutschland in der Zeit vom Anfang bis zur Mitte des 20. Jahrhunderts ist in zwei Phasen zu unterteilen. Die erste Periode ist charakterisiert durch eine Vielzahl unterschiedlicher länderspezifischer Regelungen im Bereich der direkten Steuern, da auf Reichsebene nur indirekte Steuern erhoben wurden und somit die direkte Besteuerung den einzelnen Reichsterritorien oblag. In der zweiten Phase ist dagegen die Steuerhoheit auf das Reich übergegangen, so daß die direkte Besteuerung für alle Länder einheitlich geregelt wurde.

Die Anwendung des Prinzips der direkten Steuerprogression hatte sich zu Beginn des 20. Jahrhunderts bereits in der Steuergesetzgebung der einzelnen Länder durchgesetzt, so daß

---

[500] Gleiche Auffassung findet sich bei Lemcke, J., Gestaltung des französischen Steuersystems (1927), S. 36.

[501] Vgl. zu den Einzelheiten Frank, D., Erbschaftsteuer und Unternehmung (1969), S. 67 ff.

es nur noch zu überprüfen gilt, inwieweit sich Änderungen in der Tarifgestaltung - und somit beim Progressionsmaß - ergaben. Dabei ist insbesondere die Frage zu beantworten, welche Gründe für die Anhebung der bislang relativ moderaten Steuersätze ins Feld geführt wurden.

a) Entwicklung bis zur Einführung der direkten Reichsbesteuerung

aa) Laufende Einkommensbesteuerung

In den ersten Jahren des 20. Jahrhunderts setzte sich die Entwicklung der direkten Besteuerung in den Einzelterritorien des Deutschen Reiches fort. Als Vorbild diente das Reformwerk, das 1891 in Preußen begonnen und 1893 mit Einführung einer Ergänzungsteuer abgeschlossen wurde. Im folgenden werden die Reformbemühungen in den Königreichen sowie den wichtigsten Großherzogtümern im Überblick behandelt. Dabei richtet sich das Interesse inbesondere auf die Modifikationen hinsichtlich der Tarifgestaltungen.

In Preußen, das ja bereits sehr frühzeitig ein modernes Steuersystem implementiert hatte, beschränkten sich die Gesetzgebungsnovellen zumeist auf den Bereich des Tarifaufbaus. 1909 wurde die Forderung, die Progression in der preußischen Einkommensteuer zu verschärfen, durch das "Gesetz betreffend die Bereitstellung von Mitteln zur Durchführung der Beamtenbesoldungserhöhungen" erfüllt.[502] Dazu erhob man zu den bisherigen Normalsteuersätzen zusätzliche Zuschläge, die in Abhängigkeit von der Höhe des Einkommens der Steuerpflichtigen zwischen 5 % und 25 % betrugen. Der Maximalsteuersatz der preußischen Einkommensteuer erhöhte sich somit auf 5 %.[503] Die Bezeichnung des Gesetzesentwurfes, der die Erhöhung der Steuerlast herbeiführte, belegt bereits die Tatsache, daß die Progressionsverschärfung ihre Begründung allein in fiskalischen Notwendigkeiten fand.[504]

Während des 1. Weltkrieges erfuhr die preußische Einkommensteuer erneut eine Novellierung, die insbesondere die Erhöhung der Zuschläge aus dem Jahr 1909 zum Zweck hatte. Die Zuschläge zu den Normalsteuersätzen reichten nun von 8 % bis 100 %, so daß der Maximalsteuersatz auf 8 % anstieg.[505] Der Hintergedanke dieser Steueranhebung liegt klar auf der Hand:

---

[502] Vgl. auch Seligman, E., Income Tax (1914), S. 269; Köppe, H., Finanzwissenschaft (1923), S. 41.

[503] Vgl. Köppe, H., Finanzwissenschaft (1923), S. 41 f.; Karl-Bräuer-Institut des Bundes der Steuerzahler, Reform des Einkommensteuertarifs (1972), S. 16. Dabei ist auch zu berücksichtigen, daß die Gemeinden nochmals Zuschläge in Höhe von 100 % bis 250 % auf die Einkommensteuer erhoben, so daß die Gesamtbelastung der Steuerpflichtigen durchaus auf Werte von 10 % bis 17,5 % anstieg.

[504] Ausführlich zu den Motiven vgl. Maatz, Preussische Einkommen- und Ergänzungsteuernovelle (FA 1909), S. 803 ff.

[505] Vgl. Popitz, J., Einkommensteuer (HdS 1926), S. 442.

Die durch die immensen Rüstungsausgaben bedingte Finanzmisere konnte nicht mehr durch eine Erhöhung der Staatsschuld gedeckt werden, so daß das Steueraufkommen der einzelnen Reichsterritorien erheblich gesteigert werden mußte.

Die letzte Tarifänderung in Preußen ist auf das Jahr 1919 zu datieren, in dem die landesbezogene Einkommensteuer letztmalig erhoben wurde, bevor die Reichseinkommensteuer diese Abgabe ersetzte. Die durch die Novemberrevolution im Jahr 1918 verschärfte Finanzmisere zwang zu einer nochmaligen Anhebung der Steuersätze. Die Zuschläge zu den Normalsteuersätzen wurden auf Werte von 15 % bis 300 % erhöht. Der Höchststeuersatz stieg somit - ungeachtet der auf Gemeindeebene erhobenen Zuschläge - auf 16 %.[506]

In Bayern konnte sich die allgemeine Einkommensbesteuerung gegenüber dem traditionellen Ertragsteuersystem erst im Jahr 1910 durchsetzen. Zur Ermittlung der Steuerschuld bediente man sich ab diesem Zeitpunkt eines Stufenbetragstarifs, wobei die Steuersätze zwischen 0,17 % und 5 % lagen.[507] Ziel der Reform war eine "... Erhöhung des Ertrages unter gleichzeitiger Verteilung auf die tragfähigeren Schultern bei Entlastung minder tragfähiger Pflichtigenklassen."[508] Aus dieser Begründung läßt sich ableiten, daß die Notwendigkeit einer Progressionsverschärfung wiederum dem Leistungsfähigkeitsgedanken sowie fiskalischen Gesichtspunkten entsprang.

Die durch den 1. Weltkrieg verursachte Finanzmisere der deutschen Bundesstaaten erforderte 1916 auch in Bayern eine Steigerung des Einkommensteueraufkommens. Zu diesem Zweck wurden die Einkommensteuersätze auf 130 % der bisherigen erhöht, so daß der Maximalsteuersatz nun 6,5 % betrug.[509]

Die letzte Tarifkorrektur im Rahmen der bayerischen Einkommensbesteuerung ist auf das Jahr 1919 zu datieren und ergab sich als Folge der revolutionären Ereignisse im November 1918. Die Steuersätze mußten erneut erheblich angehoben werden, so daß der Maximalsteuersatz - ohne Berücksichtigung der Gemeindezuschläge - auf 7,5 % stieg.[510] Die Anhebung der Spitzensteuersätze diente aber nicht nur der Erhöhung des Steueraufkommens, sondern sollte auch die Ein-

---

[506] Siehe auch Popitz, J., Einkommensteuer (HdS 1926), S. 442.

[507] Vgl. die umfassende Darstellung bei Siebert, A., Entwicklung der direkten Besteuerung (ZfgSt 1912), S. 40 f.

[508] Siebert, A., Entwicklung der direkten Besteuerung (ZfgSt 1912), S. 41 f.

[509] Vgl. auch Popitz, J., Einkommensteuer (HdS 1926), S. 443.

[510] Siehe auch Schanz, G., Bayrische Steuerreform (FA 1919), S. 82.

nahmeeinbußen ausgleichen, die sich aus der Gewährung von Steuererleichterungen für die Geringverdienenden ergaben.[511]

Der sächsische Einkommensteuertarif wurde im Jahr 1902 dahingehend modifiziert, daß die Steuersätze innerhalb der Tarifskala von diesem Zeitpunkt an von 0,25 % bis 5 % reichten.[512] Diese Tarifgestaltung hatte bis zur Mitte des 1. Weltkrieges Bestand[513], ehe - aus den bereits geschilderten Motiven - Zuschläge zu den Normalsteuersätzen in Höhe von 10 % bis 30 % erhoben wurden.[514] Fiskalische Notwendigkeiten führten 1919 zur letzten Tarifkorrektur im Rahmen der sächsichen Einkommensteuer mit der Folge, daß der höchste Steuersatz - inklusive der Gemeindezuschläge - 35 % erreichte.

In Württemberg erfuhr das bisherige Ertragsteuersystem 1903 eine erhebliche Abschwächung zugunsten einer allgemeinen Einkommensteuer. Die Einkommensteuer war dabei als Hauptsteuer gedacht, während die vier verbleibenden Ertragsteuern nur noch als Ergänzungsteuern wirken sollten. Die Steuersätze[515] der württembergischen Einkommensteuer lagen zu Beginn des Jahrhunderts zwischen 0,4 % und 5 %.[516] Die Begründung der neuen Tarifgestaltung fußte insbesondere auf sozialen Gesichtspunkten: "Besteuerung nach der Leistungsfähigkeit und darum Verschiebung der Steuerlast auf die starken Schultern."[517]

In der Folgezeit erhöhte sich der Maximalsteuersatz der württembergischen Einkommensteuer nur geringfügig auf 5,25 %.[518] Die widrigen Finanzverhältnisse führten 1916 zur Einführung von

---

511 Vgl. Schanz, G., Bayrische Steuerreform (FA 1919), S. 117.

512 Siehe auch Schanz, G., Sächsische Steuerreform (FA 1903), S. 254; Köppe, H., Finanzwissenschaft (1923), S. 62; Popitz, J., Einkommensteuer (HdS 1926), S. 443.

513 Zur Tarifgestaltung des Jahres 1914 siehe Neubrand, Belastung mit direkten Staatssteuern (FA 1916), S. 717.

514 Siehe auch Popitz, J., Einkommensteuer (HdS 1926), S. 443.

515 Die Steuersätze sind als Einheitssätze zu verstehen, d.h. im jährlichen Budgetgesetz konnten zu diesen Zu- und Abschläge festgelegt werden, um das Steueraufkommen dem Finanzbedarf anpassen zu können (vgl. auch Wagner, A., Steuergeschichte (1910), S. 389).

516 Vgl. auch Pistorius, T., Württembergische Steuerreform (FA 1904), S. 49. Pistorius beschreibt an gleicher Stelle auch die zahlreichen Tarifvorschläge, aus denen letztlich der im Gesetz vorgesehene Tarif als Art Kompromißlösung hervorging.

517 Siebert, A., Entwicklung der direkten Besteuerung (ZfgSt 1912), S. 30.

518 Dieser Steuersatz hatte für das Fiskaljahr 1914 Gültigkeit (vgl. auch Neubrand, Belastung mit direkten Staatssteuern (FA 1916), S. 717). Die Tarifdiskussion spielte in Württemberg bis zu diesem Zeitpunkt nur eine untergeordnete Rolle. Das Hauptaugenmerk galt insbesondere der Frage, ob als Ergänzungsteuer die bisher bestehenden Ertragsteuern oder eine neu zu schaffende Vermögensteuer herangezogen werden sollten. Diese Diskussion wurde mit Einführung der württembergischen Vermögensteuer durch Gesetz vom 31. Juli 1915 beendet.

Zuschlägen auf die Normalsteuersätze in Höhe von 105 % bis 130 %. Eine weitere Anpassung der Steuersätze erfolgte 1919, so daß der Höchststeuersatz schließlich - inklusive der Gemeindeabgaben - auf 33 % anstieg.[519]

Die badische Einkommensteuer erfuhr bereits 1900 eine Modifizierung hinsichtlich ihres Tarifs, wobei das steuerfreie Existenzminimum spürbar angehoben wurde, um den minder leistungsfähigen Gruppen eine steuerliche Erleichterung zu gewähren.[520] Allerdings behielt man das System der Ermittlung der Steuerschuld über Steueranschläge sowie die bisherigen Normalsteuersätze bei.[521] Die grundsätzlichen Wesensmerkmale der progressiv ausgestalteten Einkommensteuer änderten sich auch infolge des Reformvorhabens des Jahres 1906 nicht, als das badische Steuersystem durch Erhebung einer Vermögensteuer verfeinert wurde.[522]

Im Einkommensteuergesetz vom 10. Juni 1910 verzichtete man erstmals auf die Bildung von Steueranschlägen zur Ermittlung der Steuerschuld.[523] Statt dessen wurde ein Stufenbetragstarif angewendet, der - bezogen auf den Stufenbeginn - Normalsteuersätze in Höhe von 0,61 % bis 5 % vorsah. Zu- oder Abschläge zu diesen Einheitssteuersätzen mußten jährlich durch Finanzgesetz festgelegt werden.[524] Mit Hilfe dieser Tarifkorrektur strebte der badische Gesetzgeber offensichtlich eine weitestgehende Annäherung an das preußische Steuersystem an.

Im Verlauf des 1. Weltkrieges sowie infolge der revolutionären Ereignisse im Herbst 1918 kam es in Baden zu bemerkenswerten Steigerungen der Steuersätze, die die Linderung der Finanzmisere zum Ziel hatten. Dabei überstiegen die Spitzensteuersätze - inklusive der Gemeindezuschläge - im Jahr 1919 die 50 %-Grenze.[525]

Das hessische Einkommensteuergesetz aus dem Jahr 1899, das bereits an anderer Stelle ausführlich besprochen wurde, besaß bis zur Einführung der Reichseinkommensbesteuerung unver-

---

[519] Siehe hierzu Popitz, J., Einkommensteuer (HdS 1926), S. 444.

[520] Vgl. Buchenberger, Steuerreform im Grossherzogtum Baden (FA 1901), S. 43.

[521] Vgl. Wagner, A., Deutsche Besteuerung des 19. Jahrhunderts (1901), S. 844.

[522] Zu den Einzelheiten des damaligen Einkommensteuertarifs vgl. Art. 12 sowie Art. 21 des Badischen Einkommensteuergesetzes in der Fassung vom 28. September 1906, abgedruckt in: FA 1907, S. 600 f., S. 603 f. Zu den Steuersätzen der badischen Einkommensteuer in den Jahren 1908 und 1909 siehe Wagner, A., Steuergeschichte (1910), S. 393.

[523] Vgl. hierzu Art. 21 des Badischen Einkommensteuergesetzes vom 10. Juni 1910, abgedruckt in: FA 1913, S. 827 f.

[524] Vgl. hierzu auch die Ausführungen bei Köppe, H., Finanzwissenschaft (1923), S. 64.

[525] Vgl. Popitz, J., Einkommensteuer (HdS 1926), S. 444. Bezieht man das sogenannte "Badische Notopfer" mit in die Betrachtung ein, kann sogar von einer völligen Einkommenskonfiskation gesprochen werden.

ändert Gültigkeit. Lediglich die durch Finanzgesetz festzusetzenden Zuschläge zu den Normalsteuersätzen unterlagen aufgrund fiskalischer Notwendigkeiten Änderungen. 1910 erfolgte eine Erhöhung der Steuersätze um 15 % und schließlich ab 1915 nochmals um 12 %[526], so daß der Maximalsteuersatz 6,27 % erreichte.

Blickt man auf die Entwicklung der progressiven Besteuerung in Deutschland zu Beginn des 20. Jahrhunderts zurück, läßt sich die Erkenntnis gewinnen, daß das Prinzip der direkten Steuerprogression an sich nicht mehr zur Diskussion stand, sondern als fester und notwendiger Bestandteil des Steuersystems angesehen wurde.[527] In den Gesetzesbegründungen zu den einzelnen Steuerreformbemühungen findet sich dabei sehr häufig der pauschale Verweis auf die unterschiedliche Leistungsfähigkeit der Steuerpflichtigen, der - ohne weitergehende Analyse - als unzweifelhafte Begründung der Notwendigkeit der Verwirklichung der Steuerprogression verstanden wird.

In der zweiten Dekade dieses Jahrhunderts stiegen die bis dato eher als moderat einzustufenden Steuersätze in den einzelnen Reichsterritorien explosionsartig. Diese Entwicklung wurde mit dem enormen Finanzbedarf begründet, den der 1. Weltkrieg sowie die Novemberrevolution verursachten.

bb) Besteuerung beim Erwerb von Todes wegen

Zu Beginn des 20. Jahrhunderts wurde die Vielgestaltigkeit der Erbschaftsteuern in den einzelnen Reichsländern von den Steuerpflichtigen vielfach als unzumutbare Härte empfunden, da zahlreiche Verflechtungen zwischen Angehörigen der verschiedenen Reichsterritorien bestanden und das Fehlen von Doppelbesteuerungsabkommen zu Kollisionen führte.[528] Die Notwendigkeit eines einheitlichen Erbschaftsteuergesetzes war folglich gegeben. Solch einer Vereinheitlichung standen jedoch anfangs noch die eigenen finanziellen Interessen der einzelnen Länder entgegen.[529]

---

[526] Siehe auch Popitz, J., Einkommensteuer (HdS 1926), S. 444.

[527] Es gilt hier zu bedenken, daß in den Nachbarländern Deutschlands der Entwicklungsstand im Bereich der direkten Besteuerung noch nicht so weit gediehen war: So wurde die englische "super-tax", die zu einer progressiven Belastung der Einkommensteuerpflichtigen führte, erst im Jahr 1910 eingeführt. In Frankreich konnte sich die progressive Einkommensbesteuerung erst im Zuge der grundlegenden Reform der Jahre 1914 - 1917 durchsetzen.

[528] Vgl. Fischenich, H., Erbschaftsbesteuerung (1929), S. 26.

[529] Siehe Eckardt, M., Erbschaftsteuer (1937), S. 17.

Nachdem im Deutschen Reich die Finanznot jedoch immer gravierender wurde, beschloß man frühzeitig die Einführung einer einheitlichen Erbschaftsteuer in Form einer reichseinheitlichen Erbanfallsteuer. Das erste Reichserbschaftsteuergesetz ist auf das Jahr 1906 zu datieren.[530]

Bis zu diesem Zeitpunkt entwickelte sich die Erbschaftsbesteuerung in den Einzelterritorien fort, ohne daß bahnbrechende Entwicklungen in der Form zu verzeichnen gewesen wären, daß eine Differenzierung der Steuerlast in Abhängigkeit von der Höhe der Erbmasse oder eklatante Erhöhungen der Steuersätze vorgenommen wurden. Auf eine ausführlichere Darstellung der Detailregelungen kann daher verzichtet werden.

b) Entwicklung seit Einführung der Reichseinkommensbesteuerung

aa) Laufende Einkommensbesteuerung

Bis zum Ende des 1. Weltkrieges beschränkte sich die Steuerhoheit des Deutschen Reiches auf die indirekten Steuern, während die direkte Besteuerung den Einzelterritorien vorbehalten war.[531] Die chronische Finanznot des Reiches führte bis zu diesem Zeitpunkt zu zahlreichen Finanzreformen, die eine Steigerung des Steueraufkommens mittels Erhöhung bestehender Verbrauchsteuern und/oder Einführung neuer Abgaben zum Ziel hatten.[532]

Sieht man von den außerordentlichen Abgaben während des 1. Weltkrieges ab, deren Erhebung einzig aus fiskalpolitischen Notwendigkeiten erfolgte und die daher keiner näheren Untersuchung bedürfen, ist für die Reichsbesteuerung das Jahr 1920 von besonderer Bedeutung, da ab diesem Zeitpunkt das Recht zur Erhebung der Einkommen- und Vermögensteuern auf das Reich überging. "Ein wichtiges Motiv für die Übernahme der letzteren (*Anm. d. Verf.*: der Einkommensteuer) auf das Reich war, daß die notwendig gewordene Anspannung des Tarifs die früher bestehenden regionalen Ungleichheiten der Belastung unerträglich gemacht hätte."[533]

---

[530] Vgl. Eckardt, M., Erbschaftsteuer (1937), S. 17. Diese Entwicklung erscheint zeitlich vor dem Hintergrund beachtlich, daß die Steuerhoheit im Bereich der direkten Steuern endgültig erst im Jahr 1919 auf das Reich überging. Vgl. hierzu die späteren Ausführungen.

[531] Vgl. auch Popitz, J., Einkommensteuer (HdS 1926), S. 444; Hensel, A., Steuerrecht (1933), S. 8; Terhalle, F., Geschichte der Finanzwirtschaft (HdF 1952), S. 280.

[532] Zu den fünf Reichsfinanzreformen, die bis zum Jahr 1913 durchgeführt wurden, vgl. Pistorius, T., Steuerrecht (1928), S. 41 ff.

[533] Neumark, F., Moderne Einkommensbesteuerung (1947), S. 221.

Das erste deutsche allgemeine Einkommensteuergesetz trat am 29. März 1920 in Kraft[534] und bildete den Kernpunkt der sogenannten Erzbergerschen Steuerreform.[535] Zur Ermittlung der Steuerschuld bediente man sich eines Stufengrenzsatztarifs (Anstoßtarif). Die Steuersätze der ersten Reichseinkommensteuer reichten von 10 % bis 60 %.[536] Zur Anwendung des Progressionsprinzips heißt es in der Regierungsbegründung zum Gesetzesentwurf: "Die wirtschaftliche Leistungsfähigkeit eines Pflichtigen steigt vielmehr in stärkerem Verhältnis als das Einkommen, indem mit der Vergrösserung des letzteren das freie Einkommen, über das der Pflichtige nach Belieben verfügen kann, einen immer grösseren Teil des Einkommens bildet. Daraus ergibt sich die Forderung, die Einkommensteuer nicht für alle Steuerpflichtigen nach einem gleich hohen Verhältnis zum Einkommen zu bemessen, sondern die Einkommensteuer nach einem mit der Höhe des Einkommens steigenden Teile des Einkommens zu bemessen, sie also p r o g r e s s i v zu gestalten."[537] Der Leistungsfähigkeitsgedanke wird an späterer Stelle durch den Verweis auf das Opfergleichheitsprinzip spezifiziert. Zur ungewöhnlichen Höhe der Steuersätze wird im Entwurf ausgeführt, "... dass aus der Einkommensteuer an Erträgen für das Reich herauszuholen war, was ohne Gefährdung des Wirtschaftslebens und der Daseinsmöglichkeit des einzelnen herausgeholt werden kann."[538]

Eine erhebliche Änderung des Tarifverlaufs der Einkommensteuer ergab sich im Zuge der Finanzreform 1925, die aufgrund der inflationsbedingten Störungen und den darauf folgenden Versuchen der Währungsstabilisierung notwendig wurde.[539] Der Eingangsteuersatz blieb zwar unver-

---

534 Vgl. auch Karl-Bräuer-Institut des Bundes der Steuerzahler, Reform des Einkommensteuertarifs (1972), S. 16. Zu Einzelheiten siehe Köppe, H., Finanzwissenschaft (1923), S. 46 ff.; Neumark, F., Moderne Einkommensbesteuerung (1947), S. 221 f.

535 In der Begründung des Reichseinkommensteuergesetzentwurfes sind zum Charakter der Einkommensteuer auf Reichsebene und zu dem aus ihr resultierenden Steueraufkommen folgende Ausführungen zu finden: "...sie (*Anm. d. Verf.*: die Einkommensteuer), welche vor allen anderen Steuern die Möglichkeit enthält, die in der Höhe des Einkommens ausgedrückte steuerliche Leistungsfähigkeit des einzelnen Pflichtigen bei seiner Besteuerung zum Ausdruck zu bringen, ist in erster Linie dazu geeignet und bestimmt, in weitgehendstem Masse ausgeschöpft zu werden und hiermit für Reich, Länder und Gemeinden hohe und dauernde Erträge zu liefern." (Nationalversammlung-Drucksache 1624, abgedruckt in: FA 1920, S. 591 ff., hier: S. 591).

536 Vgl. § 21 REStG vom 29.03.1920. In den Folgejahren gab es infolge der galoppierenden Inflation Verschiebungen bei der Anzahl der Staffeln sowie im Bereich des steuerpflichtigen Einkommens. Die Bandbreite der Steuersätze blieb allerdings unverändert (vgl. hierzu Köppe, H., Finanzwissenschaft (1923), S. 49).

537 Nationalversammlung-Drucksache 1624, abgedruckt in: FA 1920, S. 591 ff., hier: S. 599.

538 Nationalversammlung-Drucksache 1624, abgedruckt in: FA 1920, S. 591 ff., hier: S. 608.

539 Vgl. auch Karl-Bräuer-Institut des Bundes der Steuerzahler, Reform des Einkommensteuertarifs (1972), S. 16. Zur Kritik der Einkommensbesteuerung in den Jahren 1920 - 1924 siehe Pistorius, T., Steuerrecht (1928), S. 46; Neumark, F., Moderne Einkommensbesteuerung (1947), S. 222.

ändert, jedoch wurde der Spitzensteuersatz von bisher 60 % auf 40 % abgesenkt. Diese Tarifsenkung sollte die bisherige Überspannung der Steuerbelastung beseitigen.[540]

In den 30er Jahren dieses Jahrhunderts führten die Nationalsozialisten zwei Reformen des Einkommensteuerrechts durch, die sich auf den Tarifaufbau auswirkten. 1934 vollzog man eine Senkung des Eingangsteuersatzes auf 8 % bei gleichzeitiger Beibehaltung des Spitzensteuersatzes.[541] Diese Steuersatzänderung diente - neben anderen tarifbezogenen Korrekturen im Steuerreformgesetz 1934 - der sozialeren Gestaltung der Einkommensteuer.[542] 1939 erfolgte eine Anhebung der bisherigen Steuersätze sowie eine zusätzliche Differenzierung zwischen den Steuerpflichtigen. Ledige unterlagen nun einem Steuersatz in Höhe von 55 %, Verheiratete ohne Kinder mußten eine Belastung in Höhe von 45 % tragen, während alle anderen Steuerpflichtigen mit einem Maximalsteuersatz in Höhe von 40 % belastet wurden.[543] Die weitergehende Differenzierung zwischen den Steuerpflichtigen ist auf die nationalsozialistische Bevölkerungspolitik zurückzuführen. Die Erhöhung der Steuersätze entsprang dagegen fiskalischen Überlegungen.

Fiskalpolitische Gründe führten auch im September 1939 zu einer nochmaligen Anspannung des Steuertarifs, indem zur Einkommensteuer ein Kriegszuschlag in Höhe von 50 % erhoben wurde.[544] Im Verlauf des 2. Weltkrieges war ebenfalls eine Vielzahl von Steuertarifänderungen zu beobachten. Diese Modifikationen hatten jedoch ausschließlich Erhöhungen des Steueraufkommens zum Ziel, so daß sie an dieser Stelle keiner näheren Untersuchung bedürfen.

Nach Abschluß des 2. Weltkrieges lag die Gestaltung des Einkommensteuertarifs bis zu Beginn der 50er Jahre nicht mehr in der Verantwortung des deutschen Gesetzgebers, sondern ging in die Zuständigkeit des Allierten Kontrollrats, der die Steuerhoheit für das Nachkriegs-Deutschland übernahm. Die Allierten scheuten sich nicht, der deutschen Einkommensbesteuerung konfiskatorischen Charakter aufzuerlegen. Der Spitzensteuersatz betrug bis zum Jahr 1953 95 % des zu versteuernden Einkommens, wenn auch die Einkommensgrenzen sukzessiv ausgedehnt wurden,

---

[540] Vgl. auch Neumark, F., Moderne Einkommensbesteuerung (1947), S. 222.

[541] Diese Steuersätze beziehen sich auf die Ermittlung der Steuerschuld für verheiratete Steuerpflichtige. Ledige Steuerpflichtige wurden mit einem Höchststeuersatz in Höhe von 50 % belegt (vgl. auch Karl-Bräuer-Institut des Bundes der Steuerzahler, Reform des Einkommensteuertarifs (1972), S. 16).

[542] Vgl. auch Terhalle, F., Geschichte der deutschen Finanzwirtschaft (HdF 1952), S. 316.

[543] Siehe auch Karl-Bräuer-Institut des Bundes der Steuerzahler, Reform des Einkommensteuertarifs (1972), S. 161.

[544] Vgl. Institut "Finanzen und Steuern", Zur Steuerreform (1974), S. 19. Zu den Plafondgrenzen, die eine zu starke Steuerbelastung verhindern sollten, vgl. Terhalle, F., Geschichte der deutschen Finanzwirtschaft (HdF 1952), S. 321 f.

so daß sich die Durchschnittsteuersätze verringerten. Mittels dieser Steuergesetzgebung versuchte der Allierte Kontrollrat nach Schmölders Auffassung, "... der deutschen Wirtschaft eine Steuerlast aufzuerlegen, die den Stempel der bedingungslosen Unterwerfung trug und jegliche Rücksichtnahme auf die wirtschaftlichen Verhältnisse vermissen ließ."[545]

Die überzogene Steuerprogression, die ja bereits zur Mitte des 19. Jahrhunderts befürchtet wurde, kam nun aus - zur damaligen Zeit sicherlich berechtigten - Vergeltungsmotiven zum Tragen. Die Gründe, die zur Beschreitung dieses Entwicklungsweges führten, beschreibt Schmölders wie folgt: "Nun ist es eine im Wesen der finanzpolitischen Willensbildung begründete Erscheinung, daß bei jeder Erhöhung der Steuersätze die Belastung der höheren Einkommenschichten stets ein wenig überproportional gesteigert wird, während es bei jeder Steuersenkung für recht und billig gehalten wird, daran vor allem die unteren Einkommenschichten zu beteiligen; das Progressionsprinzip läßt eine derartige Auslegung, also gewissermaßen eine Progression der Progression, dem politischen Denken offenbar als selbstverständlich erscheinen."[546]

bb) Vermögensbesteuerung und Besteuerung beim Erwerb von Todes wegen

Ein Bruch des eingangs beschriebenen Grundsatzes, daß bis zur Reichsfinanzreform im Jahr 1920 die Steuerhoheit bei den direkten Abgaben in der Verantwortung der Länder lag, war bereits im Jahr 1906 zu konstatieren, als die Erbschaftsbesteuerung auf das Reich übertragen wurde.[547] Der Tarif der Reichserbschaftsteuer wies zweifach progressiven Charakter auf: Zum einen erfolgte eine Abstufung hinsichtlich des Verwandtschaftsgrades zwischen Erblasser und Erbberechtigten mit Steuersätzen in Höhe von 4 % bis 10 %. Außerdem wurden in Abhängigkeit von der Höhe der Erbmasse Zuschläge zu den Basissteuersätzen erhoben, die von 10 % bis 150 % reichten, so daß der Maximalsteuersatz immerhin 25 % betrug.[548] Die erstmalige Anwendung des progressiven Steuerfußes auf Reichsebene wurde mit dem Verweis begründet, daß das Progressionsprinzip auch bei der Erbschaftsbesteuerung im Ausland und in den Einzelterritorien

---

[545] Schmölders,G./Hansmeyer, K.-H., Allgemeine Steuerlehre (1980), S. 28.

[546] Schmölders, G., Notwendigkeit der organischen Steuerreform (FA 1953/54), S. 29.

[547] Vgl. Pistorius, T., Steuerrecht (1928), S. 42. Ab diesem Zeitpunkt stand den Ländern nur noch ein Teil des Erbschaftsteueraufkommens zu.

[548] Die Zuschläge bezogen sich jeweils auf die gesamte Bemessungsgrundlage, nicht nur auf den in die verschiedenen Stufen entfallenden Teil der Bemessungsgrundlage (Stufendurchschnittsatztarif). Die einzelnen Angaben zur Tarifgestaltung finden sich bei West, M., Inheritance Tax (1908), S. 35 f.; Schanz, G., Erbschaftssteuer (HdS 1927), S. 814 f. Nach Wagners Auffassung erfolgte die Einführung des progressiven Steuerfusses "... den Forderungen der neueren Erbschaftssteuertheorie gemäß sowie in Übereinstimmung mit neueren ausländischen Erbschaftssteuern (der englischen, französischen) ..." (Wagner, A., Steuergeschichte (1910), S. 324).

häufig angewendet wurde.[549] Offensichtlich hatte sich der Gedanke der progressiven Erbschaftsbesteuerung zu diesem Zeitpunkt schon soweit durchgesetzt, daß eine erneute Begründung nicht notwendig erschien.

Ab 1913 erhob man auf Reichsebene eine Besitzsteuer, die als direkte Steuer den Vermögenszuwachs erfassen sollte. Der Steuertarif dieser Abgabe war mäßig progressiv ausgestaltet. Die Steuersätze reichten von 0,75 % bis 1,5 %.[550] Mittels der Besitzsteuer "... sollte die bedenkliche Wirkung der Aufwandbesteuerung, die schwächer bemittelten Volksklassen im umgekehrten Verhältnisse ihrer wirtschaftlichen Leistungsfähigkeit zu belasten, in sozial gerechtem und versöhnendem Sinne einigermaßen ausgeglichen werden."[551] Somit rechtfertigt sich die progressiv ausgestaltete Besitzsteuer aus kompensationstheoretischen Gesichtspunkten.

Die Einführung der Reichsvermögensteuer ist auf das Gesetz vom 8. April 1922 zurückzuführen. Die Steuersätze dieser Abgabe sind der nachfolgenden Abbildung zu entnehmen. Als Tarifform wurde ein Stufendurchschnittsatztarif angewendet.[552]

---

[549] Siehe auch Schanz, G., Reichsfinanzreform (FA 1906), S. 654. Allerdings sollte nicht übersehen werden, daß zumindest in den Reichsländern eine Differenzierung der Steuerlast hinsichtlich der Höhe des Erbanfalls nicht üblich war.

[550] Vgl. hierzu Köppe, H., Reichssteuerreform (FA 1914), S. 310. Neben der progressiven Besteuerung des Vermögenszuwachses wurde auch das Vermögen selbst einer mäßig progressiven Steuer mit Steuersätzen in Höhe von 0,1 % bis 1 % unterworfen. Die Steuertarife waren jeweils als Stufendurchschnittsatztarife ausgestaltet.

[551] Köppe, H., Finanzwissenschaft (1923), S. 94 f.

[552] Siehe auch die diese Abgabe betreffenden Ausführungen bei Köppe, H., Finanzwissenschaft (1923), S. 78. Die wiedergegebenen Steuersätze beziehen sich auf natürliche Personen. Alle übrigen Steuerpflichtigen hatten Vermögensteuer in Höhe von 0,15 % der Bemessungsgrundlage zuzüglich eines hundertprozentigen Zuschlags zu entrichten. Das Reichsvermögensteuergesetz kam aber wegen der durch die Inflation bedingten Bewertungsschwierigkeiten in dieser Form niemals zur Anwendung.

Vermögen von	bis	Steuersatz	Zuschlag	effektiver Steuersatz
100.000 M.	250.000 M.	0,10 %	100 %	0,20 %
250.001 M.	500.000 M.	0,15 %	150 %	0,375 %
500.001 M.	750.000 M.	0,20 %	200 %	0,60 %
750.001 M.	1.000.000 M.	0,30 %	200 %	0,90 %
1.000.001 M.	2.000.000 M.	0,40 %	200 %	1,20 %
2.000.001 M.	4.000.000 M.	0,50 %	200 %	1,50 %
4.000.001 M.	7.000.000 M.	0,60 %	200 %	1,80 %
7.000.001 M.	10.000.000 M.	0,70 %	200 %	2,10 %
10.000.001 M.	15.000.000 M.	0,80 %	200 %	2,40 %
15.000.001 M.	25.000.000 M.	0,90 %	200 %	2,70 %
> 25.000.000 M.		1,00 %	200 %	3,00 %

Abb. 33: Tarif der deutschen Reichsvermögensteuer (1922)

In der Folgezeit gab es eine Vielzahl von Tarifkorrekturen, die aber vorerst zu keiner Änderung der progressiven Ausgestaltung der Vermögensteuer führten. 1925 betrugen die Steuersätze der neuen Vermögensteuer 0,1 % bis 0,75 %.[553] Sie erhöhten sich im Kalenderjahr 1929 um 8 %.[554] Im Vermögensteuergesetz vom 22. Mai 1931 wurden Steuersätze in Höhe von 0,3 % bis 0,75 % festgelegt.[555]

Der Wiedergabe der Begründung der progressiven Ausgestaltung der Reichsvermögensteuer ist die Beantwortung der Frage vorauszuschalten, ob diese Abgabe als Haupt- oder Ergänzungsteuer einzuordnen ist. Maßgebliche Wissenschaftler und Regierungsvertreter vertraten bereits zur damaligen Zeit die Ansicht, daß die Vermögensteuer der zusätzlichen Belastung des fundierten Einkommens dienen solle und daher als Ergänzung zur Einkommensteuer zu betrachten sei.[556] Aus dieser grundsätzlichen Betrachtungsweise zog man die Schlußfolgerung, daß für die progressive Ausgestaltung der Vermögensteuer die gleichen Begründungen, die bereits für die

---

[553] Vgl. auch Fux, B., Vermögenssteuer (HdF 1927), S. 145; Tiepelmann, K., Problematik der Vermögensteuer (1963), S. 24.

[554] Vgl. Eheberg, K. T., Grundriß der Finanzwissenschaft (1930), S. 119.

[555] Siehe § 8 RVStG vom 22.05.1931, abgedruckt in: RGBL 1931 I, S. 237 ff., hier: S. 238.

[556] Siehe beispielsweise Pistorius, T., Steuerrecht (1929), S. 129; Eheberg, K. T., Grundriß der Finanzwissenschaft (1930), S. 117.

Einkommensteuer ins Feld geführt wurden, zu gelten haben.[557] Insbesondere sei davon auszugehen, daß bei größeren Vermögen die Dauer und Sicherheit der Vermögenserträge und somit die Leistungsfähigkeit der Steuerpflichtigen steige.[558]

Die durch die nationalsozialistische Regierung herbeigeführte Steuerreform im Jahr 1934 sah aus Vereinfachungsgründen eine Vereinheitlichung des Steuersatzes vor und führte somit zum Verzicht auf die progressive Ausgestaltung der Vermögensbesteuerung.[559]

Mit dem Kontrollratsgesetz Nr. 13 des Allierten Kontrollrates wurde die direkte Progression - aus bereits besagten Motiven - erneut im Rahmen der deutschen Vermögensbesteuerung angewendet. Schmölders kritisiert diese Maßnahme der Vier-Siegesmächte, da "... keinerlei Anhaltspunkt dafür besteht, daß größere Vermögen sich regelmäßig höher verzinsen, als mittlere und kleine."[560] Zu Beginn der 50er Jahre verschwand das Progressionsprinzip schließlich aus der deutschen Vermögensbesteuerung.

Die Erbschaftbesteuerung diente im Verlauf des 20. Jahrhunderts häufig dazu, Einnahmendefizite im Staatshaushalt zu decken. So zwang die durch den 1. Weltkrieg verursachte Finanzmisere im Jahr 1919 zur Einbeziehung der Kinder und Ehegatten in die Erbschaftsteuerpflicht, die bisher von dieser Abgabe befreit waren. Die Steuersätze reichten zu diesem Zeitpunkt von 4 % bis 70 %, wobei sich diese jedoch noch in Abhängigkeit vom eigenen Vermögen der Erbberechtigten erhöhen konnten.[561] Es sollte jedoch nicht übersehen werden, daß die Erbschaftsteuer auch in der Absicht erhoben wurde, die großen, auf Erbfolge beruhenden Vermögen zu zerschlagen.

1922 entschloß sich der Gesetzgeber dazu, den bisherigen Durchstaffelungstarif durch einen Stufendurchschnittsatztarif zu ersetzen.[562] Angeblich wurde diese Tarifkorrektur aus Verein-

---

[557] Siehe Neumark, F., Grundsätze gerechter Steuerpolitik (1970), S. 180. Zu dieser Begründung merkt Fux, B., Vermögenssteuer (HdF 1927), S. 137, an: "Liegt im Vermögensbesitze ein Kriterium der Steuerfähigkeit, so kann die Vermögenshöhe als eine der Einkommenshöhe gleichwertige Größe ihr an die Seite gestellt werden. Es wäre somit die Annahme begründet, daß die im Besitze liegende Steuerfähigkeit - wie beim Einkommen - nicht allein im Verhältnisse zu seiner Höhe, sondern desto rascher steigt, je größer das Vermögen ist und je mehr sohin der subjektive Wert der Vermögenseinheiten sinkt."

[558] Vgl. auch Eheberg, K. T., Finanzwissenschaft (1920), S. 320.

[559] Vgl. Terhalle, F., Geschichte der deutschen Finanzwirtschaft (HdF 1952), S. 316.

[560] Schmölders, G., Notwendigkeit der organischen Steuerreform (FA 1953/54), S. 39.

[561] Vgl. Breit, J., Erbschaftssteuer (1921), S. 12. Die Anknüpfung des Steuersatzes an das Vermögen des Erbberechtigten wurde bereits 1923 wieder aufgegeben.

[562] Diese Tarifform wurde bis heute beibehalten.

fachungsgesichtspunkten durchgeführt, jedoch ist den politisch Verantwortlichen zu unterstellen, daß sie vermittels dieser Maßnahme lediglich das Steueraufkommen steigern wollten.[563]

Je nach Finanzlage und politischer Konstellation wurden die Steuersätze des Erbschaftsteuertarifs bis zur Mitte der 50er Jahre häufig modifiziert und die Zugehörigkeit zu den einzelnen Steuerklassen variiert. Begründung fanden diese Veränderungen nur in den seltensten Fällen und dann mit fiskalischen Argumenten, so daß aus dieser Entwicklung keine neuen Erkenntnisse über die Begründungen zur Rechtfertigung der direkten Steuerprogression zu ziehen sind.

C. Progressive Besteuerung seit dem Aufkeimen des "flat-rate tax"-Gedankens

Nach Beendigung des 2. Weltkrieges und erfolgreicher Bewältigung der durch ihn verursachten Finanznot setzte eine zögerliche Trendwende auf dem Gebiet der progressiven Besteuerung ein. Die sinnvolle Anwendbarkeit des inzwischen als ehernes Prinzip der Besteuerung zu betrachtenden Progressionsgedankens wurde zu Beginn der 50er Jahre erstmals wieder in Frage gestellt. Nachfolgend sollen die seitherigen Entwicklungen in der wissenschaftlichen Literatur[564] und der - zeitverzögert reagierenden - praktischen Gesetzgebung kurz nachgezeichnet werden, um herausfinden zu können, ob sich in der neueren Diskussion zusätzliche Begründungen herausgebildet haben.

1. Entwicklung des Progressionsgedankens in der Fachliteratur

Blum/Kalven sind als Wegbereiter der neueren Entwicklung in der Fachliteratur zu bezeichnen. Ihnen gebührt das Verdienst, den Gedanken der flat-rate tax[565] erstmals in die Diskussion eingebracht und somit die Unumstößlichkeit des Prinzips der direkten Steuerprogression erneut in Frage gestellt zu haben.[566] Beim Vergleich der flat-rate tax mit den bisher gültigen Steuertarifgestaltungen kommen vorgenannte Autoren zu dem Ergebnis, daß "...the case for pro-

---

[563] Siehe hierzu auch Schanz, G., Erbschaftssteuergesetz (FA 1922), S. 543.

[564] Abweichend von der bisherigen Vorgehensweise sollen an dieser Stelle auch die in der Literatur diskutierten Begründungen beleuchtet werden, da in jener Zeit wertvolle Anreize aus dem wissenschaftlichen Widerstreit entsprangen, die auch von politisch verantwortlicher Seite in Anspruch genommen wurden.

[565] Die "flat-rate tax" ist charakterisiert durch einen einstufigen, d.h. proportionalen Steuertarif, der durch die Gewährung eines steuerfreien Existenzminimums indirekt progressive Wirkung entfaltet.

[566] Vgl. Blum, W. J./Kalven, H., Uneasy Case for Progressive Taxation (1953; reprint 1978), S. 4 ff. Die Erstauflage dieser aus heutiger Sicht bahnbrechenden Monographie ist auf das Jahr 1953 zu datieren.

gression, after a long critical look, thus turns out to be stubborn but uneasy. The most distinctive and technical arguments advanced in its behalf are the weakest."[567]

Andere Autoren sprechen sich ebenfalls bereits zu Beginn der 50er Jahre gegen die progressive Besteuerung, insbesondere des Einkommens, aus, ohne jedoch explizit auf die Alternative der flat-rate tax einzugehen.[568]

Der Forderung nach einer proportional ausgestalteten Steuer wird in der Folgezeit mit einer Vielzahl von Argumenten Nachdruck verliehen.[569] Häufig genannt werden hierbei die "leave-them-as-you-find-them-rule" (Neutralitätspostulat), das Incentive-Argument, das Kapitalfluchtargument, das Willkürargument sowie das Gerechtigkeitsargument.[570] Gerloff weist darauf hin, daß die Steuerprogression die Bereitschaft zur Risikoübernahme beeinträchtige und zur Beschränkung unternehmerischer Rationalisierungsbemühungen führe.[571] Schmidt zeigt schließlich die ordnungspolitischen Probleme auf, die sich aus einer hohen Steuerprogression ergeben können.[572]

Die Gegnerschaft der Anwendung des Progressionsprinzips führte zur Durchsetzung ihrer Ansichten aber nicht mehr nur die traditionellen Argumente ins Feld, sondern stellte vielmehr auch auf die mit der Steuerprogression verbundenen Hemm- und Zerrwirkungen und somit auf die Beeinflussung der Entscheidungsneutralität ab. Blum/Kalven beschreiben in ihrer Monographie interpersonale und intertemporale Zerrwirkungen.[573] Erstere umschreiben die Einkom-

---

[567] Blum, W. J./Kalven, H., Uneasy Case for Progressive Taxation (1953; reprint 1978), S. 103.

[568] Vgl. beispielsweise Hayek, F. A., Ungerechtigkeit der Steuerprogression (Schweizer Monatshefte 1952), S. 508 ff.; Föhl, C., Progressive Einkommensbesteuerung (FA 1953/54), S. 88 ff.; Krelle, W., Wirkung der progressiven Einkommensbesteuerung (FA 1955), S. 22 ff.

[569] Allerdings nimmt es nicht wunder, daß die nachstehenden Argumente keine Zustimmung bei den Progressionsbefürwortern finden konnten, da letztgenannte dieses Besteuerungsprinzip inzwischen als unumstößlich betrachteten. Allenfalls wurde die Möglichkeit eingeräumt, daß diese Begründungen gegen die Festlegung des Progressionsmaßes sprechen könnten, "... wenn auch das Progressionsprinzip als solches innerhalb der Einkommensbesteuerung heute einmütige Anerkennung findet." (Neumark, F., Moderne Einkommensbesteuerung (1947), S. 80).

[570] Zu einem dogmenhistorischen Überblick über die einzelnen Begründungen siehe Brell, K.-H., Problematik der progressiven Einkommensbesteuerung (1957), S. 26 ff. Einzelne Aspekte finden sich beispielsweise bei Hayek, F. A., Ungerechtigkeit der Steuerprogression (Schweizer Monatshefte 1952), S. 508 ff. (Leave-them-as-you-find-them-rule, Incentive-Argument, Willkürargument, Gerechtigkeitsargument); Gerloff, W., Problematik hoher Steuerbelastung (1953), S. 23 (Incentive-Argument); Neumark, F., Probleme der Steuerprogression (1961), S. 385 (Incentive-Argument).

[571] Vgl. Gerloff, W., Problematik hoher Steuerbelastung (1953), S. 25 f.

[572] Siehe Schmidt, K., Ordnungspolitische Problematik der Progressivbesteuerung (Ordo 1957), S. 223 ff.

[573] Siehe Blum, W. J./Kalven, H., Uneasy Case for Progressive Taxation (1953; reprint 1978), S. 14 ff. Ausführlicher Sigloch, J., Verzerrende Wirkungen (StuW 1990), S. 235 f.

mensverlagerungen zwischen zwei und mehreren beteiligten, sich als Wirtschaftseinheit empfindenden Personen mit dem Ziel, Steuerarbitragen zu erzielen. Intertemporale Zerrwirkungen ergeben sich aus dem Zusammenspiel zwischen Steuerprogression und Abschnittsbesteuerung und finden Ausdruck in Versuchen der Verlustkompensation sowie der Progressionsglättung. Schmidt behandelt in seiner Monographie die Wirkungen der Progressivbesteuerung auf die menschliche Arbeitsleistung, die Investitionsneigung der Unternehmungen sowie die private Kapitalbildung.[574]

Es soll aber auch nicht vergessen werden, daß zu den bisher in die Diskussion eingebrachten Ansätzen zur Begründung des Prinzips der direkten Steuerprogression neue oder auch erweiternde Teilaspekte bzw. neue Gesichtspunkte traten, von denen nachfolgend einige benannt werden sollen. Haller führte den Leistungsfähigkeitsgedanken fort, indem er die Einbeziehung des Freizeitnutzens in die Betrachtungen forderte.[575] Mehrere Wissenschaftler trugen zu Beginn der 60er Jahre zur Weiterentwicklung der bereits bei Adolph Wagner zu findenden, sozialpolitischen Begründung des Progressionsprinzips bei, die heute als eines der Kernargumente der Progressionsbefürworter einzustufen ist.[576] Pohmer hingegen brachte den Ansatz in die wissenschaftliche Auseinandersetzung ein, daß die Steuerprogression konzentrationsbeschränkend wirke und somit den Leistungswettbewerb fördere.[577] Aus konjunkturpolitischer Sicht wurde schließlich argumentiert, daß die Steuerprogression als automatischer Stabilisator wirke (built-in stability).[578] In Zeiten wirtschaftlicher Expansion würden die rasch steigenden Einkommen relativ stark besteuert, so daß nicht der gesamte Einkommenszuwachs nachfrage- und somit preissteigernd wirken könne. In der Rezession führe der progressive Steuertarif dagegen dazu, daß die

574 Vgl. Schmidt, K., Steuerprogression (1960), S. 117 ff.

575 Vgl. Haller, H., Bemerkungen zur progressiven Besteuerung (FA 1959/60), S. 48 f.

576 Siehe beispielsweise die Ausführungen bei Schmidt, K., Steuerprogression (1960), S. 58 ff.; Neumark, F., Probleme der Steuerprogression (1961), S. 376 ff. Erstmals ist dieses Gedankengut bei Wagner, A., Finanzwissenschaft (1890), S. 372 ff., zu finden. Zur Kritik an Wagners Ausführungen siehe Mann, F. K., Gerechtigkeit in der Besteuerung (1928), S. 134 ff. In der amerikanischen Literatur finden sich sozialpolitische Ansätze bereits Ende der 30er Jahre (vgl. Simons, H., Personal Income Taxation (1938), Chapter I; Taussig, F. W., Principles of Economics (1939), S. 539 f.).

577 Vgl. Pohmer, D., Abstimmung des Steuersystems (FA 1953/54), S. 394 f. Zur Kritik an diesem Ansatz siehe die Ausführungen bei Schmidt, K., Ordnungspolitische Problematik der Progressivbesteuerung (Ordo 1957), S. 217 ff.

578 Vgl. Musgrave, R. A./Miller, M. H., Built-in Flexibility (American Economic Review 1948), S. 122 ff.; Mishan, E. J./Dicks-Mireaux, L. A., Progressive Taxation (American Economic Review 1958), S. 590 ff. Später beschäftigten sich im deutschsprachigen Raum mit diesem Gedanken auch Neumark, F., Grundsätze gerechter Steuerpolitik (1970), S. 301; Rose, M., Steuerprogression als automatischer Stabilisator (1975), S. 66 ff.

Nettoeinkommen nicht so stark sinken wie die Bruttoeinkommen, so daß die Nachfrage gestützt werde.[579]

Nachdem die Diskussion um die zweckmäßigste Ausgestaltung des Steuertarifs zur Mitte der 60er Jahre zunehmend an Vehemenz verlor[580], ist nordamerikanischen Wirtschaftswissenschaftlern das Verdienst zuzurechnen, im Vorfeld der vom US-Präsidenten Reagan zugesagten grundlegenden Reformierung des Steuerrechts[581] die Debatte um die Proportionalität oder Progressivität des Steuertarifs erneut entfacht zu haben. Zahlreiche Theoretiker aus dem englisch- und deutschsprachigen Raum haben sich seitdem mit dem Problem der direkten Steuerprogression beschäftigt. Es sollen jedoch hier nicht alle Argumente, die Ende der 70er und Anfang der 80er Jahre in die Diskussion eingebracht wurden, wiedergegeben werden, da die meisten Begründungen lediglich die bereits bekannten Gedankengänge wiederholen. Allerdings bedürfen einige interessante Neuorientierungen durchaus einer Erwähnung, um den Betrachtungsrahmen zu vervollständigen.[582]

Der Mitte der 50er Jahre von den Progressionsbefürwortern bereits vorgebrachte Gedanke der Einkommensredistribution erfuhr durch die Ausführungen von Varian eine neue Belebung. Varian fordert im Gegensatz zu den Autoren, die sich bisher dieses Arguments bedienten, die Einkommensumverteilung nicht aus Gleichheits- oder Gerechtigkeitsgründen, sondern sieht darin vielmehr einen Ausfluß der durch den Staat zu garantierenden sozialen Sicherung.[583] Da das von privaten Versicherungen gegen Prämienzahlungen gedeckte Einkommensausfallrisiko von den Bürgern zu selten wahrgenommen wird, muß der Staat diese Funktion mit Hilfe der Zwangsabgabe übernehmen. Somit hat die Steuerprogression die positive Wirkung, die soziale Sicherung der Bürger zu gewährleisten, indem in Zeiten hohen Verdienstes vermehrt Abgaben geleistet werden, die im Fall des Verdienstausfalls in Form von Transferleistungen an die Bürger zurückfließen.

---

579 Diese Argumentation findet sich auch bei Franke, S., Entwicklung der Einkommensbesteuerung (1981), S. 48 f.

580 Die allgemeine Steuertarifdiskussion fand dagegen insbesondere durch die Vertreter der optimalen Steuertheorie eine Fortführung. Nähere Einzelheiten sollen hier jedoch nicht besprochen werden. Für eine weitere Betrachtung ist der klassische Ansatz bei Mirlees, J., Theory of Optimum Income Taxation (Review of Economic Studies 1971), S. 175 ff., zu empfehlen.

581 Siehe auch Department of the Treasury, Tax Reform (1984), S. VII.

582 Es darf nicht verwundern, daß die neueren Argumente sich zumeist gegen die Anwendung des Progressionsprinzips richten, da sie im Zusammenhang mit der Diskussion um die Einführung einer flat-rate tax ins Feld geführt wurden.

583 Siehe hierzu auch Varian, H., Redistributive taxation (Journal of Public Economics 1980), S. 50 ff. Der Verfasser verbindet dabei mit der durch die Progression herbeigeführten Einkommensredistribution drei gegenläufige Wirkungen: Gleichheitseffekt, Disincentive-Effekt sowie Versicherungs-Effekt.

Slemrod weist auf die negativen allokativen Wirkungen der Progressivbesteuerung hin.[584] Diese führt zum einen zu einer Bevorzugung der Freizeit gegenüber der Arbeit (Substitutionseffekt), da zusätzliches Tätigwerden nur mit geringen Netto-Einkommenszuwächsen verbunden ist. Andererseits bewirkt die progressive Ausgestaltung der Einkommensteuer, daß der Konsum in die Gegenwart verschoben wird, da der niedrigere Sparzins nach Steuern - unter der Prämisse, daß der Sparzins als Warteentgelt für die Verschiebung des Konsums in die Zukunft interpretiert werden kann - die Zeitpräferenzen beeinflußt.

Bös/Tillmann werfen die Frage auf, ob ein progressiver Einkommensteuertarif nicht zur gesamtwirtschaftlichen Neidminimierung beitragen könne.[585] Als Neidfreiheit wird dabei der Zustand definiert, in dem sich keine Person lieber in der Position einer anderen Person als in der eigenen befinden würde. Mit der Besteuerung läßt sich insbesondere der "Einkommensneid" in Verbindung bringen, d.h. die Tatsache, daß das Einkommen eines anderen höher eingeschätzt wird als das eigene. Es steht zu prüfen, ob die direkte Progression im Zustand des Vorhandenseins von Neidgefühlen zur Reduzierung derselben beitragen kann.

Hall/Rabushka legen ihrer Ablehnung der direkten Steuerprogression schließlich den Gleichheitsgedanken zugrunde. Sie differenzieren dabei zwischen horizontaler und vertikaler Gerechtigkeit. Erstere besagt, daß Steuerpflichtige mit gleichem Einkommen die gleiche Steuerlast tragen müssen. Letztere beinhaltet dagegen den Leistungsfähigkeitsgedanken, d.h. die Tatsache, daß gutverdienende Steuerpflichtige eine relativ höhere Steuerzahlung zu leisten haben als Bezieher niedriger Einkommen. Nach Ansicht Hall/Rabushkas kann nur eine flat-rate tax - i.e. der Verzicht auf die direkte Steuerprogression - beiden Gerechtigkeitsaspekten Rechnung tragen, da diese Steuertarifgestaltung einerseits zur Abschaffung vielfältiger Steuervergünstigungen und somit zur Verwirklichung der horizontalen Gerechtigkeit führen könne sowie andererseits durch das steuerfreie Existenzminimum die unterschiedliche Leistungsfähigkeit der Steuerpflichtigen ausreichend Berücksichtigung finde.[586]

Zusammenfassend bleibt festzustellen, daß in der Literatur seit Beginn der 50er Jahre eine ernsthafte Auseinandersetzung mit dem Problem der direkten Steuerprogression stattgefunden hat. Die Vielschichtigkeit und Komplexität dieses Themengebiets wurde erkannt und führte dazu, daß zahlreiche neue Argumentationsansätze für und wider die Steuerprogression herausgearbeitet werden konnten. Dieses Entwicklung steht in erfreulichem Widerspruch zur Bewegung Ende des

[584] Siehe hierzu Slemrod, J., Income tax system (National Tax Journal 1983), S. 66.

[585] Vgl. Bös, D./Tillmann, G., Neid und progressive Besteuerung (1984), S. 65 ff.

[586] Siehe Hall, R. E./Rabushka, A., The flat tax (1985), S. 32 ff. Der gleiche Ansatz findet sich bei Hagemann, R. P./Jones, B. R./Montador, B. R., Tax Reform (1988), S. 196 f.

19. und zu Beginn des 20. Jahrhunderts, als die traditionellen Begründungen immer wieder beleuchtet wurden, ohne daß daraus weitere Erkenntnisse zu ziehen waren.

2. Entwicklung des Progressionsgedankens in der praktischen Steuergesetzgebung

Nachdem die theoretische Entwicklung des Progressionsgedankens seit der Mitte dieses Jahrhunderts nachgezeichnet wurde, stellt sich nun die Frage, inwieweit die praktische Gesetzgebung die wissenschaftlichen Vorgaben be- oder mißachtete. Dazu soll kurz die Entwicklung der Steuertarife in den bereits betrachteten Ländern skizziert werden. Hinzu kommt eine Analyse der Steuertarifgestaltungen in den Vereinigten Staaten von Amerika, da von dort die flat-rate tax-Bewegung als Gegenpol zur direkt progressiven Besteuerung ausging.

a) England

aa) Laufende Einkommensbesteuerung

Die wichtigsten Änderungen hinsichtlich der progressiven Ausgestaltung des englischen Einkommensteuertarifs vollzogen sich erst zu Beginn der 70er Jahre dieses Jahrhunderts. 1973 wurde aus Verwaltungsvereinfachungsgründen die bisher getrennt veranlagte und verwaltete "surtax" in die Einkommensteuer integriert[587], ohne jedoch die direkte Steuerprogression entscheidend zu verändern. Die Steuersätze reichten in dieser Zeit von 30 % bis 85 %.[588] In den folgenden Jahren zwang die ungünstige wirtschaftliche Situation Großbritanniens zu weiteren Steuererhöhungen, so daß im Fiskaljahr 1975/76 der Eingangsteuersatz auf 35 % angehoben und die Steuerprogression weiter verschärft werden mußte.[589] Zur Rechtfertigung der zunehmenden Progressionssteigerungen wurde von politischer Seite das Leistungsfähigkeitsprinzip vorgeschoben, obwohl die Erhöhungen offensichtlich auf fiskalischen Beweggründen fußten.

Die Steuerreform des Jahres 1979 leitete eine Trendwende in der Tarifgestaltung der englischen Einkommensteuer ein, die - bis zum heutigen Tag - zu einer mehr als 50 %-igen Reduzierung des Spitzensteuersatzes und einer erheblichen Abflachung des Progressionsverlaufs des Steuertarifs führte. In einem ersten Teilschritt verminderten sich die Steuersätze auf 30 % bis 60 %. Die Anzahl

---

[587] Vgl. Central Office of Information, British System of Taxation (1977), S. 7; Kay, J. A./King, M. A., British Tax System (1983), S. 20.

[588] Siehe hierzu Whiteman, P. G./Milne, D. C., Income Tax (1978), S. 946.

[589] Vgl. Whiteman, P. G./Milne, D. C., Income Tax (1978), S. 946.

der Tarifstufen sank um die Hälfte.[590] Ihre Begründung fand diese erhebliche Progressionsminderung nach Aussage des damaligen britischen Finanzministers in der damit verbundenen Absenkung der direkten Steuerlast zur Ermutigung der Vermögensbildung, zur Anreizschaffung für die Wirtschaft sowie zur Herbeiführung einer Verwaltungsvereinfachung.[591] Andererseits soll aber auch nicht übersehen werden, daß die durch die Verminderung der Einkommensteuer bewirkte Steuerentlastung in voller Höhe durch Steuermehrbelastungen bei den indirekten Steuern kompensiert wurde, so daß von einer Besserstellung der Steuerpflichtigen durchaus nicht die Rede sein konnte.[592] Bemerkenswert bleibt dennoch die Tatsache, daß nun auch von seiten der politisch Verantwortlichen neuere Begründungen, insbesondere das Incentive-Argument sowie das Kapitalbildungsargument, in die Diskussion eingebracht wurden.

Zu Beginn der 80er Jahre verhinderte die tiefgreifende wirtschaftliche Rezession die Durchführung weiterer Steuerreformschritte. Erst ab 1985 konnten schrittweise Tarifsenkungen vorgenommen werden. Zuerst standen Ermäßigungen der Eingangsteuersätze im Vordergrund der Reformbemühungen. Zur Begründung der Steuersenkungen bediente sich die britische Regierung der bereits oben dargestellten Argumente, die nach Ansicht von Sir Nigel Lawson auch Mitte der 80er Jahre noch uneingeschränkte Geltung besäßen.[593]

Die bisher umfassendste Tarifkorrektur vollzog sich im Fiskaljahr 1988/89, als der bisher 6-stufige britische Einkommensteuertarif auf 2 Stufen reduziert wurde: einem Eingangsteuersatz in Höhe von 25 % und einem Spitzensteuersatz in Höhe von 40 %.[594] Der neugestaltete zweistufige Steuertarif und die damit verbundene Progressionsminderung sollten dazu dienen, "... Investitionen, Wachstum und auch die Beschäftigung in dem Ausmaß zu stimulieren, daß anfängliche Einnahmenverluste des Fiskus langfristig durch wachstumsbedingte Steuermehreinnahmen überkompensiert werden."[595] Sir Nigel Lawson verkündete in seiner die Tarifmaßnahmen begründenden Budgetrede als Reformziele: Reduzierung der zu hohen Steuersätze, Vereinfachung des Steuersystems, Beseitigung von Ungerechtigkeiten.[596] Koren merkte zur britischen Einkommen-

---

[590] Vgl. Koren, S., Steuerreformen (1989), S. 98.

[591] Siehe auch Lawson, N., Tax Reform (Bulletin 1985), S. 349 f.

[592] So wurden beispielsweise die Steuersätze der Mehrwertsteuer von bisher 8 % bzw. 12,5 % auf einheitliche 15 % erhöht (vgl. Koren, S., Steuerreformen (1989), S. 99).

[593] Vgl. Lawson, N., Tax Reform (Bulletin 1985), S. 350.

[594] Vgl. o.V., Kontroverse Reaktion (Handelsblatt vom 17.03.1988), S. 12; Kroker, R./Fuest, W., Massive Steuersenkungen (Handelsblatt vom 29.09.1988), S. 3; Pink, G., UK Budget 1988 (European Taxation 1988), S. 139;

[595] o.V., Großbritannien wurde zu einer "Steueroase" (Handelsblatt vom 29.09.1988), S. 1.

[596] Siehe hierzu Pink, G., UK Budget 1988 (European Taxation 1988), S. 139.

steuerreform an, daß "... Effizienzgesichtspunkten besonderer Stellenwert eingeräumt wurde."[597] Zusammenfassend kann somit konstatiert werden, daß die Neugestaltung des britischen Einkommensteuertarifs aus Vereinfachungsgründen sowie unter Gerechtigkeitsaspekten erfolgte und insbesondere die Entfaltung allokativer Wirkungen zum Ziel hatte.[598]

bb) Besteuerung beim Erwerb von Todes wegen

Abschließend soll das Augenmerk kurz auf den britischen Erbschaftsteuertarif gerichtet werden, da sich bei diesem der "flat-rate tax"-Gedanke - überraschenderweise - bereits durchsetzen konnte.

Vom Anfang der 50er bis zum Beginn der 80er Jahre waren Erbschaften - in Abhängigkeit von der Höhe des Erbanfalls - durch die "estate duty" progressiv belastet worden.[599] 1984 ersetzte man diese Abgabe durch die ihr gleichwertige "inheritance tax". Der Tarif bestand aus vier Stufen mit Steuersätzen in Höhe von 30 % bis 60 %[600], so daß hinsichtlich der progressiven Ausgestaltung der Erbschaftsteuer keine Veränderungen zur bisherigen Rechtslage zu verzeichnen waren.

Der Verzicht auf die direkte Steuerprogression bei der Festlegung des Erbschaftsteuertarifs erfolgte im Jahr 1988 im Zuge der umfassenden Steuerreform. Seither wird ein einheitlicher Steuersatz in Höhe von 40 % angewendet, entsprechend dem Spitzensteuersatz bei der Einkommensteuer.[601] Die Gründe, die bei Einführung dieser Tarifgestaltung ins Feld geführt wurden, entsprechen den bereits bei der Reformierung des Einkommensteuerrechts genannten.

---

[597] Koren, S., Steuerreformen (1989), S. 111.

[598] Die Einordnung der im Frühjahr 1990 verabschiedeten "poll-tax" in diesen Begründungszusammenhang fällt allerdings außerordentlich schwer. Es steht zu vermuten, daß diese Abgabe aus fiskalischen Notwendigkeiten, insbesondere zur Konsolidierung der Gemeindefinanzen, geschaffen wurde. Dieser Aspekt kann jedoch ihre offensichtliche soziale Ungerechtigkeit nicht verdecken. Vgl. zu dieser speziellen Thematik Fischer, H., Kopfsteuer (WiSu 1990), S. 567 ff.

[599] Siehe auch die Ausführungen in den vorhergehenden Abschnitten dieser Untersuchung.

[600] Vgl. o.V., Großbritannien wurde zu einer "Steueroase" (Handelsblatt vom 29.09.1988), S. 1. Der Tarif war als Stufengrenzsatztarif ausgestaltet worden.

[601] Vgl. Kroker, R./Fuest, W., Massive Steuersenkungen (Handelsblatt vom 29.09.1988), S. 3.

b) Frankreich

aa) Laufende Einkommensbesteuerung

Seit der bereits beschriebenen grundlegenden Reformierung des französischen Einkommensteuerrechts im Jahr 1959 gab es hinsichtlich der Tarifgestaltung keine größeren Modifikationen. Zu Beginn der 60er Jahre erhob man aus fiskalischen Gründen eine Ergänzungsteuer (taxe complémentaire) mit proportionalem Tarifverlauf, die jedoch bereits 1965 wieder abgeschafft wurde[602], so daß ein Abgehen von dèr generellen Linie der Steuertarifgestaltung nicht zu unterstellen ist. Im gleichen Jahr lagen die Steuersätze der französischen Einkommensteuer zwischen 5 % und 65 %.[603]

Zur Mitte der 70er Jahre reduzierte sich der Spitzensteuersatz auf 60 %, der Eingangsteuersatz blieb jedoch in unveränderter Höhe bestehen.[604] Im Verlauf der 80er Jahre konnte sich die französische Regierung zu einer geringfügigen Absenkung des maximalen Steuersatzes entschließen[605], so daß die Steuersätze im Veranlagungsjahr 1990 zwischen 5 % und 56,8 % lagen.[606]

Die Entwicklung des französischen Einkommensteuertarifs bleibt demzufolge erheblich hinter der anderer Staaten zurück. Offensichtlich sah die französische Staatsregierung keinen Handlungsbedarf hinsichtlich der Tarifgestaltung, so daß davon auszugehen ist, daß die Anwendbarkeit des Prinzips der direkten Steuerprogresssion bisher und vermutlich auch weiterhin unbestritten blieb bzw. bleibt.

---

602 Siehe Tanzi, V., Individual Income Tax (1969), S. 7.

603 Vgl. Tanzi, V., Individual Income Tax (1969), S. 7. Dabei gilt es zu beachten, daß die Einkommensteuerschuld in Frankreich nicht nur vom Einkommensteuertarif und der Bemessungsgrundlage abhängig ist: Für Haushalte mit mehreren Personen sind die sogenannten Familienquotienten in die Betrachtung einzubeziehen. Außerdem enthält das Finanzgesetz jährlich Steuerermäßigungen bzw. -verschärfungen in Abhängigkeit von der individuellen Steuerschuld.

604 Vgl. Lefebvre, F./Pöllath, R./Rädler, A., Steuern in Frankreich (1976), S. 95 f.

605 Jedoch wurde der Spitzensteuersatz zur Mitte der 80er Jahre aus fiskalischen Gründen auf 65 % angehoben (vgl. Tillmanns, W., Steueränderungen in Frankreich 1986 (IWB 1986), Fach 5, Gruppe 2, S. 613; Organisation for Economic Cooperation and Development, Taxation in Developed Countries (1987), S. 84).

606 Siehe Tillmanns, W., Steueränderungen in Frankreich 1989/90 (IWB 1990), Fach 5, Gruppe 2, S. 769.

bb) Besteuerung beim Erwerb von Todes wegen

Die grundlegende Aussage, daß die französische Regierung an der bisherigen progressiven Tarifgestaltung offensichtlich auch zukünftig festhalten wird, trifft auch auf den Bereich der Erbschaftsbesteuerung zu. Bis zum heutigen Tag hat man nicht auf die zweifache Progression - in Abhängigkeit vom Verwandtschaftsgrad zwischen Erblasser und Erbberechtigten sowie von der Höhe des Erbanfalls - verzichtet. Hinzu kommt, daß die Steuersätze vergleichsweise hoch angesiedelt sind: 1989 erreichten sie eine Bandbreite zwischen 5 % und 60 %.[607]

c) Deutschland

aa) Laufende Einkommensbesteuerung

Nach der fast unerträglichen Überspannung des deutschen Einkommensteuertarifs infolge des 2. Weltkrieges[608] besann sich die Bundesregierung 1954 der negativen Folgewirkungen dieser Tarifgestaltung und senkte die Steuersätze erheblich, so daß der Spitzensteuersatz nun nur noch 63,45 % betrug.[609] Als Zielsetzungen dieser Reform sind zu nennen: Verbesserung der Gleichmäßigkeit der Besteuerung, Erhöhung der Zumutbarkeit der Steuerbelastung, positive Beeinflussung des wirtschaftlichen Verhaltens des einzelnen sowie der gesamten Volkswirtschaft, Vereinfachung der Steuerverwaltung sowie Beseitigung des Steuerdirigismus.[610] Werden diese nach praxisorientierten Gesichtspunkten verbalisierten Ziele in den wissenschaftlichen Sprachjargon übertragen, gelangt man zur Erkenntnis, daß die politisch Verantwortlichen die zu dieser Zeit in der wissenschaftlichen Diskussion behandelten Begründungen (Gerechtigkeitsdenken, Einbeziehung allokativer Wirkungen, Vereinfachungsaspekte) aufgreifen. Allerdings wenden sie diese Argumentation nicht bis zur letzten Konsequenz an, sondern begnügen sich mit ersten Teilschritten, die ihnen offensichtlich als genügend weitgehend erscheinen.

---

[607] Vgl. Campbell, C./Philippart, A., Business Operations in France (1990), S. A-68.

[608] Es sei nochmals daran erinnert, daß sich die Steuersätze im Jahr 1950 zwischen 10 % und 95 % bewegten. Diese Tarifgestaltung wurde dabei schon als Steuererleichterung gegenüber den bisherigen Nachkriegstarifen empfunden. In der Begründung zum entsprechenden Gesetzesentwurf hieß es, daß durch das Auseinanderziehen des Tarifs eine Hebung der Steuermoral zu erwarten sei, das Spesenwesen beseitigt werde, die Unternehmerinitiative sich beleben sowie das Streben nach Rationalisierung zur Förderung des Exports verstärkt würde (vgl. Bt-Drs. Nr. 1/317 vom 12.12.1949, S. 11 ff.; Institut "Finanzen und Steuern", Zur Steuerreform (1972), S. 41).

[609] Vgl. Anlage 1 zu § 32 EStG 1954, abgedruckt in : BGBl 1954 I S. 412.

[610] Siehe hierzu Bt-Drs. Nr. 2/481 vom 29.04.1954, S. 61 ff.; Mersmann, Steuerneuordnung (DStZ 1954), S. 374.

Eine weitere Neuerung der Tarifreform 1954 soll nicht übergangen werden, da sie - zumindest zum heutigen Zeitpunkt - die Einzigartigkeit des deutschen Einkommensteuertarifs bedingt: der bis dato gültige Anstoßtarif wurde durch einen Formeltarif ersetzt. Ziel dieser Maßnahme war die "... Ausschaltung aller Willkür in der Steuerbemessung ...".[611] Nach Ansicht der damaligen Bundesregierung verwirklicht die "... gegebene Zielsetzung ... am kompromißlosesten ein verfeinerter Anstoßtarif (Formeltarif). Er stellt in einer mathematischen Formel sicher, daß die Steuerlast mit Exaktheit g l e i c h m ä ß i g steigt."[612] Diese Aussagen des bundesdeutschen Gesetzgebers sollten offensichtlich den Eindruck erwecken, daß die Willkür der progressiven Tarifgestaltung vermittels des Formeltarifs ausgeschaltet werden könne.

Mit dem Gesetz zur Änderung steuerlicher Vorschriften im Jahr 1958 erfuhr der Progressionstarif insofern eine Entzerrung, als die untere Proportionalzone in den Tarifverlauf eingearbeitet und der Spitzensteuersatz von 63,45 % auf 53 % reduziert wurden. Erstgenannte steuertechnische Maßnahme hatte die Beschneidung der heimlichen Steuererhöhungen sowie die Vereinfachung des Steuersystems zum Zweck.[613] Allerdings wies der Einkommensteuertarif in dieser Phase erhebliche Sprünge auf, so daß die Gleichmäßigkeit der Besteuerung, die der Formeltarif schaffen sollte, nicht erreicht werden konnte.

Das Steueränderungsgesetz 1964 sah wiederum Steuersenkungen vor, mit deren Hilfe der Gesetzgeber die durch die hohen Einkommenssteigerungen bedingte kalte Progression des Tarifs abzumildern versuchte. Des weiteren beschnitt man den sog. Mittelstandsbauch, um zu verhindern, daß sich die existentiellen Grundlagen in der mittelständischen Wirtschaft durch die überzogene Steuerprogression weiter verschlechterten und die zu Investitionen benötigten Finanzmittel wegbesteuert würden. Nach Auffassung der politisch Verantwortlichen hätte dies auf weite Sicht eine Hemmung der Produktivität und des wirtschaftlichen Fortschritts zur Folge.[614] Diese Äußerungen zeigen, daß der bundesdeutsche Gesetzgeber auch bei der Tarifgestaltung des Jahres 1964 die Hemm- und Zerrwirkungen der direkten Steuerprogression vor Augen hatte, ohne jedoch das wissenschaftlich Sinnvolle, sondern lediglich das politisch Wünschenswerte umsetzen zu wollen.

---

[611] Bt-Drs. Nr. 2/481 vom 29.04.1954, S. 63. Zur Problematik der bisherigen Tarife wird an gleicher Stelle angemerkt: "Es ist bekannt ..., daß der Vorkriegstarif durch Erhöhungen und spätere Herabsetzungen verzerrt ist, und daß daher auch der jetzige Tarif ... verschiedene Abflachungen und Ausbuchtungen aufweist, die vom Standpunkte eines systematischen Tarifaufbaus nicht zu rechtfertigen sind."

[612] Bt-Drs. Nr. 2/481 vom 29.04.1954, S. 63.

[613] Siehe hierzu Bt-Drs. Nr. 3/260 vom 07.03.1958, S. 32 f.

[614] Siehe hierzu Institut "Finanzen und Steuern", Zur Steuerreform (1974), S. 32 f.

Seit dem Steueränderungsgesetz 1964 gab es noch zahlreiche Tarifmodifikationen im Rahmen der Einkommensbesteuerung, die aber keine wesentliche Änderung des grundlegenden Tarifverlaufs bedingten. Mitte der 70er Jahre beschloß man aus konjunktur- und stabilitätspolitischen Erwägungen erneut Steuererhöhungen, insbesondere eine Anhebung des Spitzensteuersatzes auf 56 %.[615] Weitere steuertechnische Maßnahmen sollten die inflationsbedingten Progressionswirkungen beseitigen.[616] Mittels dieser Tarifkorrekturen wollte die Bundesregierung vor allem erreichen, daß "...nichtgewollte, weiterreichende Entlastungen der Einkommen oberhalb der Proportionalzone eintreten."[617] Im Gegensatz zu den vorhergehenden Tarifreformen verzichtete der Gesetzgeber also auf eine Verminderung des Progressionsgrades und beschränkte sich - zumindest im Bereich der unteren Tarifzonen - auf die Beseitigung der durch die Inflation bedingten Progressionsverschärfungen.

In der Folgezeit wurde die Einkommensteuer immer mehr als Instrument der Stabilitäts-, Umverteilungs- und Beschäftigungspolitik gesehen. So hatte sich der Gesetzgeber mit dem Steueränderungsgesetz 1979 das Ziel gesteckt, "... insbesondere die wirtschaftliche Nachfrage zu stärken und das Wirtschaftswachstum zu erhöhen, ... die Beschäftigungssituation zu verbessern ..." und "... eine weitere Umschichtung von der direkten zur indirekten Besteuerung zu bewirken."[618] Allerdings erscheint es zweifelhaft, ob die Vielzahl der Marginaländerungen die Erreichung dieser Zielsetzungen begünstigen konnte.

Zu Beginn der 80er Jahre bemühte sich der Gesetzgeber, den bereits in den 60er Jahren beschrittenen und zwischenzeitlich verlassenen Pfad der Politik der Entlastung der Steuerzahler weiter zu begehen, um die als Folge von wachstums- und inflationsbedingten Einkommenssteigerungen sich verschärfende Progression abzumildern. Die Steuertarifkorrekturen sollten jedoch unter Berücksichtigung des jeweils erforderlichen Steueraufkommens erfolgen.[619]

---

[615] Es ist allerdings zu bezweifeln, ob diese Maßnahme dazu geeignet war, die obenstehenden Zielsetzungen zu erfüllen. Die allgemeine Wachstumsschwäche zu dieser Zeit hätte aus ökonomischer Sicht eher eine Senkung der Steuersätze nahegelegt.

[616] Vgl. zu den Einzelheiten die Ausführungen bei Söffing, G., Einkommensteuerreformgesetz (INF 1974), S. 399; Wöhe, G., Steuern des Unternehmens (1983), S. 33. Bei dieser Tarifgestaltung erscheint die Tatsache bemerkenswert, daß beim Übergang von der Proportionalzone in die untere Progressionszone der Grenzsteuersatz unvermittelt von 22 % auf 30,8 % ansteigt. Söffing, G., Einkommensteuerreformgesetz (INF 1974), S. 399, sieht diesen Tarifbruch in haushaltspolitischen Erwägungen begründet. Gleiche Auffassung findet sich bei Laux, H., Absurditäten der Steuerreform (StuW 1976), S. 351.

[617] Bt-Drs. Nr. 7/1470 vom 09.01.1974, S. 217.

[618] Bt-Drs. Nr. 8/2118 vom 22.09.1978, S. 58.

[619] Siehe hierzu Pollak, H., Tarifaufbau (WiSu 1985), S. 447.

Der bisher größte Reformschritt fand seinen Ursprung im Steuersenkungsgesetz 1986/88. Mit diesem Gesetz sollten die Steuerzahler entlastet und "... eine Weiche für ein leistungs-, wachstums- und familienfreundlicheres Steuerrecht ..."[620] gestellt werden. Zur Verwirklichung dieser Zielsetzungen wurden der Grundfreibetrag erhöht sowie der Beginn der Progressionszone in Richtung höherer Einkommen verschoben. Die Veränderungen im Progressionsbereich des Einkommensteuertarifs sollten dazu dienen, "... eine deutliche und nachhaltige Abflachung des leistungshemmenden Anstiegs der Grenzbelastung in der Progressionszone ..."[621] zu erreichen. Auf die Anwendung des Prinzips der direkten Steuerprogression an sich wollte der Gesetzgeber jedoch nicht verzichten, da ein progressiv ausgestalteter Tarif auf dem Grundsatz der Besteuerung nach der wirtschaftlichen Leistungsfähigkeit beruhe.[622]

Der einschneidendste Schritt der "Großen Steuerreform" vollzog sich im Jahr 1990 mit Einführung des linear-progressiven Tarifs. Die Grenzsteuersätze steigen seither gleichmäßig an, der seit Jahrzehnten kritisierte "Mittelstandsbauch" wurde endgültig abgeschafft. Die Bundesregierung zeigte sich von ihrem Reformwerk - im Gegensatz zu den Vertretern der Wissenschaft - in helle Euphorie versetzt: "Die nachhaltige Senkung der Grenzsteuerbelastung fördert die Investitionsfähigkeit und stärkt die Kraft zur Eigenkapitalbildung, insbesondere auch bei mittelständischen Unternehmen."[623] Der Bundesminister der Finanzen merkte zur Reform an, daß es mit dem neuen Tarif gelungen sei, sich an längerfristig tragfähigen Zielvorstellungen auszurichten und sich in breitem Konsens mit Praxis und Wissenschaft zu befinden.[624] Andererseits soll nicht unerwähnt bleiben, daß sich der Gesetzgeber weiterhin uneingeschränkt zum Prinzip der direkten Steuerprogression bekannte: "Entsprechend dem Grundsatz der Besteuerung nach der wirtschaftlichen Leistungsfähigkeit und im Einklang mit dem Sozialstaatsprinzip bleibt die Einkommensbesteuerung auch auf der Grundlage des Einkommensteuertarifs 1990 progressiv."[625]

Bei näherer Betrachtung der Entwicklung des bundesdeutschen Einkommensteuertarifs seit Beginn der 50er Jahre erscheint es besonders augenfällig, daß zahlreichen Tarifmodifikationen Begründungen zugrunde liegen, die der wissenschaftlichen Diskussion entstammen. Zu nennen

[620] Bundesministerium der Finanzen, Finanzbericht 1986 (1986), S. 83.

[621] Bt-Drs. Nr. 10/2884 vom 21.02.1985, S. 95.

[622] Bt-Drs. Nr. 10/2884 vom 21.02.1985, S. 96.

[623] Bt-Drs. Nr. 11/2157 vom 19.04.1988, S. 117. Ministerialrat Dr. Friebe aus dem Bundesministerium der Finanzen zählt diesen Tarif "... zu den größten Erfolgen der Steuerpolitik in den letzten Jahren." (Friebe, S., Steuerreformgesetz 1990 (DStZ 1988), S. 419).

[624] Siehe Bundesministerium der Finanzen, Finanzbericht 1986 (1986), S. 86.

[625] Bt-Drs. Nr. 11/2157 vom 19.04.1988, S. 120. Körner, J., Was lineare Progression kosten kann (ifo-schnelldienst 5/1987), S. 4, stellt ebenfalls fest, daß der linear-progressive Tarif dem Leistungsfähigkeitsgedanken und dem Gerechtigkeitspostulat entspricht.

sind die gegen die direkte Steuerprogression ins Feld geführten Argumente, insbesondere Verbesserung der Gleichmäßigkeit der Besteuerung, erhöhte Steuergerechtigkeit, zunehmende Vereinfachung des Steuersystems, Ausschaltung der Willkür, Vermeidung von disincentive-Wirkungen, Förderung der Kapitalbildung sowie Berücksichtigung allokativer Wirkungen. Allerdings verwendet der Gesetzgeber diese Begründungen lediglich als Schlagworte, ohne sie in ihrem Gehalt zu würdigen. Diese Feststellung äußert sich am eindrucksvollsten in der Tatsache, daß sich die Einkommensteuertarife 1965 und 1990 unter Zugrundelegung indexierter Werte ähneln[626], so daß in der zwischen diesen Eckpunkten liegenden Zeitspanne keine grundlegenden Änderungen des Tarifaufbaus zu verzeichnen waren. Die Aussagen der politisch Verantwortlichen geben demzufolge den gegenwärtigen Entwicklungsstand in der wissenschaftlichen Diskussion wieder, berücksichtigen ihn aber in keiner Weise.

bb) Besteuerung beim Erwerb von Todes wegen

Das bundesdeutsche Erbschaftsteuerrecht erfuhr im Jahr 1974 eine grundlegende Reformierung. Bis zu diesem Zeitpunkt besaß der zweifach progressiv Stufendurchschnittsatztarif aus dem Jahr 1925 Geltung[627], bei dem die Steuerpflichtigen in fünf Steuerklassen eingeteilt wurden. Die progressive Ausgestaltung des Steuertarifs wurde auch im reformierten Erbschaft- und Schenkungsteuergesetz grundsätzlich beibehalten, jedoch in folgenden Teilbereichen korrigiert: Die Steuerpflichtigen sind nun einer von vier Steuerklassen zuzuordnen und unterliegen dann - in Abhängigkeit vom Wert des steuerpflichtigen Erwerbs - Steuersätzen in Höhe von 3 % bis 70 %. Die höchsten Steuersätze beziehen sich auf Erbanfälle, die höher als 100 Millionen DM liegen.[628] Nach Ansicht der Bundesregierung rechtfertigt sich die Fortführung des Tarifs, der bisher bei steuerpflichtigen Erwerben über 10 Millionen DM seinen Abschluß fand, "... aus der größeren finanziellen Leistungsfähigkeit dieser Vermögensanfälle und aus dem gesellschaftspolitischen

---

[626] Zu den Berechnungen siehe Boss, A./Ente, W., Einkommensteuertarife (FA 1988), S. 97. Herb, F., Einkommensteuertarif 1990 auf dem Prüfstand (DB 1989), S. 65, kommt bei seiner Analyse sogar zu dem Ergebnis, "... daß mit der Tarifreform 1990 zwar eine deutliche Senkung der Grenz- und Durchschnittsteuersätze erreicht wird, daß aber die Belastungen fast durchgehend über denen des Ausgangstarifs von 1958 (*Anm. d. Verf.*: Herb vergleicht die Einkommensteuertarife von 1958 und 1990) liegen. Diese Entwicklung liegt darin begründet, daß der Beginn der Spitzenprogression in der politischen Diskussion ein Tabu darstellt und nominal nur unwesentlich geändert wurde."

[627] Zu den einzelnen Änderungen im Verlauf des 20. Jahrhunderts sei auf die knappen Ausführungen in der Bt-Drs. Nr. VI/3418 vom 04.05.1972, S. 46 f., verwiesen. Nur in der Zeit von 1945 bis 1954 waren aufgrund der Einflußnahme des Allierten Kontrollrates auf die deutsche Gesetzgebung erhebliche Tarifänderungen zu verzeichnen. 1954 reimplementierte der Gesetzgeber den bereits von 1925 bis 1945 geltenden Tarif.

[628] Siehe § 19 ErbStG. Die Bundesregierung erwartete aus den Steuerrechtsänderungen im Bereich der Erbschaftsbesteuerung Mehreinnahmen in Höhe von 200 Millionen DM.

Anliegen, Vermögenskonzentrationen in diesen Bereichen entgegenzuwirken."[629] Kapp erkannte frühzeitig die Probleme des auch heute noch in gleicher Formen geltenden Erbschaftsteuerrechts und insbesondere des progressiv ausgestalteten Tarifs: "Es gibt keine Steuer, deren Rechtfertigung so weitgehend von politischen - insbesondere gesellschaftspolitischen - Strömungen beeinflußt ist wie die Erbschaftsteuer."[630] Hoffmann präzisiert diese allgemein anerkannte Erkenntnis und führt aus, daß die Erbschaftsteuer als Hauptinstrument einer aktiven Umverteilungspolitik dienen solle.[631] Diese Aussagen erlauben die Schlußfolgerung, daß die progressive Ausgestaltung des Erbschaftsteuertarifs sehr stark politischen Einflüssen ausgesetzt ist[632] und daher die Festlegung des Progressionsmaßes nicht nachvollzogen werden kann.

d) Vereinigte Staaten vom Amerika

aa) Laufende Einkommensbesteuerung

Eine einkommensteuerähnliche Abgabe[633] wurde in den Vereinigten Staaten von Amerika erstmals in der Zeit von 1862 bis 1874 erhoben. Der Tarifverlauf war progressiv ausgestaltet, der Spitzensteuersatz lag bei 10 %.[634] Die Zielsetzung der neu geschaffenen Einkommensteuer bestand in der Deckung des durch den Sezessionskrieg entstandenen Finanzbedarfs.[635] Diese Zwecksetzung erklärt ebenfalls die Notwendigkeit des progressiven Tarifverlaufs.

Die Neuauflage der amerikanischen Einkommensteuer datiert aus dem Jahr 1913. Vorher scheiterte die Erhebung direkter Steuern auf Bundesebene aus verfassungsrechtlichen Gründen. Dem Einkommensteuergesetz des Jahres 1913 ging daher auch eine Verfassungsänderung voraus.[636]

---

[629] Bt-Drs. Nr. VI/3418 vom 04.05.1972, S. 72.

[630] Kapp, R., Änderungen im Erbschaftsteuerrecht (Steuerberater-Jahrbuch 1972/73), S. 404.

[631] Vgl. Hoffmann, H.-M., Deutsche Erbschaftsteuer (DB 1972), S. 1186.

[632] Allerdings erscheint es zweifelhaft, ob die ErbSt angesichts ihrer geringen fiskalischen Ergiebigkeit für die politisch Verantwortlichen von besonderem Interesse sein kann. So erbrachte die bundesdeutsche ErbSt im Jahr 1983 lediglich ein Steueraufkommen in Höhe von ca. 2 Mrd. DM (Gesamtes Steueraufkommen: ca. 535 Mrd. DM).

[633] In der nachfolgenden Betrachtung wird jeweils nur die auf Bundesebene erhobene Einkommensteuer einbezogen. State income taxes und local income taxes, die regelmäßig auch eine progressive Ausgestaltung aufweisen, werden vernachlässigt.

[634] Siehe Neumark, F., Moderne Einkommensbesteuerung (1947), S. 332. Bereits zu diesem Zeitpunkt bediente man sich eines Stufengrenzsatztarifs mit Durchstaffelung.

[635] Vgl. Pechman, J. A., Federal Tax Policy (1987), S. 299.

[636] Vgl. Neumark, F., Moderne Einkommensbesteuerung (1947), S. 333. Zur amerikanischen Verfassung wurde das Amendment 16 erlassen, das dem Kongress zukünftig gestattete, Steuern auf das Einkommen zu erheben, ohne die Steuererträge auf die Einzelstaaten verteilen zu müssen.

Der bereits bei der temporären Einführung der Einkommensteuer im 19. Jahrhundert angewandte Grundsatz der progressiven Besteuerung wurde aus Leistungsfähigkeitsgründen auch im neuen Gesetz beibehalten.[637] Die Steuersätze lagen zwischen 1 % und 7 %. Der Tarif wurde als Stufengrenzsatztarif ausgestaltet.[638]

In der Folgezeit unterlagen die Steuersätze der amerikanischen Einkommensteuer und - dadurch bedingt - auch das Ausmaß der Steuerprogression starken Schwankungen: Ihre Maxima erreichten sie - jeweils aus fiskalischen Notwendigkeiten - während des 1. Weltkrieges (77 %), des 2. Weltkrieges (94 %) sowie während des Koreakrieges (92 %).[639]

Beachtenswert erscheinen die radikalen Steuersenkungen im Verlauf der 20er Jahre, als der Spitzensteuersatz von 73 % auf 25 % reduziert und die direkte Steuerprogression beträchtlich gemildert wurde.[640] Der damals amtierende Staatssekretär Mellon begründete die erheblichen Steuererleichterungen mit der damit verbundenen Steigerung des Wirtschaftswachstums sowie dem Vermeiden der Flucht in die Schattenwirtschaft, d.h. er bezog sich auf die mit der direkten Steuerprogression einhergehenden disincentive-Wirkungen.[641] Andererseits verwies er darauf, daß niedrigere Steuersätze zur Erhöhung des Steueraufkommens führen können, da zusätzliche Leistungsanreize geschaffen werden.[642] Berechnungen von Gwartney/Stroup belegen, daß von den Steuersatzsenkungen tatsächlich Leistungsanreize, insbesondere für die oberen Einkommenschichten, sowie Steueraufkommenserhöhungen ausgingen.[643]

Die im Verlauf des 2. Weltkrieges aus fiskalischen Notwendigkeiten erhöhten Steuersätze, die der Einkommensteuer konfiskatorische Züge verliehen, erfuhren erst zu Beginn der 60er Jahre eine Wiederabsenkung. Die Steuerskala, die bisher Steuersätze in Höhe von 20 % bis 91 % beinhal-

---

[637] Siehe auch die Ausführungen bei Witte, J. F., Income Tax (1985), S. 77.

[638] Vgl. Witte, J. F., Income Tax (1985), S. 78 f.

[639] Vgl. Pechman, J. A., Federal Tax Policy (1987), S. 301. Es sollte jedoch beachtet werden, daß die Bemessungsgrundlage der Einkommensteuer gerade in den USA zahlreiche "loopholes" aufwies, so daß die durch die starke Progression zu befürchtenden volkswirtschaftlichen Schäden relativ gering gehalten werden konnten.

[640] Vgl. Witte, J. F., Income Tax (1985), S. 88.

[641] Siehe auch Körner, J., Wirkungen von Einkommensteuersenkungen (1986), S. 4.

[642] Vgl. Mellon, A., Taxation (1924), S. 16.

[643] Vgl. Gwartney, J. D./Stroup, R., Effects of Income Tax Rate Changes (Courtesy of Economic Review 1982), S. 60 f. Andererseits führten die 1932 aus Budgetgründen implementierten Steuersatzerhöhungen zu gegenteiligen Wirkungen.

tete, wurde auf eine Spanne von 14 % bis 70 % reduziert.[644] Neben wahltaktischen Gesichtspunkten[645] ist die erhebliche Steuersatzsenkung in der Ära Kennedys und die damit verbundene Progressionsminderung auf den Wunsch zurückzuführen, durch Investitions- und Sparanreize das Wirtschaftswachstum zu beschleunigen.[646] Im Gegensatz zu den Zielsetzungen bei der Verwirklichung bundesdeutscher Reformbestrebungen berücksichtigten die Tarifmodifikationen in den Vereinigten Staaten von Amerika alle Steuerpflichtigen in annähernd gleicher Weise und bevorzugten nicht die Gering- und Mittelverdienenden gegenüber den oberen Einkommenschichten.

In den 70er Jahren vollzog die amerikanische Regierung zahlreiche Steuerrechtsänderungen, die die grundlegende Tarifstruktur nicht beeinflußten. Erst zu Beginn der 80er Jahre wurden weitreichende Steuerreformen durchgesetzt, die nach Aussage des Finanzministeriums die Schwächen des geltenden Einkommensteuersystems beseitigen sollten.

Im Hinblick auf die Tarifgestaltung führte die Tarifreform letztendlich zu einer Reduktion der Tarifstufen von 17 auf 2 sowie zu einer erheblichen Absenkung der Steuersätze.[647] Andererseits wollte der amerikanische Gesetzgeber nicht auf die Progressivität des Einkommensteuertarifs verzichten. Er legte jedoch mittels Erhöhung des Grundfreibetrags verstärkt Gewicht auf die indirekte Progression bei gleichzeitiger Beschneidung des Ausmaßes der direkten Progression. Der Progressionsgedanke an sich orientiert sich nach (noch) herrschender Meinung am Leistungsfähigkeitsgedanken.[648]

Die letzte US-amerikanische Steuerreform bedingte durch die Reduzierung der Stufen des Steuertarifs und den erheblichen Steuersatzsenkungen zwar eine beträchtliche Verminderung der

---

[644] Vgl. Pechman, J. A., Federal Tax Policy (1987), S. 316 f. Während des Vietnamkrieges erhob der amerikanische Gesetzgeber auf diese Steuersätze Zuschläge in Höhe von 5 %, die 1971 nach Beendigung der kriegerischen Auseinandersetzungen wieder entfielen. Anschließend blieben die Steuersätze bis zum Beginn der 80er Jahre weitestgehend unverändert.

[645] Siehe ausführlich zu diesem Aspekt Colm, G., Fiscal Policy Proposals (FA 1963/64), S. 85 f.

[646] Siehe auch Colm, G., Fiscal Policy Proposals (FA 1963/64), S. 86 f.; Witte, J. F., Income Tax (1985), S. 165. Dabei gilt es zu bedenken, daß das Wirtschaftswachstum in den Staaten der Europäischen Wirtschaftsgemeinschaft zu diesem Zeitpunkt wesentlich höher lag als in den Vereinigten Staaten von Amerika.

[647] Vgl. Folkers, C., Konzept und Wirkungen (WiSt 1987), S. 277; Zuber, B., Einkommensteuerreform 1986 (WiSt 1987), S. 299. Grundsätzlich sind zwar nur zwei Tarifstufen zu unterscheiden, jedoch ist für zu versteuernde Einkommen zwischen 43.150 Dollar und 71.900 Dollar (bei Ledigen) ein Zuschlag von 5 % zu erheben, so daß der Grenzsteuersatz in diesem Bereich 33 % beträgt. Anschließend sinkt der Grenzsteuersatz wiederum auf 28 %. Der Durchschnittsteuersatz übersteigt die 28 %-Marke zu keinem Zeitpunkt.

[648] Vgl. hierzu Tipke, K., Einkommensteuer-Fundamentalreform (StuW 1986), S. 155.

direkten Steuerprogression, jedoch darf nicht übersehen werden, daß primär die Verwirklichung einer erhöhten horizontalen Steuergerechtigkeit im Vordergrund der Reformbemühungen stand.[649] Dies belegt auch die Tatsache, daß die Steuerreform aufkommensneutral durchgeführt werden sollte, d.h. den Steuerpflichtigen trotz der massiven Steuererleichterungen keine spürbaren Steuerentlastungen zugestanden wurden. Diese Motivation steht im krassen Gegensatz zur Zwecksetzung der bundesdeutschen Reformwerke. Littmann merkt hierzu an: "Die Steuerreformer hierzulande konzentrieren sich auf die vertikale Steuergerechtigkeit. Sie wollen den Verlauf des Tarifs der Einkommensteuer nach ihren politischen Vorstellungen gestalten."[650]

Die kurze Analyse der Entwicklung des Progressionsprinzips in der amerikanischen Einkommensteuer hat gezeigt, daß auch im Ursprungsland des "flat-rate tax"-Gedankens die politisch verantwortliche Seite sich zwar der Argumente der Progressionsgegner im Schlagabtausch mit den Kontrahenten bediente, sie jedoch in der praktischen Gesetzgebung nicht konsequent umsetzte. Als Hauptargumente, die anläßlich der verschiedenen Steuerreformen ins Feld geführt wurden, sind der Vereinfachungsaspekt, das Prinzip der Steuergerechtigkeit sowie die Vermeidung von disincentive-Wirkungen zu nennen.

bb) Besteuerung beim Erwerb von Todes wegen

Abschließend soll die Entwicklung des Progressionsprinzips in der amerikanischen Erbschaftsbesteuerung in groben Zügen nachvollzogen werden. Bis zum Beginn des 20. Jahrhunderts konnte sich diese Abgabe in den Vereinigten Staaten von Amerika noch nicht durchsetzen. Sie wurde lediglich als Finanzierungsinstrument für Notlagen angesehen und demzufolge den Steuerpflichtigen nur temporär auferlegt. Die endgültige Verankerung der Erbschaftsteuer in das amerikanische Steuersystem ist auf das Jahr 1916 zu datieren.[651] Der Tarif wies von Beginn an progressiven Charakter auf. Die Staffelung der Steuersätze bezog sich jedoch nicht auf das Verwandtschaftsverhältnis zwischen Erblasser und Erbberechtigten, sondern nur auf die Höhe des Erbanfalls. Der Eingangsteuersatz betrug 1 %, der Spitzensteuersatz 10 %.[652]

---

[649] Vgl. Littmann, K., Parteien verhindern Gerechtigkeit (Zeit vom 17.10.1986), S. 35. Die fehlende horizontale Steuergerechtigkeit stand insbesondere aufgrund der damit verbundenen negativen Wirkungen auf die allokative Effizienz des Steuersystems im Kreuzfeuer der Kritik (vgl. Koren, S., Steuereform (1989), S. 60 f., mit weiteren Literaturhinweisen).

[650] Littmann, K., Parteien verhindern Gerechtigkeit (Zeit vom 17.10.1986), S. 35.

[651] Vgl. Wagner, R. E., Death and Taxes (1973), S. 1.

[652] Siehe Wagner, R. E., Inheritance and the State (1977), S. 62. Der Tarif wurde als Stufengrenzsatztarif ausgestaltet. Diese Tarifform wurde auch bei künftigen Steuersatzänderungen beibehalten.

In der Folgezeit stiegen die Steuersätze kontinuierlich an, bis sie schließlich im Jahr 1942 zwischen 3 % und 77 % lagen.[653] Diese Steuersatzerhöhungen und die Veränderung der Struktur des Erbschaftsteuertarifs hatten erhebliche Progressionsverschärfungen zur Folge. Die Erbschaftsteuer wurde dabei als geeignetes Instrument zur Einkommensumverteilung angesehen. Des weiteren herrschte die Auffassung, daß mit zunehmender Höhe des Erbanfalls die individuelle Leistungsfähigkeit der Erbberechtigten steige. Fiskalische Gesichtspunkte standen bei der Festlegung des Erbschaftsteuertarifs nicht im Vordergrund der Überlegungen, da die Erbschaftsteuer nur ein verhältnismäßig geringes Steueraufkommen erbrachte.[654]

Der Steuertarif der amerikanischen Erbschaftsteuer blieb von 1942 bis 1975 unverändert. 1976 wurde die Schenkungsteuer in die Erbschaftsteuer integriert. Diese Reformierung nahm der Gesetzgeber zum Anlaß, geringfügige Steuertarifänderungen vorzunehmen: Der Eingangsteuersatz erhöhte sich auf 18 %, der Spitzensteuersatz reduzierte sich auf 70 %.[655] Dies hatte erhebliche Mehrbelastungen für kleinere Erbschaften zur Folge, d.h. die Progression erfuhr eine zunehmende Verschärfung.

Bis 1987 beschnitt die amerikanische Regierung die Höhe des Maximalsteuersatzes und den Zeitpunkt seines Erreichens erheblich. Der Spitzensteuersatz beträgt nun nur noch 50 %, der Eingangsteuersatz blieb unverändert.[656] Über eine Reduzierung oder Aufhebung der Erbschaftsteuerprogression wurde in Regierungskreisen nicht nachgedacht. Dies könnte darin begründet sein, daß die Erbschaftsteuer aus Steueraufkommensgründen im Vergleich zur Einkommensteuer lediglich ein Schattendasein führte und von daher nicht von besonderem politischen Interesse war.

---

[653] Vgl. Shoup, C. S., Federal Estate and Gift Taxes (1980), S. 2.

[654] Vgl. hierzu Wagner, R. E., Death and Taxes (1973), S. 7 f. Diese Aussage trifft auch heute noch zu. Der Anteil der Erbschaftsteuer am gesamten Steueraufkommen der Vereinigten Staaten vom Amerika hat sich in den letzten Jahren fortlaufend verringert.

[655] Siehe Pechman, J. A., Federal Tax Policy (1987), S. 236, S. 335.

[656] Vgl. Pechman, J. A., Federal Tax Policy (1987), S. 335.

IV. Systematische Zusammenfassung der Argumente

Im voranstehenden Teil wurde versucht, einen umfassenden Überblick über die Entwicklung des Prinzips der direkten Steuerprogression von der Antike bis heute zu geben. Zur Erreichung dieser Zielsetzung waren alle Länder in die Betrachtung einzubeziehen, von denen Entwicklungsimpulse auf dieses Besteuerungsinstrument ausgingen.

Um die Ergebnisse der Analyse besser veranschaulichen zu können, werden diese nachfolgend in einzelnen Übersichten - chronologisch geordnet - zusammenfassend dargestellt. Dabei wird der Schwerpunkt der Ergebniswiedergabe in den Begründungen, die der Einführung der progressiven Tarifgestaltung sowie der Verschärfung, Abmilderung oder Aufhebung der direkten Steuerprogression zugrunde lagen, und nicht in den Tarifgestaltungen im einzelnen gesehen.

Von Interesse ist jeweils aber auch der Maßstab, von dem der progressive Tarifverlauf abhängig gemacht wurde. Häufig vollzog sich die Steuertarifprogression zwar in Abhängigkeit von der Höhe des Einkommens, jedoch sind auch andere Anknüpfungspunkte - quantitativer und qualitativer Natur - durchaus denkbar: Höhe des Vermögens, Verwandtschaftsgrad zwischen Erblasser und Erbberechtigten, Wohnsitz der Steuerpflichtigen, Konfession der Steuerpflichtigen usw. Strittig ist, ob eine Differenzierung der Steuerschuld hinsichtlich der beiden letztgenannten Maßstäbe ebenfalls zu einer Progression führen kann. Der Verfasser vertritt die Ansicht, daß auch diese Anknüpfungspunkte bei der Analyse zu berücksichtigen sind, da sie die relative Höherbelastung einer Gruppe von Steuerpflichtigen gegenüber anderen Gruppen bedingen.

Aus Gründen der Übersichtlichkeit sind die Zwischenergebnisse in drei verschiedenen Abbildungen zusammengefaßt worden: Die erste Übersicht umfaßt den Zeitraum von der Frühantike bis zum Ausgang des Mittelalters, die zweite erstreckt sich auf die Zeit vom Ausgang des Mittelalters bis zum Ende des 19. Jahrhunderts, während die letzte Abbildung die Entwicklungen im 20. Jahrhundert nachzeichnet.

Zeit	Charakter der Steuer	Ort der Erhebung	Progressive Ausgestaltung in Abhängigkeit von der/dem	Begründungen
5.Jhd. v. Chr.	Vermögensteuer ("Eisphora")	Griechenland	- Höhe des unbeweglichen Vermögens	- Deckung eines außerordentlichen Finanzbedarfs - Diskriminierung bestimmter Bevölkerungsschichten (Plünderung der Reichen durch Volksbeschluß)
4 Jhd. v. Chr.	Vermögensteuer ("Eisphora")	Griechenland	- Höhe des unbeweglichen Vermögens	- Deckung eines außerordentlichen Finanzbedarfs
11. Jhd. n. Chr.	Vermögensteuer	England	- Wohnsitz der Steuerpflichtigen	- Diskriminierung bestimmter Bevölkerungsschichten (Bevorzugung der Land- gegenüber der Stadtbevölkerung)
1431	Kopf-/ Vermögensteuer	Deutschland	- Konfession der Steuerpflichtigen	- Diskriminierung bestimmter Bevölkerungsschichten (Bevorzugung der Nicht-Juden gegenüber der jüdischen Bevölkerung)
1435/1450	Einkommensteuer-ähnliche Abgabe	England	- Höhe des "Einkommens"	- Deckung eines außerordentlichen Finanzbedarfs
1443, 1447, 1480	Einkommensteuer-ähnliche Abgabe	Italienische Städterepubliken	- Höhe des "Einkommens"	- Politische Aspekte (wirtschaftliches Niederringen der Konkurrenten) <u>aber</u>: in der Literatur sind bereits Begründungen moderner Prägung zu finden. <u>pro</u>: - Opfergleichheitsgedanke - Einkommensumverteilungsgedanke <u>contra</u>: - Steuergerechtigkeit - Soziale Unterschiede bedingen verschieden hohe Ausgaben - Willküraspekt
1494 - 1530	Einkommensteuer-ähnliche Abgaben	Italienische Städterepubliken	- Höhe des "Einkommens"	- Deckung eines außerordentlichen Finanzbedarfs
1543	Ergänzungsteuer zur Vermögensteuer	England	- Höhe der Vermögenserträge - Wohnsitz der Steuerpflichtigen	- Deckung eines außerordentlichen Finanzbedarfs - Diskriminierung bestimmter Bevölkerungsschichten (Bevorzugung der Inländer gegenüber den Nicht-Inländern)

Abb. 34: Steuerprogression von der Frühantike bis zum Ausgang des Mittelalters

Zeit	Charakter der Steuer	Ort der Erhebung	Progressive Ausgestaltung in Abhängigkeit von der/dem	Begründungen
16. Jhd. n. Chr.	Grundsteuer ("taille")	Frankreich	- Höhe des Grundvermögens	- Deckung eines außerordentlichen Finanzbedarfs
1742	Einkommensteuer-ähnliche Abgabe	Sachsen	- Höhe des "Einkommens"	- Äquivalenztheorie (Schutzfunktion des Staates)
1790-1873	Erbschaftsteuer	Frankreich	- Verwandtschaftsgrad zwischen Erblasser und Erbberechtigten	- Äquivalenztheorie (Sicherung des Erbanspruchs durch den Staat)
1796-1853	Erbschaftsteuer	England	- Verwandtschaftsgrad zwischen Erblasser und Erbberechtigten	- Fiskalische Gründe - Vorbildfunktion der holländischen ErbSt
1799	Einkommensteuer	England	- Höhe des Einkommens	- Opfertheorie - Deckung eines außerordentlichen Finanzbedarfs
1808	Einkommensteuer-ähnliche Abgabe	Preußen	- Höhe des fundierten Einkommens	- Deckung eines außerordentlichen Finanzbedarfs
1820, 1837	Klassensteuer	Baden	- Höhe der Einkünfte aus Berufstätigkeit	- Leistungsfähigkeitsgedanke - Steuergerechtigkeit
1820	Kapital- und Besoldungsteuer	Württemberg	- Höhe verschiedener Erträge	- Neidgedanke ("Nachgeben auf Ausflüsse subjektiver Stimmungen")
1834-1850	Personalsteuer	Sachsen	- Höhe des Renteneinkommens - Höhe des Arbeitseinkommens	- Ableitung aus der Historie - Ausgleich der regressiven Wirkungen der Verbrauchsbesteuerung
1848	Einkommensteuer-ähnliche Abgabe	Hessen	- Höhe verschiedener Einkünfte	- Deckung eines außerordentlichen Finanzbedarfs
1848-1850	Einkommensteuer	Bayern	- Höhe des "Einkommens"	- Steuergerechtigkeit - Willküraspekt - Opfertheorie - Ordnungspolitische Gesichtspunkte
1851	Klassen- und klassifizierte Einkommensteuer	Preußen	- Höhe des "Einkommens"	- Sozialpolitische Erwägungen
1852	Erbschaftsteuer	Preußen	- Verwandtschaftsgrad zwischen Erblasser und Erbberechtigten	- Äquivalenztheorie (Sicherung des Erbanspruchs durch den Staat)

Abb. 35: Steuerprogression vom Ausgang des Mittelalters bis zum Ende des 19. Jahrhunderts (I)

Zeit	Charakter der Steuer	Ort der Erhebung	Progressive Ausgestaltung in Abhängigkeit von der/dem	Begründungen
1852	Ertragsteuer	Württemberg	- Höhe des Diensteinkommens - Höhe des Berufseinkommens	- Sozialpolitische Erwägungen
1856	partielle Einkommensteuer	Bayern	- Höhe verschiedener Erträge	- Sozialpolitische Erwägungen
1874	Einkommensteuer	Sachsen	- Höhe des Einkommens	- Opfertheorie - Ausgleich der regressiven Wirkungen der Verbrauchsbesteuerung
1876	Erwerbsteuer	Baden	- Höhe verschiedener Erträge	- Leistungsfähigkeitsgedanke
1884, 1894	Einkommensteuer	Baden	- Höhe des Einkommens	- Sozialpolitische Erwägungen - Leistungsfähigkeitsgedanke - Fiskalische Gründe
1869	Einkommensteuer-ähnliche Abgabe	Hessen	- Höhe der Einkünfte	- Sozialpolitische Erwägungen
1884, 1895	Einkommensteuer-ähnliche Abgabe	Hessen	- Höhe der Einkünfte	- Leistungsfähigkeitsgedanke - Fiskalische Gründe - Ordnungspolitische Gesichtspunkte
1891	Einkommensteuer	Preußen	- Höhe des Einkommens	- Ausgleich der regressiven Wirkungen der Verbrauchsbesteuerung - Leistungsfähigkeitsgedanke - Sozialpolitische Erwägungen - Willküraspekt
1894	Erbschaftsteuer	England	- Höhe der Erbmasse - Verwandtschaftsgrad zwischen Erblasser und Erbberechtigten	- Leistungsfähigkeitsgedanke
1899	Einkommensteuer	Hessen	- Höhe des Einkommens	- Fiskalische Gründe
1899	Erbschaftsteuer	Sachsen	- Höhe der Erbmasse - Verwandtschaftsgrad zwischen Erblasser und Erbberechtigten	- Leistungsfähigkeitsgedanke

Abb. 36: Steuerprogression vom Ausgang des Mittelalters bis zum Ende des 19. Jahrhunderts (II)

Zeit	Charakter der Steuer	Ort der Erhebung	Progressive Ausgestaltung in Abhängigkeit von der/dem	Begründungen
1901	Erbschaftsteuer	Frankreich	- Höhe des Erbanfalls - Verwandtschaftsgrad zwischen Erblasser und Erbberechtigten	- Fiskalische Gründe
1903, 1916, 1919	Einkommensteuer	Württemberg	- Höhe des Einkommens	- Leistungsfähigkeitsgedanke - Fiskalische Gründe
1906	Erbschaftsteuer	Deutschland	- Verwandtschaftsgrad zwischen Erblasser und Erbberechtigten	- Verweis auf gleichförmige Anwendung des progressiven Tarifverlaufs in den Einzelterritorien und im Ausland
ab 1909	Einkommensteuer	England	- Höhe des Einkommens	- Fiskalische Gründe - Opfertheorie - Leistungsfähigkeitsgedanke
1909, 1919	Einkommensteuer	Preußen	- Höhe des Einkommens	- Fiskalische Gründe (Bereitstellung von Mitteln zur Durchführung der Beamtenbesoldungserhöhungen) - Deckung eines außerordentlichen Finanzbedarfs
1910, 1916, 1919	Einkommensteuer	Bayern	- Höhe des Einkommens	- Fiskalische Gründe - Leistungsfähigkeitsgedanke - Sozialpolitische Erwägungen
1910, 1915	Einkommensteuer	Hessen	- Höhe des Einkommens	- Fiskalische Gründe
1913	Besitzsteuer	Deutschland	- Höhe des Vermögenszuwachses	- Ausgleich der regressiven Wirkungen der Verbrauchsbesteuerung
ab 1914	Einkommensteuer	Frankreich	- Höhe des Einkommens	- Ausgleich der regressiven Wirkungen der Verbrauchsbesteuerung - Deckung eines außerordentlichen Finanzbedarfs
1916 - 1942	Erbschaftsteuer	Vereinigte Staaten von Amerika	- Höhe des Erbanfalls	- Einkommensumverteilungsgedanke - Leistungsfähigkeitsgedanke
ab 1920	Einkommensteuer	Deutschland	- Höhe des Einkommens	- Leistungsfähigkeitsgedanke - Opfertheorie - Fiskalische Gründe
1922	Vermögensteuer	Deutschland	- Höhe des Vermögens	- Verweis auf die progressive Gestaltung der Einkommensteuer (Vermögensteuer als Ergänzungsteuer) - Leistungsfähigkeitsgedanke

Abb. 37: Steuerprogression im Verlauf des 20. Jahrhunderts (I)

Zeit	Charakter der Steuer	Ort der Erhebung	Progressive Ausgestaltung in Abhängigkeit von der/dem	Begründungen
1923	Einkommensteuer	Vereinigte Staaten von Amerika	- Höhe des Einkommens	- Allokative Wirkungen (Steigerung des Wirtschaftswachstums, Vermeiden der Flucht in die Schattenwirtschaft, zusätzliche Leistungsanreize)
ab 1949	Erbschaftsteuer	England	- Höhe des Erbanfalls	- Einkommensumverteilungsgedanke
1954	Einkommensteuer	Deutschland	- Höhe des Einkommens	- Steuergerechtigkeit - Allokative Wirkungen (Positive Beeinflussung des wirtschaftlichen Verhaltens) - Vereinfachungsaspekt - Willküraspekt - Beseitigung des Steuerdirigismus
1964	Einkommensteuer	Deutschland	- Höhe des Einkommens	- Allokative Wirkungen - Vermeiden von Hemmwirkungen
1974	Einkommensteuer	Deutschland	- Höhe des Einkommens	- Konjunkturpolitische Gesichtspunkte
1974	Erbschaftsteuer	Deutschland	- Höhe des Erbanfalls - Verwandtschaftsgrad zwischen Erblasser und Erbberechtigten	- Leistungsfähigkeitsgedanke - Ordnungspolitische Gesichtspunkte
1979/80	Einkommensteuer	England	- Höhe des Einkommens	- Allokative Wirkungen (Ermutigung der Vermögensbildung, Anreizschaffung für die Wirtschaft) - Verwaltungsvereinfachung
1980 - 1986	Einkommensteuer	Vereinigte Staaten von Amerika	- Höhe des Einkommens (Einführung eines zweistufigen Tarifs)	- Steuergerechtigkeit - Vereinfachungsaspekt - Allokative Wirkungen (Erhöhung der Kapitalbildung, Schaffung von Investitionsanreizen, verbessertes Wirtschaftswachstum)
1986, 1988, 1990	Einkommensteuer	Deutschland	- Höhe des Einkommens	- Allokative Wirkungen (Förderung der Investitionstätigkeit, Stärkung der Eigenkapitalbildung) - Leistungsfähigkeitsgedanke - Einkommensumverteilungsgedanke
1988/89	Einkommensteuer	England	- Höhe des Einkommens (Einführung eines zweistufigen Tarifs)	- Allokative Wirkungen (Investitions-, Wachstums- und Beschäftigungsanreize) - Steuergerechtigkeit
1988/89	Erbschaftsteuer	England	Abschaffung des progressiv ausgestalteten Tarifs	- Vereinfachungsaspekt - Steuergerechtigkeit - Allokative Wirkungen

Abb. 38: Steuerprogression im Verlauf des 20. Jahrhunderts (II)

Vorstehende Übersichten belegen, daß im Zeitablauf eine Vielzahl von Gründen für die Anwendung des Prinzips der direkten Steuerprogression ins Feld geführt wurden, die relativ heterogen wirken. Allerdings änderten sich die Begründungen nicht stetig, sondern blieben sogar relativ konstant, so daß eine Zusammenfassung der wichtigsten Argumente in zwei Gruppen möglich erscheint:

(1) Traditionelle Begründungen, die insbesondere im 18. und 19. Jahrhundert entwickelt und bereits ausführlich in der Literatur diskutiert wurden, ohne daß ein eindeutiges Ergebnis zu erzielen wäre.

(2) Neuere Begründungen, die sich erst seit der Einführung des "flat-rate tax"-Gedankens entwickelten und denen bisher noch nicht genügend Aufmerksamkeit in der wissenschaftlichen Literatur geschenkt wurde.

Die traditionellen Begründungen sollen im nachfolgenden Abschnitt nur in ihren Grundzügen aufgezeigt werden, insbesondere um neuere Überlegungen in die Diskussion einfließen zu lassen.

Die neueren Begründungszusammenhänge bedürfen dagegen einer ausführlichen Erörterung, um eine Wertung über die zweckmäßigste Tarifgestaltung abgeben zu können.

Dritter Teil: Darstellung und kritische Würdigung der Begründungen unter Bezugnahme auf die grundlegenden Tarifgestaltungen

I. Vorgehensweise

Traditionelle Untersuchungen zur Frage des zweckmäßigsten Tariftyps weisen den Mangel auf, daß ihre Verfasser sich von vorneherein auf eine Referenzbasis festlegen und von dieser Betrachtungsebene die einzelnen Begründungen hinsichtlich proportionaler und progressiver Tarifgestaltungen beurteilen. Diese Vorgehensweise birgt aber zumindest zwei schwerwiegende Nachteile in sich:

Zum einen unterliegt die Würdigung der in die Diskussion eingebrachten Argumente offensichtlich dem Einfluß der jeweils den Betrachtungen zugrunde gelegten Sichtweise: Als sich die direkte Progression im Steuerrecht noch nicht durchgesetzt hatte, wählte man als Ausgangspunkt die proportionale Besteuerung mit der Folge, daß die für die Progression ins Feld geführten Begründungen relativ leicht zu entkräften waren. Nachdem die direkte Steuerprogression als ehernes Besteuerungsprinzip weitgehende Anerkennung fand, verschob sich die zu ihrer Beurteilung herangezogene Referenzbasis. Nun mußte bewiesen werden, daß die proportionale gegenüber der progressiven Besteuerung vorzuziehen sei. Ausgangspunkt der Betrachtungen bildete der Ist-Zustand, d.h. ein Steuersystem mit progressiv ausgestalteten Steuertarifen. Diese Grundannahme erschwerte die Widerlegung des Progressionsprinzips erheblich. Eine wertungsfreie Analyse ist somit nur von einem neutralen Standpunkt aus zu erwarten.

Andererseits ergibt sich eine Beschränkung der Untersuchungstiefe. Grundsätzlich sind nicht nur proportionale und progressive Tarifgestaltungen denkbar, sondern auch regressive Tarifverläufe.[657] Die Vernachlässigung des letztgenannten Tariftyps erscheint unter dem Aspekt ungerechtfertigt, daß seine Anwendung in der Besteuerung im Zeitablauf durchaus nachweisbar ist.[658]

---

[657] Die Einbeziehung degressiver Tarifverläufe erfolgt implizit über die Betrachtung der Progressionstarife. Da die in der Praxis zur Anwendung gelangenden Progressionstarife allesamt Spitzensteuersätze kleiner als 100 % aufweisen, beinhalten sie streng genommen degressive Elemente. Die Degression wird ersichtlich, falls als Ausgangspunkt der Spitzensteuersatz herangezogen und die Analyse von den hohen zu den niedrigeren Einkommen hin vollzogen wird. Da jedoch im wissenschaftlichen Sprachgebrauch üblicherweise die Betrachtungen entlang der X-Achse, d.h. unter Hinzuziehung der Einkünfte in aufsteigender Folge, durchgeführt werden, verzichtet man auf die Verwendung des Begriffs des degressiven Tarifverlaufes und ordnet diesen Tariftyp vereinfachend den Progressionstarifen zu.

[658] Vgl. beispielsweise den bereits dargestellten englischen Erbschaftsteuertarif des Jahres 1779.

Obenstehende Überlegungen legen es zwingend nahe, im weiteren Verlauf der Untersuchung auf die Festlegung einer Referenzbasis zu verzichten. Vielmehr ist für die Betrachtungen ein neutraler Ausgangspunkt zu wählen, von dem aus dann die Frage zu stellen ist, welches Besteuerungsprinzip, i.e. Proportionalität, Progressivität oder Regressivität, unter Abwägung der vielfältigen Begründungen letztendlich vorziehenswert erscheint. Mittels dieser Vorgehensweise soll eine wertungsfreie Beurteilung der unterschiedlichen Argumente sowie eine uneingeschränkte Analyse aller Tarifgestaltungen ermöglicht werden.

Schließlich ist das Problem zu lösen, welche Begründungen in die Betrachtung einzubeziehen sind. Es können nicht alle Überlegungen, die jemals in der Diskussion über die Zweckmäßigkeit eines der grundlegenden Tariftypen erörtert wurden, berücksichtigt werden. Vielmehr ist die Vorgehensweise zu befürworten, die im historischen Teil herausgearbeiteten Konzepte näher zu beleuchten, um den Bezugspunkt zur praktischen Steuergesetzgebung zu bewahren.

Nachfolgend werden zunächst Denkanstöße zur Würdigung der traditionellen Begründungen gegeben. Dabei kann auf die bereits in der Literatur vorhandene, breite Darstellung dieser Argumentationspunkte verzichtet werden.[659] Vielmehr soll sich an die knappe Aufarbeitung des grundlegenden Sinngehalts ein skizzenhafter Abriß neuerer Überlegungen anschließen, der einer Erhöhung der Aussagekraft dieser umstrittenen Begründungen dienen soll.

Die Diskussion der neueren Konzepte ist in der wissenschaftlichen Literatur bisher nur bruchstückhaft und nicht im Gesamtzusammenhang aufzufinden[660], so daß eine detaillierte Analyse geboten erscheint. Dazu sind die Grundideen dieser Konzepte zu erörtern sowie deren Vereinbarkeit mit den verschiedenen Tariftypen zu beurteilen.

Nach der Analyse der einzelnen Argumente und der mit den Tarifen verknüpften Wirkungen ist im Ergebnis festzuhalten, welche der vorgegebenen Tarifgestaltungen im Hinblick auf die untersuchten Begründungen als dominierend eingeordnet werden können.

---

659 Vgl. Seligman, E., Progressive Taxation (1909), S. 129 ff.; Blum, W. J./Kalven, H., Uneasy Case for Progressive Taxation (1953; reprint 1978), S. 1 ff.; Schmidt, K., Steuerprogression (1960), S. 4 ff. Es soll nicht unerwähnt bleiben, daß insbesondere die beiden letztgenannten Monographien auch eine Analyse neuerer Begründungen beinhalten.

660 Vgl. die detaillierte und aussagekräftige Behandlung einzelner Teilaspekte bei Bös, D./Tillmann, G., Neid und progressive Besteuerung (1983), S. 637 ff.; Elschen, R./Hüchtebrock, M., Steuerneutralität (FA 1983), S. 253 ff.; Stressler, E., Less Progressive Taxation (1989), S. 43 ff.; Sigloch, J., Verzerrende Wirkungen (StuW 1990), S. 229 ff.

II. Würdigung der traditionellen Begründungen

Die Frage nach der bestmöglichen Ausgestaltung des Einkommensteuertarifs wird seit der Mitte des 19. Jahrhunderts kontrovers diskutiert.[661] Jedoch lassen sich bereits im Mittelalter Versuche nachweisen, Vor- und Nachteile einer progressiven Besteuerung herauszuarbeiten.[662] Angesichts der umfassenden wissenschaftlichen Diskussion erscheint es erstaunlich, daß bis zur Mitte des 20. Jahrhunderts keine neueren Begründungen zur Beurteilung des Progressionsprinzips vorgebracht wurden. Vielmehr wurden je nach Gewichtung der ursprünglichen Argumente unterschiedliche Schlußfolgerungen gezogen, so daß von diesem Standpunkt aus keine klaren Ergebnisse zu Tage gefördert werden konnten.

Nichtsdestotrotz sollen die traditionellen Begründungen in die Betrachtung einbezogen werden. Es wird zu klären sein, welcher der grundlegenden Tariftypen

- zur Deckung der fiskalischen Bedürfnisse notwendig erscheint,
- sich aus dem Blickwinkel der Äquivalenztheorie als wünschenswert erweist,
- unter Hinzuziehung des Leistungsfähigkeitsgedankens zu wählen ist,
- am wenigsten Willkür erzeugt und somit dem Erreichen der Steuergerechtigkeit dient,
- unter Berücksichtigung der Regressionswirkungen im Bereich der indirekten Steuern (Kompensationseffekte) anzuwenden ist, und schließlich
- aus sozialpolitischen Erwägungen zu präferieren ist.

Es darf aber auch nicht der Gesichtspunkt übergangen werden, daß die Besteuerung zur Diskriminierung bestimmter Bevölkerungsschichten beitragen kann. Fraglich ist indes, ob ein bestimmter Tariftyp der Benachteiligung von Minderheiten dienlich sein kann.[663]

---

[661] Vgl. die Ausführungen bei Baumstark, E., Zur Einkommensteuerfrage (1850), S. 1 ff.; Nasse, E. u.a., Personalbesteuerung (1873; reprint 1988), S. 1 ff.; Neumann, F., Progressive Einkommensteuer (1874), S. 1 ff.; Scheel, H., Progressive Besteuerung (ZfgSt 1875), S. 273 ff.; Grabein, M., Geschichte der Lehre von der Steuerprogression (FA 1895), S. 471 ff.

[662] Vgl. Guiccardini, F., Opere inedite (1862), S. 353 ff., zitiert nach Grabein, M., Geschichte der Lehre von der Steuerprogression (FA 1895), S. 482 ff.

[663] An späterer Stelle wird zu zeigen sein, daß eine Diskriminierung im traditionellen Verständnis der heutigen Steuergesetzgebungspraxis weitestgehend fremd ist. Allerdings muß die Frage gestellt werden, ob nicht die progressive Tarifgestaltung auch zu einer grundsätzlichen Benachteiligung der Bezieher höherer Einkommen führt.

Ziel der Analyse ist es, Denkanstöße zu geben, die - zumindest teilweise - die traditionellen Begründungen in einem anderen Licht erscheinen lassen und somit eine erste Stellungnahme zur Eignung der grundlegenden Tariftypen ermöglichen.

A. Deckung fiskalischer Bedürfnisse

Die Besteuerung dient neben der Erfüllung von ordnungs- und wirtschaftspolitischen Zwecksetzungen der Deckung fiskalischer Bedürfnisse. Es stellt sich die Frage, ob zur Erreichung der fiskalischen Zielsetzung einer der grundlegenden Tariftypen als besonders geeignet erscheint. Daher soll nachfolgend untersucht werden,

(1) welchen Anknüpfungspunkt die fiskalische Theorie wählt und wie dieser zu beurteilen ist, und

(2) ob sich aus einem gegebenen Finanzbedarf die Anwendbarkeit eines der Tariftypen ableiten läßt.

1. Grundkonzeption

a) Darstellung

Bereits im historischen Teil der vorliegenden Arbeit wurde gezeigt, daß die Einführung progressiver Steuertarife zeitlich sehr häufig mit der Existenz drängender Finanzprobleme, insbesondere mit durch kriegerische Auseinandersetzungen verursachten außerordentlichen Finanzbedürfnissen, zusammenfiel. Außerdem konnte belegt werden, daß die direkte Steuerprogression im Verlauf des 20. Jahrhunderts immer häufiger Verschärfungen erfuhr, um die sich ausweitenden regulären Staatsbudgets decken zu können.

Angesichts dieser in der praktischen Gesetzgebung zu beobachtenden Entwicklungstendenzen konstruierten Vertreter der Finanzwissenschaft die sog. fiskalische These, der folgende Grundüberlegung innewohnt: "Die fiskalische Rechtfertigung der Progressivbesteuerung stützt sich heute darauf, daß nur diese die Möglichkeit eröffnet, die Finanzkraft eines Volkes und einer Volkswirtschaft so in Anspruch zu nehmen, wie es, ganz abgesehen von Notlagen, die die Existenz des Staates bedrohen, allein schon angesichts des ständig wachsenden Staatsbedarfes geboten ist."[664] Offensichtlich soll nur die Anwendung progressiver Tarife, nicht aber die Einführung alternativer Tariftypen, zur Deckung der fiskalischen Bedürfnisse beitragen können.

---

[664] Gerloff, W., Steuerwirtschaftslehre (HdF 1956), S. 287.

b) Aussagewert

Bevor auf die Eignung der einzelnen Tariftypen zur Erreichung der fiskalischen Zielsetzung näher eingegangen wird, soll die grundsätzliche Zulässigkeit der fiskalischen Theorie als Begründung für eine bestimmte Steuertarifgestaltung untersucht werden. Als Grundthese dient dabei die Feststellung, daß die fiskalische Theorie nicht als Rechtfertigungsversuch zu verstehen ist, sondern vielmehr der Notwendigkeit der Erklärung der realen Verhältnisse entspringt.[665]

Für die Richtigkeit der vorstehenden Annahme sprechen verschiedene Aspekte:[666] Zum einen ist der Schluß vom gegebenen Mittelbedarf auf die erforderliche Steuertarifgestaltung grundsätzlich unzulässig, da die benötigten Finanzmittel selbst einer Begründung bedürfen. Andererseits kann die Tatsache, daß die bestehenden Finanzierungslücken nur über die Anwendung eines bestimmten Tariftyps zu schließen sind, lediglich erklärenden, nicht aber begründenden Anspruch erheben. Ansonsten wäre eine Umkehrung der Mittel-Zweck-Relation die Folge (der Zweck heiligt die Mittel). Schließlich erscheint - wie nachfolgend zu belegen sein wird - die Feststellung befremdlich, daß der Finanzbedarf der modernen Staatsgebilde nur vermittels eines bestimmten Steuertarifs zu decken sei.

Es ist jedoch nicht verwunderlich, daß sich die politisch Verantwortlichen zur Steigerung des Steueraufkommens der progressiven Tarifgestaltung bedienen und ausführen, daß der Finanzbedarf nur auf diese Weise zu decken sei. Dies liegt darin begründet, daß tarifbedingte Zusatzbelastungen der Bezieher höherer Einkünfte zweifelsohne politisch leichter durchsetzbar sind als allgemeine Tariferhöhungen, das Ausweiten der Bemessungsgrundlage oder die Schaffung neuer Steuern. Allerdings sollte das politisch Durchsetzbare nicht als Maßstab zur Beurteilung der Frage nach der zweckmäßigsten Tarifgestaltung herangezogen werden, so daß sich dieses Argument als nicht stichhaltig erweist.

Somit bleibt festzuhalten, daß die fiskalische Theorie grundsätzlich nicht als Erklärung für die Verwirklichung eines der grundlegenden Tariftypen dienen kann. Es soll jedoch weitergehend geprüft werden, ob dieser Ansatz zur Beschreibung der realen Verhältnisse geeignet ist.

---

[665] Gleiche Auffassung findet sich bei Schmidt, K., Steuerprogression (1960), S. 99; Franke, S., Entwicklung der Einkommensbesteuerung (1981), S. 50.

[666] Vgl. zu den nachfolgenden Ausführungen auch Schmidt, K., Steuerprogression (1960), S. 99.

2. Beurteilung hinsichtlich der grundlegenden Tariftypen

Beim Vergleich von proportionalen, progressiven und regressiven Tarifen wird nach landläufiger Meinung der Progressivbesteuerung die höchste fiskalische Ergiebigkeit zugesprochen.[667] In Zeiten ständig steigender öffentlicher Ausgaben soll diese Besteuerungsform als einzige die Möglichkeit bieten, die Finanzbedürfnisse des Staates zu decken. Nachfolgend wird zu zeigen sein, daß diese These nicht haltbar ist. Dazu sollen zwei Argumentationswege beschritten werden: Zum einen ist zu prüfen, ob die Progressivbesteuerung gegenüber den alternativen Besteuerungsformen zu fiskalischen Mehrerträgen führt, zum anderen muß die Frage beantwortet werden, inwieweit nicht auch andere Tarifgestaltungen zur Deckung eines vorgegebenen Finanzbedarfs dienen können.

Zur Belegung der Aussage, daß durch eine progressive Tarifgestaltung fiskalische Mehrerträge zu erzielen sind, wird als Vergleichsmaßstab zumeist das aus der Anwendung eines proportionalen Steuertarifs resultierende Steueraufkommen herangezogen. Allerdings kann dieser Beweis nicht in allgemeiner Form aufrechterhalten werden, wie nachfolgendes Beispiel zeigen wird:

Gegeben ist eine Volkswirtschaft mit 20 Einkommensbeziehern, deren Einkünfte zwischen 10.000 DM und 50.000 DM betragen. Bei der Einführung eines Besteuerungssystems stehen zwei Tarifgestaltungen zur Auswahl: $T_1(x) = 0{,}3 \cdot x$ und $T_2(x)$ = (20 % für $0 < x \leq 20.000$ DM; 40 % für 20.000 DM $< x \leq 30.000$ DM; 60 % für $x > 30.000$ DM). Verschiedene Einkommensverteilungen und das aus der Anwendung der unterschiedlichen Tarifgestaltungen jeweils zu erwartende Steueraufkommen sind der nachfolgenden Abbildung zu entnehmen.

---

[667] Vgl. auch Neumark, F., Probleme der Steuerprogression (1961), S. 387, der die fiskalische Überlegung neben wirtschafts- und sozialpolitischen Erwägungen als einen Ansatzpunkt der Besteuerung einordnet.

Einkommensklassen	Fall A			Fall B		
	Zahl der Einkommensbezieher	Steueraufkommen T_1 (x)	Steueraufkommen T_2 (x)	Zahl der Einkommensbezieher	Steueraufkommen T_1 (x)	Steueraufkommen T_2 (x)
10.000 DM	5	15.000 DM	10.000 DM	2	6.000 DM	4.000 DM
20.000 DM	5	30.000 DM	20.000 DM	4	24.000 DM	16.000 DM
30.000 DM	4	36.000 DM	32.000 DM	4	36.000 DM	32.000 DM
40.000 DM	4	48.000 DM	56.000 DM	5	60.000 DM	70.000 DM
50.000 DM	2	30.000 DM	40.000 DM	5	75.000 DM	100.000 DM
Summe	20	159.000 DM	158.000 DM	20	201.000 DM	222.000 DM

Abb. 39: Steueraufkommen in Abhängigkeit von der Einkommensverteilung

Vorstehende Abbildung zeigt, daß das mit einer bestimmten Steuertarifgestaltung zu erzielende Steueraufkommen außer von der Höhe der Steuersätze auch von der Einkommensverteilung der zu betrachtenden Gesamtheit abhängig ist. Somit erscheint es keineswegs einsichtig, daß ein progressiver Tarifverlauf stets zu einem höheren Steueraufkommen führen muß als eine proportionale Steuertarifgestaltung.

Lassen sich die Verfechter der fiskalischen Theorie von diesem Argument nicht überzeugen, kann anhand empirischer Daten weiterhin nachgewiesen werden, daß das Steueraufkommen, das aus der progressiven Belastung höherer Einkommen entspringt, aus fiskalischer Sicht nur von untergeordneter Bedeutung ist.[668] Die Einführung eines Progressionstarifs zur Erzielung von Mehrerträgen würde somit wenig sinnvoll sein.

Letztlich kann aber auch nicht an der Aussage, daß das in Zeiten steigender Staatsausgaben benötigte Steueraufkommen nur über eine progressive Belastung der Steuerpflichtigen zu erzielen sei, festgehalten werden. Verschiedene Berechnungen zeigen, daß über die Erhebung einer flat-rate tax der staatliche Finanzbedarf ebenfalls gedeckt werden kann, ohne daß dies eine Über-

---

[668] Siehe hierzu Schmidt, K., Steuerprogression (1960), S. 101 ff., der den Aufkommensanteil der progressiven Belastung an den gesamten Einkommensteuereinnahmen in der Bundesrepublik Deutschland und in den Vereinigten Staaten von Amerika berechnet.

spannung des Steuersatzes und somit eine verhältnismäßig starke Überbürdung der Bezieher geringer und mittlerer Einkommen zur Folge hätte.[669]

Die Feststellungen, die bisher im Vergleich von proportionalen und progressiven Steuertarifen getroffen wurden, gelten weitgehend bei Heranziehung regressiver Tarifverläufe. In Abhängigkeit von der jeweils vorliegenden Einkommensverteilung lassen sich auch für Regressionstarife Modellbeispiele konstruieren, bei denen das aus ihrer Anwendung resultierende Steueraufkommen dem eines progressiven Tarifs entspricht. Fraglich ist indes, ob bei den in der Realität existierenden Einkommensverteilungen das jeweilig vorgegebene Steueraufkommen vermittels regressiver Belastung der Steuerpflichtigen - ohne Beschneidung des Existenzminimums - erzielt werden könnte.

Zusammenfassend kann festgehalten werden, daß sich die fiskalische Theorie als wenig geeignet zur Begründung des Prinzips der direkten Steuerprogression, aber auch zur möglichen Anwendung alternativer Tariftypen, erweist. Die hinter dieser Begründung stehende Grundthese kann nur die tatsächlich anzutreffenden Verhältnisse erklären, die wiederum von anderen, nicht erfaßten Bestimmungsfaktoren geprägt sind.

B. Äquivalenztheorie

Von alters her wurde die Steuer als Preis für Leistungen des Staates angesehen.[670] Die Äquivalenztheorie präzisiert diese allgemeine Grundthese insofern, als daß die Steuerzahlungen der einzelnen Wirtschaftssubjekte nach dem Verhältnis der ihnen zur Verfügung gestellten Leistungen erfolgen sollen. Es stellt sich zwangsläufig die Frage, welche Steuertarifgestaltung der Erreichung dieser Zwecksetzung am ehesten dienlich sein kann. Zur Lösung der vorliegenden Problemstellung soll nachfolgend untersucht werden,

(1) welche Möglichkeiten zur Operationalisierung des äquivalenztheoretischen Ansatzes bestehen und wie deren Aussagekraft zu beurteilen ist, und

---

[669] Vgl. beispielsweise Minarik, J., Individual Income Tax (National Tax Journal 1982), S. 236 ff.; Hall, R. E./Rabushka, A., The flat tax (1985), S. 40 ff. Vorgenannte Autoren gelangen für die Vereinigten Staaten von Amerika zu dem Ergebnis, daß proportionale Steuersätze in Höhe von 15 - 20 % - bei gleichzeitiger Freilassung des Existenzminimums - genügen würden, um das derzeitige Steueraufkommen zu erbringen. Allerdings müßten Steuervergünstigungen beschnitten und somit die Steuerbemessungsgrundlage verbreitert werden.

[670] Vgl. Neumann, F., Steuer nach der Steuerfähigkeit (JfNuSt 1880), S. 511. So bezeichnete Hobbes bereits im 17. Jahrhundert die Steuer als den Preis für die durch den Staat gewährleistete Sicherheit der Gesellschaftsmitglieder. Zur Kritik dieses Konzepts siehe Schmidt, K., Steuerprogression (1960), S. 4 ff.

(2) ob einer der grundlegenden Tariftypen besonders zur Erfüllung der aus der Beitragstheorie entspringenden Aufgabenstellung geeignet erscheint.

1. Grundkonzeption

a) Darstellung

Das Äquivalenzprinzip besagt, daß die Verteilung der Steuerlast auf die einzelnen Bürger dann als "gerecht" anzusehen ist, wenn sie entsprechend deren Inanspruchnahme staatlicher Leistungen erfolgt. Die Steuerlast der Einzel-Individuen müßte sich demzufolge an der Nutzenstiftung orientieren, die ihnen aus dem Gebrauch öffentlicher Güter erwächst.[671] Dieser Besteuerungsgrundgedanke läßt sich bis in das 17. Jahrhundert zurückverfolgen.[672]

Von besonderer Bedeutung ist bei der Bewertung der Beitragstheorie, daß ihr Sinngehalt sowohl zur Begründung der Anwendung proportionaler als auch progressiver Steuertarife herangezogen wird. So sehen manche Finanzwissenschaftler des 19. Jahrhunderts das Äquivalenzprinzip als Basis einer Rechtfertigung der Progressivbesteuerung.[673] Dieser Erkenntnis liegt die Annahme zugrunde, daß die wohlhabenden Bürger in stärkerem Maße Vorteile aus der Zurverfügungstellung staatlicher Leistungen erzielen als Geringverdienende.[674] Judeich zielt bei seinen Betrachtungen beispielsweise auf die tatsächliche Nutzung öffentlicher Güter ab, nicht aber auf die reine Möglichkeit der Inanspruchnahme: "Der Staat bietet eine Menge Vorteile, welche zwar von allen Untertanen benutzt werden dürfen, die aber nur von den Wohlhabenden benutzt werden können. Es wäre ungerecht, den weniger Bemittelten im gleichen Verhältnis zu besteuern, da er nicht im Stande ist, im gleichen Verhältnisse die Einrichtungen des Staates zu gebrauchen."[675]

---

[671] Siehe Blum, W. J./Kalven, H., Uneasy Case for Progressive Taxation (1953; reprint 1978), S. 35.

[672] Vgl. hierzu die dogmenhistorischen Überblicke bei Neumann, F., Steuer nach der Steuerfähigkeit (JfNuSt 1880), S. 512 ff.; Seligman, E., Progressive Taxation (1909), S. 158 ff.

[673] Vgl. beispielweise Eisenhart, H., Philosophie des Staates (1844), S. 197; Judeich, A., Rentensteuer im Königreiche Sachsen (1857), S. 111; Hirth, G., Rechtsgleichheit (Annalen des Deutschen Reiches 1873), S. 847 ff.

[674] Problematisch erscheint bei dieser These die Festlegung des Ausmaßes der Mehrnutzung: Ist die Inanspruchnahme staatlicher Leistungen durch die Bezieher höherer Einkommen nur absolut höher als bei den Geringverdienenden oder nimmt die Nutzung auch relativ stärker zu? Erweist sich die erstgenannte Annahme als zutreffend, kämen zur Berücksichtigung der Inanspruchnahme staatlicher Leistungen auch proportionale oder sogar regressive Tarifgestaltungen in Betracht.

[675] Judeich, A., Rentensteuer im Königreiche Sachsen (1857), S. 111.

Unter Hinzuziehung des Assekuranzgedankens führt das Äquivalenzprinzip allerdings zur Forderung nach einer proportionalen Tarifgestaltung.[676] Der Staat wird in diesem Fall als Versicherungsgesellschaft angesehen, die ihren Mitgliedern den Schutz ihres Einkommens und Vermögens gewährleistet. Je größer der Wert des zu schützenden Einkommens ist, desto höher müssen auch die zu entrichtenden Beiträge, die in Form von Steuern erhoben werden, sein. Die Beitragssteigerung vollzieht sich jedoch im absoluten, nicht im relativen Verhältnis.

Obenstehende Ausführungen zeigen bereits, daß verschiedenartige Interpretationen des Äquivalenztheorems möglich erscheinen. Bevor untersucht wird, welche Argumentationsansätze stimmig sind, soll vorab die grundsätzliche Anwendbarkeit des Äquivalenzprinzips geprüft werden.

b) Aussagewert

Grundvoraussetzung für eine sinnvolle Anwendung des Äquivalenztheorems hinsichtlich aller Einnahmen-/Ausgabenbeziehungen des Staates ist die Möglichkeit, die Zahl der von den einzelnen Gesellschaftsmitgliedern in Anspruch genommenen staatlichen Leistungen sowie das Ausmaß der Nutzenstiftung, das den Individuen aus dieser Inanspruchnahme erwächst, ermitteln zu können.

Als sich die Staatsleistung auf die Sicherung der Gesellschaftsmitglieder gegenüber Bedrohungen von außen beschränkte, konnte das Ausmaß der Nutzung öffentlicher Güter relativ einfach bestimmt werden. Heutzutage hat jedoch jedes Staatsgebilde eine Vielzahl zusätzlicher Aufgaben übernommen, die den Bürgern in der einen oder anderen Form zu gute kommen.[677] Somit erscheint es nahezu unmöglich, auf den Genuß staatlicher Leistungen zu verzichten. Andererseits kann die Frage nach dem Umfang der Inanspruchnahme öffentlicher Güter durch den einzelnen Staatsbürger nicht gelöst werden: Soll bereits die Möglichkeit der Nutzung öffentlicher Güter oder lediglich deren tatsächliche Nutzung als Anknüpfungspunkt der Besteuerung gewählt werden? Sollen nur die Kosten für die aktive Aufnahme staatlicher Leistungen nach dem Äquivalenzprinzip umgelegt werden? Wie ist die passive Nutzung öffentlicher Güter, z.B. äußere und innere Sicherheit, zu verrechnen?[678]

---

[676] Vgl. zu diesem Ansatz Thiers, A., De la Properiété (1848), S. 352 ff.

[677] Vgl. Franke, S., Entwicklung der Einkommensbesteuerung (1981), S. 30.

[678] In der Literatur wird häufig der Ansatz gewählt, daß die aktive Nutzung staatlicher Leistungen mittels einer proportionalen Steuer zu verrechnen sei, währenddessen die Kosten für die Bereitstellung öffentlicher Güter, die nur passiv "konsumiert" werden können, über eine Kopfsteuer umzulegen seien. Die Verknüpfung von proportionalem Steuertarif und Kopfsteuer führt letztendlich zu Regressionseffekten. Vgl. hierzu beispielsweise Suret, L., Théorie de l'Impôt Progressif (1909), S. 36 ff.

Könnte der von den einzelnen Gesellschaftsmitgliedern beanspruchte Anteil an der gesamten Staatsleistung festgelegt werden, müßte in einem nächsten Schritt der Nutzenwert, der den Einzel-Individuen aus der Inanspruchnahme öffentlicher Güter erwächst, berechnet werden. Da der Nutzen staatlicher Leistungen aus der Sicht der jeweiligen Konsumenten subjektiv völlig unterschiedlich beurteilt wird, ist die Anwendung eines allgemein gültigen Steuertarifs - unabhängig von seiner Ausgestaltung - grundsätzlich nicht möglich.[679] Vielmehr müßten die einzelnen Steuerpflichtigen jeweils gemäß ihrer persönlichen Präferenzstruktur besteuert werden. Eine Offenlegung der individuellen Nutzenfunktionen ist jedoch in der Realität nicht durchführbar, so daß sich auch aus dieser Sicht die Beitragstheorie als wenig brauchbar erweist.

Als weiteres Manko des äquivalenztheoretischen Ansatzes ist der Umstand zu werten, daß die Steuerpflichtigen nur dann für die Inanspruchnahme staatlicher Leistungen ein Entgelt in Form von Steuerzahlungen entrichten, wenn sie positive Einkünfte erzielen. Ist dies nicht der Fall, würde die Leistungserbringung für diese Personengruppe unentgeltlich erfolgen, da nicht anzunehmen ist, daß diese Bürger auf den Gebrauch öffentlicher Güter verzichten.

Zusammenfassend kann somit die Schlußfolgerung gezogen werden, daß die Beitragstheorie als Begründung für die Notwendigkeit einer Besteuerung sowie für die Verteilung der gesamten Steuerlast unter den Abgabepflichtigen versagt. Allerdings ist die Beitragstheorie zweifelsohne in Teilbereichen der Beziehung zwischen Staat und Bürgern uneingeschränkt anwendbar. Vor diesem Hintergrund soll nachfolgend geprüft werden, ob sich das Äquivalenzprinzip als Begründung für die Entscheidung ob der Implementierung eines der grundlegenden Tariftypen als tauglich erweist.

2. Beurteilung hinsichtlich der grundlegenden Tariftypen

Vor dem Hintergrund der Beitragstheorie wurden im Zeitablauf proportionale und progressive Steuertarifgestaltungen gefordert, aber auch regressive Tarifverläufe erwiesen sich als operabel.

Der Ruf nach Proportionalität, der bereits in der finanzwissenschaftlichen Frühgeschichte zu hören war, ergibt sich - wie bereits kurz ausgeführt wurde - aus der Aufgabe des Staates, die Vermögenswerte der Steuerpflichtigen zu schützen. Die Steuerzahlung wird bei diesem Konzept

---

[679] Siehe hierzu auch Musgrave, R. A./Musgrave, P. B./Kullmer, L., Öffentliche Finanzen (1988), S. 12. Unter Zuhilfenahme eng gefaßter Anwendungsvoraussetzungen läßt sich jedoch - wie bei der Beurteilung der Tariftypen zu zeigen sein wird - eine hinreichende Operationalisierung erreichen.

als Versicherungsprämie angesehen, die je nach der Größe des Vermögens in der Höhe variiert.[680]

Progressionstarife sollten auf Grundlage der Beitragstheorie angewendet werden, da sich die Steuerzahlung nicht nur nach der Vermögenshöhe, sondern auch nach dem mit dem Vermögen der Steuerpflichtigen verbundenen Risiko zu richten habe: "A million dollars belonging to one man is in greater risk of being stolen or pillaged than the same amount distributed among several men. Therefore the tax-rate or insurance premium ought to be higher."[681]

Eine Regression des Tarifverlaufs wurde schließlich aufgrund der Tatsache gefordert, daß die ärmeren Mitbürger mehr staatliche Hilfsleistungen in Anspruch nehmen würden als Wohlhabende. Ein ähnlicher Ansatz leitet die Regression aus der Auffassung ab, daß der Staat nicht nur Eigentum, sondern auch Leben und persönliche Freiheit der Gesellschaftsmitglieder garantiere. Da diese "Güter" für alle Gesellschaftsmitglieder den gleichen Stellenwert besäßen, müßten Geringverdienende relativ mehr Steuern zahlen als Besserverdienende.[682]

Vorstehende Ausführungen zur möglichen Ableitung proportionaler, progressiver oder regressiver Tarifverläufe aus dem Äquivalenzprinzip ließen sich beliebig fortführen. Dies zeigt, daß die allgemeine Interpretation dieses Sachverhalts in Abhängigkeit von der jeweils gewählten Sichtweise zu unterschiedlichen Ergebnissen führt. Ein Urteil über die Zulässigkeit der einzelnen Begründungen läßt sich ohne die Verwendung bestimmter Werturteile nicht treffen.

Die Äquivalenztheorie kann nicht dazu beitragen, die sinnvolle Anwendbarkeit eines der grundlegenden Tariftypen zu begründen. Abgesehen von der grundsätzlichen Fragwürdigkeit des Konzepts[683], können aus dessen Anwendung keine eindeutigen Ergebnisse abgeleitet werden.

---

[680] Vgl. hierzu Seligman, E., Progressive Taxation (1909), S. 150; Myrdal, G., Nationalökonomische Doktrinbildung (1976), S. 156; Franke, S., Entwicklung der Einkommensbesteuerung (1981), S. 30.

[681] Seligman, E., Progressive Taxation (1909), S. 153. Zusätzliche Begründungen wurden bereits bei der Darstellung des Grundgedankens der Äquivalenztheorie angeführt.

[682] Siehe Myrdal, G., Nationalökonomische Doktrinbildung (1976), S. 156. Dieser Ansatz unterstellt, daß die Gegenleistung für den Schutz des Lebens und der persönlichen Freiheit in Form eines festen Betrags, ähnlich einer Kopfsteuer, zu entrichten sei. Leistet jeder Steuerpflichtige eine absolut gleiche Steuerzahlung, ergeben sich regressive Wirkungen.

[683] Es darf jedoch nicht vergessen werden, daß diese Aussage nur in den Fällen zutrifft, in denen die gesamten Einnahmen-/Ausgabenbeziehungen zwischen Staat und Bürgern nach dem Äquivalenzprinzip gestaltet werden sollen. In Einzelbereichen kann die Beitragstheorie durchaus sinnvoll angewendet werden (z.B. Gebühren, Beiträge, Steuern mit örtlich begrenztem Wirkungskreis).

Außerdem sind die für die Konstruktion eines operativen Modells notwendigen Voraussetzungen in der Realität nicht gegeben.[684]

C. Leistungsfähigkeitsgedanke

Wie bereits im historischen Abriß ausführlich gezeigt wurde, kommt dem Leistungsfähigkeitsprinzip bei der Beurteilung des zweckmäßigsten Tariftyps zentrale Bedeutung zu.[685] Seinem Sinngehalt gemäß sollen die Bürger jeden Staates zur Finanzierung der öffentlichen Aufgaben beitragen "... as nearly as possible in proportion to their respective abilities."[686] Somit stellt dieser Besteuerungsgrundgedanke auf die Gerechtigkeit der Steuerlastverteilung ab[687]: Zensiten in vergleichbarer Lage haben denselben Steuerbetrag zu leisten und die Steuerlast soll mit der Leistungsfähigkeit der Steuerpflichtigen steigen.[688] Fraglich ist indes, ob diese Grundthese zwangsläufig zur proportionalen oder progressiven Einkommensbesteuerung führen muß.[689] Daher soll nachfolgend geprüft werden,

(1) wie der Leistungsfähigkeitsbegriff zu präzisieren ist und welcher Aussagewert diesen Operationalisierungen innewohnt, und

(2) ob aus dem Leistungsfähigkeitsprinzip die Anwendung eines der grundlegenden Tariftypen sinnvoll abzuleiten ist.

---

684 Zu möglichen Operationalisierungen vgl. Buchanan, J., Fiscal Institutions (American Economic Review 1964), S. 228 ff.; Musgrave, R. A./Musgrave, P. B./Kullmer, L., Öffentliche Finanzen (1988), S. 13 ff. Schwerpunkt der Betrachtungen der vorgenannten Autoren bildet das Verhältnis von Einkommenselastizität und Preiselastizität der Steuerpflichtigen in bezug auf die öffentlichen Güter. Aus dem Quotienten dieser Einflußfaktoren wird die anwendbare Tarifgestaltung abgeleitet. Als Manko dieses Konzeptes ist die fehlende Bestimmbarkeit der relevanten Einkommens- und Preiselastizitäten zu nennen.

685 Galvin, C., Income Tax (1974), S. 14, vertritt die gleiche Auffassung: "The argument most widely used for a progressive income tax is based on the principle of ability to pay ...". Zur Geschichte und Bedeutung des Leistungsfähigkeitsprinzips vgl. Pohmer, D./Jurke, G., Leistungsfähigkeitsprinzip (FA 1984), S. 445 ff.

686 Smith, A., Wealth of Nations (1812; reprint 1870), S. 654.

687 Im Gegensatz zum Äquivalenzprinzip beschränkt sich das Leistungsfähigkeitsprinzip somit in seiner Bedeutung auf die Einnahmenseite staatlicher Budgetpolitik und abstrahiert von der Ausgabenseite.

688 Vgl. Krause-Junk, G., Besteuerung (HdW 1982), S. 271.

689 Um die direkte Progression aus dem Leistungsfähigkeitsgedanken ableiten zu können, müßte gezeigt werden, daß mit wachsendem Einkommen die individuelle Leistungsfähigkeit steigt.

1. Grundkonzeption

a) Ausprägungen des Leistungsfähigkeitsprinzips

Das Leistungsfähigkeitsprinzip ist eine Steuerverteilungsnorm, die besagt, daß die individuelle Steuerbelastung nach der Fähigkeit der Steuerpflichtigen zu bemessen sei, Steuerzahlungen zu erbringen.[690] Der Begriff der "Leistungsfähigkeit" ist jedoch letzten Endes nichts weiter als eine bloße Leerformel, die einer inhaltlichen Bestimmung bedarf. Zum einen ist festzustellen, welche Basis der Messung der Leistungsfähigkeit zugrunde zu legen ist, zum anderen muß geklärt werden, wie unterschiedliche Leistungsfähigkeit zu messen ist.

Zur Konkretisierung ist es zunächst notwendig, eine Basis zur Messung der individuellen Leistungsfähigkeit zu bestimmen, die es ermöglicht, diese zu quantifizieren und damit interpersonell vergleichbar zu machen. Dabei hat sich die bereits von Adam Smith[691] vertretene Ansicht, das jeweilige Einkommen sei der für die Messung der persönlichen Leistungsfähigkeit am besten geeignete Maßstab, weitgehend durchgesetzt.[692] Ob der Begriff des Einkommens im Sinne der von Schanz'schen Reinvermögenszugangstheorie[693] oder eher der Fuisting'schen Quellentheorie[694] zu interpretieren ist, kann nur normativ beantwortet werden.[695]

Erst wenn dieses Meßgrößenproblem zugunsten einer bestimmten Einkommensdefinition gelöst worden ist, kann in einem zweiten Schritt der Versuch unternommen werden, einen Weg zu finden, der es ermöglicht, Individuen ungleicher Leistungsfähigkeit - diesen Unterschieden entsprechend - steuerlich differenziert zu behandeln. Als mögliche Ansatzpunkte zur Verwirklichung der Differenzierung gelten:

(1) Der weithin akzeptierte opfertheoretische Grundgedanke von John Stuart Mill: "Equality of taxation ... means equality of sacrifice."[696] Dabei wird unter dem Begriff "gleiches Opfer" verstanden, daß jeder Steuerpflichtige dieselbe Wohlfahrtseinbuße bezüglich des aus seinem Einkommen erzielten Gesamtnutzens erleiden solle.

---

[690] Vgl. Tipke, K./Lang, J., Steuerrecht (1991), S. 654.

[691] Vgl. Smith, A., Wealth of Nations (1812; reprint 1870), S. 654.

[692] Andere Auffassung siehe Kaldor, N., Expenditure Tax (1955; reprint 1978), S. 46 ff. und 225 ff.; Peffekoven, R., Ausgabensteuer (HdF 1980), S. 418 ff. Kaldor vertritt die Ansicht, daß die Leistungsfähigkeit anhand der Konsumausgaben der Steuerpflichtigen bestimmt werden könne.

[693] Vgl. Schanz, G., Einkommensbegriff (FA 1896), S. 1 ff.

[694] Siehe Fuisting, B., Grundzüge der Steuerlehre (1902), S. 109 ff.

[695] Diese Frage bildet nicht den Gegenstand der vorliegenden Untersuchung und kann daher von der Betrachtung ausgeklammert werden.

[696] Mill, J. S., Principles of Political Economy (1909), S. 804.

(2) Das auf Edwin Seligman zurückzuführende "Law of increasing returns": "Modern experience especially has made it quite evident that the possession of large fortunes or incomes in itself affords the individual a decided advantage in augmenting his possessions. A rich man may be said to be subject in a certain sense to the law of increasing returns; the more he has, the easier it is for him to acquire more."[697]

(3) Das von den Vertretern der Grenznutzenschule konstruierte "Gesetz des sinkenden Grenznutzens": Die Vorstellung vom sinkenden Grenznutzen eines Gutes bei dessen zunehmender Konsumierung wird auf den Vermögensgegenstand "Geld" übertragen. Da bei steigendem Einkommen der Grenznutzen des Geldes sinke, müßten Besserverdienende relativ höher besteuert werden als Geringverdienende, um bei dieser Personengruppe den gleichen Nutzenentgang zu bewirken.[698]

Nachfolgend soll nur der opfertheoretische Ansatz einer näheren Betrachtung unterzogen werden, da die beiden anderen Konzepte von vorneherein Schwachstellen aufweisen, die ihre Anwendung verbieten.[699] Das "law of increasing returns" stimmt zwar hinsichtlich seiner Grundannahme, beinhaltet aber die große Gefahr einer Sollertragsprogression, so daß seine allgemeine, für alle Steuerpflichtigen zutreffende Begründetheit erheblichen Zweifeln ausgesetzt ist. Das "Gesetz des sinkenden Grenznutzens" setzt eine zusätzliche Prämisse für die Interpretation des opftertheoretischen Ansatzes, so daß eine eigenständige Besprechung dieses Aspektes nicht erforderlich ist. Vorausgeschickt sei der wesentlichste Kritikpunkt am Grenznutzenkonzept, der später - bei der Beurteilung des opfertheoretischen Ansatzes - nochmals anzusprechen ist: Der Übertragung des Grenznutzengedankens auf das Gut "Geld" ist heftige Kritik entgegengebracht worden, da zum einen die relevanten Grenznutzenfunktionen nicht erstellt werden können, obwohl von deren Ausprägung wesentlich der abzuleitende Tariftyp abhängig ist[700], und zum anderen sich Geld nicht mit anderen Gütern auf eine Ebene stellen läßt, so daß die Umsetzung des Grenznutzengedankens ins Leere weist.[701]

---

[697] Seligman, E., Income Tax (1914), S. 32.

[698] Vgl. hierzu die Bemerkungen bei Franke, S., Entwicklung der Einkommensbesteuerung (1981), S. 33 ff., mit weiteren Literaturnachweisen. Zu einem dogmenhistorischen Überblick sei auf die Ausführungen bei Stuart, A. J. C., On Progressive Taxation (1967; Original 1889), S. 48 ff., verwiesen.

[699] Der opfertheoretische Ansatz weist ebenfalls erhebliche Schwachstellen auf. Da seine Anwendbarkeit jedoch sehr vehement diskutiert wurde (und zum Teil noch diskutiert wird), sollen die Grundzüge dieses Konzepts nachfolgend dargestellt werden.

[700] Bereits Cohen Stuart hat belegt, daß je nach Verlauf der zugrundeliegenden Nutzenkurven die Verwirklichung proportionaler, progressiver oder regressiver Steuertarife zu fordern ist (vgl. Stuart, A. J. C., On Progressive Taxation (1967; Original 1889), S. 54 ff.). Gleiche Auffassung findet sich bei Haller, H., Steuern (1981), S. 82 ff.

[701] Vgl. hierzu Kendrick, M., Ability-to-pay Theory of Taxation (American Economic Review 1939), S. 95. Diese Kritikpunkte werden bei der Beurteilung des opfertheoretischen Ansatzes ebenfalls eine wichtige Rolle spielen.

b) Opfertheoretischer Ansatz als wesentlichste Konkretisierung des Leistungsfähigkeitsgrundsatzes

aa) Darstellung

Die Opfertheorien betrachten das Bedürfnisbefriedigungspotential des Einkommens als Ausdruck der Leistungsfähigkeit. Das Opfer besteht im ökonomischen Sinn in dem durch die Besteuerung bewirkten Nutzenentzug.[702] Der opfertheoretische Ansatz läßt sich bis in das Jahr 1722 zurückverfolgen, als der Bayreuther Rat Karl dieses Konzept erstmals in der deutschsprachigen wissenschaftlichen Literatur vorstellte.[703]

Das Konzept der Opfergleichheit präsentiert sich in drei verschiedenen Varianten, und zwar der des gleichen absoluten, des gleichen relativen und des gleichen marginalen Opfers.[704] Für die Anwendbarkeit der Opfertheorie gelten folgende Grundvoraussetzungen:[705]

- Es muß eine sinnvoll meßbare Beziehung zwischen der Höhe des Einkommens und der Größe des Nutzens bestehen.
- Das erste Gossen'sche Gesetz zum sinkenden Grenznutzen muß auf das Gut "Geld" übertragbar sein.
- Für alle Individuen muß eine - zumindest annähernd - identische Nutzenfunktion bestehen.

Sind die obenstehenden Bedingungen erfüllt, kann bei den alternativen Konzepten Opfergleichheit erreicht werden, falls gilt:[706]

(1) $$U(Y) - U(Y - T) = \text{const.} \qquad \text{(gleiches absolutes Opfer)}$$

(2) $$\frac{U(Y) - U(Y - T)}{U(Y)} = \text{const.} \qquad \text{(gleiches relatives Opfer)}$$

(3) $$U'(Y - T) = \text{const.} \qquad \text{(gleiches marginales Opfer)}$$

---

[702] Vgl. Riedmeier, K., Leistungsfähigkeit (DStR 1976), S. 360.

[703] Siehe auch Vergossen, H., Begründung der Progressivbesteuerung (1936), S. 15. An gleicher Stelle findet sich ein ausführlicher dogmenhistorischer Überblick über die Entwicklung der Opfertheorie.

[704] Vgl. beispielsweise Siegenthaler, U., Leistungsfähigkeitsprinzip (1977), S. 58 ff.; Birk, D., Leistungsfähigkeitsprinzip (1983), S. 37 ff.

[705] Vgl. Blum, W. J./Kalven, H., Uneasy Case for Progressive Taxation (1953; reprint 1978), S. 56; Schmidt, K., Steuerprogression (1960), S. 17 ff.

[706] Siehe hierzu Krause-Junk, G., Steuern IV: Verteilungslehren (HdW 1977), S. 343.

bb) Aussagewert

Der opfertheoretische Ansatz basiert auf drei Grundüberlegungen, von deren Richtigkeit seine Anwendbarkeit entscheidend abhängig ist. Gerade diese grundsätzlichen Annahmen müssen jedoch als nicht zutreffend verworfen werden: Eine Nutzenmessung in Geldgrößen konnte bisher noch nicht in überzeugender Weise vorgenommen werden, der Verlauf der Nutzenfunktion in Abhängigkeit vom Einkommen ist nicht bekannt[707] und die Verwendung gleicher Nutzenfunktionen für alle Wirtschaftssubjekte erscheint mehr als fragwürdig.[708] Weiterhin muß in Zweifel gezogen werden, ob der Grenznutzen von Geld überhaupt in entsprechender Weise sinkt wie bei sonstigen Wirtschaftsgütern.[709]

Somit ist die Opfertheorie als Begründung für die Anwendung eines der grundlegenden Tariftypen von vorneherein nicht tauglich. Nachfolgend sollen trotz der auf konzeptionellen Überlegungen fußenden Ablehnung des opfertheoretischen Ansatzes dessen modellimmanente Schwachstellen herausgearbeitet werden. Dazu ist zu unterstellen, daß die drei Grundannahmen, auf denen das Modell basiert, erfüllt sind.

2. Beurteilung hinsichtlich der grundlegenden Tariftypen

Der Leistungsfähigkeitsgedanke entzieht sich ob seiner Unbestimmtheit einer konkreten Kritik. Zwar ist dem oftmals aus dem Leistungsfähigkeitsprinzip abgeleiteten Postulat einer relativ höheren Besteuerung der Besserverdienenden eine gewisse Plausibilität nicht abzusprechen[710], jedoch kann aus diesen Überlegungen heraus keine zwingende Begründung für die Anwendung eines Progressionstarifs oder eines der anderen Tariftypen abgeleitet werden.

---

[707] Dabei erscheint es durchaus plausibel, daß der Grenznutzen zusätzlicher Geldeinheiten bei steigendem Einkommen sinkt. Da aber nicht nur geringe und hohe Einkommen miteinander zu vergleichen sind, wird eine Aussage zur Nutzenstiftung bei annähernd gleichen Einkommen erforderlich. Diese kann jedoch nur zur reinen Spekulation geraten. Vgl. auch Blum, W. J./Kalven, H., Uneasy Case for Progressive Taxation (1953; reprint 1978), S. 56 ff.

[708] Vgl. Schmidt, K., Steuerprogression (1960), S. 17 ff.; Littmann, K., Leistungsfähigkeitsprinzip (1970), S. 129; Siegenthaler, U., Leistungsfähigkeitsprinzip (1977), S. 88 ff.

[709] Vgl. Neumark, F., Probleme der Steuerprogression (1961), S. 372; Ulbrich, R., Leistungsfähigkeitsprinzip (1975), S. 114.

[710] Dittmann, H., Grundlagen der Steuerprogression (1950), S. 73, beschreibt diesen Aspekt wie folgt: "Die Leistungsfähigkeitstheorie kann zwar keine Angaben über die Steilheit der Steuerprogression machen, sie kann aber zeigen, daß irgendeine Art von Progression gerechter ist als die letzten Endes sehr willkürliche Proportionalität."

Da aus dem übergeordneten Prinzip keine Erkenntnisse zu gewinnen sind, ist im nächsten Schritt zu überlegen, inwieweit aus seinen Konkretisierungen Schlußfolgerungen gezogen werden können. Was die letztendlich entscheidende Frage nach einem aus dem opfertheoretischen Konzept abzuleitenden "gerechten" Steuertarif betrifft, so läßt sich eine klare Antwort nur bei Anwendung der Theorie des gleichen marginalen Opfers geben: Unter der Voraussetzung eines stetig abnehmenden Grenznutzens des Einkommens erfordert ein gleiches marginales Opfer eine "Maximalprogression"[711], d.h. bis zu einem bestimmten Nutzenniveau erfolgt überhaupt keine Besteuerung des Einkommens, währenddessen das über diese Begrenzung hinausgehende Einkommen mit einem Steuersatz von 100 % belegt und somit vollständig wegbesteuert wird. Dies liegt darin begründet, daß der Grenznutzen der Einkommen nach Steuern für alle Individuen gleich sein soll, um das gesamtgesellschaftliche Opfer zu minimieren.[712] Diese Bedingung ist wiederum nur erfüllt, falls das Netto-Einkommen für alle Steuerpflichtigen gleich hoch ist.[713]

Hinsichtlich der beiden anderen Opfergleichheitskonzepte lassen sich dagegen keine eindeutigen Aussagen treffen. Je nach konkretem Verlauf der individuellen Grenznutzenkurven sind proportionale, progressive oder regressive Steuertarife sowohl im Falle des gleichen absoluten Opfers[714] als auch des gleichen relativen Opfers[715] denk- und begründbar.

Demzufolge führt auch das Opfergleichheitsprinzip zu unbefriedigenden oder unklaren Ergebnissen. Somit bleibt abschließend festzustellen, daß auch der Leistungsfähigkeitsgedanke und die ihm zuzurechnenden Konkretisierungen keine Anhaltspunkte für die Beanwortung der Frage geben, welcher der grundlegenden Tariftypen gegenüber den Alternativansätzen vorzuziehen ist.

D. Willkür als Ausdruck mangelnder Steuergerechtigkeit

Der direkten Steuerprogression wird der Vorwurf entgegengestellt, daß sie zu Willkürlichkeiten führe, da ihr Ausmaß nicht mathematisch exakt festgelegt werden könne. Bereits zur Mitte des 19. Jahrhunderts hat McCulloch diese Problematik sehr bildlich ausgedrückt: "...the moment you abandon ... the cardinal principle of exacting from all individuals the same proportion of their income or their property, you are at sea without rudder or compass, and there is no amount of

---

[711] Musgrave, R. A., Public Finance (1959), S. 99.

[712] Vgl. Franke, S., Entwicklung der Einkommensbesteuerung (1981), S. 38.

[713] Vgl. hierzu auch Schmidt, K., Steuerprogression (1960), S. 27 f.

[714] Siehe Krause-Junk, G., Steuern IV: Verteilungslehren (HdW 1977), S. 343.

[715] Vgl. Haller, H., Steuern (1981), S. 82 ff. Der ausführliche Beweis wurde bereits am Ende des letzten Jahrhunderts von Cohen Stuart angetreten. Vgl. Stuart, A. J. C., On Progressive Taxation (1967; Original 1889), S. 48 ff.

injustice or folly you may not commit."[716] Diese Aussage zeigt neben dem Willküraspekt auch eine mögliche Verbindung zwischen dem Vorhandensein von Willkür und der Verletzung steuerlicher Gerechtigkeit.

Strittig bleibt, ob nur progressive Tarifgestaltungen oder auch die anderen Tariftypen willkürlicher Natur sind. Somit muß festgestellt werden,

(1) was unter dem Begriff der Willkür zu verstehen und wie dieser mit dem Gerechtigkeitspostulat zu verknüpfen ist, und

(2) inwieweit die einzelnen Tariftypen zu vermehrter Willkür beitragen oder Willkürfreiheit bedingen.

1. Grundkonzeption

Unter Willkür ist die mangelnde Gleichbehandlung identischer Sachverhalte zu verstehen. Ist Willkürlichkeit in einem Steuersystem gegeben, wird die Steuergerechtigkeit verletzt.[717] Somit läßt sich unter den Willküraspekt auch die Frage nach dem Verhältnis von Tariftyp und Steuergerechtigkeit subsumieren.[718]

Das Willkürargument soll aus traditioneller, aber auch aus neuerer Sicht einer kurzen Betrachtung unterzogen werden. Ursprünglich bezog sich der Willkürgedanke lediglich auf die Festlegung des Progressionsmaßes. Seit der Mitte des 20. Jahrhunderts hat sich jedoch die Erkenntnis durchgesetzt, daß die unterschiedlichen Tariftypen auch auf die Gleichbehandlung der Steuerpflichtigen im Zeitablauf Einfluß nehmen sowie in das Verhältnis zwischen einzelnen Steuerpflichtigen eingreifen.

---

[716] McCulloch, J., Taxation and the funding system (1845), S. 142, zitiert nach: Smith, D. T., High Progressive Tax Rates (University of Florida Law Review 1968), S. 454.

[717] Allerdings ist der Umkehrschluß nicht zulässig, daß jedwede Verletzung der Steuergerechtigkeit als Willkürakt einzuordnen ist. Steuerliche Ungerechtigkeiten können durchaus systematisch in das Steuersystem eingebaut werden. Als Beispiele sind die ungleiche Behandlung von Veräußerungsgewinnen im Betriebs- und Privatvermögen sowie die unterschiedliche steuerliche Behandlung von Personen- und Kapitalgesellschaften zu nennen. Diese Gerechigkeitsverletzungen sind keineswegs willkürlicher Natur, sondern beruhen auf klaren Überlegungen der politisch Verantwortlichen.

[718] Das Gerechtigkeitspostulat ist implizit auch schon bei der Behandlung des Äquivalenzprinzips sowie des Leistungsfähigkeitsgedankens angesprochen worden. Vgl. zu diesem Zusammenhang Krause-Junk, G., Steuern IV: Verteilungslehren (HdW 1977), S. 333 ff.

a) Willkür aus traditioneller Sicht

Nachdem sich der Progressionsgedanke in der wissenschaftlichen Auseinandersetzung allmählich durchzusetzen begann, mußte das Problem der sachgerechten Ausgestaltung des Progressionstarifs einer Lösung nahegebracht werden. Allerdings konnte aus den zur damaligen Zeit geläufigen Argumentationsansätzen der Verlauf des progressiven Steuertarifs nicht abgeleitet werden, so daß sich die Progressionsbefürworter den Einwurf entgegenstellen lassen mußten, keine Anhaltspunkte zur Festlegung des richtigen Progressionsmaßes in Händen zu halten und sich somit der Willkür preiszugeben.

Die Kritik richtete sich demzufolge nicht mehr gegen das Progressionsprinzip selbst, sondern vielmehr gegen das Maß, das zur Verwirklichung dieses Besteuerungsgrundgedankens eingesetzt werden sollte.[719] Keine Maßgröße schien mit dem Postulat nach steuerlicher Gerechtigkeit vereinbar zu sein.[720]

Die aus der Anwendung des Progressionsprinzips entspringende Gefahr wurde vor allem im 19. Jahrhundert heftig diskutiert. Von Hayek gibt - anhand eines Beispiels - die gegensätzlichen Argumentationsansätze trefflich wieder: "Ich erinnere mich, eine solche Diskussion gelesen zu haben, in der die Kritiker des Progressionsprinzips darauf hinwiesen, daß, wenn es einmal akzeptiert würde, kein Grund bestünde, warum nicht ein Viertel oder gar ein Drittel der großen Einkommen weggesteuert werden sollte. Und die Antwort der Verteidiger des Prinzips war, daß man da schon der Weisheit der demokratischen Entscheidungen trauen müsse, die viel vernünftiger seien, als eine solche Befürchtung voraussetze."[721]

Obwohl dieser Schwachpunkt des Progressionskonzepts auch von dessen Befürwortern erkannt wurde, wollten diese nicht auf die Anwendung progressiver Tarife verzichten, da "... the choice between proportional and progressive taxation is a choice between certain unjustice and uncertain justice."[722] Allerdings sollte nicht vergessen werden, daß es wenig Sinn macht, eine (angebliche) Ungerechtigkeit mittels einer anderen Ungerechtigkeit beseitigen zu wollen. Bemerkenswert erscheint indes, daß der Progressionstarif als steuerlich gerechter angesehen wurde als proportional ausgestaltete Tarife.

---

[719] Vgl. hierzu auch Gerloff, W., Steuerwirtschaftslehre (HdF 1956), S. 287.

[720] Vgl. auch Neumark, F., Moderne Einkommensbesteuerung (1947), S. 43 f.

[721] Hayek, F. A., Ungerechtigkeit der Steuerprogression (Schweizer Monatshefte 1952), S. 514.

[722] Taylor, P., Economics of Public Finance (1949), S. 293.

b) Willkür aus neuerer Sicht

Das Zusammenspiel von Tarifgestaltung und Abschnittsbesteuerung führt zu zahlreichen Willkürlichkeiten bei der Steuererhebung.[723] So kann bei progressiver Tarifgestaltung im Zeitablauf eine Minimierung der Steuerzahlungen erreicht werden, indem die Einzahlungsüberschüsse gleichmäßig auf die Teilperioden verteilt werden. Interpersonelle Verschiebungen von Einkünften können ebenfalls eine geringere Gesamt-Steuerbelastung bedingen.

Legale Steuerausweichhandlungen räumen den Steuerpflichtigen somit die Gelegenheit ein, bei gegebenem Einkommen - in Abhängigkeit von ihrem jeweiligen Kenntnisstand hinsichtlich steuerlicher Gestaltungsmöglichkeiten - eine Verringerung der Steuerlast zu erreichen. Obwohl diese Verzerrungen sowohl aus der Festlegung der Bemessungsgrundlage als auch aus der jeweils zugrundeliegenden Tarifgestaltung resultieren, darf nicht übersehen werden, daß der Tarifverlauf auch in diesem Bereich Ungerechtigkeiten und somit steuerliche Willkür bedingen kann. Fraglich ist indes, ob sich alle Tariftypen in gleicher Weise negativ auswirken.

2. Beurteilung hinsichtlich der einzelnen Tariftypen

Bei isolierter Betrachtung des Willküraspektes ist der Proportionaltarif den anderen Tariftypen vorzuziehen. Der einheitliche Steuersatz ist gleichförmig anzuwenden, so daß sich keine Bevorzugungen oder Benachteiligungen für die einzelnen Steuerpflichtigen ergeben. Bei progressiven und regressiven Tarifen besteht dagegen stets das Problem, daß der Tarifverlauf nicht mathematisch exakt festgelegt werden kann. Diese Aussage soll nicht zum Ausdruck bringen, daß ein Progressionstarif nicht mathematisch auszudrücken sei. Das Gegenteil beweist der im bundesdeutschen EStG verankerte Formeltarif. Jedoch gibt es keine eindeutige Lösung zur Bestimmung des Verlaufs eines nicht-proportionalen Tarifs bei gegebenem Steueraufkommen und feststehender Bemessungsgrundlage. Vielmehr sind verschiedene Tarifgestaltungen zur Ereichung einer vorgegebenen Zielsetzung denkbar. Dieses Manko kann auch nicht durch die Tatsache behoben werden, daß "... im langwierigen Tasten und Probieren ... die Praxis doch dazu gelangt, offensichtliche Widersprüche und Ungerechtigkeiten mehr und mehr zu vermeiden."[724] Es bleibt

---

[723] Vgl. beispielsweise Sigloch, J., Verzerrende Wirkungen (StuW 1990), S. 229 ff. Auf die einzelnen Verzerrungen wird im Rahmen der Darstellung der neueren Begründungen noch ausführlich eingegangen.

[724] Neumark, F., Moderne Einkommensbesteuerung (1947), S. 74.

das schale Gefühl, daß sich diese Tarifgestaltungen an fiskalischen und politischen Notwendigkeiten ausrichten.[725]

Verknüpft man allerdings das Willkürargument mit der Forderung nach steuerlicher Gerechtigkeit, kann die obenstehende Aussage in dieser Klarheit nicht aufrechterhalten werden. Die Beantwortung der Frage, welcher der grundlegenden Tariftypen am gerechtesten sei, kann nur unter Inkaufnahme von Werturteilen erfolgen. Es läßt sich wissenschaftlich nicht untermauern, ob bei höheren Einkommen das Gebot der Gleichbehandlung bereits bei relativ gleich hohen Steuerzahlungen erfüllt ist oder ob vielmehr relativ höhere Steuerleistungen der Besserverdienenden zu fordern sind. Damit wird die Aussagekraft der jeweils gewonnenen Ergebnisse erheblich eingeschränkt.

Die Problematik der Verknüpfung von steuerlicher Gerechtigkeit und Tarifgestaltung läßt sich auch anhand eines anderen Sachverhalts zeigen: Die Feststellung erscheint durchaus vertretbar, "... daß irgendeine Art von Progression gerechter ist als die letzten Endes sehr willkürliche Proportionalität."[726] Andererseits kann das normative Urteil gefällt werden, daß die Proportionalität aufgrund des Meßgrößenproblems gerechter sei als die direkte Progression. Vor diesem Hintergrund kann das Willkürargument nicht zur Lösung der vorgegebenen Fragestellung beitragen.

Betrachtet man schließlich die aus dem Zusammenwirken von Abschnittsbesteuerung und Tarifgestaltung entspringenden Willkürlichkeiten, gelangt man - unter Vorgriff auf die späteren Ausführungen[727] - zur Erkenntnis, daß der proportionale Steuertarif den übrigen Tariftypen überlegen ist. Dies liegt darin begründet, daß bei dieser Tarifgestaltung intertemporale und interpersonale Einkünfteverschiebungen zu keinen steuerlichen Vorteilen führen, während sich bei progressiven oder regressiven Tarifverläufen mittels Einkommensverlagerungen Steuerarbitragen realisieren lassen.

---

[725] Insbesondere die Verknüpfung von Tarifgestaltung und gegenwärtigem politischen Meinungsbild sieht auch Vickrey, W., Problem of Progression (University of Florida Law Review 1968), S. 440: "... there should be a wide agreement that a substantial degree of progression is appropriate. But exactly what degree must for the moment be left to the vagaries of the political process ...".

[726] Dittmann, H., Grundlagen der Steuerprogression (1950), S. 73.

[727] Vgl. hierzu die an späterer Stelle folgende Darstellung des Zusammenhangs von Tariftyp und Entscheidungsneutralität der Besteuerung.

E. Kompensationstheorie

Der direkten Steuerprogression wurde häufig die Funktion zugewiesen, einen Ausgleich für die im Bereich der indirekten Abgaben[728] festzustellenden Regressionswirkungen herbeizuführen und somit im Ergebnis zu einer proportionalen Gesamtbelastung der Steuerpflichtigen beizutragen.[729] Fraglich erscheint indes, ob der Einkommensteuertarif den richtigen Anknüpfungspunkt zur Herbeiführung einer proportionalen Gesamt-Steuerbelastung verkörpert. Daher muß im nachfolgenden Abschnitt geprüft werden,

(1) wie sich die durch die indirekten Steuern bedingte Regressivität erklärt und welche Möglichkeiten zu deren Ausgleich bestehen,

(2) wie der kompensationstheoretische Ansatz vor diesem Hintergrund zu beurteilen ist, und

(3) wie sich die einzelnen Tariftypen im Lichte der Kompensationstheorie auswirken.

1. Grundkonzeption

a) Darstellung

Regressionswirkungen im Bereich der Verbrauchsteuern ergeben sich nach h.M. insofern, als die Bezieher niedrigerer Einkommen im Vergleich zu den Beziehern größerer Einkommen eine höhere Konsumquote, d.h. einen relativ höheren Anteil an Konsumausgaben im Verhältnis zu ihren Gesamtausgaben, aufweisen und daher einen relativ höheren Anteil ihres Gesamteinkommens für Verbrauchsteuern aufwenden müssen.[730] Die Regressivität der indirekten Abgaben ergibt sich demzufolge nicht aus deren Tarifgestaltung, sondern aus der jeweils zugrundeliegenden Bemessungsgrundlage. Dieser Zusammenhang soll anhand eines Beispiels verdeutlicht werden:[731] Haushalt A verfügt über ein jährliches Einkommen von 20.000 DM, von dem 80 %

---

[728] Als Beispiele indirekter Abgaben sind die Umsatzsteuer sowie Verbrauchs- und Genußmittelsteuern zu nennen. Vgl. Franke, S., Entwicklung der Einkommensbesteuerung (1981), S. 44.

[729] Diese Aufgabe wurde den Progressionstarifen bereits im 19. Jahrhundert zugewiesen. Vgl. beispielsweise Nasse, E. u.a., Personalbesteuerung (1873; reprint 1988), S. 30; Allix, E., Theorie der progressiven Steuer (1928), S. 248 f.; Dittmann, H., Grundlagen der Steuerprogression (1950), S. 26 f.

[730] Vgl. Allix, E., Theorie der progressiven Steuer (1928), S. 248; Neumark, F., Moderne Einkommensbesteuerung (1947), S. 146 f.; Gerloff, W., Steuerwirtschaftslehre (HdF 1956), S. 287.

[731] Die Auswirkungen eines Zahlenbeispiels sind immer von den zugrundeliegenden Annahmen abhängig. Franke, S., Entwicklung der Einkommensbesteuerung (1981), S. 52, ist zuzustimmen, wenn er diesbezüglich folgende Feststellung trifft: "Im konkreten Einzelfall ist die regressive Wirkung indirekter Steuern abhängig von der Höhe der Konsumquote, von der Struktur der Ausgaben und von der Struktur der indirekten Steuern."

(sprich: 16.000 DM) für Konsumzwecke verausgabt werden. Haushalt B stehen dagegen 100.000 DM zur Verfügung, von denen 50.000 DM für Konsumgüter ausgegeben werden. Der Steuersatz der die Konsumgüter belastenden indirekten Steuer beträgt einheitlich 15 %. Demzufolge ergibt sich eine Steuerlast für Haushalt A in Höhe von 2.400 DM, für Haushalt B in Höhe von 7.500 DM. Bezogen auf das jeweilig zur Verfügung stehende Einkommen, errechnet sich eine Steuerbelastung von 12 %, respektive 7,5 %.

Leisten die besserverdienenden Steuerpflichtigen relativ höhere Zahlungen bei den direkten Steuern als die Geringverdienenden, ist die Steuerlast zwischen den einzelnen Einkommenschichten insgesamt ausgeglichen, d.h. das Steuersystem weist insgesamt proportionalen Charakter auf.[732] In Weiterführung des vorstehenden Beispiels soll angenommen werden, daß das zur Verfügung stehende Einkommen der Haushalte A und B jeweils dem zu versteuernden Einkommen entspricht. Der Steuersatz beträgt 20 % für Einkünfte bis 50.000 DM und 29 % für höhere Einkünfte (Anstoßtarif). Haushalt A muß unter diesen Voraussetzungen 4.000 DM an direkten Steuern entrichten, die Steuerschuld von Haushalt B liegt bei 24.500 DM. Faßt man direkte und indirekte Steuern zusammen, errechnet sich eine Gesamt-Steuerbelastung in Höhe von 6.400 DM und 32.000 DM. Bezogen auf das jeweils zur Verfügung stehende Einkommen, gelangt man durch die progressive Ausgestaltung der direkten Steuer zu einer gleichförmigen Steuerlast in Höhe von 32 %.

Das kompensationstheoretische Konzept erscheint hinsichtlich seiner Wirkungen eindeutig. Allerdings bleibt seine Anwendbarkeit strittig. Dieser Frage ist im weiteren Verlauf nachzugehen.

b) Aussagewert

Im Ergebnis kann der kompensationstheoretische Ansatz nicht zur Beurteilung der Frage nach dem geeignetsten Tariftyp herangezogen werden. Seine Anwendung verbietet sich aus verschiedenen Gründen, die nachfolgend in Kürze dargestellt werden sollen:

Zum einen ist es nicht zulässig, nur indirekte und direkte Steuern in die Betrachtung einzubeziehen und für diesen Bereich eine proportionale Gesamt-Steuerbelastung anzustreben. Progressionswirkungen können auch in anderen Feldern des täglichen Lebens auftreten, so daß durch eine zusätzliche Einkommensteuerprogression insgesamt noch mehr vom Pfad der Proportionalität abgewichen wird. Als Beispiel einer außersteuerlichen Progression ist die durch eine geho-

---

[732] Dieser Ansatz wird als spezielle Kompensationstheorie bezeichnet. Vgl. Heiss, C., Steuerprogression (Archiv für soziale Gesetzgebung 1899), S. 583 ff.; Seligman, E., Progressive Taxation (1909), S. 146. Im Gegensatz hierzu steht die allgemeine Kompensationstheorie, deren Vertreter eine Progressivität der Gesamt-Steuerbelastung fordern.

benere soziale Stellung der Steuerpflichtigen bedingte, überverhältnismäßig große Steigerung der Konsumausgaben zu nennen.[733]

Andererseits bildet die Einkommensteuer den falschen Anknüpfungspunkt, um Unzulänglichkeiten im Rahmen der indirekten Besteuerung zu beheben. Wird eine proportionale Gesamt-Steuerbelastung angestrebt, ist nicht der Tarif der direkten Abgaben progressiv auszugestalten. Vielmehr muß der Weg beschritten werden, mittels einer Steuersatzdifferenzierung die Regressionswirkungen im Bereich der indirekten Abgaben aufzuheben.[734] Dazu bietet es sich an, einkommenssuperiore und -inferiore Güter als Parameter des Verbrauchssteuersatzes heranzuziehen.[735]

Schließlich ist die Feststellung, daß die indirekten Abgaben Regressionswirkungen entfalten, grundsätzlich in Zweifel zu ziehen. Dieser These liegt die Unterstellung zugrunde, daß Besserverdienende einen größeren Teil ihres Einkommens sparen können als Geringverdienende und somit deren Konsumausgaben, die den Verbrauchsteuern unterliegen, verhältnismäßig gering sind. Wird jedoch berücksichtigt, daß vernünftigerweise zu irgendeinem Zeitpunkt eine vollständige Entsparung erfolgen wird, wird bei allen Steuerpflichtigen das gesamte Einkommen den indirekten Abgaben unterworfen. Allerdings kann sich bei den Beziehern höherer Einkommen die Steuerzahlung so weit in die Zukunft verschieben, daß eine Berücksichtigung der sicherlich nicht unerheblichen Zinseffekte zu fordern wäre.

2. Beurteilung hinsichtlich der grundlegenden Tariftypen

Nachfolgend soll von den gegen die Anwendung der Kompensationstheorie bestehenden grundsätzlichen Einwänden abstrahiert werden. Dies ist notwendig, um feststellen zu können, ob sich überhaupt einer der grundlegenden Tariftypen als besonders geeignet erweist, einen Ausgleich der Regressionswirkungen herbeizuführen. Anderenfalls kann dieser Aspekt gänzlich vernachlässigt werden.

Regressive Tarife sind von vorneherein von der Betrachtung auszuklammern, da durch ihre Anwendung die im Bereich der indirekten Abgaben zu beobachtenden Regressionswirkungen

---

[733] Dieser Aspekt wird bei der Betrachtung der neueren Begründungen nochmals aufgegriffen.

[734] Eine Differenzierung der Steuersätze bei der Mehrwertsteuer ist auch in der Bundesrepublik Deutschland zu finden. Der "normale" Steuersatz beträgt 14 %, der ermäßigte Steuersatz 7 %. Zur Liste der dem ermäßigten Steuersatz unterliegenden Gegenstände vgl. § 12 II 1 u. 2 UStG nebst Anlage.

[735] In Frankreich gibt es neben der Mehrwertsteuer noch eine Luxussteuer, die vornehmlich den Erwerb höherwertiger Güter einer höheren Steuerbelastung unterwirft. Vgl. zu diesem Themenkomplex Viegener, J., Mehrwertsteuer (IWB 1987), Fach 5, Gruppe 2, S. 639 ff.; o.V., Kleine Steuergeschenke (Handelblatt vom 21.9.1989), S. 13.

weiter verschärft würden. Proportionaltarife können ebenfalls nicht zum Ausgleich der Regressionseffekte beitragen.

Demzufolge bleibt nur noch die Frage zu beantworten, ob progressive Tarife tatsächlich eine proportionale Gesamtbelastung der Steuerpflichtigen bedingen[736]: Das Ausmaß der (angeblichen) regressiven Wirkungen der indirekten Abgaben ist von einer Vielzahl verschiedener Faktoren abhängig[737] und kann daher nicht exakt festgelegt werden. Somit erscheint es unmöglich, einen Progressionstarif zu konstruieren, der für alle Steuerpflichtigen eine proportionale Gesamt-Steuerbelastung bedingt. Vielmehr kann das Erreichen des eigentlichen Ziels des kompensationstheoretischen Ansatzes nur zufällig sein.[738]

Zusammenfassend bleibt festzustellen, daß die Kompensationstheorie keine Hilfestellung für die Entscheidung, welcher der grundlegenden Tariftypen zu bevorzugen ist, leisten kann. Zum einen ist die Anwendbarkeit dieses Konzepts grundsätzlich in Frage zu stellen, zum anderen kann die Zielsetzung, die hinter dieser Überlegung steht, nur zufällig erfüllt werden.

F. Sozialpolitische Erwägungen

Das Sozialstaatsprinzip beruht im Gegensatz zum Leistungsfähigkeitsgedanken nicht auf fiskalischen Erwägungen, sondern betrachtet die Tarifgestaltung als interventionistisches Mittel zur Beseitigung bestehender sozialer Ungerechtigkeiten. Im 19. Jahrhundert richtete sich das Hauptaugenmerk der Vertreter dieses Ansatzes auf die Schaffung von Erleichterungen für Geringverdienende.[739] Seit Beginn des 20. Jahrhunderts steht der Umverteilungsgedanke im Vordergrund

---

[736] Wie schon an anderer Stelle kurz erwähnt wurde, lag die ursprüngliche Aufgabe der Kompensationstheorie in der Herbeiführung einer proportionalen, nicht aber einer progressiven Gesamt-Steuerbelastung. Vgl. auch Seligman, E., Progressive Taxation (1909), S. 146; Schmidt, K., Steuerprogression (1960), S. 3 f. Auf dieser Grundaussage des kompensationstheoretischen Ansatzes fußen die nachfolgenden Ausführungen.

[737] Siehe hierzu Franke, S., Entwicklung der Einkommensbesteuerung (1981), S. 52.

[738] Vgl. beispielsweise die empirischen Ergebnisse, die bei Neumark, F., Moderne Einkommensbesteuerung (1947), S. 76 f., angeführt werden. Neuere Untersuchungen zeigen jedoch, daß die stets postulierten regressiven Wirkungen der Verbrauchsteuern in praxi zunehmend geringer werden. Vgl. Recktenwald, H. C., Analyse zusätzlicher Steuerlasten (StuW 1984), S. 266.

[739] Vgl. Held, A., Einkommensteuer (1872), S. 286; Mayr, G., Württembergische Steuerreformfragen (Zeitschrift für die gesamte Staatwissenschaft 1891), S. 258; Wagner, A., Steuergeschichte (1910), S. 366.

der Betrachtungen.[740] Letzterer Aspekt wird ausführlicher bei der Besprechung der neueren Begründungen behandelt. An dieser Stelle gilt es somit zu klären,

(1) welche Überlegungen den sozialpolitischen Erwägungen im 19. Jahrhundert zugrunde lagen, und

(2) welcher der Tariftypen am ehesten mit diesen Überlegungen in Einklang zu bringen ist.

1. Grundkonzeption

Bei der Ausgestaltung der progressiven Einkommensteuertarife stand im 19. Jahrhundert häufig nicht die zunehmende Belastung der Besserverdienenden, sondern vielmehr die Entlastung der Geringverdienenden im Interesse des Gesetzgebers. So hieß es beispielsweise in der Gesetzesbegründung zur sächsischen Einkommensteuerreform des Jahres 1874: "Für das Maß der Progression ist festzuhalten, daß sie einerseits den niederen Classen, gegenüber den höheren, eine wirkliche Erleichterung gewähren soll ...".[741]

Angesichts dieses Beweggrundes wurde den Steuertarifen in dieser Zeit häufig nicht progressiver, sondern vielmehr degressiver Charakter zugewiesen.[742] Ausgangspunkt bildete ein Normalsatz der Besteuerung, von dem aus den Beziehern niedrigerer Einkommen Erleichterungen in Form von ermäßigten Steuersätzen gewährt wurden.[743]

Zweck dieser Vorgehensweise war offensichtlich die Entlastung der Geringverdienenden, um dieser Personengruppe das zum Leben Notwendige zu erhalten. Sicherlich muß dabei beachtet werden, daß zu dieser Zeit das soziale Netz noch nicht so dicht geknüpft war wie in der heutigen Zeit, so daß aus sozialpolitischer Sicht eine Steuerbefreiung der weniger Bemittelten zwingend

---

[740] Siehe Dittmann, H., Grundlagen der Steuerprogression (1950), S. 127; Neumark, F., Probleme der Steuerprogression (1961), S. 383 ff.

[741] Gensel, J., Steuerreform im Königreich Sachsen (Annalen des Deutschen Reiches 1874), S. 1447.

[742] Vgl. Cohn, G., Preußische Steuerreform (JfNuSt 1891), S. 41; Wagner, A., Reform der direkten Staatsbesteuerung (FA 1891), S. 237 ff. Allerdings muß beachtet werden, daß sich keine Unterschiede zwischen degressiven und progressiven Tarifen ergeben. Bei degressiven Tarifverläufen wird als Betrachtungspunkt der Spitzensteuersatz gewählt, während bei progressiven Tarifen der Kurvenverlauf vom geringsten in Richtung steigender Einkommen analysiert wird.

[743] Bräuer, K., Lehre vom Steuertarif (1927), S. 5, merkt zu dieser Form der Tarifgestaltung an: "... von einer Degression des Tarifes ...(*ist*)... nur dann zu sprechen, wenn der Gesetzgeber in der äußeren Form des Steuertarifes schon die Degression zum Ausdruck bringt, d.h. von einem Höchstsatz ausgeht, der mit sinkenden Besteuerungsmengen sich immer mehr ermäßigt, bis die Untergrenze der Besteuerung erreicht ist."

erforderlich war. Allerdings muß geprüft werden, ob nicht auch andere Tarifgestaltungen Entlastungen zur Folge gehabt hätten.

2. Beurteilung hinsichtlich der grundlegenden Tariftypen

Es gilt die Frage zu beantworten, ob der im 19. Jahrhundert beschrittene Weg zur Entlastung der Steuerpflichtigen tatsächlich der richtige gewesen ist. Die damals gewählte Vorgehensweise ist uneingeschränkt zu befürworten, falls sich durch die anderen Tariftypen keine Steuerermäßigungen erreichen ließen.

Regressive Tarifverläufe sind grundsätzlich abzulehnen, da aus ihrer Anwendung keine Erleichterungen für die Bezieher niedriger Einkommen entspringen, sondern vielmehr eine Prägravation der vorgenannten Bevölkerungsgruppe zu erwarten ist. An diesem Fakt würde auch die Einführung eines Grundfreibetrags nichts ändern.

Die Eignung der Progressionstarife ist von der jeweils der Betrachtung zugrundeliegenden Sichtweise abhängig. Wählt man als Referenzpunkt den Spitzensteuersatz, der in jener Zeit ja oftmals als Normalsteuersatz bezeichnet wurde, trägt der degressiv wirkende Progressionstarif zur Entlastung der Geringverdienenden bei. Legt man als Vergleichsmaßstab den geringsten Steuersatz (Minimalsteuersatz) an, werden alle Steuerpflichtigen, die über diese Steuerstufe hinausgehende Einkünfte beziehen, verhältnismäßig stärker belastet. Dies hat zur Folge, daß zum einen auch eine große Zahl Geringverdienender ihre Steuerbelastung als relativ hoch einschätzt, und zum anderen der für die einzelnen Personengruppen zu gewährende Entlastungsbetrag nur willkürlich bestimmt werden kann.

Bei Anwendung eines proportionalen Tarifs werden dagegen alle Steuerpflichtigen grundsätzlich gleich belastet. Wird zusätzlich das Existenzminimum von der Besteuerung freigehalten, bewirkt dies eine Entlastung der Bezieher niedriger Einkommen. Diese Ermäßigung der Steuerlast verändert sich bei steigendem Einkommen und ist von der Höhe des Freibetrags sowie des Proportionalsteuersatzes abhängig.

Sowohl der Progressionstarif - bei entsprechender Betrachtungsweise - als auch ein Proportionaltarif mit Freibetrag können zur Erleichterung der Steuerlast von weniger wohlhabenden Steuerpflichtigen beitragen. Allerdings scheint letzterer Tariftyp vor dem Hintergrund vorziehenswürdig, daß sie neben sozialpolitischen Vorstellungen auch Gerechtigkeitserwägungen - im Sinne einer Vermeidung von Willkürlichkeiten - berücksichtigt.

G. Diskriminierung von Minderheiten

Zur Benachteiligung bestimmter Bevölkerungsgruppen gibt es eine Vielzahl von Anknüpfungspunkten, die sich sowohl auf die physische als auch auf die psychische Ebene beziehen können. Aus psychologischer Sicht bietet das Steuersystem die Gelegenheit, zur Diskriminierung unerwünschter Personen beizutragen. Obwohl sich diese Form der Differenzierung unter moralischen Überlegungen sicherlich verbietet, soll dieser Ansatz nachfolgend berücksichtigt werden, da sich seine Anwendung im Zeitablauf nachweisen läßt.

1. Grundkonzeption

Eine durch die Besteuerung bewirkte Diskriminierung läßt sich insofern leicht belegen, als daß die Steuerlast bestimmter Bevölkerungsteile ohne Vorliegen ökonomisch nachvollziehbarer Gründe höher liegt als bei vergleichbaren Personengruppen. Als Anknüpfungspunkte einer Differenzierung können regionale Gegebenheiten (Stadt-/Landbevölkerung; In-/Ausländer)[744], politische Aspekte (wirtschaftliches Niederringen von Konkurrenten zur Sicherung der eigenen Machtstellung)[745] sowie ethnische Unterschiede (Nicht-Juden/Jüdische Bevölkerung)[746] gewählt werden. Möglichkeiten der Höherbelastung ergeben sich bei der Festlegung der Bemessungsgrundlage, der Höhe des Steuersatzes sowie bei der gesamten Tarifgestaltung.

Die Ungleichbehandlung wirtschaftlich gleicher Sachverhalte aufgrund irgendwelcher Wesensmerkmale der Steuerpflichtigen ist grundsätzlich abzulehnen. In der heutigen Zeit ist diese Benachteiligungsstrategie im Hinblick auf die Tarifgestaltung - zumindest in zivilisierten Kulturen - nur noch selten nachzuweisen, so daß von einer ausführlicheren Erörterung dieses Gesichtspunktes abgesehen werden kann.[747]

---

[744] Als Beispiele sind die englischen Vermögensteuern im 11. Jahrhundert sowie im Jahre 1543 zu nennen. Vgl. auch Manes, A., Einkommensteuer in der englischen Finanz-Politik (1907), S. 129; Moll, B., Geschichte der englischen Vermögenssteuern (1912), S. 20.

[745] Vor diesem Hintergrund sind die einkommensteuerähnlichen Abgaben des 15. Jahrhunderts zu sehen, die in den italienischen Städterepubliken erhoben wurden. Siehe hierzu Guicciardini, F., Opere inedite (1862), S. 353 ff., zitiert nach Grabein, M., Geschichte der Lehre von der Steuerprogression (FA 1895), S. 482 ff.

[746] Dieser Anknüpfungspunkt wurde beispielsweise der deutschen Kopf- und Vermögensteuer des Jahres 1431 zugrunde gelegt. Vgl. Lang, K.-H., Entwicklung der Steuerverfassungen (1793), S. 182.

[747] Andererseits soll aber nicht verschwiegen werden, daß in zahlreichen Ländern eine Benachteiligung der ausländischen Einkünftebezieher (beschränkt Steuerpflichtige) z.B. hinsichtlich der Anrechnung von im Quellenabzug einbehaltenen Steuern besteht. Man sollte schließlich auch berücksichtigen, daß Freibeträge für bestimmte Personengruppen zur Benachteiligung der übrigen Steuerpflichtigen führen.

Strittig bleibt jedoch, ob die Höherbelastung der Wohlhabenden gegenüber den Ärmeren nicht auch diskriminierenden Charakter in sich birgt.[748] Immerhin muß eine Minderheit eine Steuerlast tragen, die ihr von der Mehrheit auferlegt wird.[749] Diesen Grundsachverhalt beschreibt von Hayek wie folgt: "Da ist in erster Linie der fundamentale Mangel jeder progressiven Besteuerung hervorzuheben, daß der Satz, zu dem eine Minorität diskriminativ besteuert wird, von einer Mehrheit festgesetzt wird, die diese Steuer nicht trägt."[750] Das Hauptmanko des Progressionstarifs ist demzufolge in der Tatsache zu sehen, daß ein kleiner Teil der Bevölkerung mit einem Steuersatz belegt wird, den der Großteil nicht zu tragen bereit ist.

Allerdings ist das Verfahren, Mehrheitsentscheidungen zu treffen, in einer Demokratie nicht zu beanstanden. Fühlen sich Minderheiten durch diese Mehrheitsbeschlüsse benachteiligt, können sie alle zur Verfügung stehenden Rechtsmittel ausschöpfen, um eine Änderung dieser Regelungen zu erreichen.

2. Beurteilung hinsichtlich der grundlegenden Tariftypen

Es besteht kein Zweifel daran, daß nicht-proportionale Tarife am besten dazu geeignet sind, bestimmte Personengruppen mittels der Tarifgestaltung zu benachteiligen. Bei progressiven Tarifen haben die Besserverdienenden eine verhältnismäßig hohe Steuerlast zu tragen, während bei regressiven Tarifverläufen die Bezieher niedriger Einkommen relativ schlechter gestellt werden. Da der Diskriminierungsgedanke jedoch an sich abzulehnen ist, kann dieser Wesenszug nicht-proportionaler Tarife nicht zu deren Vorziehenswürdigkeit führen.

Andererseits kann nicht von Diskriminierung gesprochen werden, wenn die wohlhabenderen Bürger einer relativ höheren Steuerlast unterworfen werden als die Geringverdienenden. Diese Aussage besitzt solange Gültigkeit, bis die Rechtsbehelfe gegen diese Tarifgestaltung von den betreffenden Justizstellen nicht mehr abgewiesen werden. Demzufolge kann unter Zuhilfenahme des Diskriminierungsaspektes auch keine Ablehnung nicht-proportionaler Tarifverläufe begründet werden.

Zusammenfassend kann festgehalten werden, daß der Diskriminierungsgedanke weder zur Befürwortung noch zur Ablehnung nicht-proportionaler Tarife beitragen kann. Proportionale

---

[748] Diese Form der Tarifgestaltung ist sogar in der italienischen, spanischen und portugiesischen Verfassung explizit vorgeschrieben. Vgl. Tipke, K./Lang, J., Steuerrecht (1991), S. 55.

[749] In der griechischen Antike wurde diese Vorgehensweise als Plünderung der Reichen durch Volksbeschluß angesehen. Vgl. Rodbertus, Nationalökonomie des klassischen Alterthums (JfNuSt 1867), S. 456.

[750] Hayek, F. A., Ungerechtigkeit der Steuerprogression (Schweizer Monatshefte 1952), S. 513.

Tarife können dagegen nicht der Benachteiligung unerwünschter Bevölkerungsgruppen dienlich sein. Dieser Aspekt erscheint aber vernachlässigbar, da die Zielsetzung der Diskriminierung aufgrund nichtökonomischer Wesensmerkmale von vorneherein abzulehnen ist.

H. Zusammenfassung der Ergebnisse

Nachdem die traditionellen Begründungen einer näheren Betrachtung unterzogen wurden, muß geprüft werden, ob anhand dieser Überlegungen bereits eine Entscheidung hinsichtlich des geeignetsten Tariftyps getroffen werden kann. Dazu sind die wichtigsten Erkenntnisse in übersichtlicher Weise zusammenzufassen.

	Anwendbarkeit des Konzepts	Wirkung der einzelnen Tariftypen		
		proportional	progressiv	regressiv
Deckung fiskalischer Bedürfnisse	ja	deckungsfähig	deckungsfähig	keine Aussage möglich
Äquivalenztheorie	nein	keine Aussage möglich	keine Aussage möglich	keine Aussage möglich
Leistungsfähigkeitsgedanke	nein	keine Aussage möglich	keine Aussage möglich	keine Aussage möglich
Willkür als Ausgleich mangelnder Steuergerechtigkeit	ja	bedingt willkürlich	bedingt willkürlich	bedingt willkürlich
Kompensationstheorie	nein	keine Aussage möglich	keine Aussage möglich	keine Aussage möglich
Sozialpolitische Erwägungen	ja	geeignet	geeignet	nicht geeignet
Diskriminierungsgedanke	nein	keine Aussage möglich	keine Aussage möglich	keine Aussage möglich

Abb. 40: Beurteilung der grundlegenden Tariftypen hinsichtlich der traditionellen Begründungen

Vorstehende Abbildung zeigt, daß es einem Großteil der traditionellen Begründungen an der Erfüllung der jeweiligen Anwendungsvoraussetzungen ermangelt. Dies hat zur Folge, daß diesen Argumentationspunkten keinerlei Aussagefähigkeit innewohnt. Hinzu kommt, daß bei diesen

Konzepten selbst unter Vernachlässigung der modellexogenen Schwachpunkte keine klaren Erkenntnisse zu Tage gefördert werden können.

Andererseits führen auch die grundsätzlich anwendbaren Begründungen nicht zu zweifelsfreien Ergebnissen. Regressive Tarifgestaltungen schneiden bei der Beurteilung zwar eindeutig am schlechtesten ab, jedoch kann keine Präferenzstruktur hinsichtlich proportionaler und progressiver Tarife erstellt werden.

Somit erscheint es nicht mehr verwunderlich, daß die bis zur Mitte des 20. Jahrhunderts heftig geführte Diskussion um die Sinnhaftigkeit der direkten Steuerprogression ergebnislos bleiben mußte. Zum einen konnten die Grundvoraussetzungen zahlreicher Begründungen widerlegt werden, zum anderen waren bei der Analyse der einzelnen Überlegungen keine eindeutigen Erkenntnisse zu gewinnen. Es stellt sich schließlich die Frage, ob die neueren Konzepte eine größere Aussagekraft besitzen, so daß letztendlich eine zweifelsfreie Schlußfolgerung gezogen werden kann.

III. Würdigung der neueren Begründungen

Im vorhergehenden Abschnitt fanden die traditionellen Begründungen Eingang in die Untersuchung. Im Ergebnis war festzuhalten, daß diese Konzepte nur wenig Anhaltspunkte für die Entscheidung ob der Bevorzugung proportionaler, progressiver oder regressiver Tarifgestaltungen geben konnten. Nachfolgend ist die Frage zu beantworten, ob sich die neueren Begründungen als aussagekräftiger erweisen. Dazu sollen

- die Wirkungen der verschiedenen Tariftypen auf die Einkommensumverteilung beschrieben,
- der Zusammenhang zwischen Tarifgestaltung und Neid herausgearbeitet,
- die durch die Steuertarife bewirkten Beeinträchtigungen der Entscheidungsneutralität analysiert[751], sowie
- die Tarifgestaltungen vor dem Hintergrund wirtschaftspolitischer Überlegungen beleuchtet

werden. Schließlich sind noch einige neuere Begründungen in die Untersuchung einzubeziehen.

---

[751] Das Konzept der Entscheidungsneutralität beinhaltet die Analyse der Wirkungen der einzelnen Tariftypen auf das Entscheidungsverhalten der Steuerpflichtigen aus finanzwissenschaftlicher und betriebswirtschaftlicher Sicht. Die finanzwissenschaftliche Betrachtungsweise wird häufig mit dem Schlagwort "Wahrung der Allokationseffizienz" beschrieben. Im Rahmen der vorliegenden Untersuchung sollen die allokativen Wirkungen der Besteuerung jedoch nur am Rande untersucht werden, da aus dieser Diskussion keine Anhaltspunkte für die Wahl einer der grundlegenden Tariftypen entspringen.

Um das Verständnis der weiteren Ausführungen zu erleichtern, soll die folgende Vorgehensweise beschritten werden: Zuerst werden jeweils die einzelnen Begründungen in ihrem Sinngehalt dargestellt. Anschließend ist zu klären, inwieweit die Besteuerung im allgemeinen auf die mit den jeweiligen Tariftypen verbundenen Zielvorstellungen Einfluß nimmt. Schließlich wird geprüft, ob die einzelnen Tariftypen (zusätzliche) positive oder negative Wirkungen entfalten, um feststellen zu können, welche der drei in Frage kommenden Tarifverläufe hinsichtlich der verschiedenen Konzepte zu präferieren ist.

Schwierigkeiten bereitet dabei sicherlich die Operationalisierung einzelner Sachverhalte, so daß sich die Aussagen in diesem Bereich auf die qualitative Ebene beschränken müssen. Ebenfalls soll auf eine zu starke Formalisierung der Ausführungen verzichtet werden. Mathematische Beweise werden nur an tragenden Stellen der Untersuchung angeführt. Ansonsten wird versucht, die wesentlichsten Erkenntnisse verbal zu erarbeiten.

A. Einkommensumverteilungsgedanke

Den Ausgangspunkt der neueren sozialpolitischen Überlegungen bildet das Werturteil, daß der auf dem Markt stattfindende Einkommensverteilungsprozeß Mängel aufweist und einer Korrektur mittels Redistribution bedarf. Die Steuerprogression wird dabei als geeignetes Instrument angesehen, um die gesellschaftspolitisch als unbefriedigend empfundene marktprozessuale Verteilung der Individualeinkommen zu ändern.[752] Allerdings erscheint es zweifelhaft, ob eine zielentsprechende Tarifgestaltung der Forderung nach "gerechter" Markteinkommensverteilung dienlich sein kann. Vor diesem Hintergrund soll versucht werden,

(1) Entstehung und Aussageinhalt der Umverteilungstheorie herauszuarbeiten,

(2) mögliche Anknüpfungspunkte einer gesellschaftlich erwünschten Redistribution zu isolieren,

(3) ein geeignetes Meßinstrument zur Ermittlung des Umverteilungseffektes zu gewinnen,

(4) die durch die Besteuerung im allgemeinen gegebenen Möglichkeiten der Umverteilung kritisch darzustellen, sowie

(5) die einzelnen Tarifgestaltungen hinsichtlich ihrer Umverteilungswirkungen zu beurteilen.

---

[752] Vgl. Neumark, F., Probleme der Steuerprogression (1961), S. 383 ff.

1. Grundkonzeption

a) Ursprung und Grundidee des sozialpolitischen Gedankengutes

Als Wegbereiter sozialpolitischen Gedankengutes ist Adolph Wagner zu bezeichnen, der bereits vor der Jahrhundertwende konstatierte: "Steuern im sozialpolitischen Sinn sind diejenigen Auflagen und Abgaben, welche ... dem Zwecke dienen, in die auf Grund der Rechts- und Wirtschaftsordnung erfolgte und erfolgende Verteilung des Volkseinkommens und Volksvermögens ... regulierend einzugreifen."[753]

Mittels dieser Aussage wird dem modernen Staatsgebilde implizit die Einkommensumverteilungsfunktion als Aufgabe zugewiesen. Demzufolge hat sich schon zur damaligen Zeit die Erkenntnis durchgesetzt, daß der Besteuerung neben der traditionell geprägten, fiskalischen Funktion verteilungspolitische Aufgabenstellungen erwachsen, die eine differenziertere Steuerpolitik erfordern.[754] Die Verteilung der marktwirtschaftlichen Einkommen wird als unzulänglich empfunden, so daß von staatlicher Seite eine Umverteilung von den Besser- zu den Geringverdienenden gefordert ist.[755] Problematisch ist jedoch die Festlegung des gesellschaftlich erwünschten Maßes der Redistribution. Sicherlich wird nicht angestrebt, eine Gleichverteilung aller Einkommen zu erreichen.

b) Anknüpfungspunkte der staatlichen Umverteilungspolitik

Vertritt man aufgrund der Tatsache, daß die marktmäßige Einkommensverteilung zu unbefriedigenden Ergebnissen führt, die Auffassung, daß ein regulierender Eingriff des Staates notwendig ist, muß im nächsten Schritt die Frage einer Klärung nahegebracht werden, welcher Anknüpfungspunkt der staatlichen Umverteilungspolitik zugrunde zu legen ist.

Die Redistribution kann sich grundsätzlich

---

[753] Wagner, A., Finanzwissenschaft (1890), S. 120.

[754] Seligman, E., Progressive Taxation (1909), S. 129 f., beschreibt die bisherige und neue Aufgabenstellung des Staates wie folgt: "The essence of the first period consists in the endeavor on the part of the government to raise a revenue adequate to its needs. The essence of the second period consists in the predominance of social reasons over purely fiscal reasons. The state is no longer satisfied merely with raising an adequate revenue, but now considers it a duty to interfere with the rights of private property in order to bring about a more equitable distribution of wealth. The fiscal policy looks merely to the needs of administration; the 'socio-political' policy looks at the relations of social classes to each other, and the best methods of satisfactorily adjusting these relations."

[755] Die staatliche Umverteilungspolitik kann dabei als eigenständiges Ziel oder als Mittel zur Erreichung einer übergeordneten Zielsetzung interpretiert werden. Auf eine weitere Vertiefung dieser grundsätzlichen Frage kann jedoch verzichtet werden. Vgl. hierzu die Ausführungen bei Bohnet, A., Staatliche Verteilungspolitik (1989), S. 7 ff.

- an der Möglichkeit der Bedürfnisbefriedigung,
- an den zur Bedürfnisbefriedigung verwendbaren Mitteln, oder
- an den für die Bedürfnisbefriedigung verausgabten Mitteln

orientieren. Erstgenannter Maßstab würde das Vermögen, letzterer die Konsumausgaben als Richtschnur der Umverteilung heranziehen. Beiden Konzepten ist jedoch in der Literatur[756] heftige Kritik entgegengebracht worden, so daß ihre Anwendbarkeit zumindest fragwürdig erscheint.[757] Daher sollen diese möglichen Anknüpfungspunkte einer staatlichen Umverteilungspolitik außer Betracht bleiben.

Der Einkommensbegriff erweist sich dagegen für Zwecke der Umverteilung als geeignet.[758] Diese Maßgröße erfaßt die am Ende einer Abrechnungsperiode zur Befriedigung der Bedürfnisse zur Verfügung stehenden Mittel, ohne daß dadurch der zu Beginn der Abrechnungsperiode vorhandene Bestand an Mitteln in Mitleidenschaft gezogen wird.[759]

c) Instrumente zur Messung der Umverteilung

Zur Messung von Umverteilungseffekten gibt es ebenfalls verschiedene Anknüpfungspunkte.[760] Zum einen kann auf die Kosten-Nutzen-Analyse unter Hinzuziehung von Verteilungsgewichtungsfaktoren abgestellt werden, zum anderen kann Rückgriff auf die Ungleichverteilung der Ein-

---

[756] Vgl. beispielsweise Schneider, D., Steuerbilanzen (1978), S. 22 ff., der zahlreiche gegen diese Ansatzpunkte vorgebrachte Argumente auflistet. Gleiche Auffassung findet sich bei Neumark, F., Grundsätze gerechter Steuerpolitik (1970), S. 135 ff.; Haller, H., Steuern (1981), S. 43 ff.

[757] Gegen die Einbeziehung des Vermögens in die Umverteilungspolitik spricht sich auch Brümmerhoff, D., Verteilung der Jahres- und der Lebenseinkommen (1977), S. 30, aus.

[758] Im Anschluß an diese Entscheidung stellt sich natürlich die Frage, wie der Einkommensbegriff zu fassen ist. Neumark, F., Grundsätze gerechter Steuerpolitik (1970), S. 135, stellt hierzu fest: "Auch wenn man dieser Ansicht (*Anm. d. Verf.:* Einkommen stellt den besten Ausdruck steuerlicher Leistungsfähigkeit dar) beipflichtet, ist damit jedoch nur ein erster Anhaltspunkt für die Besteuerung der individuellen Steuerfähigkeit gefunden. Denn, ..., ist sowohl der Begriff des steuerbaren als namentlich auch der des steuerpflichtigen Einkommens recht unterschiedlicher Auslegungen und Fixierungen fähig ...". Zu einem Alternativkonzept vgl. Mitschke, J., Bemessungsgrundlage der direkten Besteuerung (1976), S. 205 f.

[759] Vgl. Mitschke, J., Bemessungsgrundlage der direkten Besteuerung (1976), S. 67 ff.; Schneider, D., Steuerbilanzen (1978), S. 22.

[760] Zu den Voraussetzungen, die erfüllt sein müssen, um die ordnungsgemäße Anwendbarkeit der nachstehenden Meßkonzepte zu gewährleisten, vgl. Ramser, H. J., Verteilungstheorie (1987), S. 9.

kommen vor und nach Steuern genommen werden.[761] Für die Klärung der vorliegenden Problemstellung soll letzteres Konzept verwendet werden.[762]

Die aufgrund des Steuereinflusses bewirkte Einkommensumverteilung wird regelmäßig anhand von Konzentrations- oder Verteilungsmaßen ermittelt, mit deren Hilfe die Einkommensverteilung vor und nach Steuern verglichen wird. Die in der wissenschaftlichen Diskussion gebräuchlichsten Maßgrößen werden nachstehend kurz erläutert und kritisch bewertet.

(1) Prozentuale Verteilung der Einkommensgruppen über die Gesamtbevölkerung

Bei dieser Meßmethode wird der Anteil an Steuerpflichtigen, die einer Einkommensgruppe angehören, erfaßt. Die Einkommensgruppen werden auf der X-Achse, der Anteil der diese Einkommen jeweils beziehenden Personen an der Gesamtbevölkerung auf der Y-Achse (unkumuliert) abgetragen.

Je weniger die aus dieser Betrachtung resultierende Kurve ausschlägt, desto geringer ist die Ungleichverteilung der Einkommen.[763]

(2) Lorenz-Kurven-Konzept

Eine andere Möglichkeit zur Beschreibung des Ausmaßes der Ungleichverteilung bietet das Lorenz-Kurven-Konzept.[764] Die Steuerpflichtigen werden nach der Höhe der von ihnen bezogenen Einkommen geordnet. Anschließend ist das Einkommen der jeweiligen Einkommensgruppen von der ärmsten bis zur reichsten Schicht kumulativ zu berechnen. Somit läßt sich letztlich ermitteln, welchen Anteil die jeweiligen Personengruppen am gesamten Volkseinkommen verdienen.[765] Diese Werte sind in einem rechtwinkligen Koordinatensystem graphisch aufzubereiten.

---

[761] Vgl. hierzu ausführlicher Stiglitz, J./Schönfelder, B., Finanzwissenschaft (1989), S. 273 ff. Sicherlich müssen im Regelfall die Wirkungen verschiedener Besteuerungssysteme auf die Einkommensverteilung als Maßstab herangezogen werden. Aus empirischen Gründen ist eine Ex-post-Analyse von Verteilungswirkungen von Steuerreformmaßnahmen nur über den Vergleich alternativer Steuersysteme möglich, da in den zivilisierten Ländern zumeist bereits ein Besteuerungssystem besteht. Für die theoretische Analyse der Wirkungen verschiedener Tariftypen soll jedoch vereinfachend von der Situation vor und nach Einführung von Steuern ausgegangen werden, um den Einfluß der Tarifgestaltung auf die Einkommensverteilung isolieren zu können.

[762] Die Entscheidung für dieses Meßinstrument ist ebenfalls vor dem Hintergrund zu sehen, daß sich die Anwendung der Kosten-Nutzen-Analyse erheblichen Zweifeln ausgesetzt sieht. Ihre Aussagefähigkeit leidet aufgrund der Inanspruchnahme von Nutzenkategorien.

[763] Vgl. Stiglitz, J./Schönfelder, B., Finanzwissenschaft (1989), S. 276.

[764] Vgl. Märtz, T., Analyse von Steuerreformen (1987), S. 3 ff.; Ramser, H., Verteilungstheorie (1987), S. 14 f.

[765] Vgl. Bohnet, A., Staatliche Verteilungspolitik (1989), S. 45 f.

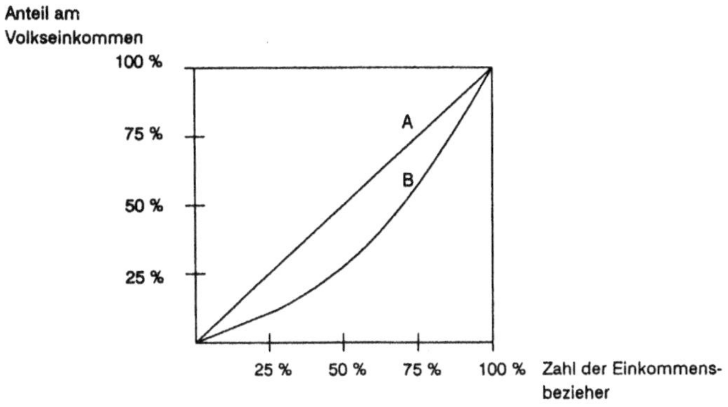

Abb. 41: Graphische Darstellung des Lorenz-Kurven-Konzepts

Aus vorstehender Abbildung lassen sich zwei unterschiedliche Einkommensverteilungen A und B innerhalb einer Grundgesamtheit ablesen. Lorenz-Kurve A zeigt den Zustand völliger Gleichverteilung: 25 % (50 %) der Bevölkerung verdienen 25 % (50 %) des gesamten Volkseinkommens. Aus Lorenz-Kurve B ist dagegen eine bestehende Ungleichverteilung abzuleiten: 25 % der Bevölkerung verdienen lediglich 10 % des gesamten Volkseinkommens, 50 % der Bevölkerung verdienen 25 % des Volkseinkommens usw.

Eine Einkommensverteilung E weist eine geringere Ungleichheit als eine Verteilung E' auf, falls E vollständig innerhalb E' liegt, so daß alle Punkte der Lorenz-Kurve E einen geringerern Abstand zur Diagonalen aufweisen als bei E'.

(3) Gini-Koeffizient

Das Lorenz-Kurven-Konzept besitzt nur beschreibenden Charakter. Daher hat man zur Berechnung der Einkommensungleichverteilung ein Flächenmaß, den sog. Gini-Koeffizienten, entwickelt.[766] Diese Maßgröße erfaßt im rechtwinkligen Koordinatensystem die Fläche zwischen Diagonale und Lorenz-Kurve:[767]

$$P_G = 1 - 2 \cdot \int L(F)dF$$

[766] Vgl. auch Bohnet, A., Staatliche Verteilungspolitik (1989), S. 50 f. Der anhand der Lorenz-Kurve interpretierbare Gini-Koeffizient wird als das bei der Beurteilung von Disparitäten am häufigsten verwendete Maß bezeichnet. Vgl. auch Maurer, A., Gini-Koeffizient (1988), S. 1.

[767] Vgl. Ramser, H. J., Verteilungstheorie (1987), S. 18 f.; Maurer, A., Gini-Koeffizient (1988), S. 6.

Je größer die Fläche zwischen beiden Linien ist, desto höher liegt der Wert des Gini-Koeffizienten. Demzufolge steigt auch das Ausmaß der Ungleichheit der Einkommensverteilung.

Die Aussagekraft der obenstehenden Maßgrößen ist nur von bedingter Natur. Die beiden erstgenannten Instrumente können nur Erkenntniswert besitzen, falls eine Einkommensverteilung nach Steuern in allen Einkommensbereichen der Einkommensverteilung vor Steuern überlegen ist, d.h. alle Punkte über der ursprünglichen Verteilungskurve liegen. Ist dies nicht der Fall, ergeben sich zwischen beiden Funktionen Überschneidungen, so daß jede Kurve in Teilbereichen besser, in anderen Teilbereichen dagegen schlechter abschneidet als die Alternativlösung.[768] Das Lorenz-Kurven-Konzept besitzt immerhin größeren Erkenntniswert als die vereinfachte Messung der Einkommensverteilung, da in übersichtlicher Weise die Abweichung der tatsächlichen Einkommensverteilung von der idealisierten Gleichverteilung gezeigt wird.

Mit Hilfe des Gini-Koeffizienten wird dem Betrachter ein Flächenmaß an die Hand gegeben, das auch bei Überschneidungen alternativer Lorenz-Kurven regelmäßig zu einem eindeutigen Ergebnis führen wird. Allerdings muß die der Ermittlung des Gini-Koeffizienten zugrundeliegende Lorenz-Kurve stets in Augenschein genommen werden, da die Maßgröße trotz unterschiedlicher Ungleichverteilungen die gleiche Ausprägung aufweisen kann. Diese Wirkung ergibt sich aus einer möglichen Verschiebung der Ungleichverteilung in verschiedene Einkommensgruppen.[769]

Somit bleibt festzuhalten, daß allen Konzentrations- oder Verteilungsmaßen gewisse Schwachstellen anhaften. Dennoch erscheint für die Zwecke der vorliegenden Untersuchung das Lorenz-Kurven-Konzept in Verbindung mit dem Gini-Koeffizienten geeignet, da die theoretische Analyse keine exakte Berechnung der Verteilungswirkungen erfordert.

2. Ansatzpunkte zur Beeinflussung bestehender Einkommensverteilungen und deren Beurteilung

Bevor auf mögliche Verteilungswirkungen der Besteuerung, insbesondere einzelner Tarifgestaltungen, eingegangen werden kann, ist festzustellen, welche Zielvorstellungen der Umverteilungspolitik zugrunde liegen. Die Beantwortung dieser Frage ist Voraussetzung für die Beurteilung der Eignung der Besteuerung zur Erreichung der vorgegebenen Zielkonzeption.

---

[768] Vgl. zu dieser Kritik auch Schaich, E./Ruff, A., Problematik der Anwendung statistischer Verfahren (Allgemeines Statistisches Archiv 1977), S. 99 ff.; Märtz, T., Analyse von Steuerreformen (1987), S. 9; Bohnet, A., Staatliche Verteilungspolitik (1989), S. 46.

[769] Siehe auch Bohnet, A., Staatliche Verteilungspolitik (1989), S. 51.

a) Zielvorstellungen der Einkommensumverteilung

Grundvorstellung der staatlichen Umverteilungspolitik bildet die These, daß das Einkommen der Gesellschaftsmitglieder möglichst "gerecht" zu verteilen sei. Jedoch herrscht eine unübersehbare Dissonanz in der Bestimmung des Begriffs der Verteilungsgerechtigkeit.[770] Als denkbare Zielkonzeptionen sind zu nennen:[771]

- Die Besteuerung darf nicht in die Einkommensverteilung eingreifen (Neutralitätspostulat).
- Die Besteuerung soll zu einer Begrenzung der bestehenden Ungleichheiten der Einkommensverteilung führen.
- Die Besteuerung soll eine bedarfsgerechte Einkommensverteilung bedingen.
- Die Besteuerung soll alle Einkommensungleichheiten beseitigen.

Das Neutralitätspostulat führt die historisch gewachsene "leave-them-as-you-find-them-rule" fort, die eine Beschränkung der staatlichen Funktionszuweisungen zum Inhalt hat.[772] Gegenwärtig wird dieses Konzept überwiegend als nicht realisierbar erachtet, da bei zahlreichen Transaktionen die Abwicklung über das Marktgeschehen sozial unverträgliche Ergebnisse zur Folge hätte.

Die gleiche Aussage gilt für die Forderung, mit Hilfe der Besteuerung die Beseitigung sämtlicher Einkommensungleichheiten erreichen zu wollen. Diese Gleichschaltung aller Steuerpflichtigen hat sich bereits zur Jahrhundertwende als nicht durchsetzbar bzw. nicht wünschenswert erwiesen.[773]

Das Konzept der bedarfsgerechten Einkommensverteilung sieht vor, die Verteilung der Einkünfte an den Bedürfnissen der Gesellschaftsmitglieder auszurichten. Unüberwindbare Schwierigkeiten bereitet bei diesem Ansatz allerdings die notwendige Offenlegung der individuellen Bedürfnisse der einzelnen Wirtschaftssubjekte[774], so daß sich seine Inanspruchnahme ebenfalls verbietet.[775]

---

[770] So gelangt Pen, J., Income Distribution (1971), S. 210 ff., immerhin zu mehr als 20 verschiedenen Aussagen über das anzustrebende Ausmaß der Umverteilung.

[771] Vgl. auch Bohnet, A., Staatliche Verteilungspolitik (1989), S. 9 ff.

[772] Vgl. hierzu Mann, F. K., Steuerpolitische Ideale (1937), S. 272 f.

[773] Vgl. auch Seligman, E., Progressive Taxation (1909), S. 130 f. Einige sehr kritische Stellungnahmen zu der mittels progressiver Tarifgestaltungen bezweckten Einkommensumverteilung sind bei Gerloff, W., Steuerwirtschaftslehre (HdF 1956), S. 286 f., zu finden. Diese Anmerkungen verdeutlichen auch die obenstehend vertretene Auffassung, daß eine Gleichverteilung der Einkommen bereits zu dieser Zeit keineswegs befürwortet wurde.

[774] Eine Offenlegung scheitert vor allem an der Unendlichkeit und der Nicht-Vergleichbarkeit der Bedürfnisse.

[775] Vgl. hierzu Bohnet, A., Staatliche Verteilungspolitik (1989), S. 11.

Demzufolge verbleibt als einzig verwirklichbare Zielkonzeption die Forderung nach einer Begrenzung der Ungleichverteilung. Der Besteuerung werden somit implizit zwei Aufgaben zugewiesen: Zum einen muß dafür Sorge getragen werden, daß das Steuersystem keine Verschärfung der Ungleichverteilung der Einkommen bedingt, zum anderen muß eine durch andere Einflußfaktoren ausgelöste Vergrößerung der Ungleichverteilung vermittels zielgerichteter Ausgestaltung des Steuersystems korrigiert werden. Zur Beurteilung des Ausmaßes der Ungleichverteilung bietet sich der bereits definierte Gini-Koeffizient an. Allerdings entzieht sich die Festlegung der "richtigen" Ausprägung dieser Maßgröße jeglicher wissenschaftlicher Beurteilungsfähigkeit.[776] Diese Entscheidung kann nur aus politischen Vorgaben entspringen.

Betrachtet man die einzelnen Zielvorstellungen, die der Umverteilungstheorie zugrunde liegen, fällt deren Werturteilbehaftetheit ins Auge. Das Neutralitätspostulat sowie die Forderung nach Gleichschaltung aller Einkommen gelten beispielsweise als unrealisierbar, da die hinter diesen Konzepten stehenden Grundaussagen nicht mehr in den gesellschaftlichen Rahmen der heutigen Zeit passen. Fraglich ist indes, ob dieses Werturteil auch zukünftig Gültigkeit besitzt. Somit ist die sinnvolle Anwendbarkeit des Einkommensumverteilungsgedankens bereits aus grundsätzlichen Erwägungen heraus in Zweifel zu ziehen.

b) Ansatzpunkte und deren Beurteilung

Besteht Klarheit über die zu verfolgende verteilungspolitische Zielsetzung, ist im nächsten Schritt zu fragen, welche Anknüpfungspunkte zur Verfügung stehen, um eine Ungleichverteilung von Einkommen zu mindern. Mögliche Konzepte bieten die Lohn- und Einkommenspolitik, das Steuersystem, die Transferpolitik sowie das gesetzliche Versicherungssystem.[777]

Eingriffe in die Lohn- und Einkommenspolitik sind durch die Festlegung von Mindest- und Höchstlöhnen denkbar. Die Einführung einer Begrenzung des Einkommens ist jedoch aus anreiztheoretischen Gesichtspunkten abzulehnen. Eine Eindämmung des Ausmaßes der Ungleichverteilung ist somit mit Hilfe dieser Konzeption nicht möglich.

Mit Hilfe des Steuersystems kann - wie später zu belegen sein wird - eine Umverteilung erreicht werden, indem die Bezieher höherer Einkünfte eine relativ höhere Steuerlast zu tragen haben als die Geringverdienenden.

---

[776] Gleiche Auffassung findet sich in anderem Zusammenhang bei Schmölders, G., Finanzpolitik (1970), S. 252.

[777] Bei Einbeziehung der Ursachen der Einkommensungleichheit zwischen verschiedenen Wirtschaftssubjekten sind auch andere Maßnahmen der Umverteilung denkbar. Führt man die Einkommensabweichungen auf ein unterschiedliches Bildungsniveau zurück, müßte beispielsweise eine Reform des Ausbildungssystems ins Auge gefaßt werden. Vgl. hierzu auch Schmölders, G., Finanzpolitik (1970), S. 250.

Vor der Gewährung von Transferzahlungen an weniger bemittelte Einkommensgruppen steht die zwangsweise Einbehaltung finanzieller Mittel. Idealerweise wird der Finanzbedarf einer Transferstelle über die Abgabenleistung der Besserverdienenden gedeckt. Insofern besteht aus ökonomischer Sicht kein Unterschied zwischen dem Transfersystem und der Erhebung von Steuerzahlungen über das Besteuerungssystem und der Umverteilung der so gewonnenen finanziellen Mittel.[778]

Die gesetzlichen Versicherungen (Krankenkasse, Rentenversicherung, Arbeitslosenversicherung) können zwar ebenfalls in die Einkommensverteilung eingreifen[779], jedoch ist keine Redistribution zwischen Reichen und Armen zu erwarten, sondern vielmehr "... zwischen jung und alt, zwischen Gesunden und Kranken und zwischen den Erwerbstätigen und den Arbeitslosen."[780]

Die Besteuerung bildet demzufolge einen geeigneten Anknüpfungspunkt, um in die durch das Marktgeschehen erfolgte Einkommensverteilung einzugreifen. Nachfolgend wird zu prüfen sein, ob aus der Einkommensbesteuerung, insbesondere aus der Anwendung der einzelnen Tariftypen, tatsächlich eine Redistribution resultieren kann.

3. Einfluß der unterschiedlichen Tariftypen auf die Einkommensumverteilung

a) Umverteilungseffekte der Besteuerung im allgemeinen

Zweifelsohne kann eine zielentsprechende Ausgestaltung des Steuersystems eine Umverteilung der Einkommen nach sich ziehen.[781] Fraglich ist indes das Ausmaß der mittels der Besteuerung zu erreichenden Redistribution.[782] Empirische Ergebnisse zeigen, daß sich im Zeitablauf trotz der

---

[778] Dieser Aspekt findet auch Niederschlag in der Forderung einer Verknüpfung von Steuer- und Sozialversicherungssystemen. Vgl. auch Mitschke, J., Steuer- und Transferordnung (1985), S. 14 ff.

[779] Siehe auch Franke, S., Entwicklung der Einkommensbesteuerung (1981), S. 42.

[780] Schmölders, G., Finanzpolitik (1970), S. 249 f.

[781] Gleiche Auffassung findet sich beispielsweise bei Neumark, F., Probleme der Steuerprogression (1961), S. 377; Albers, W., Umverteilungswirkungen der Einkommensteuer (1974), S. 69; Krause-Junk, G., Steuern IV: Verteilungslehren (HdW 1977), S. 351; Stark, R., Bestimmungsgründe des Einkommensteuertarifs (1985), S. 26.

[782] Ein Umverteilungseffekt ist nur bei einer Progressivität des Gesamtsteuersystems denkbar. Aufgrund der regressiven Wirkungen der gegenwärtigen Verbrauchsbesteuerung erfolgt eine Kompensation der durch die direkte Steuerprogression begrenzten Ungleichverteilung der Einkommen. Deshalb erscheint es nicht überraschend, daß empirische Untersuchungen im Ergebnis nur geringe Veränderungen der Einkommensverteilungen feststellen können, obwohl progressive Tarifgestaltungen in der praktischen Gesetzgebung Anwendung finden.

Anwendung progressiver Steuertarife in nahezu allen Industrienationen die Ungleichverteilung der Einkommen vor und nach Steuern kaum verändert hat.[783]

Diese Entwicklung liegt nur teilweise in den Schwachstellen des Redistributionskonzeptes begründet. Als wesentlichster Schwachpunkt dieses Ansatzes ist die Tatsache zu nennen, daß eine wirksame Umverteilung die Höherbelastung der Besserverdienenden voraussetzt, um mit dem daraus resultierenden Steueraufkommen Transferzahlungen an Geringverdienende leisten zu können.[784] Da jedoch der Anteil der Bezieher höherer Einkommen in der Gesellschaft relativ gering ist, kann nur bedingt eine Umverteilungswirkung erzielt werden. Als Lösung dieses Dilemmas böte sich die Erhöhung der tariflichen Steuersätze oder die Verschärfung des progressiven Tarifverlaufs an, im Extremfall "... to confiscate the property of the rich and give it to the poor."[785] Wie später bei der Besprechung der Umverteilungswirkungen der einzelnen Tariftypen gezeigt wird, scheiden beide Handlungsmöglichkeiten aufgrund praktischer und theoretischer Erwägungen aus der Betrachtung aus.

Neben den obenstehenden Mängeln des Redistributionskonzeptes sind als weiteres Manko, das zur mangelnden Effektivität der durch die Besteuerung bewirkten Umverteilung führt, die zahlreichen Befreiungsvorschriften des Einkommensteuerrechts zu nennen. Diese Steuererleichterungen haben zur Folge, daß die tatsächliche Steuerbelastung der einzelnen Einkommensgruppen nicht mit der erwünschten Steuerlast übereinstimmt und somit prognostizierte Redistributionswirkungen nicht eintreten.

Schließlich muß der Gesichtspunkt Beachtung finden, daß beträchtliche Teile des Einkommens der Steuerpflichtigen nicht der Besteuerung unterliegen. Diese Einkünfte stehen demzufolge nicht für Zwecke der Einkommensumverteilung zur Verfügung.[786] Welchen Personengruppen diese nicht erfaßten Einkünfte zuzurechnen sind, läßt sich aufgrund mangelnden statistischen Materials ebenfalls nicht eruieren, so daß als zusätzlicher Effekt die unzureichende Präzisierung der tatsächlichen Einkommensverteilung in einer Volkswirtschaft auftritt.

---

[783] Vgl. Schmidt, K., Steuerprogression (1960), S. 64 f.; Kakwani, N., Measurement of Tax Progressivity (Economic Journal 1977), S. 76 ff.; Kiefer, D., Tax Progressivity Indexes (National Tax Journal 1984), S. 509 f.

[784] Vgl. hierzu auch Stark, R., Bestimmungsgründe des Einkommensteuertarifs (1985), S. 26 ff.

[785] Seligman, E., Progressive Taxation (1909), S. 131.

[786] Albers, W., Umverteilungswirkungen der Einkommensteuer (1974), S. 81 f., schätzt den aufgrund von Steuerbefreiungen und Steuerhinterziehungen nicht der Besteuerung unterliegenden Anteil des Einkommens auf ca. 25 % des gesamten Sozialprodukts der Bundesrepublik Deutschland.

Das Redistributionskonzept konnte sich bisher aus empirischer Sicht nicht als erfolgreich erweisen. Geringfügige, auf die Besteuerung zurückzuführende Umverteilungseffekte können zwar festgestellt, das Ziel der Begrenzung der Ungleichverteilung der Einkommen jedoch nicht erreicht werden.

Im folgenden soll geprüft werden, ob alternative Tariftypen aus theoretischer Sicht zu Abweichungen von den empirisch ermittelten Ergebnissen führen könnten. Wiederum sind proportionale, progressive und regressive Tarifverläufe in die Betrachtung einzubeziehen. Die Beurteilung kann anhand des Lorenz-Kurven-Konzepts erfolgen: Brutto- und Nettoeinkommensverteilung sind jeweilig zu ermitteln und anschließend die bestehenden Disparitäten vor und nach Steuern zu vergleichen.

b) Proportionalität und Einkommensumverteilung

Es läßt sich zeigen, daß sich proportionale Einkommensteuertarife grundsätzlich verteilungsneutral verhalten. Die Bruttoeinkommensverteilung (L^B) entspricht der Verteilung der Nettoeinkommen (L^N), so daß sich die entsprechenden Funktionsverläufe nicht verändern. Dieser Zusammenhang läßt sich graphisch wie folgt aufbereiten:[787]

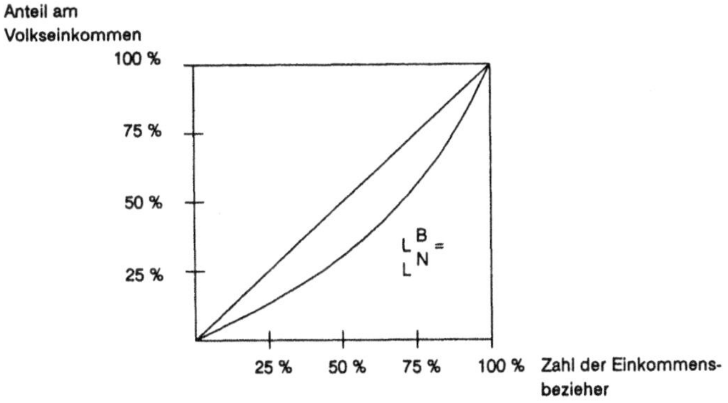

Abb. 42: Wirkung proportionaler Steuertarife auf die Einkommensverteilung

Berechnet man jeweils den Gini-Koeffizienten, ergibt sich: $P_G^{Brutto} = P_G^{Netto}$. Dieses Ergebnis erscheint unter Berücksichtigung der Tatsache, daß allen Einkommensbeziehern die Einkünfte

[787] Vgl. März, T., Analyse von Steuerreformen (1987), S. 17.

um einen relativ gleich hohen Betrag gekürzt werden und sich somit ihre Einkommensposition im Vergleich zu den anderen Wirtschaftssubjekten nicht verändert, keineswegs verwunderlich.

Der Auffassung von Schmidt, daß "... auch eine proportionale Besteuerung genügen würde, um den gewünschten Redistributionseffekt zu erzielen"[788], kann nur bedingt zugestimmt werden. Richtig ist die Feststellung, daß sich aufgrund sozialer Transfers eine gewisse Einkommensredistribution ergibt.[789] Dieser Effekt ist jedoch nur von untergeordneter Bedeutung, da in der Hauptsache keine Verschiebung von Reichen zu Armen, sondern vielmehr von Gesunden zu Kranken oder Jungen zu Alten erfolgen wird. Kritisch ist auch anzumerken, daß bei diesem Konzept die Umverteilung nur an der Mittelverwendung, nicht aber an der Mittelaufbringung anknüpft. Der proportional ausgestaltete Tarif würde somit "... not bring about that flattening of the top of the income pyramid which is the characteristic effect of progressive taxation."[790]

c) Progressivität und Einkommensumverteilung

Der Einkommensumverteilungsgedanke bildet einen zentralen Ansatz zur Rechtfertigung der Progressivbesteuerung.[791] Die relative Höherbelastung der Besserverdienenden soll eine Vergrößerung des Steueraufkommens bedingen[792], das wiederum zur Umverteilung herangezogen werden kann. Des weiteren resultiert aus der progressiven Belastung der Steuerpflichtigen eine Verschiebung der Positionen zwischen den einzelnen Einkommensgruppen. Letztlich ist aus der Anwendung eines Progressionstarifs eine Verringerung der Ungleichheit der Einkommen zu erwarten. Diese Aussage läßt sich mit Hilfe des Lorenz-Kurven-Konzepts anschaulich belegen.[793]

---

788 Schmidt, K., Steuerprogression (1960), S. 61.

789 Siehe auch Schmidt, K., Wirtschaftsordnung und öffentliche Mittelverwendung (Ordo 1956), S. 178.

790 Hayek, F. A., Progressive Taxation Reconsidered (1956), S. 269.

791 Schmidt, K., Steuerprogression (1960), S. 58, führt hierzu aus: "Von ungleich größerer Bedeutung als die bisher analysierten Theorien sind heute die sozialpolitischen Argumente ...". Gleiche Auffassung findet sich bei Franke, S., Entwicklung der Einkommensbesteuerung (1981), S. 40.

792 Siehe zur Problematik der fiskalischen Ergiebigkeit der progressiven Besteuerung auch die Ausführungen bei den traditionellen Begründungen.

793 Vgl. hierzu und zum formalen Beweis Märtz, T., Analyse von Steuerreformen (1987), S. 17.

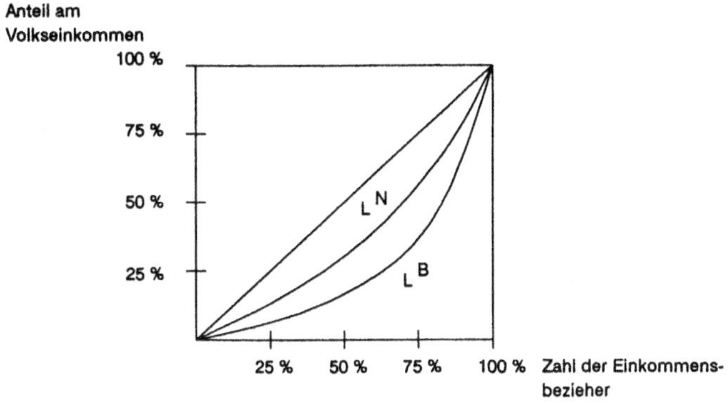

Abb. 43: Wirkung progressiver Steuertarife auf die Einkommensverteilung

Der sich bei Analyse der Bruttoeinkommensverteilung ergebende Wert des Gini-Koeffizienten liegt höher als der aus der Betrachtung der Nettoeinkommensverteilung resultierende: $P_G^{Brutto} > P_G^{Netto}$. Der progressive Steuertarif führt im Idealfall zu einer eindeutigen Verminderung der Ungleichheit der Einkommensverteilung. In diesem Fall müßte die Lorenz-Kurve L^N vollständig innerhalb von L^B liegen.

Schwierigkeiten bereitet die Berechnung des Ausmaßes der durch die Tarifgestaltung bedingten Umverteilung. Empirische Daten können mangels der Möglichkeit einer Isolierung des Tarifeinflusses keine Anhaltspunkte geben.[794] Allerdings sind Versuche unternommen worden, das aus Anwendung eines Progressionstarifs resultierende Steuermehraufkommen zu berechnen.[795] Die Untersuchungen zeigen die Zweitrangigkeit der so erwirtschafteten finanziellen Mittel im Verhältnis zu den anderen Staatseinnahmen. Dieses Ergebnis ist vor dem Hintergrund, daß die Zahl der Einkommensbezieher bei wachsendem Einkommen abnimmt, kaum in Zweifel zu ziehen. Folglich kann der Redistributionseffekt, der sich aus den in der Praxis angewendeten Tarifen ergibt, nur von untergeordneter Natur sein.

---

[794] Da jedoch schon bei der Besprechung der Verteilungswirkungen der Besteuerung im allgemeinen festgestellt werden konnte, daß deren Einfluß insgesamt nur von untergeordneter Bedeutung ist, kann die Annahme getroffen werden, daß sich auch die Einflußnahme der progressiven Tarifgestaltung als wenig erheblich erweist.

[795] Vgl. hierzu Schmidt, K., Steuerprogression (1960), S. 101 f., mit weiteren Literaturnachweisen.

Schließlich stellt sich die Frage, ob ein Progressionstarif zu konstruieren ist, der aus theoretischer Sicht zu befriedigenden Umverteilungswirkungen führen würde. Als Ansatzpunkte bieten sich - wie schon an anderer Stelle kurz angesprochen wurde - eine Erhöhung der Steuersätze und/oder Progressionsverschärfungen für Besserverdienende an.

Berechnungen für die Bundesrepublik Deutschland zeigen, daß die Erhöhung des Spitzensteuersatzes um einen Prozentpunkt im Jahr 1972 zu einem Steuermehraufkommen in Höhe von 40 - 50 Millionen DM geführt hätte.[796] Steuererleichterungen für Geringverdienende brächten dagegen zigfach höhere Mehrausgaben und/oder Mindereinnahmen. Dieser Änderungsansatz zielt somit ins Leere.

Als einziger Ansatzpunkt bleibt somit eine Ausweitung und/oder Verschärfung der Progressionszone des Tarifs, insbesondere im Mittelstandsbereich.[797] Dieses Lösungskonzept scheint wenig tauglich, da mit seiner Verwirklichung unübersehbare Folgen für die Leistungsbereitschaft der Steuerpflichtigen einhergehen könnten.[798]

Zusammenfassend bleibt festzustellen, daß die direkte Steuerprogression aus theoretischer Sicht zur Verminderung der Ungleichverteilung der Markteinkommen beitragen könnte. Allerdings müßte zur Erreichung dieser Zwecksetzung die Tarifgestaltung derart progressiv sein, daß erhebliche negative Effekte in anderen Bereichen zu erwarten wären.[799] Dieser Nachteil kann aufgrund vager Umverteilungsvermutungen, deren Umfang sich noch nicht einmal verifizieren läßt, nicht in Kauf genommen werden.

---

[796] Vgl. Karl-Bräuer-Institut des Bundes der Steuerzahler, Reform des Einkommensteuertarifs (1972), S. 30 f.

[797] Diesen Weg möchte zumindest der bundesdeutsche Steuergesetzgeber offensichtlich nicht beschreiten. Dies zeigt auch die Aufhebung des sog. "Mittelstandsbauches" durch den Einkommensteuertarif 1990.

[798] Zum formalen Nachweis dieser Negativwirkungen sei auf die Ausführungen zur Entscheidungsneutralität hingewiesen.

[799] So nennt das Karl-Bräuer-Institut des Bundes der Steuerzahler, Reform des Einkommensteuertarifs (1972), S. 32 f., zehn negative Folgewirkungen, die sich aus einer überzogenen Progression ergeben können: 1. Beeinträchtigung des Willens zur Mehrleistung; 2. Schmälerung der Unternehmensgewinne und somit Verringerung der Möglichkeit zur Finanzierung von Investitionen; 3. Behinderung riskanter Investitionen; 4. Schaffung eines Anreizes zu Betriebsausgaben; 5. Verminderung des Willens und der Fähigkeit zur Bildung von Ersparnissen; 6. Beeinträchtigung der internationalen Wettbewerbsfähigkeit der Wirtschaft; 7. Förderung der Verlegung von Kapital und Wohnsitz in niedrig besteuerte Länder; 8. Verleitung zur Steuerhinterziehung; 9. Zwangsweise Einführung von Steuererleichterungen; 10. Verschärfung der Auseinandersetzung zwischen Bürger und Verwaltung.

d) Regressivität und Einkommensumverteilung

Regressionstarife führen - ebenso wie progressive Tarifgestaltungen - zu Verschiebungen der Einkommensverteilung vor und nach Steuern. Allerdings bewirkt die Regression, daß die Nettoeinkommensverteilung (L^N) unter Hinzuziehung des Lorenz-Kriteriums schlechter abschneidet als die Bruttoeinkommensverteilung (L^B). Dieser Zusammenhang wird durch die nachfolgende Abbildung widergespiegelt.[800]

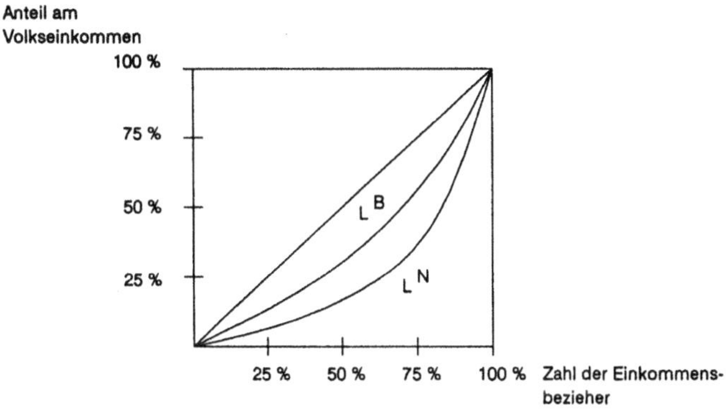

Abb. 44: Wirkung regressiver Steuertarife auf die Einkommensverteilung

Die Berechnung des Gini-Koeffizienten ergibt: $P_G^{Brutto} < P_G^{Netto}$. Dieses Ergebnis erweist sich aus verteilungstheoretischen Gesichtspunkten als äußert unbefriedigend, da aufgrund des Steuereinflusses die Ungleichverteilung der Einkommen zu- anstatt abnimmt. Regressionstarife müssen demzufolge unter der Maßgabe einer gewünschten Einkommensredistribution als nicht zielgerecht abgelehnt werden.

4. Beurteilung

Das Redistributionskonzept erscheint bereits aus grundsätzlichen Überlegungen fragwürdig. Die hinter diesem Ansatz stehenden Zielvorstellungen beruhen auf normativen Wertvorstellungen und entziehen sich somit der Möglichkeit einer ökonomischen Beurteilung.

---

[800] Vgl. hierzu auch Märtz, T., Analyse von Steuerreformen (1987), S. 17.

Außerdem ist kritisch zu bemerken, daß durch die Einkommensumverteilung der Volkswirtschaft über das fiskalisch notwendige Maß hinaus Ressourcen entzogen werden. Es erscheint dabei höchst fraglich, ob deren Neuverteilung in volkswirtschaftlich optimaler Weise erfolgt. Abgesehen von dem ohnehin entstehenden Verwaltungsaufwand läßt sich diesbezüglich eine Überlegenheit des Staatsapparates gegenüber dem Marktprozeß sicherlich nicht überzeugend begründen.[801]

Schließlich fördern die zur Messung des Umverteilungseffektes zur Verfügung stehenden Instrumente nur teilweise klare Erkenntnisse zu Tage. Dies liegt sicherlich auch darin begründet, daß nicht genügend statistische Daten erhoben werden, um eine zweifelsfreie Bestimmung der Einkommensverteilung vornehmen zu können, die wiederum die Grundlage der anzustrebenden Umverteilung bildet.

Akzeptiert man dennoch die Notwendigkeit einer Einkommensredistribution, ergeben sich beim zielentsprechenden Einsatz steuerpolitischer Maßnahmen folgende Ergebnisse:

- Bei Anwendung proportionaler Tarife sind keine Umverteilungswirkungen zu erwarten.
- Regressionstarife können zwar zur Redistribution führen, jedoch weist die Art der Umverteilung in die falsche Richtung.
- Die zur Erreichung eines nennenswerten Umverteilungseffektes erforderliche, scharfe Progression beeinträchtigt die unternehmerische Risikobereitschaft, da die risikoreichen, dafür aber hohe Gewinnchancen bietenden Investitionen diskriminiert werden.[802] Schließlich bedingt die progressive Tarifgestaltung eine Hemmung der privaten Kapitalakkumulation, da das größere Kapitalneubildungspotential der höheren Einkommen eine überproportionale Schmälerung erfährt.[803]

Die aus der Anwendung einer redistributiven Einkommensbesteuerung resultierenden wirtschaftspolitischen Nachteile wiegen den sozialpolitischen Vorteil höherer Verteilungs"gerechtigkeit" bei weitem auf. Daher ist Giersch zuzustimmen, wenn er die Feststellung trifft: "Deshalb ist die Steuerprogression längerfristig nicht jene soziale Wohltat, die der kurzatmige Zeitgeist in ihr sieht."[804]

---

[801] In diesem Zusammenhang sei auf die in der Finanzwissenschaft geführte Diskussion zur "excess burden" hingewiesen. Vgl. beispielsweise Fricke, D., Inzidenzbegriffe und Inzidenzkonzepte (WISU 1979), S. 5 ff.; Recktenwald, H. C., Neue Analytik der Steuerwirkungen (WiSt 1984), S. 396 ff.

[802] Vgl. Hayek, F. A., Ungerechtigkeit der Steuerprogression (Schweizer Monatshefte 1952), S. 512 f.

[803] Siehe auch Schmidt, K., Steuerprogression (1960), S. 130 ff.

[804] Giersch, H., Preis der Prosperität (Wirtschaftswoche vom 2.10.1989), S. 56.

B. Neidgedanke

In der Literatur ist zuweilen die - oftmals provokativ gemeinte - Formulierung zu finden, daß die Steuertarifprogression dazu geeignet sei, die Neidgefühle innerhalb einer Gesellschaft zu beseitigen oder zumindest zu minimieren.[805] Allerdings wurde in der praktischen Steuergesetzgebung der Neidgedanke nur bei der württembergischen Kapital- und Besoldungsteuer des Jahres 1820 zur Rechtfertigung einer progressiven Tarifgestaltung herangezogen.[806] In Anbetracht dieser augenfälligen Diskrepanz zwischen Theorie und Praxis stellt sich die Frage, ob diese Begründung trotz ihrer geringen Beachtung bei der Steuerrechtsetzung Relevanz für die Diskussion um die Sinnhaftigkeit der direkten Steuerprogression besitzt. Im nachfolgenden Abschnitt soll untersucht werden,

(1) wie der Begriff des Neides zu definieren und zu operationalisieren ist,

(2) inwieweit die Einkommensteuer den richtigen Ansatzpunkt zur Neidbeseitigung oder -reduzierung bildet und

(3) wie sich die unterschiedlichen Tariftypen auf die Ausprägung der Neidvorstellungen innerhalb einer Gesellschaft auswirken.

1. Grundkonzeption

Zur Erklärung des Neidbegriffs sollen nur die ökonomisch relevanten Tatbestände herangezogen werden. Im Anschluß an die definitorische Grundlegung sind die Ansätze zur Messung von Neidvorstellungen aufzugreifen, um die Operationalisierbarkeit dieser Begründung beurteilen zu können.

a) Neid im ökonomischen Sinn

Neid kann von vielfältiger Natur sein und auf verschiedenen Betrachtungsebenen existieren. Im folgenden sollen der individuelle und gesamtwirtschaftliche Neidbegriff betrachtet werden.

Die Nutzenbefriedigung von Einzelindividuen ist nicht nur vom eigenen Konsum an Gütern und Freizeit abhängig, sondern wird auch durch den verwirklichten Konsum anderer Gesellschafts-

---

[805] Vgl. beispielsweise Duesenberry, J. S., Theory of Consumer Behavior (1949), S. 101 ff.; Mishan, E. J., Survey of Welfare Economics (Economic Journal 1960), S. 247; Schoeck, H., Neid und Gesellschaft (1971), S. 219 f.; Bös, D./Tillmann, G., Envy Tax (Public Finance 1985), S. 35.

[806] Vgl. Siebert, A., Entwicklung der direkten Besteuerung (Zeitschrift für die gesamte Staatswissenschaft 1912), S. 51.

mitglieder beeinflußt.[807] Hohes Bedürfnisbefriedigungspotential der anderen Wirtschaftssubjekte bedingt negative Auswirkungen auf den eigenen Nutzen und führt somit zu Neid. Diese Nutzeninterdependenz läßt sich unter Verwendung einer alternativen Definition auch auf Einkommensbegriffe umsetzen: Hohes Einkommen anderer verursacht Neidgefühle in dem Sinn, daß die Einkünfte der anderen gegenüber den eigenen höhergeschätzt werden.[808] Neidfreiheit ist demzufolge gegeben, falls kein Individuum das Einkommen anderer Gesellschaftsmitglieder seinem eigenen Einkommen vorziehen würde.[809]

Der gesamtwirtschaftliche Neid entspringt aus der Aggregation der Neidvorstellungen aller Individuen einer Gesellschaft. Die Auswirkungen überhöhter Neidgefühle auf das soziale Klima innerhalb einer Gemeinschaft können sehr gravierender Natur sein: "Excessive envy in a society is an element of social disorder. Reducing envy is a step towards increasing social harmony."[810] Andererseits erscheint die Herstellung gesamtwirtschaftlicher Neidfreiheit, d.h. eines Zustandes, in dem kein Mitglied der Gesellschaft ein anderes ob seines Konsums oder Einkommens beneidet, nicht oder nur unter Inkaufnahme erheblicher Nachteile möglich.[811]

b) Ansätze zur Operationalisierung des Neidbegriffs

Es gibt verschiedene Ansätze zur Operationalisierung des Neidbegriffs, denen jedoch allesamt ein nicht zu übersehender Mangel anhaftet: Bei ihrer Bestimmung ist auf Nutzengrößen abzustellen, über deren Ausprägung nur wenig Erkenntnisse vorhanden sind. Ungeachtet dieses grundsätzlichen Mankos sollen nachfolgend einige Möglichkeiten zur Festlegung individueller und gesamtwirtschaftlicher Neidvorstellungen diskutiert werden.

Individueller Neid im ökonomischen Sinn kann zunächst als negativer, auf die Nutzenfunktion eines Wirtschaftssubjektes einwirkender Effekt aufgefaßt werden. Ein Individuum A gilt demnach als neidisch gegenüber Individuum B, falls eine Einkommenserhöhung des B den Nutzen von A reduziert.[812] Dieser Ansatz weist folgende Schwachpunkte auf:[813]

---

[807] Vgl. Bös, D./Tillmann, G., Neid und progressive Besteuerung (1983), S. 638.

[808] Vgl. Varian, H. R., Equity, Envy and Efficiency (Journal of Economic Theory 1974), S. 63 f.; Bös, D./Tillmann, G., Envy Tax (Public Finance 1985), S. 37.

[809] Siehe Feldman, A./Kirman, A., Fairness and Envy (American Economic Review 1974), S. 995.

[810] Bös, D./Tillmann, G., Envy Tax (Public Finance 1985), S. 35.

[811] Dieser Problembereich wird an späterer Stelle ausführlich diskutiert.

[812] Vgl. hierzu die Darstellungen bei Becker, G. S, Altruism (Economica 1981), S. 7; Bös, D./Tillmann, G., Neid und progressive Besteuerung (1983), S. 638. Auf die Darstellung des allgemeinen Formelapparates soll verzichtet werden.

[813] Siehe Bös, D./Tillmann, G., Neid und progressive Besteuerung (1983), S. 638.

- Bezieht Wirtschaftssubjekt A sehr hohe Einkünfte, während B nur ein geringes Einkommen aufweisen kann, erscheint es unwahrscheinlich, daß eine Einkommenserhöhung des B zur Nutzenreduzierung bei A führt.

- Eine Operationalisierung der den Betrachtungen zugrundeliegenden Nutzenfunktionen ist nur teilweise möglich.

- In den Nutzenfunktionen wird nur ein Einflußfaktor - das Einkommen - berücksichtigt. Jedoch beeinträchtigen auch andere Einflußgrößen den Nutzen des A.

Da sich obenstehender Definitionsversuch als unzureichend erweist, soll für die nachfolgenden Betrachtungen eine alternative Operationalisierung verwendet werden:[814] Individiuum A ist neidisch auf Individuum B, falls A lieber in Position von B wäre als in seiner eigenen. Formal ausgedrückt genügt diese Überlegung folgender Beziehung:

$$U_A(\alpha_A) < U_A(\alpha_B)$$

Diese Operationalisierung kann auf verschiedene Einflußgrößen, insbesondere auch auf Arbeitseinkommen, Konsumbündel und Freizeitnutzen bezogen werden. Nachfolgend soll jedoch eine Beschränkung auf die Einkommensebene erfolgen.

Zur Ermittlung des gesamtwirtschaftlichen Neides ist eine Maßzahl zu konstruieren, mit Hilfe derer die Neidvorstellungen der Einzel-Individuen einer Gesellschaft aggregiert werden können. Zur Lösung dieses komplexen Problemkreises werden in der Literatur ordinale und kardinale Konzepte angeboten:

Ausgehend von der Foley-Definition des individuellen Neides wird die Differenz zwischen der Wertschätzung des fremden und eigenen Güterbündels unter Verwendung ordinaler Maßgrößen wie folgt berechnet:

$$e_{ij} = U_i(\alpha_j) - U_i(\alpha_i)$$

Jede positive Ausprägung des Ausdruckes e_{ij} wird erfaßt und geht als eine Neidinstanz in die Gesamtneidmeßzahl C(x) ein. Je höher C(x), desto größer sind die in der Gesellschaft vorhandenen Neidgefühle.[815] Diese ordinale Messung des gesamtwirtschaftlichen Neides weist jedoch den Schwachpunkt auf, daß die Stärke der Neidgefühle nicht berücksichtigt wird.

---

[814] Dieser Ansatz wurde bereits in den 60er Jahren von Foley entwickelt (vgl. Foley, D., Resource Allocation (Yale Economic Essays 1967), S. 73 ff.). In der Folgezeit wurde dieses Modell von verschiedenen Autoren aufgegriffen (vgl. beispielsweise Varian, H. R., Equity, Envy and Efficiency (Journal of Economic Theory 1974), S. 64).

[815] Vgl. zu diesem Ansatz Feldman, A./Kirman, A., Fairness and Envy (American Economic Review 1974), S. 996 f.

Daher soll im folgenden eine kardinale Neidmaßgröße den Betrachtungen zugrunde gelegt werden. Zunächst ist für jedes Individuum das Neidgefühl gegenüber allen anderen Wirtschaftssubjekten zu berechnen:[816]

$$e_i = \sum_{j=1}^{n} \beta_{ij} \cdot e_{ij} \text{ mit } i = 1,\ldots,n$$

Obenstehender Ausdruck beschreibt für alle Personen einer Gesellschaft deren Neidbeziehungen zu den übrigen Mitgliedern der Gemeinschaft. Der Faktor β_{ij} beschreibt in Abhängigkeit von der jeweils Anwendung findenden Nutzenfunktion die Gewichtung der einzelnen Neidbeziehungen.

Will man nun die gesamtwirtschaftliche Neidmeßzahl ermitteln, sind die gewichteten Neidziffern der Einzelindividuen zu aggregieren:[817]

$$E = \sum_{i=1}^{n} d_i \cdot e_i$$

Vorstehende Ausführungen belegen, daß eine Operationalisierung des Neidbegriffes formal durchaus möglich erscheint. Allerdings darf nicht übersehen werden, daß alle Neiddefinitionen auf Nutzenvorstellungen und Nutzeninterdependenzen aufbauen. Solange eine operationale Fassung der Nutzenfunktionen an den mit diesem Konzept verbundenen Unwägbarkeiten scheitert, können auch die obenstehenden Ansätze nur eine geringe Aussagefähigkeit besitzen. Nichtsdestotrotz ist im folgenden zu versuchen, die durch die Besteuerung im allgemeinen und durch die Anwendung der verschiedenen Tariftypen im besonderen gegebenen Möglichkeiten zur Neidvermeidung und/oder -reduzierung zu beleuchten.

2. Neid und Besteuerung im allgemeinen

Im folgenden soll der Frage nachgegangen werden, ob es mittels einer Einkommensteuer möglich ist, die in einer Gesellschaft vorhandenen Neidvorstellungen zu beseitigen oder zumindest zu reduzieren. Kann die Besteuerung zur Neidfreiheit oder -minimierung beitragen, muß im weiteren Verlauf geprüft werden, inwieweit die verschiedenen Tariftypen diese Wirkungen zusätzlich auslösen oder beeinträchtigen.

---

[816] Vgl. hierzu Bös, D./Tillmann, G., Neid und progressive Besteuerung (1983), S. 642 f.

[817] Bös, D./Tillmann, G., Neid und progressive Besteuerung (1983), S. 643, weiten ihre formalen Beziehungen auch auf Gruppenbetrachtungen aus. Diese Vorgehensweise zieht entsprechende Folgen für die Festlegung der Gewichtungsfaktoren nach sich.

Aus Vereinfachungsgründen beschränken sich die nachfolgenden Ausführungen weitestgehend auf die Individualebene, so daß gesamtwirtschaftliche Neidaspekte außer Betracht bleiben. Jedoch sind die Operationalisierungen, die bei der Vorstellung des gesamtwirtschaftlichen Neidkonzepts getroffen wurden, zur Ermittlung des Ausmaßes der Neidreduzierungen heranzuziehen.

a) Ansätze zur Schaffung von Neidfreiheit

Möchte kein Individuum in der Position eines anderen sein, ist Neidfreiheit innerhalb einer Gemeinschaft gegeben. Es läßt sich zeigen, daß dieser Zustand nur erreicht werden kann, falls die Nettoeinkommen aller Steuerpflichtigen egalisiert werden:[818]

Es seien zwei Individuen A und B gegeben, zwischen denen Neidfreiheit bestehe. Unter Hinzuziehung der vorstehenden Operationalisierungen muß für die beiden Wirtschaftssubjekte jeweils die Wertschätzung des eigenen Nettoeinkommens höher sein als die des Nettoeinkommens des konkurrierenden Gesellschaftsmitglieds. Formal läßt sich diese Beziehung wie folgt beschreiben:

$$U_A(y_A - t(y_A)) \geq U_A(y_B - t(y_B)) \text{ und}$$

$$U_B(y_B - t(y_B)) \geq U_B(y_A - t(y_A))$$

Unter der Annahme, daß die Nutzenfunktionen der Individuen monoton zunehmen, kann die nachstehende Schlußfolgerung gezogen werden:

$$y_A - t(y_A) \geq y_B - t(y_B) \text{ und}$$

$$y_B - t(y_B) \geq y_A - t(y_A)$$

Diese Bedingung ist nur erfüllt, falls die Nettoeinkommen der Steuerpflichtigen A und B die gleiche Höhe aufweisen:[819]

$$y_A - t(y_A) = y_B - t(y_B)$$

Demzufolge müßte die Besteuerung dergestalt in die Einkommensverteilung eingreifen, daß die Einkünfte nach Steuern für alle Individuen der Gesellschaft gleich sind. Bei unterschiedlichen Bruttoeinkünften ist diese Zielerreichung nur vermittels eines stark progressiven Steuertarifs möglich. Wie später zu zeigen sein wird, ist die Forderung nach Herstellung von Neidfreiheit durch die Einkommensbesteuerung aufgrund des vorliegenden Ergebnisses unerfüllbar.

---

[818] Vgl. Bös, D./Tillmann, G., Neid und progressive Besteuerung (1983), S. 644 f.

[819] Siehe hierzu Bös, D./Tillmann, G., Envy Tax (Public Finance 1985), S. 39.

Jedoch sind andere Ansätze denkbar, um den Zustand der Neidfreiheit in einer Gesellschaft zu erreichen: Generell kann davon ausgegangen werden, daß die Höhe des Einkommens der Wirtschaftssubjekte direkt von deren individuellen Fähigkeiten abhängig ist. Da die Einzelindividuen einer Gesellschaft regelmäßig in unterschiedlicher Weise begabt sind, erzielen sie verschieden hohe Einkünfte.[820] Beneidet werden demzufolge nicht die Einkommen an sich, sondern vielmehr die Fähigkeit des einzelnen, sich aufgrund seines Wissens ein höheres Einkommen als die anderen Gruppenmitglieder zu erarbeiten.[821]

Aus diesen Gründen müßte als Anknüpfungspunkt des staatlichen Eingriffes das Humankapital der einzelnen Wirtschaftssubjekte herangezogen werden.[822] Zum einen könnten durch die Bildungspolitik die individuellen Fähigkeiten vereinheitlicht werden, so daß ceteris paribus jeder die gleichen Einkünfte erzielen würde und somit ein Zustand der Neidfreiheit hergestellt wäre. Andererseits kann Neidfreiheit entstehen, indem als Bemessungsgrundlage der Besteuerung nicht das Einkommen der Steuerpflichtigen, sondern deren Wissenspotential herangezogen wird.

Zusammenfassend bleibt festzustellen, daß die Einkommensteuer nur bedingt geeignet erscheint, die innerhalb einer Gesellschaft existierenden Neidvorstellungen zu beseitigen. Soll sie diese Aufgabe erfüllen, müssen gravierende effizienzschädigende Wirkungen befürchtet werden. Allerdings bleibt zu prüfen, ob die Besteuerung im allgemeinen zu einer Neidreduzierung beitragen kann.

b) Ansätze zur Neidreduzierung

Zur Beurteilung der durch die Besteuerung bewirkten Möglichkeiten der Neidreduzierung soll das Neidmaß e_i herangezogen werden, das bei der Operationalisierung der gesamtwirtschaftlichen Neidmaßgrößen definiert wurde. Es soll jedoch keine Aggregation der einzelnen Neidmeßzahlen erfolgen. Die Betrachtungen beschränken sich vielmehr auf die Verminderung der Neidgefühle von Einzel-Individuen.

Will man das Ausmaß der Nutzeneinbußen der einzelnen Gesellschaftsmitglieder festlegen, ist vorab eine Aussage über die mit der Besteuerung verbundene Zwecksetzung notwendig. Verfolgt man - wie zumeist zu erwarten ist - die Erreichung eines gleichen relativen Opfers als Besteue-

[820] Siehe Slemrod, J., Income tax system (National Tax Journal 1983), S. 366.

[821] Vgl. Varian, H. R., Equity, Efficiency and Envy (Journal of Economic Theory 1974), S. 72. Allerdings muß angemerkt werden, daß Neid nur insofern rational begründbar ist, als daß Wirtschaftssubjekte bei gleicher individueller Fähigkeit in unterschiedlicher Höhe entlohnt werden. Kein Neid dürfte somit entstehen, falls ein Individuum aufgrund seines Humanpotentials ein relativ höheres Entgelt erhält als vergleichbare Wirtschaftssubjekte mit niedrigerem Potential.

[822] Vgl. auch Bös, D./Tillmann, G., Neid und progressive Besteuerung (1983), S. 650 f.

rungsziel, kann die Besteuerung im allgemeinen zu einer Verringerung der Neidgefühle beitragen.[823]

Es sei ein Individuum i gegeben, das sein Einkommen mit dem anderer Wirtschaftssubjekte vergleiche mit der Maßgabe, daß eine höhere Wertschätzung der Einkünfte der anderen zu Neidgefühlen bei i führen möge. Unter diesen Bedingungen können jeweils die aggregierten Neidmeßzahlen hinsichtlich des Brutto- und Nettoeinkommens des Individuums i ermittelt werden. Vergleicht man die beiden Neidmeßzahlen, gelangt man nach einigen Umformungen zu folgendem Ergebnis:[824]

$$e_i^{netto} = (1 - K) \cdot e_i^{brutto}$$

Durch die Besteuerung wird demzufolge das Neidgefühl des Individuums i um eine Konstante (1 - K) gesenkt. Die Einkommensteuer kann somit eine Neidreduzierung bedingen. Im weiteren Verlauf wird zu klären sein, inwieweit die einzelnen Tariftypen zu einer zusätzlichen oder abgeschwächten Neidminimierung führen können.

3. Einfluß der unterschiedlichen Tariftypen auf die Neidreduzierung

Im vorstehenden Abschnitt wurde bereits gezeigt, daß die Einkommensteuer nicht zu einem Zustand der Neidfreiheit beitragen kann. Demzufolge sind die nachfolgenden Ausführungen auf das mögliche Eintreten einer Neidminimierung durch das Heranziehen proportionaler, progressiver oder regressiver Tarife zu beschränken.

Zur Beurteilung der durch die einzelnen Tariftypen bewirkten Neidreduzierung ist nochmals auf das bereits beschriebene Konzept der Opfertheorie zurückzugreifen, um die jeweiligen Nutzeneinbußen und somit die Veränderung der Neidvorstellungen beurteilen zu können.[825] Die Forderung nach Opfergleichheit kann sich dabei auf ein gleiches absolutes Opfer, ein gleiches relatives

---

[823] Vgl. hierzu und im folgenden Bös, D./Tillmann, G., Neid und progressive Besteuerung (1983), S. 646, mit ausführlicher formaler Ableitung der nachstehenden Ergebnisse. Auf diese Aussage wird an späterer Stelle noch Bezug genommen.

[824] Der ausführliche Beweis wird bei der Analyse des Einflusses der unterschiedlichen Tariftypen auf die Neidreduzierung angetreten.

[825] Vgl. zu dieser Vorgehensweise auch Bös, D./Tillmann, G., Neid und progressive Besteuerung (1983), S. 643 ff.

Opfer und ein gleiches Grenzopfer beziehen.[826] Verknüpft man die Nutzenvorstellungen, die bei der Beurteilung der in einer Gesellschaft vorherrschenden Neidvorstellungen eine tragende Rolle spielen, mit der Opfertheorie, läßt sich das durch die Besteuerung bewirkte Opfer formal ausdrücken:

$$O_i = U_i(y_i) - U_i(y_i - t(y_i))$$

Obenstehender Ausdruck beschreibt das Opfer eines Individuums i (O_i), das aus der Differenz der Wertschätzung seines Brutto- und Netto-Einkommens resultiert.

Dieser Ansatz läßt sich durch entsprechende Umformungen für die einzelnen Ausprägungen des opfertheoretischen Grundgedankens ausdrücken.[827]

Die engen Grundvoraussetzungen der Opfertheorie, die bei der Verknüpfung der beiden Argumenationspunkte Beachtung finden müssen, haben schon zu mannigfaltiger Kritik Anlaß gegeben.[828] Sie sollen nur insofern verwendet werden, als daß für die nachfolgenden Betrachtungen das Vorliegen identischer Nutzenfunktionen unterstellt wird. Somit kann gezeigt werden, daß selbst bei Gültigkeit dieser - eigentlich absurden - Annahme eine Reduzierung der Neidvorstellungen nicht zwangsläufig durch progressive Tarifverläufe erreicht oder verstärkt werden muß.[829]

a) Proportionalität und Neidreduzierung

Hat die Besteuerung das Erreichen eines gleichen Grenzopfers zum Zweck, müßten alle Einkommen nivelliert werden. Dieses Ziel kann - unter der Voraussetzung unterschiedlicher Brutto-Einkommen der Steuerpflichtigen - jedoch nicht durch die Anwendung eines proportionalen Tarifs, sondern nur durch die Hinzuziehung eines progressiven Tarifs erreicht werden. Wie bereits

---

[826] Zu den einzelnen Konzepten vgl. ursprünglich Edgeworth, F. Y., Pure Theory of Taxation (Economic Journal 1897), S. 550 ff. Nachfolgend fand dieser Ansatz in der wissenschaftlichen Auseinandersetzung vielfach Anwendung. Vgl. im Zusammenhang mit der Diskussion um die Sinnhaftigkeit der direkten Steuerprogression beispielsweise Blum, W. J./Kalven, H., Uneasy Case for Progressive Taxation (1953; reprint 1978), S. 39 ff.; Schmidt, K., Steuerprogression (1960), S. 16 ff. mit weiteren Literaturnachweisen.

[827] Vgl. hierzu Bös, D./Tillmann, G., Neid und progressive Besteuerung (1983), S. 644.

[828] Vgl. beispielsweise Franke, S., Entwicklung der Einkommensbesteuerung (1981), S. 39 f., mit weiteren Literaturnachweisen.

[829] Dieses Ergebnis zeigt sich auch bei kritischer Würdigung der "reinen" Opfertheorie. Selbst unter der Annahme der Gültigkeit der äußerst restriktiven opfertheoretischen Grundvoraussetzungen läßt sich zumindest für die Theorie des gleichen absoluten und relativen Opfers zeigen, daß sowohl progressive als auch proportionale und regressive Tarife zur Opfergleichheit führen können. Das Ergebnis ist jeweils abhängig vom Verlauf der Anwendung findenden Nutzenfunktionen. Vgl. zum Beweis Cohen-Stuart, A. J. C., On Progressive Taxation (1967; Original 1889), S. 48 ff.; Hinterberger, F./Müller, F./Petersen, H.-G., Gerechte Tariftypen (FA 1987), S. 45 ff.

an anderer Stelle ausgeführt wurde, ist dieser Ansatz, der eine vollständige Neidfreiheit für die gesamte Gesellschaft bedingen würde, aus Gründen des mangelnden Leistungsanreizes nicht erstrebenswert.

Unterstellt man die Anwendbarkeit des Prinzips des gleichen absoluten Opfers, ergibt sich aus der Einführung eines proportionalen Einkommensteuertarifs keine Neidreduzierung. Diese Aussage läßt sich unter Rückgriff auf die vorstehenden formalen Ausführungen wie folgt beweisen:[830]

$$e_i^{brutto} - e_i^{netto} = \sum_{j=1}^{n} ß_{ij} \cdot (U_i(y_j) - U_i(y_i)) - \sum_{j=1}^{n} ß_{ij} \cdot (U_i(y_j - t(y_j)) - U_i(y_i - t(y_i)))$$

$$= \sum_{j=1}^{n} ß_{ij} \cdot ((U_i(y_j) - U_i(y_j - t(y_j))) - (U_i(y_i) - U_i(y_i - t(y_i))))$$

Da für die Theorie des gleichen absoluten Opfer gilt:[831] $O_i = K$ für alle i, läßt sich obenstehender Ausdruck vereinfachen:

$$e_i^{brutto} - e_i^{netto} = \sum_{j=1}^{n} ß_{ij} \cdot (K - K) = 0$$

Somit ist die Neidmeßgröße vor und nach Steuern unverändert, d.h. die Einführung einer proportionalen Einkommensteuer führt zu keiner Neidreduzierung. Dieses Ergebnis ist unmittelbar einsichtig, da aus der bewertenden Sicht von Individuum i jeder Steuerpflichtige gleich viel an Nutzen verliert, so daß letztendlich die Nutzenabstände - und somit auch die Neidvorstellungen - unverändert bleiben.

Wird den Betrachtungen die Theorie des gleichen relativen Opfers zugrunde gelegt, die hauptsächlich für die Begründung der Progressivbesteuerung ins Feld geführt wird, gelangt man zur Erkenntnis, daß die proportionale Besteuerung zu einer Neidreduzierung um einen konstanten

[830] Dieser Beweis findet sich bei Bös, D./Tillmann, G., Neid und progressive Besteuerung (1983), S. 646.

[831] Siehe hierzu die formale Darstellung bei der Besprechung des Opfergleichheitsprinzips.

Faktor beitragen kann. Diese Aussage läßt sich durch nachstehenden formalen Beweis belegen. Die Grundbeziehung besitzt weiterhin Gültigkeit:[832]

$$e_i^{brutto} - e_i^{netto} = \sum_{j=1}^{n} ß_{ij} \cdot ((U(y_j) - U(y_j - t(y_j))) - (U(y_i) - U(y_i - t(y_i))))$$

Für die Theorie des gleichen relativen Opfers ergibt sich die Beziehung:[833] $O_i/U_i(y_i) = K$ für alle i. Somit erhält man nach einigen Umformungen:

$$U_i(y_i - t(y_i)) = (1 - K) \cdot U_i(y_i)$$

Setzt man diese Beziehung in die obenstehende Gleichung ein, gilt folgender Ausdruck:

$$e_i^{brutto} - e_i^{netto} = \sum_{j=1}^{n} ß_{ij} \cdot ((U(y_j) - (1 - K) \cdot U(y_j)) - (U(y_i) - (1 - K) \cdot U(y_i)))$$

$$= \sum_{j=1}^{n} ß_{ij} \cdot K \cdot (U(y_j) - U(y_i)) = K \cdot e_i^{brutto}$$

Durch Umformen erhält man schließlich

$$e_i^{netto} = (1 - K) \cdot e_i^{brutto},$$

d.h. die Netto-Neidmeßzahl ist um einen konstanten Faktor niedriger als die dazugehörige Brutto-Maßgröße. Dieses Ergebnis liegt darin begründet, daß jedes Individuum i die Nutzeneinbußen der Personen j (mit j = 1, ..., n) aufgrund der Unterstellung identischer Nutzenfunktionen als K % des Nutzens des jeweiligen Brutto-Einkommens einschätzt. Das Ausmaß des Neides verringert sich somit um einen konstanten Faktor.

b) Progressivität und Neidreduzierung

Ist das Einkommen der Wirtschaftssubjekte einer Gesellschaft unterschiedlich hoch, muß zum Erreichen eines neidfreien Zustandes ein progressiv ausgestalteter Tarif eingesetzt werden. Wie aber bereits ausgeführt wurde, soll von diesem unter Beachtung von Leistungsbereitschaftsgründen unhaltbaren Zustand abstrahiert werden.

---

[832] Dieser Beweis wurde schon bei der Darstellung der allgemeinen Besteuerungswirkungen kurz angerissen. Siehe hierzu Bös, D./Tillmann, G., Neid und progressive Besteuerung (1983), S. 647.

[833] Siehe hierzu die formale Darstellung bei der Besprechung des Opfergleichheitsprinzips.

Somit bleibt die Frage zu beantworten, inwiefern der progressive Tarif zur Neidreduzierung bei gleichem absoluten und relativen Opfer beitragen kann. Hierzu sei auf die obenstehenden Ausführungen und den dazugehörigen Formelapparat verwiesen, der aufgrund seiner allgemein gehaltenen Ausgestaltung nicht nur für proportionale, sondern auch für progressive Tarifverläufe Gültigkeit besitzt.

Demzufolge kann als Zwischenergebnis festgehalten werden, daß unter Hinzuziehung der Theorie des gleichen absoluten Opfers aus der Einführung eines progressiven Steuertarifs keine Neidreduzierung resultiert, während bei Zugrundelegung der Theorie des gleichen relativen Opfers die Neidvorstellungen um einen konstanten Faktor vermindert werden.

Diese Aussage erscheint unmittelbar einsichtig, wenn man sich vor Augen führt, daß das Ergebnis der Analysen von der Gestaltung der jeweilig Berücksichtigung findenden Nutzenfunktionen abhängig ist. Da diese Nutzenfunktionen nicht eindeutig zu operationalisieren sind, können verschiedenartige Verläufe als realistisch angesehen werden. Gerade diese Unsicherheit bei der Festlegung der Untersuchungskomponenten führt dazu, daß die Ergebnisse im voraus zielentsprechend manipuliert werden können.

c) Regressivität und Neidreduzierung

Die bereits getroffenen Aussagen gelten für regressive Tarifverläufe in analoger Weise. Neidfreiheit kann durch regressive Tarifgestaltungen nicht erreicht werden, erscheint aber auch nicht als erstrebenswert. Unter der Maßgabe eines gleichen relativen Opfers führt der Regressionstarif zu einer Neidreduzierung, bei Hinzuziehung der Theorie des gleichen absoluten Opfers führt der regressive Tarif zu keiner Neidreduzierung.

d) Beurteilung

Die Formalanalyse führt einerseits zu dem Ergebnis, daß durch die Progressivbesteuerung nicht unbedingt eine Neidreduzierung erreicht werden kann. Der Effekt der Neidverminderung tritt vielmehr nur unter den eng gesteckten Bedingungen ein, daß die Nutzenfunktionen, auf denen die Betrachtungen basieren, identisch sind und die Besteuerung die Herbeiführung eines gleichen relativen Opfers zum Ziel hat.

Andererseits kann die Neidreduzierung nicht nur auf die Anwendung eines progressiven Tarifverlaufs zurückzuführen sein, sondern - in Abhängigkeit von der jeweils gewählten Nutzenfunktion - auch aus proportionalen und regressiven Tarifgestaltungen entspringen.

Zusammenfassend läßt sich feststellen, daß das Neidkonzept nur bedingt dazu geeignet ist, einen Tariftyp gegenüber den konkurrierenden Tarifgestaltungen zu präferieren. Abgesehen von der offensichtlichen Fragwürdigkeit der Voraussetzungen, die zur Operationalisierung dieses Konzepts erfüllt sein müssen, können die Ergebnisse kein klares Bild vermitteln, da sie von der jeweils gewählten Sichtweise abhängen.

C. Entscheidungsneutralität

Durch die Besteuerung wird das Entscheidungsverhalten rational handelnder Wirtschaftssubjekte dergestalt verändert, daß die vor Einführung der Besteuerung erstellten Wirtschaftspläne aufgrund des Steuereinflusses revidiert werden.[834] Fraglich ist indes, inwieweit einzelne Tariftypen zusätzliche Verzerrungen des Entscheidungsverhaltens privater Haushalte bedingen. Zur Klärung dieser Problemstellung soll nachfolgend untersucht werden,

(1) was unter dem Begriff der Entscheidungsneutralität zu verstehen ist,

(2) welche Neutralitätsverletzungen durch die Besteuerung im allgemeinen ausgelöst werden und

(3) inwieweit die einzelnen Tariftypen eine verstärkte Beeinträchtigung der Entscheidungsneutralität bedingen.

1. Grundkonzeption

a) Entscheidungsneutralität aus finanzwissenschaftlicher Sicht

Die Finanzwissenschaft untersucht im Rahmen der Allokationstheorie[835] die Wirkungen der Besteuerung auf das Entscheidungsverhalten der Steuerpflichtigen. Als Grundfrage stellt sich das Problem, inwieweit knappe Ressourcen in einer Gesellschaft optimal verteilt werden können. Optimalität wird als Zustand gekennzeichnet, in dem durch keinen weiteren Verteilungsschritt ein Mitglied der Gesellschaft bessergestellt werden kann, ohne daß gleichzeitig ein anderes Mitglied

---

[834] Diese Annahme gilt unter der allgemein anerkannten Voraussetzung, daß das Handeln der betroffenen Wirtschaftssubjekte an Nettozielgrößen orientiert ist (vgl. Sigloch, J., Verzerrende Wirkungen (StuW 1990), S. 230).

[835] Die Allokationstheorie bildet den Untersuchungsgegenstand der normativen Wohlfahrtsökonomik. Vgl. beispielsweise Sohmen, E., Allokationstheorie (1976), S. 1; Kitterer, W., Effizienz- und Verteilungswirkungen (1986), S. 10. Es gilt zu beachten, daß die Allokationstheorie als normative Lehre einzuordnen ist, d.h. sie muß in ihre Betrachtung stets Werturteile einfließen lassen. Zur Darstellung der Aussagefähigkeit der Allokationstheorie aufgrund ihrer Wertbehaftetheit sowie der Wertprämissen siehe Külp, B./Knappe, E., Wohlfahrtsökonomik (1984), S. 1 ff.

der Gesellschaft Einbußen erleidet (Pareto-Optimalität[836]).[837] Der Zustand der Pareto-Optimalität im Sinne einer allokativen Effizienz[838] gilt als nicht erreichbar, da die Pareto-Bedingung nur im dynamischen Prozeß anwendbar ist. Jedoch können durch Reformmaßnahmen in einer Volkswirtschaft Pareto-Verbesserungen erzielt werden. Pareto-Verbesserungen sind dabei gekennzeichnet als Maßnahmen, die zu einer weiteren Annäherung an die Pareto-Optimalität führen.

Die mögliche Einflußnahme der Besteuerung auf die Allokationseffizienz wird aus finanzwissenschaftlicher Sicht vor allem vor dem Hintergrund der Wahlentscheidungen "Freizeit versus Arbeit" und "Konsum versus Sparen" untersucht. Beide Problembereiche sollen im folgenden kurz angerissen werden. Auf eine weitere Vertiefung der Thematik kann verzichtet werden, da - wie nachfolgend gezeigt wird - aus dieser Diskussion keine Schlußfolgerungen für die Wahl eines der grundlegenden Tariftypen gezogen werden können.

Unter Abwesenheit einer Besteuerung wird sich jeder Arbeitnehmer entsprechend seiner eigenen Präferenzstruktur für die Kombination zwischen Freizeit und Arbeitszeit entscheiden, bei der die Grenznutzen von Freizeit und Arbeit gleich sind.[839] Diese Festlegung ist von zahlreichen Faktoren abhängig, insbesondere auch vom Einkommen, das der Arbeitnehmer für seine Tätigkeit erhält. Die gegenwärtigen Einkommensbesteuerungssysteme belasten nun regelmäßig das Arbeitseinkommen, die Freizeitaktivitäten der Individuen werden dagegen nicht der Besteuerung unterworfen.[840] Dieser geänderte Umweltzustand führt zu einer Verschiebung der Wahlentscheidung zwischen Freizeit und Arbeit.

Die durch die Besteuerung ausgelösten Reaktionen lassen sich in Substitutionseffekt und Einkommenseffekt trennen:

---

[836] Zur Diskussion der Aussagefähigkeit des Pareto-Prinzips vgl. Hackmann, J., Das Pareto-Prinzip (Zeitschrift für Wirtschafts- und Sozialwissenschaften 1974), S. 239 ff.

[837] Vgl. Scheer, C., Verteilungswirkungen der Einkommensteuer (1982), S. 66. Zu den Wertvorstellungen, die insbesondere mit der Pareto-Bedingung verbunden sind, vgl. Hackmann, J., Paritianische Wohlfahrtsökonomik (1987), S. 13.

[838] Zum Zusammenhang zwischen Pareto-Optimalität und allokativer Effizienz vgl. Samuelson, P. A./Nordhaus, W. D., Volkswirtschaftslehre I (1987), S. 666.

[839] Siehe Schmölders, G./Hansmeyer, K.-H., Allgemeine Steuerlehre (1980), S. 210.

[840] Vgl. auch Stressler, E., Less Progressive Taxation (1989), S. 49. Eine indirekte Besteuerung der Freizeitaktivitäten kann über die Verbrauchsteuern erfolgen. So belastet beispielsweise die Mineralölsteuer die Kfz-Benutzung, die sich als eine der möglichen Freizeitbetätigungen darstellt. Diese Effekte sollen jedoch nachfolgend außer Betracht gelassen werden, da sie von der Wahlentscheidung der einzelnen Individuen über ihre Betätigung in der Freizeit abhängig sind.

- Mit der Besteuerung des Arbeitseinkommens sinken die Opportunitätskosten[841] für die Alternative Freizeit, so daß Arbeit durch Freizeit substituiert wird (Substitutionseffekt).[842]

- Die Besteuerung führt zu einer Verringerung des Netto-Einkommens, so daß der Steuerpflichtige mehr arbeiten muß, um den gleichen Lohn und somit den gleichen Lebensstandard wie vor Einführung der Steuer zu erhalten (Einkommenseffekt).[843]

Substitutionseffekt und Einkommenseffekt wirken gegenläufig, da erstgenannter zu einer Arbeitszeitreduzierung, letztgenannter dagegen zur Arbeitszeiterhöhung führt. Der durch die Besteuerung erhöhte bzw. gesunkene Anreiz zur Arbeit ist demzufolge davon abhängig, wie stark die beiden Effekte[844] jeweilig ausgeprägt sind.

Die Besteuerung beeinflußt die Wahlentscheidung zwischen Arbeitszeit und Freizeit erheblich, jedoch ist die Wirkungsrichtung nicht generell vorhersagbar.[845] Die Einflußnahme der einzelnen Tariftypen auf die Wahlentscheidung Freizeit versus Arbeit läßt sich ebenfalls nicht näher konkretisieren. Progressive Tarife führen tendenziell zur Arbeitszeitreduzierung[846], d.h. Steuerpflichtige werden in dieser Situation eher Arbeit durch Freizeit ersetzen als bei proportionaler Tarifgestaltung. Regressive Tarife werden für die Steuerpflichtigen vermutlich anreizfördernd wirken. Allerdings darf nicht übersehen werden, daß empirische Analysen zur Erkenntnis führten, daß der Nettoeffekt aus einkommens- und substitutionsbedingten Wirkungen bei den befragten Steuerpflichtigen nur von geringer ökonomischer Bedeutung ist.[847] Substitutionseffekte waren insbe-

---

[841] Die Opportunitätskosten der Betätigungsmöglichkeit Freizeit resultieren aus dem bei Verwirklichung dieser Betätigung hervorgerufenen Verzicht auf Arbeitsentgelt. Sinkt der Netto-Lohn aufgrund der Einführung einer Einkommensbesteuerung, wird auch der Verzicht auf Arbeitslohn je Einheit Freizeitbetätigung niedriger: die Opportunitätskosten für die Alternative Freizeit sinken.

[842] Vgl. Break, G. F., Economic Effects of Taxation (1974), S. 180; Wiegard, W., Beseitigung von Leistungshemmnissen (WISU 1984), S. 141; Hunter, W. J./Scott, C. E., Income Tax Progressivity (Public Finance Quarterly 1987), S. 190; Stiglitz, J. E./Schönfelder, B., Finanzwissenschaft (1989), S. 454.

[843] Vgl. Break, G. F., Economic Effects of Taxation (1974), S. 180; Wiegard, W., Beseitigung von Leistungshemmnissen (WISU 1984), S. 141; Hunter, W. J./Scott, C. E., Income Tax Progressivity (Public Finance Quarterly 1987), S. 190; Stiglitz, J. E./Schönfelder, B., Finanzwissenschaft (1989), S. 454.

[844] Zur näheren Darstellung der entgegengesetzten Wirkungen vgl. Break, G. F., Economic Effects of Taxation (1974), S. 181; Schmölders, G./Hansmeyer, K.-H., Allgemeine Steuerlehre (1980), S. 211 ff.; Wiegard, W., Beseitigung von Leistungshemmnissen (WISU 1984), S. 141.

[845] Zu den Schwachstellen dieses Ansatzes vgl. Break, G. F., Economic Effects of Taxation (1974), S. 181; Schmölders, G./Hansmeyer, K.-H., Allgemeine Steuerlehre (1980), S. 211 f.

[846] Vgl. Hunter, W. J./Scott, C. E., Income Tax Progressivity (Public Finance Quarterly 1987), S. 190.

[847] Verschiedene Studien finden sich beispielsweise bei Break, G. F., Economic Effects of Taxation (1974), S. 180 ff.; Atkinson, A. B./Stiglitz, J. E., Public Finance (1980), S. 48 ff.

sondere bei Beziehern hoher Einkommen festzustellen, während sich der Einkommenseffekt stärker bei Beziehern niedrigerer Einkommen auswirkte.[848]

Die Besteuerung beeinträchtigt die Wahlentscheidung "Sparen versus Konsum" ebenfalls, da sowohl das verfügbare Einkommen der Individuen abnimmt als auch die Rendite der Kapitalanlage sinkt.[849] Die Wirkungen der Besteuerung lassen sich als Umverteilungseffekt, Substitutionseffekt und Einkommenseffekt charakterisieren:

- Je höher das Einkommen der Steuerpflichtigen, desto höher ist deren Sparneigung, d.h. desto stärker werden zusätzliche Geldeinheiten dem Sparen zugeführt und dem Konsum entzogen (Umverteilungseffekt).[850]

  Da das Einkommen nach Steuern für alle Steuerpflichtigen niedriger als das vor Steuern liegt, sinkt die durchschnittliche Sparquote innerhalb der Volkswirtschaft bei Einführung einer Ertragsbesteuerung. Dies beeinträchtigt wiederum die Allokationseffizienz, da das vorhandene Kapital einer anderen Verwendung als in der Welt ohne Steuern zugeführt wird und somit insbesondere der Kapitalstock im Vergleich zum Ursprungszustand sinkt.

- Die Wahlentscheidung "Sparen" oder "Konsum" spiegelt - vereinfacht ausgedrückt - die Entscheidung zwischen gegenwärtigem und zukünftigem Konsum wider.[851] Sparzinsen können dabei als Opportunitätskosten des gegenwärtigen Konsumverzichts angesehen werden, d.h. als Warteentgelt für die Verschiebung des Konsums in die Zukunft.

  Der niedrigere Sparzins nach Steuern führt zur Bevorzugung des gegenwärtigen Konsums, da die Opportunitätskosten sinken (Substitutionseffekt).[852]

- Der Steuerpflichtige hat sich im Ursprungszustand für eine zukünftige Vermögensposition entschieden, die er durch Ansparen zu erreichen sucht.

  Der geringere Sparzins nach Steuern führt dazu, daß der Steuerpflichtige im gleichen Zeitraum wie vorher nur eine niedrigere Vermögensposition erreichen kann und somit seine künftigen Konsummöglichkeiten reduziert werden.[853] Revidiert der Sparer seine

---

[848] Siehe auch Break, G. F., Incentives to work (American Economic Review 1957), S. 553 f.; Musgrave, R. A./Musgrave, P. B., Public Finance (1989), S. 290.

[849] Vgl. Blum W. J./Kalven, H., Uneasy Case for Progressive Taxation (1953; reprint 1978), S. 25; Musgrave, R. A./Musgrave, P. B., Public Finance (1989), S. 304; Streissler, E., Less Progressive Taxation (1989), S. 50.

[850] Dieser Zusammenhang wurde bereits bei der Darstellung der Kompensationstheorie aufgezeigt. Die sinkende Konsumneigung bei steigendem Einkommen soll die regressiven Wirkungen der Verbrauchsbesteuerung bedingen.

[851] Siehe Naust, H., Intertemporale Allokation (1983), S. 53; Musgrave, R. A./Musgrave, P. B., Public Finance (1989), S. 303.

[852] Ähnliche Argumentation findet sich bei Slemrod, J., Income tax system (National Tax Journal 1983), S. 366; Stiglitz, J. E./Schönfelder, B., Finanzwissenschaft (1989), S. 465.

[853] Vgl. Naust, H., Intertemporale Allokation (1983), S. 58, der diese Problematik graphisch darstellt.

ursprünglichen Vermögensvorstellungen aufgrund der veränderten Situation nicht, muß er mit einem größeren Teil seines Einkommens auf gegenwärtigen Konsum verzichten, um die niedrigere Verzinsung seines Kapitals auszugleichen (Einkommenseffekt).[854]

Die Wirkungskette der Besteuerung auf die Entscheidung "Sparen" oder "Konsum" ist ähnlich komplex wie die bereits bei der Wahlmöglichkeit Freizeit versus Arbeitszeit beschriebene.[855] Es treten gegenläufige Effekte auf, die zum einen zur Bevorzugung der Sparalternative führen, andererseits aber auch den Gegenwartskonsum begünstigen. In welche Richtung die durch die Besteuerung ausgelösten Effekte jeweils wirken, läßt sich nicht vorhersagen, da die Entscheidung von einer Vielzahl von Beweggründen abhängig ist. Unstrittig ist jedoch, daß die Einkommensbesteuerung die Allokationseffizienz beeinträchtigt[856], indem sie zu einer Verschiebung des Kapitalstocks führt.

Proportionale Tarife beeinflussen die Wahlentscheidung "Sparen versus Konsum" regelmäßig in geringerem Umfang als nicht-proportionale Tariftypen.[857] Bei bestimmten Einkommensverteilungen kann sich diese Aussage jedoch als falsch erweisen. Bisher ist es nicht gelungen, die Auswirkungen der einzelnen Tariftypen auf das Sparverhalten der Steuerpflichtigen empirisch zu belegen, da der Steuertarif nur einen von vielen Einflußfaktoren der Wahlentscheidung verkörpert.[858] Die Annahme erscheint wahrscheinlich, daß - abgesehen von den allgemeinen Disincentive-Wirkungen der Besteuerung - von dieser Betrachtungsebene aus nur geringe Beeinträchtigungen aus der Anwendung eines der grundlegenden Tariftypen zu erwarten sind.[859]

---

[854] Vgl. Blum, W. J./Kalven, H., Uneasy Case for Progressive Taxation (1953; reprint 1978), S. 25 f.

[855] Die Wirkungszusammenhänge lassen sich in ähnlicher Weise darstellen, so daß an dieser Stelle auf eine ausführlichere Beschreibung verzichtet werden kann. Es sei auf die vorstehenden Ausführungen verwiesen.

[856] Gleiche Auffassung siehe Naust, H., Intertemporale Allokation (1983), S. 60. Der Kapitalstock wird durch die Besteuerung regelmäßig verkleinert. Güter werden zu früh konsumiert, obwohl es aus volkswirtschaftlicher Sicht sinnvoller erschiene, den Konsum in die Zukunft zu verschieben.

[857] Vgl. Schmidt, K., Steuerprogression (1960), S. 130; Break, G. F., Economic Effects of Taxation (1974), S. 192 f.

[858] Schmidt, K., Steuerprogression (1960), S. 130 f., vermutet eine Abhängigkeit der Sparneigung von der Sparwilligkeit und Sparfähigkeit der privaten Haushalte. Die Sparwilligkeit wird geprägt vom Sicherheitsdenken, Ertragsmotiv und Rangmotiv. Diese Faktoren sind durch progressive Tarifgestaltungen nur wenig beeinflußbar. Andererseits führt die Steuerprogression nach Schmidts Auffassung zu einer erheblichen Beeinträchtigung der Sparfähigkeit, so daß insgesamt ein Rückgang der Spartätigkeit zu erwarten sei.

[859] Tanzi, V., Individual Income Tax (1969), S. 119 f., gelangt im Rahmen seiner international angelegten Untersuchungen zu dem Ergebnis, daß die Steuerprogression erhebliche, aber nicht zu überschätzende Beeinträchtigungen der Sparneigung bedingt. Allerdings erscheinen seine Feststellungen ebenfalls sehr vage, da er nur eine begrenzte Anzahl von Einflußfaktoren berücksichtigen konnte. Nicht-monetäre Beweggründe finden keinen Eingang in seine Analyse.

b) Entscheidungsneutralität aus betriebswirtschaftlicher Sicht

Es ist das Anliegen der betriebswirtschaftlichen Steuerlehre, die Berücksichtigung des Steuereinflusses im Kalkül der Entscheidungsträger herauszuarbeiten.[860] Entscheidungsneutralität eines Steuersystems ist dabei gegeben, falls "... die Besteuerung die Wirtschaftspläne und das Verhalten rational handelnder Wirtschaftssubjekte nicht verändert."[861] Ist die Besteuerung als neutral einzuordnen, werden aus ihrer Anwendung keine Ausweichhandlungen in dem Sinne verursacht, daß die Rangordnung verschiedener Handlungsmöglichkeiten, die sich in der Welt ohne Steuern ergeben hat, unter Zugrundelegung ansonsten unveränderter Bedingungen verschoben wird.[862]

Verwendet man zur Feststellung der Vorteilhaftigkeit oder Vorziehungswürdigkeit mehrerer Investitionsalternativen einen Meßwert (z.B. Kapitalwertkriterium), bedeutet Entscheidungsneutralität nicht, daß die Besteuerung dieses Beurteilungskriterium überhaupt nicht verändern darf. Abweichungen vom Ausgangswert sind durchaus zulässig, insofern sich diese bei allen Investitionsprojekten in gleicher Weise - insbesondere ohne Vorzeichenwechsel - vollziehen, so daß die ursprüngliche Rangordnung gewahrt bleibt.[863]

Der Begriff der Entscheidungsneutralität soll vereinfachend anhand eines Beispiels verdeutlicht werden:[864] Der Steuerpflichtige A steht vor der Entscheidung, ein Kfz zu erwerben. Ihm stehen zwei verschiedene Modelle zur Auswahl, die während der Nutzungsdauer des Kfz folgende zukünftige Zahlungen[865] verursachen:[866]

---

[860] Siehe auch Elschen, R./Hüchtebrock, M., Steuerneutralität (FA 1983), S. 253.

[861] Sigloch, J., Verzerrende Wirkungen (StuW 1990), S. 229.

[862] Siehe auch Schneider, D., Investition, Finanzierung und Besteuerung (1990), S. 169. Schneider weist an gleicher Stelle darauf hin, daß nur durch legale Steuerausweichhandlungen verursachte Neutralitätsverletzungen zu beachten sind. Steuerordnungswidrigkeiten und Steuerhinterziehungen können somit aus der Untersuchung ausgeklammert werden.

[863] Vgl. auch Elschen, R./Hüchtebrock, M., Steuerneutralität (FA 1983), S. 261 ff.

[864] Es ist zu beachten, daß die nachfolgend konstruierten Besteuerungssysteme nur im Hinblick auf die konkret vorgegebenen Entscheidungsannahmen entscheidungsneutral bzw. entscheidungsverzerrend wirken. Vollkommene Entscheidungsneutralität ist in einer Welt mit Besteuerung gegenüber der Welt ohne Steuern ohnehin nicht möglich. Es sollen auch bewußt keine nicht praktizierten Besteuerungssysteme (z.B. Gesamtvermögensvergleich mit Ertragswertabschreibung) herangezogen werden, da diese zwar die Zusammensetzung des Kapitalstocks nicht beeinträchtigen, jedoch sehr wohl die Höhe des zur Verfügung stehenden Kapitalstocks. Dies zeigt, daß auch diese Modelle in gewisser Hinsicht entscheidungsverzerrend wirken. Wichtig ist daher, vorab die Prämisse zu setzen, inwieweit ein zu beurteilendes Besteuerungssystem entscheidungsneutral sein soll.

[865] Aus Vereinfachungsgründen wird den Betrachtungen eine Entscheidungssituation unter Sicherheit zugrunde gelegt.

[866] Es gelten folgende Grundannahmen: Marktzinssatz i = 10 %; Anschaffungskosten der Kfz jeweils 20.000 DM; laufende Kosten für Kfz1 1.000 DM jährlich, für Kfz2 1.800 DM jährlich.

	t_0	t_1	t_2	t_3
Modell 1	-20.000	-1.000	-1.000	-1.000
Modell 2	-20.000	-1.800	-1.800	-1.800

Unter Zugrundelegung des Kapitalwertkriteriums wird der Steuerpflichtige A das Kfz1 dem Kfz2 vorziehen, da C_0^1 = -23.169,90 DM und C_0^2 = -25.705,82 DM. Diese Rangordnung besitzt in der Welt ohne Steuern Gültigkeit. Nun sollen anstelle des ursprünglichen Umweltzustandes jeweils ein entscheidungsneutrales und ein entscheidungsverzerrendes Steuersystem in Kraft treten.

Ein erstes, hier entscheidungsneutrales Steuersystem bietet dem Steuerpflichtigen die Möglichkeit, die Anschaffungskosten der Kfz jeweils linear auf die Nutzungsdauer zu verteilen.[867] Laufende Betriebskosten sind steuerlich in voller Höhe abzugsfähig. Bei einem einheitlichen Steuersatz von s = 50 % und unter der Annahme eines sofortigen vollständigen Verlustausgleichs verändern sich die Zahlungsreihen wie folgt:

Modell 1

	t_0	t_1	t_2	t_3
Objekt-Zahlungsstrom v. St.	-20.000	-1.000	-1.000	-1.000
(Bilanzansatz)	(+20.000)	(+13.334)	(+6.667)	(0)
(Δ Bilanzansatz)	(+20.000)	(-6.666)	(-6.667)	(-6.667)
(Steuerbemessungsgrundl.)	(0)	(-7.666)	(-7.667)	(-7.667)
Steuerzahlungsreihe	0	+3.833	+3.833,5	+3.833,5
Netto-Zahlungsreihe	-20.000	+2.833	+2.833,5	+2.833,5

Modell 2

	t_0	t_1	t_2	t_3
Objekt-Zahlungsstrom v. St.	-20.000	-1.800	-1.800	-1.800
(Bilanzansatz)	(+20.000)	(+13.334)	(+6.667)	(0)
(Δ Bilanzansatz)	(+20.000)	(-6.666)	(-6.667)	(-6.667)
(Steuerbemessungsgrundl.)	(0)	(-8.466)	(-8.467)	(-8.467)
Steuerzahlungsreihe	0	+4.233	+4.233,5	+4.233,5
Netto-Zahlungsreihe	-20.000	+2.433	+2.433,5	+2.433,5

[867] Als Nutzungsdauer der Kfz sollen jeweils 3 Jahre veranschlagt werden. Nach Ablauf dieser Nutzungsdauer sind die Kfz ökonomisch wertlos, so daß ein Restwert nicht zu berücksichtigen ist.

Als Kapitalwerte ergeben sich C_0^1 = -12.284,15 DM und C_0^2 = -13.373,45 DM. Die Rangfolge vor Steuern ändert sich durch den Steuereinfluß nicht, die Besteuerung wirkt demzufolge - unter den eng vorgegebenen Prämissen - entscheidungsneutral.

Für ein zweites, entscheidungsverzerrendes Steuersystem gelten ebenfalls die bereits dargelegten Annahmen. Allerdings sind nun die Betriebskosten des Kfz1 nicht mehr steuerlich berücksichtigungsfähig, da dieses Fahrzeugmodell nicht den im geänderten Umweltzustand geltenden, strengen Umwelterfordernissen entspricht. Die Betriebskosten des Kfz2 sind weiterhin abzugsfähig. Somit ändert sich die für Kfz1 aufgestellte Zahlungsreihe, während die für Kfz2 unverändert bleibt:

Modell 1

	t_0	t_1	t_2	t_3
Objekt-Zahlungsstrom v. St.	-20.000	-1.000	-1.000	-1.000
(Bilanzansatz)	(+20.000)	(+13.334)	(+6.667)	(0)
(Δ Bilanzansatz)	(+20.000)	(-6.666)	(-6.667)	(-6.667)
(Steuerbemessungsgrundl.)	0	(-6.666)	(-6.667)	(-6.667)
Steuerzahlungsreihe	0	+3.333	+3.333,5	+3.333,5
Netto-Zahlungsreihe	-20.000	+2.333	+2.333,5	+2.333,5

Der beim Kauf des Modells 1 anfallende Kapitalwert beträgt im neuen Umweltzustand C_0^1 = -13.645,78 DM. Da C_0^2 unverändert bleibt, führt die Einführung des Steuersystems dazu, daß der Steuerpflichtige A seine Rangordnung, die er für die Welt ohne Steuern getroffen hat, aufgrund des Steuereinflusses revidiert. Die Besteuerung wirkt demzufolge entscheidungsverzerrend.

2. Durch die Besteuerung bedingte Neutralitätsverletzungen

a) Überblick

Die Neutralitätsverletzungen, die durch die Besteuerung ausgelöst werden, sind vielfältiger Natur. Sie können offen in Erscheinung treten oder lediglich verdeckt wirken.[868] Die Beeinflussungen der Entscheidungsneutralität entspringen aus Unzulänglichkeiten bei der Bestimmung der Bemessungsgrundlage, aus der Verwendung eines der grundlegenden Tariftypen sowie aus dem Zusammenwirken dieser beiden Bestimmungsfaktoren der Einkommensbesteuerung.

Da die Besteuerung die Entscheidungsneutralität so umfassend beeinträchtigt, sollen nachfolgend nur die durch die Tarifgestaltung bedingten Neutralitätsverletzungen in die Betrachtung einbezogen werden. Es wird demzufolge aus Vereinfachungsgründen das Vorhandensein einer entscheidungsneutralen Bemessungsgrundlage unterstellt.[869]

Die durch die Tarifgestaltung bedingten Neutralitätsverletzungen lassen sich in Zerr- und Hemmwirkungen trennen. Verzerrungen ergeben sich aus dem Zusammenwirken von Abschnittsbesteuerung und Tarifgestaltung. Hemmende Effekte des jeweils zugrundeliegenden Tariftyps sind die Folge des veränderten Verhältnisses von Brutto-Rendite und Netto-Rendite bei geplanten Investitionsvorhaben. Handelt der Entscheidungsträger unter Sicherheit, kann die Besteuerung die Vorteilhaftigkeit eines Investitionsprojektes dergestalt beeinträchtigen, daß der positive Kapitalwert vor Steuern durch den Steuereinfluß in den negativen Bereich verkehrt wird. Unter diesen Voraussetzungen ist der Verzicht auf die Durchführung der Investition zu erwarten. Unterstellt man eine Umweltsituation, in der Ungewißheit herrscht, kann durch die Besteuerung die Risikoneigung rational handelnder Wirtschaftssubjekte und somit wiederum die Verwirklichung geplanter Investitionsvorhaben beschränkt werden. Die einzelnen Neutralitätsverletzungen sind in der nachfolgenden Abbildung nochmals dargestellt.

---

[868] Vgl. Sigloch, J., Verzerrende Wirkungen (StuW 1990), S. 230. An gleicher Stelle arbeitet Sigloch für die bundesdeutsche Einkommensteuer die nachfolgend aufgeführten Beeinträchtigungen der Entscheidungsneutralität heraus: Offenkundige Neutralitätsverletzungen ergeben sich aus dem unterschiedlichen Umfang der steuerlichen Erfassung des Totalerfolgs, aus der Anwendung unterschiedlicher Periodisierungsmodelle, aus einkünftespezifischen Freibeträgen und Erfassungslücken, aus einkünftespezifischen Steuersätzen (z.B. für Veräußerungsgewinne), aus der Erhebung partiell diskriminierender Sondersteuern sowie aus der Gewährung subventioneller Steuervergünstigungen. Verdeckte Neutralitätsverletzungen resultieren aus der Bilanzkonvention zu Aktivierung und Aufwandsnachverrechnung bzw. zu Passivierung und Aufwandsvorverrechnung, aus der unterschiedlichen Behandlung der Kapitalhingabe, aus dem unvollständigen steuerlichen Verlustausgleich, aus der Spreizung des Spitzensteuersatzes für Personalunternehmen und Kapitalgesellschaften sowie aus der progressiven Tarifgestaltung.

[869] Diese Annahme ist, obwohl unter Zugrundelegung der geltenden Besteuerungssysteme völlig abwegig klingend, notwendig, um den Einfluß der unterschiedlichen Tariftypen auf die Entscheidungsneutralität isolieren zu können.

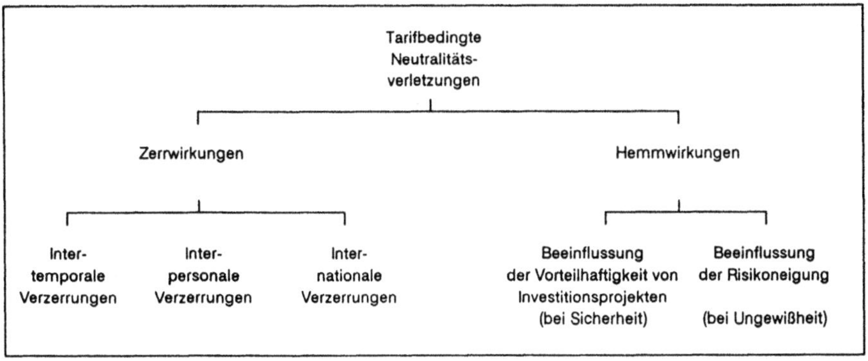

Abb. 45: Überblick über die tarifbedingten Verletzungen der Entscheidungsneutralität

Im weiteren Verlauf gilt es die einzelnen Neutralitätsverletzungen näher zu beschreiben, um schließlich zusätzliche Beeinflussungen herausarbeiten zu können, die sich möglicherweise aus der Anwendung eines der grundlegenden Tariftypen ergeben.

b) Zerrwirkungen der Besteuerung

Die durch die Besteuerung ausgelösten Zerrwirkungen können intertemporaler, interpersonaler und internationaler Art sein.[870]

Intertemporale Verzerrungen ergeben sich aus dem Zusammenspiel von Abschnittsbesteuerung[871] und Tariftyp. Die Aufteilung des gesamten Besteuerungszeitraumes in eine Vielzahl von Teilabschnitten (Periodizitätsprinzip) führt dazu, daß die Steuerpflichtigen Entscheidungen unter der Maßgabe treffen, daß die damit verbundenen Einzahlungsüberschüsse in Zeiten geringer Besteuerung oder in steuerfreien Zeiten realisiert werden, um die Steuerbelastung möglichst gering zu halten.

---

[870] Vgl. hierzu und im folgenden Sigloch, J., Verzerrende Wirkungen (StuW 1990), S. 235. Intertemporale Verzerrungen sieht auch Scheer, C., Verteilungswirkungen der Einkommensteuer (1982), S. 231 ff.

[871] Abschnittbesteuerung bedeutet, daß nicht das gesamte Lebenseinkommen einmalig der Besteuerung unterworfen wird, sondern die jeweils in einer Periode erwirtschafteten Einkünfte. So heißt es beispielsweise in § 2 VII des bundesdeutschen EStG: "Die Einkommensteuer ist eine Jahressteuer. Die Grundlagen für ihre Festsetzung sind jeweils für ein Kalenderjahr zu ermitteln."

Interpersonale Verzerrungen sind durch das Zusammenwirken von Individualbesteuerung[872] und Tarifgestaltung bedingt. Einkünfte von Steuerpflichtigen mit hoher Grenzsteuerbelastung werden auf Steuerpflichtige mit geringer Grenzsteuerbelastung transferiert mit der Zielsetzung, die Steuerbelastung insgesamt möglichst gering zu gestalten. Regelmäßig werden intertemporale Einkommensverlagerungen nur möglich sein, falls sich die beteiligten Personen als wirtschaftliche Einheit empfinden und in entsprechender Weise handeln.[873]

Beeinflussungen der Entscheidungsneutralität können letztlich auch aus den im internationalen Vergleich voneinander abweichenden Steuertarifgestaltungen resultieren. Diese verschiedenen Steuerrechtsetzungen haben zur Folge, daß die Steuerpflichtigen Einkünfte von Hoch- in Niedrigsteuergebiete verlagern, ohne daß die wirtschaftliche Verfügungsmacht über die Mittel geändert wird. Als Ziel dieser Einkommensverlagerung ist wiederum das Erreichen einer möglichst geringen Steuerbelastung zu nennen. Die Auswirkungen dieser Form der Ausweichhandlungen auf die Allokationseffizienz der heimischen Volkswirtschaft sind besonders gravierend, da inländisches Kapital ins Ausland transferiert und somit der Kapitalstock geschmälert wird.

c) Hemmwirkungen der Besteuerung

Die Besteuerung kann sich hemmend auf die Entscheidungsfreiheit rational handelnder Wirtschaftssubjekte auswirken, indem die Vorteilhaftigkeit und Vorziehenswürdigkeit[874] von Investitionsprojekten beeinträchtigt wird. In der nachfolgenden Abbildung sind die möglichen Steuerwirkungen in übersichtlicher Weise dargestellt.[875]

---

[872] Als Ausnahme vom Prinzip der Individualbesteuerung ist die in zahlreichen Ländern zulässige Zusammenveranlagung von Ehegatten zu nennen.

[873] Vgl. Sigloch, J., Verzerrende Wirkungen (StuW 1990), S. 235.

[874] Dabei ist streng zwischen den beiden Begriffen zu unterscheiden. Fälschlicherweise legen Elschen, R./Hüchtebrock, M., Steuerneutralität (FA 1983), S. 268 ff., ihren Ausführungen den Begriff der Vorteilhaftigkeit zugrunde, obwohl sie auf die Rangfolge alternativer Investitionsprojekte, d.h. auf deren Vorziehenswürdigkeit, abstellen.

[875] Vgl. hierzu auch die Darstellung bei Sigloch, J., Steuersparen (1984), S. 104. Die Besteuerung kann natürlich auch bewirken, daß eine (im Vergleich zur Kapitalmarktalternative) ehemals unrentable Investition aufgrund des Steuereinflusses vorteilhaft wird.

	vor Steuern	nach Steuern
Vorteilhaftigkeit		
(1)	+ +	+
(2)	+	-
Vorziehenswürdigkeit		
(3)	A > B	a > b
(4)	A > B	a < b

Abb. 46: Mögliche Hemmwirkungen der Besteuerung

Fall (1) zeigt die durch den Steuereinfluß unveränderte Vorteilhaftigkeit einer Investition, während Fallbeispiel (2) das Umschlagen des Vorteilhaftigkeitskriteriums symbolisieren soll.

Die Fallbeispiele (3) und (4) beziehen sich auf die Rangfolge zweier Investitionsprojekte A und B. Im Fall (3) wird die Rangfolge durch den Steuereinfluß nicht geändert, während im Fall (4) ein Rangfolgewechsel zu verzeichnen ist.

Nachfolgend soll nur die Beeinflussung des Vorteilhaftigkeitskriteriums analysiert werden, da der Rangfolgewechsel zwischen zwei alternativen Investitionsprojekten unter bestimmten Bedingungen zu keiner Investitionshemmung führt, sondern vielmehr verzerrende Tendenzen bewirkt.[876]

Eine Beeinträchtigung der Investitionstätigkeit durch die Veränderung der Vorteilhaftigkeit eines Projektes ist regelmäßig gegeben, falls die der Beurteilung eines Investitionsvorhabens zugrundeliegende Maßgröße durch den Steuereinfluß ein vorgegebenes Minimum unterschreitet.[877]

---

[876] Diese Aussage besitzt Gültigkeit unter der Annahme, daß der für die Verwirklichung der alternativen Handlungsmöglichkeiten eingebrachte Kapitaleinsatz gleich hoch ist. Übersteigt der Kapitaleinsatz für das verdrängte Investitionsvorhaben den des nach Steuern zu verwirklichenden Investitionsprojektes, wird zwar die Investitionstätigkeit an sich nicht gehemmt, jedoch ist das Investitionsvolumen geringer.

[877] Bei der am häufigsten Anwendung findenden Maßgröße, dem Kapitalwertkriterium, ist als minimale Größe der Nullpunkt anzusehen. Wird der Kapitalwert eines Investitionsvorhabens negativ, kann es nicht mehr als vorteilhaft für den Investor betrachtet werden.

Die Umkehrung der Vorteilhaftigkeit eines Investitionsprojektes durch die Besteuerung im allgemeinen soll anhand eines Beispiels verdeutlicht werden:[878] Es sei ein Investitionsvorhaben durchführbar, das während seiner Laufzeit die nachfolgenden Einzahlungsüberschüsse erbringt:

	t_0	t_1	t_2	t_3
Investition	-10.500	+6.000	+3.380	+3.000

Legt man den Betrachtungen das Kapitalwertkriterium zugrunde, ergibt sich für vorstehende Zahlungsreihe C_0^A = +1,88 GE. Bezieht man die Besteuerung mit in die Betrachtungen ein, sind der steuerpflichtiger Gewinn, die Steuerzahlungsreihe sowie die Netto-Zahlungsreihe zu ermitteln:

	t_0	t_1	t_2	t_3
Objekt-Zahlungsstrom v. St.	-10.500	+6.000	+3.380	+3.000
(Bilanzansatz)	(+10.500)	(+7.000)	(+3.500)	(0)
(Δ Bilanzansatz)	(+10.500)	(-3.500)	(-3.500)	(-3.500)
(Steuerbemessungsgrundl.)	(0)	(+2.500)	(-120)	(-500)
Steuerzahlungsreihe	0	-1.250	+60	+250
Netto-Zahlungsreihe	-10.500	+4.750	+3.440	+3.250

Aus der neu berechneten Netto-Zahlungsreihe läßt sich ein Kapitalwert C_0^A = -48,54 GE ableiten. Dieses Beispiel zeigt, daß eine vor Steuern vorteilhafte Investition sich aufgrund des Steuereinflusses nicht mehr rentieren kann.[879] Die Entscheidungsneutralität wird somit verletzt, da ein geplantes Projekt nicht zur Durchführung gelangt. Die Investitionsneigung der Wirtschaftssubjekte wird gehemmt.

---

[878] Folgende Annahmen besitzen Gültigkeit: Marktzinssatz i = 10 %; sofortiger Verlustausgleich; Steuersatz s = 50 %. Der proportionale Tarif wird an dieser Stelle aus Vereinfachungsgründen der Betrachtung zugrunde gelegt. Später sind auch die Wirkungen der anderen Tariftypen zu analysieren.

[879] Andererseits weist Schneider, D., Investition, Finanzierung und Besteuerung (1990), S. 206 ff., nach, daß aufgrund des Steuereinflusses ein nicht rentierliches Investitionsvorhaben vorteilhaft werden kann. Es gilt immer zu beachten, daß das Meßkriterium "Kapitalwert" eine relative, nicht aber eine absolute Beurteilung des zugrundeliegenden Sachverhalts ermöglicht. Eine Investition verbessert/verschlechtert sich durch die Einführung der Besteuerung nicht absolut, sondern lediglich im Vergleich zur Anlage am Kapitalmarkt.

Als zweites Investitionshemmnis ist die durch die Besteuerung bedingte Änderung der Risikobereitschaft zu nennen.[880] Dieser Einflußfaktor spielt bei in der Realität wohl zumeist gegebenen Entscheidungssituationen unter Ungewißheit - neben den Rentabilitätsaspekten - eine gewichtige Rolle.[881]

Um die Auswirkungen der Besteuerung auf die Riskofreudigkeit der Investoren beurteilen zu können, ist der Begriff des Risikos vorab zu skizzieren: Risiko kann sich nur in Entscheidungssituationen unter Ungewißheit ergeben. Der Entscheidende hat für jede Handlungsmöglichkeit die Wahl zwischen zwei oder mehreren zukünftigen Umweltzuständen.[882] Aus Vereinfachungsgründen wird unterstellt, daß der Investor zwischen zwei Investitionsvorhaben - risikolos und risikobehaftet - wählen kann. Des weiteren sollen nur zwei Umweltzustände - gut und schlecht - eintreten können.

Die Investoren selbst können risikofreudig, risikoneutral oder risikoavers eingestellt sein. Da regelmäßig davon auszugehen ist, daß risikofreudige Investoren eher die Ausnahme bilden[883], können der Analyse risikoneutrale und -averse Entscheidungstypen zugrunde gelegt werden.[884]

---

[880] Zu diesem Problemkreis existiert eine fast unüberschaubare Literaturfülle. Vgl. beispielsweise Domar, E. D./Musgrave, R. A., Proportional Income Taxation (Quarterly Journal of Economics 1943/44), S. 388 ff.; Feldstein, M. S., Effects of Taxation on Risk Taking (Journal of Political Economy 1969), S. 755 ff.; Schneider, D., Gewinnbesteuerung und Risikobereitschaft (ZfbF 1980), S. 633 ff.; Cansier, D., Steuern und Investitionsrisiko (1985), S. 255 ff.; Buchholz, W., Einfluß des Steuerprogressionsgrads (1986), S. 450 ff.

[881] Vgl. auch Cansier, D., Steuern und Investitionsrisiko (1985), S. 255.

[882] Vgl. Schneider, D., Investition, Finanzierung und Besteuerung (1990), S. 402. Den Betrachtungen wird der wahrscheinlichkeitstheoretische Ansatz zugrunde gelegt, d.h. es gilt die Annahme, daß der Steuerpflichtige jedem der Umweltzustände eine Wahrscheinlichkeit zuordnen kann.

[883] Siehe hierzu Cansier, D., Steuern und Investitionsrisiko (1985), S. 256.

[884] Entsprechend ihrem Entscheidungsverhalten sind für die Investoren verschiedene Nutzenfunktionen anwendbar:

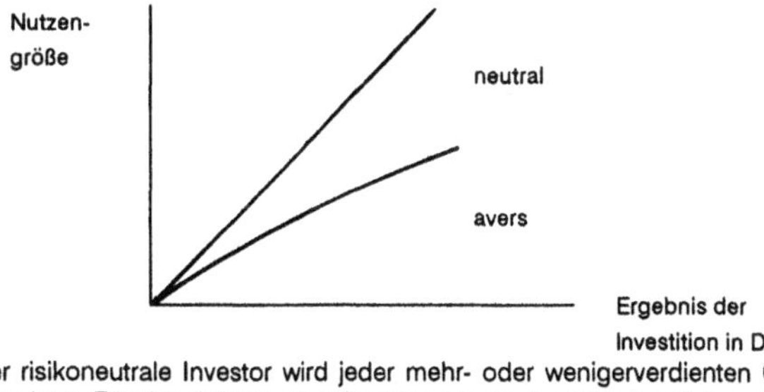

Der risikoneutrale Investor wird jeder mehr- oder wenigerverdienten Geldeinheit den gleichen Nutzen zuordnen. Für den risikoaversen Investor nimmt dagegen der Nutzen jeder zusätzlichen Geldeinheit bei steigenden Einnahmenüberschüssen unterproportional zu.

Die durch die Besteuerung im allgemeinen (möglicherweise) ausgelöste Beeinträchtigung der Risikoneigung der Entscheidungsträger soll nachfolgend anhand eines Beispiels Konkretisierung finden: Es sei ein risikoneutraler Investor mit der linearen Nutzenfunktion $N(x_i) = p_i \cdot x_i$ gegeben. Ihm stehen zwei Investitionsprojekte zur Auswahl: Investition A führt zu sicheren Einzahlungsüberschüssen x_1^A = 10.000 GE. Investition B erbringt bei günstiger Konjunktur x_1^B = 16.000 GE, tritt jedoch der schlechtere Umweltzustand ein, sind nur x_2^B = 4.000 GE zu erwarten. Das Eintreten eines der beiden Umweltzustände sei gleich wahrscheinlich. Unter diesen Voraussetzungen errechnet sich die Nutzengröße wie folgt:

$$N(x^A) = 10.000 \text{ NE}$$
$$N(x^B) = 0,5 \cdot 16.000 \text{ NE} + 0,5 \cdot 4.000 \text{ NE} = 10.000 \text{ NE}$$

Demzufolge wird der Investor gegenüber den beiden Handlungsmöglichkeiten indifferent sein.

Nun soll in unserem einperiodigen Modell eine Gewinnsteuer eingeführt werden. Der Steuersatz betrage für Einzahlungsüberschüsse von 0 GE bis 10.000 GE 30 %, für höhere Gewinne 50 % (Anstoßtarif). Die Nutzengrößen des Investors für die Handlungsmöglichkeiten A und B ändern sich wie folgt:[885]

$$N(x^A) = 7.000 \text{ NE}$$
$$N(x^B) = 0,5 \cdot 10.000 \text{ NE} + 0,5 \cdot 2.800 \text{ NE} = 6.400 \text{ NE}$$

War der Investor vor Einführung der Besteuerung indifferent zwischen den Investitionsmöglichkeiten, wird er nun die Anlage A gegenüber B vorziehen, da seine Nutzengröße bei dieser Wahlentscheidung maximiert wird. Die Besteuerung bedingt somit eine Verletzung der Entscheidungsneutralität.

3. Einfluß der unterschiedlichen Tariftypen auf die Entscheidungsneutralität

Nachdem der Einfluß der Besteuerung auf die Entscheidungsneutralität in allgemeiner Form beschrieben wurde, soll nachfolgend untersucht werden, inwieweit die einzelnen Tarifgrundformen zusätzliche Neutralitätsverletzungen bedingen. Dazu sollen Zerr- und Hemmwirkungen wiederum gesondert betrachtet werden.

---

[885] Der allgemeine Formelansatz für die Nutzengröße des Investors ist aufgrund des Steuereinflusses ebenfalls zu ändern: $N(x_i) = p_i \cdot (1 - s) \cdot x_i$.

a) Analyse der durch die Tarifgestaltungen ausgelösten Zerrwirkungen

aa) Proportionalität und Zerrwirkungen der Besteuerung

Aus der Anwendung proportionaler Tarife resultieren originär keine Verletzungen der Entscheidungsneutralität. Im Zusammenhang mit der Besteuerung ergeben sich jedoch Zinseffekte und internationale Einkommensverlagerungen:

Intertemporale Beeinflussungen sind Folge der aus dem Periodizitätsprinzip resultierenden Zinswirkungen. Verschiebt man die Steuerzahlung in die Zukunft, wird durch den späteren Auszahlungszeitpunkt ein positiver Zinseffekt bewirkt. Muß die Steuerlast bereits zum gegenwärtigen Zeitpunkt getragen werden, hat der Zinseffekt negativen Einfluß auf die Vermögensposition des Steuerpflichtigen. Rational handelnde Wirtschaftsubjekte werden daher versuchen, ihre steuerwirksamen Einzahlungsüberschüsse in die Zukunft zu verlagern. Diese Einkünfteverschiebung muß allerdings den allgemeinen Steuerwirkungen zugeschrieben werden, da sie nicht aus der Proportionalität des Tarifs an sich entspringt, sondern vielmehr aus dem grundsätzlichen Zugriff der Besteuerung resultiert.

Interpersonale Zerrwirkungen werden durch die Einführung eines proportionalen Tarifverlaufs nicht ausgelöst.[886] Steuerpflichtige können durch Einkommensverlagerungen keine Vorteile erlangen, da keine Unterschiede in der Steuerbelastung der Einzelindividuen bestehen.[887]

Internationale Verzerrungen der Besteuerung sind auch bei proportionalen Tarifverläufen gegeben, falls die Höhe der Steuersätze in den zu vergleichenden Ländern differiert.[888] Diese Verzerrungen sind jedoch originär nicht der Proportionalität der Steuertarife zuzurechnen, sondern sind vielmehr Ausfluß der unterschiedlichen Höhe der Steuersätze. Somit wirkt die proportionale Tarifgestaltung in dieser Hinsicht entscheidungsneutral.

---

[886] Dabei gilt es zu beachten, daß interpersonale Entscheidungsbeeinträchtigungen im Vergleich von steuerbefreiten und steuerpflichtigen Personen auftreten können. Diese Wirkungen entspringen jedoch nicht aus der Anwendung eines der grundlegenden Tariftypen, so daß sie zu vernachlässigen sind.

[887] Diese Aussage gilt unter der Annahme, daß für die Besteuerungszwecke ein streng proportionaler Tarif ohne Grundfreibetrag Anwendung findet.

[888] Diese Feststellung ist ohne weiteres zu belegen: die Besteuerung von Kapitalgesellschaften erfolgt in zahlreichen Ländern mittels einheitlicher Steuersätze (vgl. beispielsweise die Übersicht bei Bundesministerium der Finanzen, Steuern im internationalen Vergleich (1990), S. 9). Die Höhe der Steuersätze ist jedoch so unterschiedlich, daß in praxi die bereits beschriebenen Einkommensverlagerungen ohne Änderung der wirtschaftlichen Verfügungsmacht zu beobachten sind.

bb) Progressivität und Zerrwirkungen der Besteuerung

Aus dem Zusammenwirken von Periodizitätsprinzip und progressiver Tarifgestaltung entspringt eine Vielzahl von Neutralitätsverletzungen, die intertemporaler und interpersonaler Natur sein können. Internationale Verzerrungen resultieren dagegen nicht aus der Art der jeweilig Anwendung findenden Tarifgestaltung, sondern sind vielmehr Ergebnis der Höhe der Steuerbelastung. So wird ein Steuerpflichtiger, der im Inland einer progressiven Besteuerung unterliegt und seine Einkünfte in ein Land mit proportionaler Tarifgestaltung verschieben könnte, unter der Maßgabe, daß der einheitliche Steuersatz beispielsweise 30 % beträgt, Einkommensverlagerungen nur vornehmen, falls seine Grenzbelastung im Inland höher als der Proportionalsteuersatz liegt. Die Differenzierung zwischen proportionaler und progressiver Besteuerung ist für den rational Handelnden unter diesen Voraussetzungen ohne Belang.

Intertemporale Progressionseffekte treten in Erscheinung, da die Besteuerung nicht an das Lebenseinkommen anknüpft, sondern das in einer Teilperiode erzielte Einkommen als Bemessungsgrundlage verwendet wird. Die verschiedenen Wirkungen der Progressivbesteuerung sind der nachstehenden Abbildung zu entnehmen.[889]

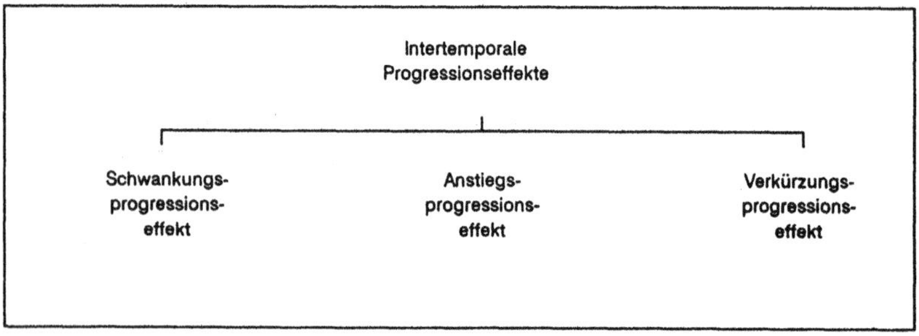

Abb. 47: Systematisierung der intertemporalen Progressionseffekte

Interperiodische Schwankungen des Einkommens können für die Steuerpflichtigen zur Folge haben, daß ihre Steuerzahlungen höher liegen als sie dem durchschnittlichen Einkommen pro Periode entsprächen.[890] Der Schwankungsprogressionseffekt führt zum Phänomen der Progres-

[889] In Anlehnung an Franke, S., Entwicklung der Einkommensbesteuerung (1981), S. 88 ff.

[890] Vgl. Franke, S., Entwicklung der Einkommensbesteuerung (1981), S. 88; Scheer, C., Verteilungswirkungen der Einkommensteuer (1982), S. 231. Franke weist an gleicher Stelle darauf hin, daß innerperiodische Einkommensschwankungen die Entscheidungsneutralität nicht beeinträchtigen würden, da in diesem Fall durch die Lohn- oder Einkommensteuererklärung eine Ausgleichsmöglichkeit bestehe.

sionsglättung, d.h. zur gleichmäßigen Verteilung der Einkünfte des Steuerpflichtigen auf die einzelnen Besteuerungsperioden. So werden beispielsweise während der aktiven Arbeitszeit des Steuerpflichtigen Geldanlagen getätigt, für die erst während seines Ruhestands Zinszahlungen und somit steuerbare Einkünfte anfallen.[891]

Die progressive Tarifgestaltung hat weiterhin zur Folge, daß in inflationären Zeiten nominelle Einkommenszuwächse zu realen Einkommenseinbußen führen, da bei gleichbleibender steuerlicher Leistungsfähigkeit die Steuerzahlungen nicht nur absolut, sondern auch relativ steigen (Anstiegsprogressionseffekt).[892] Ausweichhandlungen der Steuerpflichtigen zur Umgehung dieses Effektes sind nur im beschränkten Maße möglich. Jedoch bedingt diese Verzerrung erhebliche Entscheidungsbeeinflussungen z.B. bei Beantwortung der Frage, ob zusätzliche Arbeit geleistet oder mehr Freizeit in Anspruch genommen werden soll.

Der Verkürzungsprogressionseffekt findet seinen Niederschlag im Verhältnis von Lebensarbeitsdauer und Lebenseinkommen. Diese beiden Faktoren sind direkt abhängig von der Ausbildungsdauer und dem Ausbildungsniveau der Steuerpflichtigen. Der Zusammenhang wird in der nachfolgenden Abbildung wiedergegeben.[893]

---

[891] Vgl. auch Sigloch, J., Verzerrende Wirkungen (StuW 1990), S. 235. Sigloch nennt als weiteres Beispiel der Progressionsglättung die Beteiligung an Verlustzuweisungsgesellschaften, die erst im Rentenalter zu Rückflüssen führt.

[892] Vgl. beispielsweise Aaron, H. J., Inflation (1976), S. 3 ff.; Fricke, D., Heimliche Steuererhöhungen (StuW 1977), S. 243. Wie an anderer Stelle bereits ausführlich beschrieben wurde, hat das Karl-Bräuer-Institut des Bundes der Steuerzahler festgestellt, daß die inflationsbedingten Zusatzleistungen in den Jahren 1981 - 1984 30 Millarden DM betrugen (vgl. Karl-Bräuer-Institut des Bundes der Steuerzahler, Reform des Lohn- und Einkommensteuertarifs (1984), S. 21 f.).

[893] Vgl. hierzu und im folgenden Scheer, C., Verteilungswirkungen der Einkommensteuer (1982), S. 218 ff.

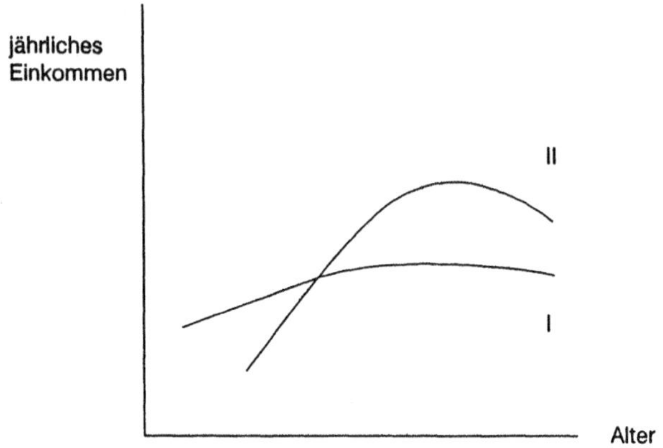

Abb. 48: Verteilung des Einkommmens über die Lebensdauer bei unterschiedlichem Ausbildungsstandard

Kurve I soll den Einkommensverlauf eines Steuerpflichtigen mit mittlerer Ausbildung wiedergeben: Der Einstieg ins Berufsleben erfolgt verhältnismäßig früh, so daß die gesamte Erwerbstätigkeitsdauer vergleichsweise hoch liegt. Das Einkommen ist weitestgehend regelmäßig auf die Lebensdauer des Steuerpflichtigen verteilt.

Kurve II zeigt dagegen die Verteilung des Einkommens eines Steuerpflichtigen mit akademischer Ausbildung: Dieser steigt erst sehr spät ins Berufsleben ein, so daß die Dauer seiner Erwerbstätigkeit verkürzt wird. Andererseits bezieht er in der kürzeren Zeit relativ hohe Einkünfte.

Unter der Annahme, daß das Lebenseinkommen in beiden Fällen gleich hoch ist, wird der Steuerpflichtige II durch die Progression des Steuertarifs stärker belastet als der Steuerpflichtige I (Verkürzungsprogressionseffekt).[894] Abstrahiert man von außerökonomischen Einflußfaktoren, wie z.B. Selbstverwirklichungsgefühl durch höhere Ausbildung, Prestigestreben usw., müßte der Entscheidende aufgrund der progressiven Tarifgestaltung die mittlere Ausbildungsstufe gegen-

[894] Franke, S., Entwicklung der Einkommensbesteuerung (1981), S. 88 f., bezeichnet diese Wirkung als Ausbildungsprogressionseffekt. Er trifft weiterhin die Unterscheidung zwischen Unterbrechungs- und Abbruchsprogressionseffekt. Diese drei Progressionswirkungen subsumiert er unter dem Oberbegriff "Verkürzungsprogressionseffekt".

über der höheren vorziehen.[895] Der Verkürzungsprogressionseffekt wirkt aber nicht nur entscheidungsverzerrend, sondern bedingt aufgrund der verminderten Ausbildungsanstrengungen auch gesamtwirtschaftliche Wohlstandseinbußen.

Interpersonale Entscheidungsverzerrungen sind die Folge unterschiedlicher Steuersätze für die einzelnen Steuerpflichtigen. Sich als Wirtschaftseinheit empfindende Individuen werden versuchen, Einkünfte von Steuerpflichtigen mit hoher Grenzsteuerbelastung auf niedrigbesteuerte Personen zu übertragen, um Steuerarbitragen zu realisieren. Sinnvoll erscheint diese Vorgehensweise, falls der Übertragende keine oder nur geringfügige Kompensationszahlungen an den Empfänger leisten muß. Als Beispiel der durch die Progression verursachten, personalen Einkommensverlagerungen ist die Übertragung von Einkommensquellen des Haushaltsvorstands an die nicht einkommenserzielenden Haushaltsmitglieder, z.B. im Wege des Zuwendungsnießbrauchs, zu nennen.[896]

cc) Regressivität und Zerrwirkungen der Besteuerung

Regressive Tarifverläufe führen ebenso wie progressive Tarifgestaltungen zu erheblichen Beeinträchtigungen der Entscheidungsneutralität. Die Zerrwirkungen können dabei intertemporaler und interpersonaler Natur sein. Im internationalen Vergleich sind Neutralitätsverletzungen nur zu erwarten, falls die Grenzsteuerbelastung der Steuerpflichtigen - unabhängig von der jeweils gültigen Tarifgestaltung - voneinander abweicht.[897]

Intertemporale Verzerrungen ergeben sich, da der rational handelnde Steuerpflichtige - im Gegensatz zur Glättungspolitik bei progressivem Tarifverlauf - bestrebt sein wird, jeweils mög-

---

[895] Diese Aussage trifft nur für eine Entscheidungssituation unter Sicherheit zu. Da das Lebenseinkommen bei Beginn der Ausbildungs- und Erwerbsphase noch nicht festgelegt ist, muß sich der Steuerpflichtige auf Schätzungen verlassen. Dabei wird er vermutlich davon ausgehen, daß sich die Einkommenssituation durch die vermehrten Ausbildungsanstrengungen verbessert, so daß er letztlich einen Netto-Einkommensvorsprung gegenüber Personen mit mittlerem Ausbildungsniveau behaupten kann.

[896] Vgl. Sigloch, J., Verzerrende Wirkungen (StuW 1990), S. 235. Sigloch weist an gleicher Stelle darauf hin, daß diese Gestaltungsmöglichkeiten auch dazu verwendet werden, die Abzugsfähigkeit ansonsten nicht abzugsfähiger Unterhaltsaufwendungen zu erreichen.

[897] Diese These besitzt auch bezüglich des Vergleichs von progressiven und regressiven Tarifverläufen Gültigkeit: Es sei ein Land A gegeben, in dem folgender Anstoßtarif Anwendung findet: 0 GE $< x \leq$ 10.000 GE 20 %; 10.000 GE $< x \leq$ 20.000 GE 30 %; $x >$ 20.000 GE 50 %. Der Steuerpflichtige X hat die Möglichkeit, seine Einkünfte in das Land B zu verschieben, das der Besteuerung einen regressiven Tarif nachstehender Prägung zugrunde legt: 0 GE $< x \leq$ 10.000 GE 40 %; 10.000 GE $< x \leq$ 20.000 GE 35 %; $x >$ 20.000 GE 30 %. Eine Verlagerung der Einkünfte kann für X nur dann sinnvoll erscheinen, falls sein Einkommen bereits größer als 20.000 GE liegt, d.h. der Steuerpflichtige wird nur dann den regressiven gegenüber dem progressiven Tarifverlauf vorziehen, wenn sich eine negative Differenz der Grenzsteuerbelastungen ergibt.

lichst viele Einkünfte in eine Periode zu verlagern, um mittels dieser Vorgehensweise in den Genuß der niedrigeren Grenzsteuersätze zu gelangen.

Die regressive Tarifgestaltung führt zu einer Umkehrung der oben beschriebenen Progressionseffekte. Die Wirkungen der Regressivität lassen sich synonym als Schwankungsregressionseffekt, Anstiegsregressionseffekt und Verkürzungsregressionseffekt beschreiben:

- Einkommensschwankungen können eine niedrigere Steuerzahlung im Zeitablauf ergeben, als dem Durchschnittseinkommen entspräche.
- Nominelle Einkommenszuwächse bei gleichbleibendem Tarifverlauf würden eine relative Besserstellung der Steuerpflichtigen bedingen.
- Höhere Ausbildung und kürzere Erwerbstätigkeitsdauer würden gegenüber niedrigerem Ausbildungsstand und längerer Lebensarbeitszeit bevorzugt.

Interpersonale Verzerrungen ergeben sich aus der Regressivität des Tarifverlaufs, da sich als Einheit empfindende Wirtschaftssubjekte dazu entschließen werden, die Einkünfte der Beteiligten auf einen Steuerpflichtigen zu verlagern, der sich wiederum mittels dieser Vorgehensweise die bei höheren Einkommen geltenden niedrigeren Grenzsteuersätze zu nutze machen kann.

dd) Beurteilung

Das Ausmaß der durch die Besteuerung verursachten Zerrwirkungen ist im starken Maß von der jeweils dem Steuersystem zugrundeliegenden Tarifgestaltung abhängig: Proportionale Tarife bedingen - abgesehen von den durch die Besteuerung im allgemeinen ausgelösten Zinseffekten - keine Neutralitätsverletzungen. Progressive und regressive Tarifgestaltungen führen dagegen in Verbindung mit der Abschnittsbesteuerung zu erheblichen Beeinträchtigungen der Entscheidungsfreiheit der Wirtschaftssubjekte. Aus dem Blickwinkel der Wahrung der Entscheidungsneutralität durch die Besteuerung sind somit die letztgenannten Tariftypen eindeutig abzulehnen.

Problematisch erscheint jedoch, daß diese Aussage sowohl für direkt als auch indirekt progressive und regressive Tarife Gültigkeit besitzt, d.h. auch die Einfügung eines Freibetrags in einen ansonsten proportionalen Tarifverlauf wahrt nicht die Entscheidungsneutralität der Besteuerung. Der Steuerpflichtige wird versuchen, seine Freibeträge im Zeitablauf voll auszuschöpfen bzw. die Freibeträge anderer Personen - z.B. im Familienverbund - auszunutzen. Da jedoch die Freibetragsregelung aus übergeordneten Beweggründen beibehalten werden soll, muß diese Beeinträchtigung der Entscheidungsfreiheit in Kauf genommen werden.

b) Analyse der durch die Tarifgestaltungen ausgelösten Hemmwirkungen

Durch die Einführung der Besteuerung bedingte Hemmwirkungen wurden im Bereich der Vorteilhaftigkeit einzelner Investitionsprojekte sowie im Rahmen der Risikobereitschaft der Investoren erkannt. Nunmehr gilt es zu untersuchen, ob diese Hemmwirkungen bei allen oder nur bei einzelnen Tariftypen auftreten.

aa) Proportionalität und Hemmwirkungen der Besteuerung

Das im vorstehenden Abschnitt beschriebene Beispiel hat bereits gezeigt, daß ein proportionaler Tarif hinsichtlich des Vorteilhaftigkeitskriteriums entscheidungsverzerrend wirken kann. Es lassen sich jedoch auch beliebig viele Beispiele konstruieren, in denen die Anwendung des proportionalen Steuertarifs die Vorteilhaftigkeit eines Investitionsprojektes nicht beeinträchtigt. Das Vorliegen oder Nicht-Vorliegen entscheidungsverzerrender Wirkungen ist direkt abhängig von der Höhe der Einzahlungsüberschüsse, deren zeitlicher Verteilung sowie dem Anwendung findenden Steuersatz. Allgemeingültige Aussagen in der Form, daß die Proportionalität grundsätzlich Entscheidungsneutralität oder -verzerrungen bewirkt, sind nicht zu treffen.

Für den einperiodigen Fall läßt sich jedoch nachweisen, daß die proportionale Besteuerung stets entscheidungsneutral in dem Sinne wirken muß, daß die Indifferenz zwischen sicherer und risikobehafteter Anlage erhalten bleibt.[898]

Zuerst sei ein risikoneutraler Steuerpflichtiger mit einer Risikonutzenfunktion $N(x_i) = a \cdot x_i$ gegeben. In der Welt ohne Steuern soll der Investor eine risikobehaftete und eine risikoneutrale Investition als gleichwertig einordnen, so daß folgende Beziehung gelten muß:

$$(1)\ p_1 \cdot (a \cdot x_1) + (1 - p_1) \cdot (a \cdot x_2) = a \cdot x_3$$

Nun wird eine Gewinnsteuer mit proportionalem Tarifverlauf einführt, die eine Änderung der Nutzenfunktion des Entscheidenden zu $N(x_i) = (a \cdot (1 - s) \cdot x_i)$ bedingt.[899] Die korrigierte Nutzenfunktion führt in entsprechender Weise zu einer Modifizierung der jeweiligen Nutzengrößen:

$$(2)\ p_1 \cdot (a \cdot (1 - s) \cdot x_1) + (1 - p_1) \cdot (a \cdot (1 - s) \cdot x_2) = a \cdot (1 - s) \cdot x_3$$

---

[898] Gleiche Auffassung findet sich bei Feldstein, M. S., Effects of Taxation on Risk Taking (Journal of Political Economy 1969), S. 761. Elschen, R./Hüchtebrock, M., Steuerneutralität (FA 1983), S. 275 ff., weisen für den zweiperiodigen Fall nach, daß Neutralität nur beim risikoneutralen Entscheider gegeben ist. Der risikoaverse Investor ändert seine Entscheidung dagegen aufgrund des Steuereinflusses. M.E. ist diese Aussage zu global, da die Zinswirkungen nicht von den Tarifwirkungen unterschieden werden.

[899] Cansier, D., Steuern und Investitionsrisiko (1985), S. 259, nennt Bedingungen, die erfüllt sein müssen, damit - zumindest für den risikoneutralen Investor - der proportionale Tarif auch im mehrperiodigen Fall zu keiner Beeinträchtigung des Entscheidungsverhaltens führt.

Durch einfaches Umformen läßt sich zeigen, daß die Nutzengrößen der beiden Investitionen im Verhältnis unverändert bleiben, so daß die Indifferenz des Steuerpflichtigen zwischen den Handlungsmöglichkeiten weiterhin besteht:

$$(3)\ (1 - s) \cdot (p_1 \cdot (a \cdot x_1) + (1 - p_1) \cdot (a \cdot x_2)) = a \cdot (1 - s) \cdot x_3$$

$$(4)\ p_1 \cdot (a \cdot x_1) + (1 - p_1) \cdot (a \cdot x_2) = a \cdot x_3$$

Aus der Gleichheit von (1) und (4) ergibt sich die Neutralität der Besteuerung im Hinblick auf den risikoneutralen Investor.

Der risikoaverse Steuerpflichtige folge dagegen der Risikonutzenfunktion $N(x_i) = a \cdot \ln(x_i)$.[900] Die für den risikoneutralen Investor formulierte Bedingung (1) soll weiterhin gelten. Wiederum wird eine proportionale Gewinnsteuer eingeführt. Der Steuereinfluß bedingt eine Änderung der Risikonutzenfunktion des Entscheidenden: $N(x_i) = a \cdot \ln((1 - s) \cdot x_i)$. Damit ergeben sich die nachstehenden Verschiebungen zwischen den einzelnen Nutzengrößen:

$$(1^*)\ p_1 \cdot (a \cdot \ln(x_1)) + (1 - p_1) \cdot (a \cdot \ln(x_2)) = a \cdot \ln(x_3)$$

$$(2^*)\ p_1 \cdot (a \cdot \ln((1 - s) \cdot x_1)) + (1 - p_1) \cdot (a \cdot \ln((1 - s) \cdot x_2)) = a \cdot \ln((1 - s) \cdot x_3)$$

Durch Umformen des Ausdrucks (2^*) läßt sich zeigen, daß die proportionale Besteuerung die Entscheidungsneutralität des risikoscheuen Investors nicht verletzt:

$$(3^*)\ p_1 \cdot a \cdot \ln(1 - s) + p_1 \cdot a \cdot \ln(x_1) + (1 - p_1) \cdot a \cdot \ln(1 - s) + (1 - p_1) \cdot a \cdot \ln(x_2) = a \cdot \ln(1 - s) + a \cdot \ln(x_3)$$

$$(4^*)\ p_1 \cdot (a \cdot \ln(x_1)) + (1 - p_1) \cdot (a \cdot \ln(x_2)) = a \cdot \ln(x_3)$$

Die Gleichheit der Bedingungen (1^*) und (4^*) belegt, daß sich der auf die Nutzengrößen wirkende Steuereinfluß herauskürzen läßt, so daß die Indifferenz des Steuerpflichtigen zwischen beiden Handlungsmöglichkeiten erhalten bleibt.

bb) Progressivität und Hemmwirkungen der Besteuerung

Progressionstarife können ebenso wie proportionale Steuertarife die Vorteilhaftigkeit von Investitionsprojekten negativ beeinflussen. Jedoch ist es auch möglich, daß sich unrentable Hand-

---

[900] Die Risikonutzenfunktion des risikoaversen Investors ist im allgemeinen dadurch gekennzeichnet, daß die Nutzengröße bei steigendem (fallendem) Ergebnis der Investition unterproportional wächst (sinkt). Daher wird den Betrachtungen in der Literatur häufig ein logarithmischer Funktionstyp zugrunde gelegt (vgl. beispielsweise Elschen, R./Hüchtebrock, M., Steuerneutralität (FA 1983), S. 275 f.; Schneider, D., Investition, Finanzierung und Besteuerung (1990), S. 275 f.). Es sind aber durchaus auch andere Tarifverläufe anwendbar, solange sie der allgemein formulierten Bedingung genügen.

lungsmöglichkeiten - aufgrund der Besteuerung - im Vergleich zur Finanzanlage für den Investor lohnen oder das Vorteilhaftigkeitskriterium überhaupt keine Änderung erfährt. Die unterschiedlichen Wirkungen können in Abhängigkeit von der Ausprägung der einzelnen Komponenten der Zahlungsreihen eintreten.

Das Problem der Einflußnahme der direkten Steuerprogression auf das Entscheidungsverhalten von Wirtschaftssubjekten findet in der wissenschaftlichen Literatur starke Beachtung.[901] Die Ergebnisse der vorliegenden Untersuchungen sind jedoch höchst unterschiedlicher Natur: Zum einen wird propagiert, daß die direkte Steuerprogression grundsätzlich die Risikobereitschaft der Investoren mindere[902], zum anderen wird die Auffassung vertreten, daß die Besteuerung die Risikobereitschaft auch erhöhen oder nicht verändern könne.[903] Nachfolgend soll versucht werden, die Wirkungen der progressiven Besteuerung auf risikoneutrale und -scheue Entscheider herauszuarbeiten.

Anfangs soll ein risikoneutraler Investor mit linear verlaufender Risikonutzenfunktion betrachtet werden. Der der Gewinnbesteuerung zugrundeliegende Tarif verläuft direkt progressiv mit den Steuersätzen: 10 % für $0 < x \leq 100.000$ GE; 20 % für $100.000 \text{ GE} < x \leq 200.000$ GE; 30 % für $x > 200.000$ GE. Der Entscheider hat die Wahl zwischen zwei Handlungsmöglichkeiten: Die sichere Alternative erbringt Einzahlungsüberschüsse in Höhe von 150.000 GE. Die risikobehaftete Anlage würde bei Eintreten der günstigen Umweltsituation zu Einzahlungsüberschüssen in Höhe von 230.000 GE führen, im ungünstigen Umweltzustand sind jedoch nur 70.000 GE zu erwarten.[904]

Ohne Berücksichtigung der Besteuerung würde der Entscheider beide Investitionen als gleichwertig einstufen, da er - unter Zugrundelegung der Risikonutzenfunktion $N(x_i) = x_i$ - jeweils von einer Nutzengröße in Höhe von 150.000 Nutzeneinheiten (NE) ausgehen könnte. Durch den Steuereinfluß wird die Indifferenz des Steuerpflichtigen dahingehend verändert, daß er nun die

---

[901] Vgl. Feldstein, M. S., Effects of Taxation on Risk Taking (Journal of Political Economy 1969), S. 755 ff.; Fellingham, J. C./Wolfson, M. A., Alternative Income Tax Structures (National Tax Journal 1978), S. 339 ff.; Schneider, D., Effects on Risk Taking (National Tax Journal 1980), S. 67 ff.; Bamberg, G./Richter, W., Effects of Progressive Taxation on Risk-Taking (Journal of Economics 1984), S. 93 ff.; Buchholz, W., Einfluß des Steuerprogressionsgrads (1986), S. 450 ff.; Swoboda, P./Steiner, P., Entrepreneurship and Progressive Taxation (1989), S. 111 ff.

[902] Siehe hierzu Fellingham, J. C./Wolfson, M. A., Alternative Income Tax Structures (National Tax Journal 1978), S. 345.

[903] Vgl. Feldstein, M. S., Effects of Taxation on Risk Taking (Journal of Political Economy 1969), S. 761 ff.; Schneider, D., Effects on Risk Taking (National Tax Journal 1980), S. 67.

[904] Es soll die Annahme gelten, daß das Eintreten der guten und schlechten Umweltsituation gleich wahrscheinlich seien.

sichere Anlage gegenüber der risikobehafteten Investition vorzieht, da $N(x^A) = 130.000$ NE und $N(x^B) = 127.000$ NE.[905]

Es läßt sich zeigen, daß die Entscheidungsneutralität durch den progressiven Steuertarif immer verletzt wird, falls die Einzahlungsüberschüsse, die sich bei der risikobehafteten Anlage in der günstigen Umweltsituation ergeben, mit einem höheren Grenzsteuersatz belegt werden als die Erträge der risikolosen Investition.[906] Demzufolge wird durch die progressive Besteuerung die risikolose gegenüber der risikobehafteten Investition bevorzugt[907], d.h. der Steuereinfluß wirkt entscheidungsverzerrend in Richtung einer Risikominderung.[908]

Für den Fall des risikoneutralen Investors konnte die eindeutige Aussage getroffen werden, daß die progressive Besteuerung seine Entscheidungsneutralität verletzt. Nun ist zu prüfen, ob diese Feststellung auch für den risikoaversen Entscheider Gültigkeit besitzt.

Aus Vereinfachungsgründen wird der Analyse der obenstehende Steuertarif zugrunde gelegt. Die Risikonutzenfunktion des Investors laute $N(x_i) = \ln(x_i)$. Die sichere Investition erbringe Einzahlungsüberschüsse in Höhe von 150.000 GE, die risikobehaftete Anlage führe im günstigen Umweltzustand zu einem Gewinn in Höhe von 240.000 GE. In der schlechten Umweltsituation seien 93.750 GE zu erwarten. Ohne Berücksichtigung der Besteuerung verhält sich der Investor indifferent zwischen beiden Handlungsmöglichkeiten, da die Beziehung gilt: $N(x^A) = N(x^B)$.

Bezieht man die Steuerfolgen in die Überlegungen mit ein, gelangt man im vorliegenden Beispiel zur Erkenntnis, daß $N(x^A)$ größer als $N(x^B)$ ist. Somit ist die risikobehaftete der sicheren Investition unterlegen. Andererseits zeigt Schneider unter Hinzuziehung abweichender Modellannah-

---

905 Es sei auch auf das bei der allgemeinen Beschreibung der Hemmwirkungen der Besteuerung aufgeführte Beispiel hingewiesen, das zum gleichen Ergebnis führte.

906 Swoboda, P./Steiner, P., Entrepreneurship and Progressive Taxation (1989), S. 114 f., zeigen anhand eines einfachen Beispiels, daß die risikobehaftete gegenüber der risikolosen Investition bevorzugt werden kann, falls die Durchschnittsteuersätze des zugrundeliegenden Steuertarifs steigen, der Grenzsteuersatz jedoch abschnittweise sinkt. Diese Tarifkonstruktion soll jedoch im folgenden außer acht gelassen werden, da für die progressiven Tarifverläufe die Beziehung $T'(x_1) \leq T'(x_2)$ gelten soll.

907 Die Benachteiligung risikobehafteter Investitionen erscheint unmittelbar einsichtig: Die direkte Progression besteuert die im günstigen Umweltzustand erwarteten Einzahlungsüberschüsse höher, die im ungünstigen Umweltzustand zu erzielenden Gewinne niedriger als die Erträge aus der sicheren Anlage. Damit vermindert sich der Erwartungswert der risikobehafteten Anlage stärker als der feststehende Ertrag der sicheren Investition. Vgl. zu dieser Argumentation auch Cansier, D., Steuern und Investitionsrisiko (1985), S. 261.

908 Zum gleichen Ergebnis gelangen Buchholz, W., Einfluß des Steuerprogressionsgrads (1986), S. 454; Swoboda, P./Steiner, P., Entrepreneurship and Progressive Taxation (1989), S. 114; Schneider, D., Investition, Finanzierung und Besteuerung (1990), S. 403. Buchholz legt seinen Betrachtungen allerdings als Entscheidungskriterium die stochastische Dominanz zweiten Grades zugrunde.

men die nach Einbeziehung der Besteuerung aufrechterhaltene Indifferenz zwischen beiden Handlungsmöglichkeiten sowie die Bedingungen, bei deren Erfüllung die risikobehaftete der sicheren Investitionsalternative aufgrund des Steuereinflusses vorzuziehen wäre.[909]

Diese Überlegungen zeigen, daß die Wirkung des progressiven Steuertarifs auf das Entscheidungsverhalten der risikoscheuen Investoren nicht vorausgesagt werden kann. In Abhängigkeit von der Ausgestaltung des jeweils Anwendung findenden Steuertarifs sowie der dem Investor zuzuordnenden Risikonutzenfunktion können keine Beeinträchtigungen, risikofördernde oder -hemmende Effekte entstehen. Da jedoch die Erhaltung der Indifferenz zwischen den vorgegebenen Handlungsmöglichkeiten nur die Ausnahme bildet, kann in der überwiegenden Zahl der Fallkonstellationen konstatiert werden, daß die progressive Besteuerung auch beim risikoaversen Investor entscheidungsverzerrend wirkt.

cc) Regressivität und Hemmwirkungen der Besteuerung

Eine Beeinträchtigung der Vorteilhaftigkeit eines Investitionsprojektes kann - ebenso wie bei proportionalen und progressiven Tarifverläufen - auch durch Regressionstarife erfolgen. Die mögliche Nicht-Durchführung einer Investition aufgrund des Steuereinflusses kann anhand eines einfachen Beispiels aufgezeigt werden:

Es steht ein Investitionsvorhaben zur Disposition, das während seiner Laufzeit folgende Einzahlungsüberschüsse nach sich zieht:

Investition	-10.500	+4.250	+4.250	+4.250

Diese Zahlungsreihe ergibt bei einem Marktzinssatz i = 10 % einen Kapitalwert C_0 = +69,12 GE. Nun soll auf die jährlichen Zahlungsüberschüsse eine Gewinnsteuer mit nachstehenden Steuersätzen erhoben werden: 57,5 % für $0 < x \leq 500$ GE; 45 % für $500 \text{ GE} < x \leq 1.000$ GE; 25 % für $1.000 \text{ GE} < x \leq 2.000$ GE; 20 % für $x > 2.000$ GE. Die Zahlungsströme sind entsprechend zu modifizieren:

[909] Vgl. Schneider, D., Investition, Finanzierung und Besteuerung (1990), S. 403 f.

	t_0	t_1	t_2	t_3
Objekt-Zahlungsstrom v. St. (Bilanzansatz) (Δ Bilanzansatz) (Steuerbemessungsgrundl.) Steuerzahlungsreihe	-10.500 (+10.500) (+10.500) (0) 0	+4.250 (+7.000) (-3.500) (+750) -400	+4.250 (+3.500) (-3.500) (+750) -400	-4.250 (0) (-3.500) (+750) -400
Netto-Zahlungsreihe	-10.500	+3.850	+3.850	+3.850

Berechnet man den Kapitalwert unter Verwendung des korrigierten Marktzinssatzes i_s[910], ergibt sich C_0 = -15,49 GE. Die ursprünglich vorteilhafte Investition lohnt sich aufgrund des Steuereinflusses nicht mehr, so daß sie nicht mehr zur Durchführung gelangen wird. Andererseits können auch Zahlungsreihen konstruiert werden, die eine Aufrechterhaltung einer Anlageentscheidung oder eine durch die Besteuerung ausgelöste Vorteilhaftigkeit eines vormals unrentablen Projektes als Ergebnis aufzeigen würden. Generelle Schlußfolgerungen sind demzufolge nicht zu treffen.

Die Auswirkungen des regressiven Tarifverlaufs auf das Entscheidungsverhalten des Investors hinsichtlich sicherer und risikobehafteter Handlungsmöglichkeiten sind für den risikoneutralen und den risikoscheuen Investor dahingehend bestimmbar, daß zumindest eine Verletzung der Entscheidungsneutralität in der Mehrzahl der denkbaren Fallkonstellationen zu erwarten ist.

Für das beim Zusammenspiel von Hemmwirkungen und progressivem Tarifverlauf angeführte Beispiel läßt sich zeigen, daß der Regressionstarif beim risikoneutralen Investor grundsätzlich zu einer Bevorzugung der risikobehafteten gegenüber der sicheren Anlage führen wird. Es muß lediglich der zugrundeliegende Tarif geändert werden: 30 % für $0 < x \leq 100.000$ GE; 20 % für 100.000 GE $< x \leq 200.000$ GE; 10 % für $x > 200.000$ GE. Somit ergibt sich für die sichere Investition $N(x^A)$ = 110.000 NE, für die risikobehaftete Anlage dagegen errechnet sich $N(x^B)$ = 113.000 NE.

Für den risikoaversen Investor kann eine Aussage über mögliche Beeinflussungen und deren Richtung nicht getroffen werden. Regressive Tarife können hier ebenfalls entscheidungsneutral, investitionsfördernd oder investitionshemmend wirken.

---

[910] Aus Vereinfachungsgründen ist beim vorgegebenen Tarifverlauf der korrigierte Marktzinssatz wie folgt zu ermitteln: Es soll unterstellt werden, daß das den Betrachtungen zugrundeliegende Unternehmen nur die aus der Investition resultierenden Zahlungsüberschüsse aufweist. Zur Abzinsung ist der für die Alternativanlage anzuwendende Durchschnittsteuersatz zu berechnen. Dieser Steuersatz beträgt 50 %. Somit ergibt sich i_s = 1,05 %.

dd) Beurteilung

Die Analyse des Zusammenhangs zwischen der Anwendung eines der grundlegenden Tariftypen und den daraus resultierenden Hemmwirkungen hat zur Erkenntnis geführt, daß alle Tarifgestaltungen die Vorteilhaftigkeit eines Investitionsprojektes dergestalt beeinträchtigen können, daß sich die in einer Welt ohne Steuern als vorteilhaft eingeordnete Anlage aufgrund des Steuereinflusses als nicht mehr rentabel erweist. Insofern lösen sämtliche Tariftypen entscheidungsverzerrende Wirkungen aus.

Die Ergebnisse der Untersuchung zur Veränderung des Entscheidungsverhaltens risikoneutraler bzw. -scheuer Investoren sind in der nachfolgenden Abbildung zusammenfassend wiedergegeben.

Tariftyp / Risikoverhalten	proportional	progressiv	regressiv
risikoneutral	keine Änderung des Entscheidungsverhaltens	tendenzielle Bevorzugung der sicheren gegenüber der risikobehafteten Anlage	tendenzielle Bevorzugung der risikobehafteten gegenüber der sicheren Anlage
risikoavers	keine Änderung des Entscheidungsverhaltens	Änderungen des Entscheidungsverhaltens sind fallabhängig	Änderungen des Entscheidungsverhaltens sind fallabhängig

Abb. 49: Änderung des Entscheidungsverhaltens aufgrund des Einflusses der grundlegenden Tariftypen unter Berücksichtigung der Risikobereitschaft der Investoren

Vorstehendes Tableau zeigt, daß nur proportionale Tarifgestaltungen das Entscheidungsverhalten der Investoren unbeeinträchtigt lassen, während progressive und regressive Tarifverläufe zu Verletzungen der Entscheidungsneutralität führen.

D. Wirtschaftstheoretische Überlegungen

Aus dem Blickwinkel der Wirtschaftstheorie werden der Besteuerung ordnungs- und konjunkturpolitische Aufgaben zugewiesen.[911] Der ordnungspolitische Eingriff dient der Aufrechterhaltung der Grundstruktur der Gesellschafts- und Wirtschaftsordnung[912], während konjunkturpolitische Maßnahmen in Boom- oder Rezessionsphasen der Marktentwicklung entgegenwirken sollen.[913] Fraglich ist indes, ob die Besteuerung zur Erfüllung dieses umfangreichen Aufgabenkomplexes beitragen kann. Zur Bewältigung dieser Fragestellung sollen nachfolgend

(1) die Grundbegriffe einer Ordnungs- und Konjunkturpolitik erläutert,

(2) mögliche Einflußbereiche der grundlegenden Tarifgestaltungen dargestellt sowie

(3) die diesem Konzept zugrundeliegenden Wirkungszusammenhänge einer kritischen Betrachtung unterzogen werden.

1. Grundkonzeption

Wirtschaftstheoretische Ansätze finden erst - infolge der Keynesianischen Überlegungen zu diesem Themenkreis[914] - seit wenigen Jahrzehnten Eingang in die Diskussion um die zweckmäßige Ausgestaltung des Besteuerungssystems.[915] In der Bundesrepublik Deutschland sind ordnungs- und konjunkturpolitische Maßnahmen im "Gesetz zur Förderung der Stabilität und des Wachstums der Wirtschaft"[916] zu finden.

---

[911] Als wirtschaftspolitische Maßnahmen können grundsätzlich die Ausgabenpolitik, steuertechnische Maßnahmen sowie die Schuldenaufnahme- und Schuldentilgungspolitik Anwendung finden. Vgl. auch Neumark, F., Finanzbedarfsdeckung (HdF 1952), S. 642. Nachfolgend wird jedoch nur das steuerpolitische Instrumentarium einer näheren Betrachtung unterzogen.

[912] Vgl. Pohmer, D., Abstimmung des Steuersystems (FA 1954/55), S. 395 f.; Gerloff, W., Steuerwirtschaftslehre (HdF 1956), S. 248 f.

[913] Siehe auch Neumark, F., Grundsätze gerechter Steuerpolitik (1970), S. 282 ff.; Andel, N., Einkommensteuer (HdF 1980), S. 401; Schmölders, G./Hansmeyer, K.-H., Allgemeine Steuerlehre (1980), S. 71.

[914] Vgl. Schmölders, G., Sinn und Wesen der Besteuerung (StuW 1953), S. 254.

[915] Andere Auffassung findet sich bei Schmölders, G., Problematik der finanzpolitischen Konjunkturtherapie (1951), S. 108 ff., der die Anfänge des wirtschaftstheoretischen Ansatzes auf das Ende des 19. Jahrhunderts datiert. Zu einem kurzen historischen Überblick vgl auch Gerloff, W., Steuerwirtschaftslehre (HdF 1956), S. 260.

[916] Vgl. Gesetz zur Förderung der Stabilität und des Wachstums der Wirtschaft, BGBl 1967 I, S. 582 - 589. Die Bundesregierung wird aufgrund dieses Gesetzes beispielsweise ermächtigt, zur Abwehr von Störungen des gesamtwirtschaftlichen Gleichgewichts durch Rechtsverordnung Vorschriften zu erlassen, die eine 10 %ige Erhöhung oder Verminderung der Einkommensteuer zur Folge haben (§ 51 III EStG).

Vor einer Beschreibung der möglichen Einflußbereiche der Besteuerung auf die Wirtschaftsordnung und Konjunkturpolitik soll der jeweilige Gestaltungsrahmen abgesteckt werden, um das Verständnis der späteren Ausführungen zu erleichtern.[917]

a) Ordnungspolitischer Gestaltungsrahmen

Im Rahmen der Ordnungspolitik stellt sich die Aufgabe, die Aufrechterhaltung der Wirtschaftsordnung[918] zu sichern und den Einfluß des Staates auf die Gesellschaftsordnung zu regulieren.[919]

Ersterem Aspekt wird Genüge getan, indem negative Einflüsse, die den Bestand der gegenwärtigen Wirtschaftsordnung gefährden, ausgeschaltet oder zumindest keine zusätzlichen negativen Effekte durch die Besteuerung in das Zielsystem eingebracht werden.[920] Staatliche Maßnahmen müssen demzufolge mit den ordnungspolitischen Zielvorstellungen konform sein und dürfen diesen Leitlinien nicht entgegenwirken.[921] Als wichtigstes Störelement der geltenden Wirtschaftsordnung ist die zunehmende Vermögensakkumulation innerhalb der Volkswirtschaft zu bezeichnen. Diese bedingt erhebliche Machtkonzentrationen, die das Funktionieren des marktwirtschaftlichen Systems erheblich gefährden. Daher soll dieser Einflußfaktor im weiteren Verlauf nähere Beachtung finden.

---

[917] Es sei darauf hingewiesen, daß Ordnungspolitik und Konjunkturpolitik vereinzelt als unvereinbar angesehen werden. So trifft Pohmer, D., Abstimmung des Steuersystems (FA 1954/55), S. 374, die Feststellung, daß die Steuerpolitik entweder nur langfristigen Zielen der Wirtschaftspolitik (Sicherung der Wirtschaftsordnung) oder kurzfristigen Anliegen der Tagespolitik (Konjunkturpolitik) dienen kann.

[918] Der Begriff der Wirtschaftsordnung "... umfaßt alle Regeln, Normen und Institutionen, die als längerfristig geltende Rahmenbedingungen der Verhaltensspielräume der Wirtschaftseinheiten abstecken." (Cassel, D., Wirtschaftspolitik (1984), S. 9).

[919] Allgemein ist das Verständnis des Begriffes "Ordnungspolitik" weiter gefaßt: "Ordnungspolitik beinhaltet eine bewusste Ausgestaltung der Ordnungselemente in Hinblick auf einen gewünschten Output." (Jeitzinger, B., Ordnungstheorie (1989), S. 277). In der Bundesrepublik Deutschland wird die Aufrechterhaltung der sozialen Marktwirtschaft sowie des Privateigentums an den Produktionmitteln angestrebt. Demzufolge sind die einzelnen Ordnungselemente dergestalt auszurichten, daß diese Zielsetzung erreicht werden kann.

[920] Vgl. auch Fischer, C., Die unorganische Steuerordnung (FA 1953/54), S. 661.

[921] Diese Grundvoraussetzung eines ordnungspolitisch wirksamen Steuersystems ist in der Realität oftmals nicht gegeben. So sieht Schmölders, G., Steuersystem und Wettbewerbsordnung (Ordo 1950), S. 146 f., bereits zu Beginn der 50er Jahre in diesem Bereich Reformierungsbedarf: "An dieser Stelle wird die organische Steuerreform den Hebel anzusetzen haben, um die "Prämiierung der Unwirtschaftlichkeit" durch eine dem Wirtschaftssystem besser angepaßte Besteuerungsform zu ersetzen; es gilt, die Besteuerung wieder wettbewerbsneutral und das Steuersystem als Ganzes "marktkonform" zu machen, anstatt die Grundlagen der Wettbewerbsordnung durch die Form der Besteuerung zu zerstören."

Die regulierende Komponente hat zum Ziel, einen Orientierungsrahmen für den Umfang staatlicher Betätigung zu finden.[922] Es soll vermieden werden, daß in zu starkem Maße Geld- und/oder Güterströme über staatliche Kassen fließen und somit der finanzielle Spielraum der Privatwirtschaften beeinträchtigt wird.[923]

Das Erreichen ordnungspolitischer Ziele kann sich über die direkte Veränderung der Wettbewerbs- oder Eigentumsordnung vollziehen, kann aber sicherlich auch indirekt über die Besteuerung erfolgen. Die Möglichkeiten zur Beschreitung des letzteren Weges gilt es nachfolgend zu betrachten.

b) Konjunkturpolitischer Gestaltungsrahmen

In Zeiten konjunktureller Hochphasen fließen dem Staatshaushalt verstärkt Einnahmen zu, während sich in Rezessionsphasen die Staatseinnahmen beträchtlich verringern. Verhält sich der Staat antizyklisch, kann er zur Erhaltung des gesamtwirtschaftlichen Gleichgewichts beitragen: Boomt die Wirtschaft, müssen Mittel zurückbehalten werden, um in schlechteren Zeiten zusätzliche Ausgaben tätigen zu können.[924] Mittels dieser Strategie werden in konjunkturellen Hochphasen Überhitzungen vermieden, in Rezessionsphasen können dagegen Konjunkturanreize gegeben werden.[925] Eine instrumentale Ausnutzung dieses grundlegenden Sachverhalts konnte jedoch erst zur Mitte des 20. Jahrhunderts erfolgen.[926]

Ziel der Konjunkturpolitik bilden die drei Elemente Preisniveaustabilität, Vollbeschäftigung und Zahlungsbilanzausgleich (sog. magisches Dreieck).[927] Zur Erreichung dieser Zielsetzung ist der Einsatz geld-, lohn- und fiskalpolitischer Instrumente denkbar. Aus fiskalischer Sicht können Maßnahmen auf der Einnahmen- und Ausgabenseite getroffen werden. Nachfolgend soll nur die Einnahmenseite, insbesondere die durch die Besteuerung realisierte Einflußnahme auf die Konjunkturpolitik, berücksichtigt werden.

---

[922] Vgl. Eucken, W., Grundsätze der Wirtschaftspolitik (1990), S. 336.

[923] Siehe auch Cassel, D., Wirtschaftspolitik (1984), S. 14.

[924] Vgl. hierzu Musgrave, R. A./Miller, M. H., Built-in flexibility (American Economic Review 1948), S. 122.

[925] Zum Konjunkturzyklus siehe Glastetter, W., Konjunkturpolitik (1987), S. 31 ff.

[926] Vgl. Zimmermann, H./Henke, K.-D., Finanzwissenschaft (1990), S. 269.

[927] Siehe auch Teichmann, U., Grundriß der Konjunkturpolitik (1988), S. 79 ff.; Glastetter, W., Konjunkturpolitik (1987), S. 179 ff.

2. Besteuerung im Lichte der Wirtschaftstheorie

Hinsichtlich der Besteuerung werden die wirtschaftspolitischen Erscheinungen vornehmlich im Kontext mit progressiven Tarifgestaltungen diskutiert. Proportionale oder regressive Tarife spielen in den Betrachtungen regelmäßig keine Rolle. Dennoch soll nachfolgend die Wirkung der beiden letztgenannten Tariftypen im Hinblick auf ordnungs- und konjunkturpolitische Erwägungen nicht unbeachtet bleiben.

a) Einfluß der Besteuerung auf die Wirtschaftsordnung

Aus ordnungspolitischer Sicht gerät die zunehmende Vermögensakkumulation innerhalb einer Volkswirtschaft zum Problem, da mit ihr eine Verstärkung der Machtkonzentration einhergeht.[928] Folge ist die Gefährdung der marktwirtschaftlichen Wettbewerbsordnung. Diese Erscheinungen bedingen die Notwendigkeit eines Eingriffes mit Hilfe des verfügbaren ordnungspolitischen Instrumentariums. Im Rahmen der Steuerpolitik verspricht die Anwendung direkt progressiver Steuertarife - für laufende Einkommen und stehendes Vermögen - nach Ansicht der Progressionsbefürworter ein erfolgreiches Vermeiden der negativen Wirkungen der Vermögensanhäufung in den Händen weniger Gesellschaftsmitglieder. Nach Ansicht von Pohmer "... erweist sich die Progression vom Standpunkt der Wirtschaftsordnung als notwendiger Schutz des Wettbewerbs: ... Die Progression wirkt konzentrationsbeschränkend."[929]

Diese Hemmwirkung hinsichtlich der Vermögensbildung kann durch Anwendung proportionaler oder regressiver Tarife nicht erreicht werden. Proportionaltarife genügen der Neutralitätsbedingung und nehmen somit keinen Einfluß auf die Kapitalbildung.[930] Regressionstarife führen dagegen zu einer Verstärkung der Kapitalakkumulationstendenz, so daß aus dem Blickwinkel der Ordnungspolitik diese Tarifgestaltung am ehesten zur Gefährung des Wirtschaftssystems beitragen kann.

Wird der Verwirklichung des Progressionsprinzips auf der einen Seite die Aufrechterhaltung der Marktwirtschaft zugeschrieben, resultieren aus ihrer Anwendung andererseits Befürchtungen hin-

---

[928] Vgl. Pohmer, D., Abstimmung des Steuersystems (FA 1954/55), S. 395. Fraglich ist indes, welche Vermögensakkumulation für die bestehende Wirtschaftsordnung schädlich ist: Hat ein Unternehmen mit einem Vermögen von 10 Milliarden DM in Händen vieler Eigner mit entsprechend niedriger durchschnittlicher Vermögensbeteiligung negativen Einfluß auf die Wirtschaftsordnung oder eher eine Unternehmung mit einem Eigner, die ein Vermögen von 10 Millionen DM aufweist? Eine Beantwortung dieser Frage ist nur unter Inkaufnahme bestimmter Werturteile möglich.

[929] Pohmer, D., Abstimmung des Steuersystems (FA 1954/55), S. 395 f.

[930] Vgl. zu diesem Aspekt ausführlicher die Betrachtungen zur Entscheidungsneutralität der Besteuerung.

sichtlich der Auflösung der Privatwirtschaft zugunsten staatlicher Betätigung.[931] Dieser Aspekt wird im wissenschaftlichen Sprachgebrauch allgemein als Transformationsthese bezeichnet.

Diese selbsttätige Wandlung innerhalb der Volkswirtschaft darf nicht mit dem Ansinnen extremistischer Sozialisten des 19. Jahrhunderts, deren Ziel in der Beseitigung der bürgerlichen Gesellschaft bestand, gleichgesetzt werden. Zur Erreichung dieser Zielsetzung befürworteten die Sozialisten den Einsatz stark progressiver Steuern.[932] Dieser Aspekt kann jedoch heutzutage vernachlässigt werden.

Vielmehr soll die Frage zur Diskussion stehen, ob über die direkt progressive Besteuerung Transformationstendenzen in die Gesellschaftsordnung eingebracht werden. Dies ist zu bejahen, falls die Besteuerung eine Dominanz staatlicher Wirtschaftsführung und staatlichen Eigentums gegenüber Privatinitiative und Privateigentum bedingt.[933]

Nach Auffassung von Gerloff führt die progressive Besteuerung zu einer Verminderung der Arbeitswilligkeit sowie zu einer Hemmung der Bereitschaft zur Risikoübernahme.[934] Will man negative Konjunkturwirkungen vermeiden, muß der Staat durch zusätzliche Betätigung regulierend in das gesamtwirtschaftliche Gleichgewicht eingreifen.[935] Dies hat zur Folge, daß immer mehr Aktivitäten auf die Staatsseite verlagert werden, so daß ein Übergang von der Privatwirtschaft zur Staatswirtschaft zu erwarten ist.[936]

Dieser Effekt ergibt sich auch aus der durch die Anwendung eines progressiven Tarifs bedingten Behinderung der Kapitalakkumulation: Will man den Umfang des volkswirtschaftlichen Kapitalstocks nicht verringern, muß von staatlicher Seite zusätzliche Kapitalbildung vorgenommen

---

[931] Siehe Schmidt, K., Ordnungspolitische Problematik der Progressivbesteuerung (Ordo 1957), S. 217.

[932] Vgl. hierzu die zusammenfassende Darstellung bei Suret, L., Théorie de l'Impôt Progressif (1909), S. 463 ff.

[933] Die Kriterien "Wirtschaftsführung" und "Eigentum" zur Bestimmung der Wirtschaftsordnung sind von Kloten, N., Typenlehre der Wirtschafts- und Gesellschaftsordnungen (Ordo 1955), S. 123 ff., entliehen. Die Umsetzung erfolgt auch bei Schmidt, K., Ordnungspolitische Problematik der Progressivbesteuerung (Ordo 1957), S. 224 f.

[934] Siehe Gerloff, W., Problematik hoher Steuerbelastung (1953), S. 21 ff.

[935] Schmölders, G., Problematik der finanzpolitischen Konjunkturtherapie (1951), S. 114, definiert den unter diesen Umständen zu beschreitenden Entwicklungspfad wie folgt: "Der Einsatz der staatlichen anstelle der fehlenden privaten Investitionen verwandelt über kurz oder lang immer weitere Bereiche der Wirtschaft in "volkseigene Betriebe" ...".

[936] Vgl. Schmidt, K., Ordnungspolitische Problematik der Progressivbesteuerung (Ordo 1957), S. 225, der an gleicher Stelle richtigerweise anmerkt, daß die mögliche Umwandlung der marktwirtschaftlichen Ordnung vom Ausmaß der staatlichen Betätigung abhängig ist.

werden mit der Folge, daß im Zeitablauf das staatliche Eigentum gegenüber dem Privateigentum überwiegen wird.[937]

Wirtschaftstheoretiker schreiben der progressiven Besteuerung demzufolge die Wirkung zu, eine Ausweitung der Staatstätigkeit und somit eine Gefährdung der ursprünglichen Wirtschaftsordnung nach sich zu ziehen. Dieser Effekt ist bei Anwendung proportionaler Tarife nicht zu erwarten, da sich diese grundsätzlich neutral verhalten und keine Beeinträchtigung privater Betätigung bedingen.[938] Regressionstarife beeinflussen ebenso wie progressive Tarifgestaltungen Arbeitswilligkeit und Risikobereitschaft der Gesellschaftsmitglieder, jedoch ist deren Wirkungsrichtung nicht vorsehbar. Tendenziell dürfte aus der Anwendung dieses Tariftyps keine Erweiterung der Staatstätigkeit resultieren. Andererseits ist jedoch eine Abnahme der Arbeitswilligkeit der Gering- und Mittelverdienenden sowie eine zunehmende Vermögenskonzentration zu erwarten. Beide Faktoren wirken sich wiederum negativ auf die gegenwärtige Wirtschaftsordnung aus.

b) Einfluß der Besteuerung auf die Konjunkturpolitik

Unter konjunkturpolitischen Gesichtspunkten erfährt die direkte Steuerprogression allgemein eine positive Beurteilung, da sie aufgrund ihrer Flexibilitität zur Stabilisierung des gesamtwirtschaftlichen Gleichgewichts beiträgt.[939] Dabei ist zwischen aktiver und passiver Flexibilität der Progressivbesteuerung zu unterscheiden: "Von der passiven Flexibilität ... unterscheidet sich die aktive vor allem dadurch, daß sie ein bewußtes Eingreifen in die Rechtsgrundlagen des bestehenden Steuersystems impliziert, während die 'built-in flexibility' gerade durch ihren quasi automatischen Charakter gekennzeichnet ist, d.h. dadurch, daß stabilisierende Wirkungen sich bei gleichbleibendem Steuerrecht ohne irgendwelche ad hoc-Maßnahmen ergeben."[940]

Nachfolgend soll nur die "built-in flexibility" betrachtet werden, da sich die aktive Flexibilität von vorneherein erheblicher Kritik ausgesetzt sieht.[941] Die "built-in flexibility" resultiert aus der anti-

---

[937] Vgl. Schmidt, K., Ordnungspolitische Problematik der Progressivbesteuerung (Ordo 1957), S. 226.

[938] Diese Nicht-Beeinträchtigung durch Proportionaltarife gilt insbesondere für die Arbeitswilligkeit und die Bereitschaft zur Risikoübernahme. Es sei auf die vorstehenden Ausführungen zur Entscheidungsneutralität verwiesen. Allerdings muß berücksichtigt werden, daß auch bei Anwendung proportionaler Tarife steuerinduzierte Zusatzlasten auftreten.

[939] Andel, N., Einkommensteuer (HdF 1980), S. 401, beschreibt die Gründe für die besondere Eignung der progressiven Besteuerung im Rahmen der Konjunkturpolitik wie folgt: "Hoher Anteil am Gesamtaufkommen und große Elastizität sichern bei zeitnaher Besteuerung einen sich prozyklisch verändernden und damit stabilisierend wirkenden Entzugseffekt."

[940] Neumark, F., Grundsätze gerechter Steuerpolitik (1970), S. 284.

[941] Zur Kritik siehe Schmidt, K., Steuerprogression (1960), S. 84 ff., mit weiteren Literaturnachweisen.

zyklischen Belastung der Wirtschaftssubjekte: In Zeiten steilen Wirtschaftswachstums verhindert die Steuerprogression durch den vermehrten Einkommensentzug eine Überhitzung der Nachfrage, in Rezessionszeiten bedingt die mildere steuerliche Belastung eine Erleichterung für die Steuerpflichtigen und führt somit zu einem Anheizen der Nachfrage.[942]

Des weiteren kann der Fiskus das in Boomzeiten angesparte Steuermehraufkommen in Rezessionsphasen zur Belebung der Konjunktur einsetzen.[943] Ein weiterer Vorteil der "built-in flexibility " ergibt sich aus ihrem quasi automatischen Eintreten, so daß keine zusätzlichen Handlungen des Gesetzgebers zur Konjunkturstabilisierung erforderlich sind.[944]

Proportionale Tarife können dagegen sicherlich nicht einer Konjunkturdämpfung dienlich sein. Da der Steuersatz für alle Einkommensgruppen unverändert hoch liegt, ergeben sich nur schwach entziehende oder Anreiz bietende Wirkungen in Boom- oder Rezessionsphasen. Regressive Tarife dürften andererseits zur Verstärkung der Konjunkturschwankungen beitragen. In konjunkturellen Hochphasen bewirkt die geringere Steuerbelastung der Wirtschaftssubjekte eine Zunahme der Konsumausgaben, so daß die Gefahr der Überhitzung besteht. In Rezessionsphasen führt der Regressionstarif zu einer überproportionalen Erhöhung der Steuerbelastung, so daß die Nachfrage zusätzlich gedämpft wird.

c) Kritische Beurteilung der Steuerwirkungen

Vorstehende Ausführungen haben gezeigt, daß unter Beachtung bestimmter Prämissen der direkt progressive Steuertarif aus wirtschaftstheoretischer Sicht offensichtlich den anderen Tariftypen überlegen ist. Diese Aussage besitzt jedoch nur Gültigkeit, falls die oben beschriebenen ordnungs- und konjunkturpolitischen Wirkungen tatsächlich eintreten und nicht nur theoretischem Gedankengut entspringen. Daher muß abschließend geprüft werde, ob die Grundvorstellungen der wirtschaftstheoretischen Überlegungen als akzeptabel einzustufen sind.

---

[942] Vgl. zu diesem Themenkreis ausführlicher Musgrave, R. A./Miller, M. H., Built-in Flexibility (American Economic Review 1948), S. 122 ff.; Schmidt, K., Steuerprogression (1960), S. 90; Albers, W., Automatische Stabilisierungswirkung (JfNuSt 1967), S. 99 ff.; Rose, M., Steuerprogression als automatischer Stabilisator (1975), S. 16 ff.

[943] Siehe Schmidt, K., Steuerprogression (1960), S. 90.

[944] Vgl. auch Neumark, F., Grundsätze gerechter Steuerpolitik (1970), S. 295.

a) Ordnungspolitische Wirkungen

Im Rahmen der ordnungspolitischen Wirkungen der Besteuerung ist zu fragen, inwieweit durch den jeweiligen Steuertarif die Vermögensakkumulation behindert oder eine Transformation der Gesellschaftsordnung vermieden wird.

Eine Behinderung der Vermögenskonzentration ist in der Bundesrepublik Deutschland trotz jahrzehntelanger Anwendung progressiver Tarifgestaltungen nicht zu erkennen.[945] Diese Tatsache erscheint aber nicht besonders verwunderlich, da

- die Einkommen im geltenden Steuerrecht nicht vollständig erfaßt werden,
- eine wirksame Konzentrationsbeschränkung nur bei durchgehender Progression mit konfiskatorischem Charakter ab einer bestimmten Einkommenshöhe erzielt werden kann,
- Kapitalgesellschaften, die einen Großteil des Volkseinkommens erwirtschaften, keiner progressiven Steuerbelastung unterliegen, sondern bei dieser Gesellschaftsform der proportional ausgestaltete Körperschaftsteuertarif angewendet wird.

Somit bleibt festzuhalten, daß die isolierte Einführung eines progressiven Einkommensteuertarifs zwar zu keiner Verringerung der bestehenden Vermögensakkumulation führen kann[946], jedoch unter Inkaufnahme allokativer Ineffizienzen[947] eine Verstärkung der Konzentrationstendenzen verhindert wird.

Die bei Implementierung des Progressionstarifs befürchtete Negativwirkung einer Zerstörung der Wettbewerbs- und Gesellschaftsordnung durch Transformation von privater zu staatlicher Tätigkeit kann bestenfalls dann eintreten, wenn die Steuersätze sehr hoch liegen und/oder die Progression über den Einkommensbereich sehr stark ansteigt.[948] Unstrittig ist, daß insbesondere

---

[945] Vgl. beispielsweise Behrens, B., Giganten auf dem Sprung (Wirtschaftswoche vom 28.6.1991), S. 104 ff. Im Jahr 1980 setzten die zehn größten deutschen Unternehmen mit 1,6 Millionen Beschäftigten ca. 300 Milliarden DM um, 1990 stieg der Umsatz dieser Gruppe bei 2 Millionen Beschäftigten auf über 500 Milliarden DM. Das größte Indurstrieunternehmen der Bundesrepublik Deutschland erhöhte seinen Umsatz im genannten 10-Jahres-Zeitraum von 36,6 Milliarden DM auf 85,5 Milliarden DM. Diese einfachen Zahlenbeispiele geben Anlaß zur Vermutung, daß eine wirksame Beschränkung der Vermögenskonzentration zumindest auf Unternehmensseite nicht gegeben ist.

[946] Schmidt, K., Ordnungspolitische Problematik der Progressivbesteuerung (Ordo 1957), S. 218, stellt richtigerweise fest, daß "... selbst im "günstigten Fall", d.h. bei einer hundertprozentigen Besteuerung der höchsten Einkommen, lediglich erreicht wird, daß die bestehende Vermögensakkumulation nicht noch weiter fortschreitet."

[947] Vgl. zu den sog. "disincentive"-Wirkungen die vorstehenden Ausführungen zur Allokationseffizienz.

[948] Vgl. beispielsweise Ritschl, H., Steuersystem und Wirtschaftsordnung (Wirtschaftsdienst 1952), S. 417; Schmidt, K., Ordnungspolitische Problematik der Progressivbesteuerung (Ordo 1957), S. 224.

aus der Anwendung hoher Steuersätze eine Dämpfung der privaten Betätigung resultieren kann. Diese Bedingung kann sicherlich auch bei der Einführung proportionaler oder regressiver Steuertarife erfüllt sein. Die Gefahr einer Transformation der Gesellschaftsordnung entspringt demzufolge nicht originär aus der progressiven Tarifgestaltung, sondern ergibt sich als Folge der Höhe der Steuersätze.

Wie an anderer Stelle bereits gezeigt wurde, kann die Beeinträchtigung der Risikoneigung privater Investoren - und somit das Zurückdrängen privatwirtschaftlicher gegenüber staatlicher Aktivität - ebenfalls nicht nur bei progressiven, sondern auch bei proportionalen und regressiven Tarifgestaltungen auftreten.[949]

Die private Kapitalbildung kann sich zweifelsohne infolge der Anwendung eines progressiven Steuertarifs verändern, da den Besserverdienenden, deren Sparquote höher als bei den Geringverdienenden liegt, weniger Mittel zur Vermögensbildung zur Verfügung stehen.[950] Die direkte Steuerprogression bewirkt somit unter der Annahme eines gleichbleibenden volkswirtschaftlichen Kapitalstocks eine Verringerung des privaten Sparens. Das Ausmaß der durch die Steuerprogression bewirkten Beeinträchtigung läßt sich jedoch nicht nachweisen, da die Sparneigung von einer Vielzahl anderer Faktoren mitbestimmt wird.[951]

b) Konjunkturpolitische Wirkungen

Der Einsatz des Progressionstarifs als finanzpolitisches Instrument zur Dämpfung von Konjunkturschwankungen, die sog. "built-in flexibility", ist von der Erfüllung verschiedener Anwendungsvoraussetzungen abhängig. Diese Aspekte gilt es nachfolgend zu beleuchten, um die konjunkturpolitischen Wirkungen der direkt progressiven Tarifgestaltung beurteilen zu können.

Notwendig für das Funktionieren des Stabilisierungsmechanismus ist ein konjunkturgerechtes, konsistentes Verhalten der Wirtschaftssubjekte hinsichtlich Konsumstreben und Sparneigung.[952] Die Richtigkeit dieser Annahme muß jedoch erheblich in Zweifel gezogen werden. Ganz im Gegenteil ist eher von einer ausgeprägt prozyklischen Verhaltensweise der Individuen auszuge-

---

[949] Vgl. die Erläuterungen zur Entscheidungsneutralität der Besteuerung.

[950] Siehe auch Break, G. F., Economic Effects of Taxation (1974), S. 192 f.

[951] Daher ist der Feststellung von Schmidt, K., Ordnungspolitische Problematik der Progressivbesteuerung (Ordo 1957), S.226, im Ergebnis zuzustimmen, daß von einer Transformation nur dann die Rede sein kann, wenn der öffentliche Anteil am gesamten Volksvermögen sich in entscheidendem Maße verändert. Diese Entwicklung ist in praxi nicht zu beobachten.

[952] Zieladäquates Verhalten zeigen die Wirtschaftssubjekte, falls sie in konjunkturellen Hochphasen Mittel zusätzlich sparen, um in Rezessionszeiten diese Rücklagen auflösen und dem Konsum zuführen zu können.

hen, d.h. einerseits erfolgt im Konjunkturaufschwung ein zusätzlicher Konsum durch Vermögensverzehr oder Kreditaufnahme, andererseits wird im Abschwung aus psychologischen Gründen über das "normale" Maß hinaus gespart.[953] Im ersteren Fall ist somit eine Überhitzung der Konjunktur, im letzteren dagegen durch die deutliche Abschwächung der Nachfrage eine Konjunkturdämpfung zu erwarten.

Das Eintreten der Stabilisierungswirkung setzt weiterhin voraus, daß in Boomzeiten die zusätzlichen Steuereinnahmen stillgelegt werden und nicht als Transferausgaben in den Wirtschaftskreislauf zurückfließen.[954] Es steht jedoch zu bezweifeln, daß diese Rücklagen von staatlicher Seite gebildet werden. Vielmehr werden in konjunkturellen Hochphasen Ausgaben getätigt, die zumeist längerfristig fixe Unterhaltsaufwendungen nach sich ziehen. Sinkt das Steueraufkommen, müssen zusätzliche Mittel am Kapitalmarkt aufgenommen werden, um diese Ausgaben decken zu können. Eine zunehmende Destabilisierung ist die Folge.[955]

Eine Abschwächung des Stabilisierungseffektes ist zu erwarten, falls sich in den Verhandlungen der Tarifparteien die Lohnforderungen am Nettolohn orientieren, d.h. die stärkere Steuerbelastung auf die Arbeitgeber überwälzt und infolge die private Nachfrage nicht gedämpft wird.

Da Geringverdienende im Vergleich zu den Besserverdienenden eine höhere Konsumquote aufweisen, müßte die Steuerprogression schließlich bereits bei niedrigen Einkommen eingreifen, da in diesem Bereich der nachfragedämpfende Effekt je DM Steuerbelastung am höchsten ist. Diese Ausweitung der Progressionszone kann jedoch Zielkonflikte mit leistungsfähigkeits- und verteilungstheoretischen Leitvorstellungen bedingen.

Dem Stabilisierungsmechanismus liegt letztlich die unzutreffende Annahme zugrunde, daß der Konsum sofort auf Einkommensänderungen reagiert. Diese Vorstellung widerspricht jedoch der sog. permanenten Einkommenshypothese, die von der Existenz eines time-lags zwischen Einkommensänderung und Korrektur des Konsumverhaltens ausgeht.[956]

---

[953] Siehe auch Schmidt, K., Steuerprogression (1960), S. 84 f.

[954] Vgl. Zimmermann, H./Henke, K.-D., Finanzwissenschaft (1990), S. 312.

[955] Siehe Petersen, H.-G., Finanzwissenschaft II (1988), S. 244.

[956] Vgl. Friedman, M., Consumption Function (1957), S. 20 ff.; Dornbusch, R./Fischer, S., Makroökonomik (1985), S. 191 ff. Des weiteren ist aus zeitlicher Sicht zu bemängeln, daß das Steuermehraufkommen - und somit der Entzug des Einkommens bei den privaten Nachfragern - erst zeitversetzt in die Staatskassen fließt, so daß auch aus diesem Grund ein time-lag zu erwarten ist. Siehe auch Teichmann, U., Grundriß der Konjunkturpolitik (1988), S. 245.

Vorstehende Ausführungen zeigen sehr deutlich, daß das Eintreten der der direkten Steuerprogression zugeschriebenen stabilisierenden Wirkung zumindest sehr fragwürdig erscheint.[957] Bevor die diesem Konzept zugrundeliegenden Wirkungszusammenhänge nicht zweifelsfrei geklärt werden können, kann eine Begründung der Progressivbesteuerung auf diesem Fundament nicht fußen.

E. Sonstige Aspekte

Neben den bereits beschriebenen Begründungen zur Rechtfertigung eines der grundlegenden Tariftypen haben sich in der Entwicklungsgeschichte der Steuertarifdiskussion als zusätzliche Aspekte die Forderungen nach einer Vereinfachung des Steuersystems[958] und einer Berücksichtigung der sozialen Stellung der Steuerpflichtigen[959] herausgebildet. Die Grundlinien dieser Argumentationsansätze und deren Beurteilung hinsichtlich der grundlegenden Tariftypen sollen kurz skizziert werden.

1. Vereinfachung des Steuersystems

In nahezu allen industrialisierten Nationen besteht Einigkeit darüber, daß die Einkommensteuersysteme aufgrund der Vielzahl von Vorschriften und Ausnahmeregelungen nicht mehr überschaubar sind.[960] Treffend wurden die Schwachstellen der geltenden Rechtsetzungen von den Verantwortlichen des amerikanischen Finanzministerium wiedergegeben: "It (*Anm. d. Verf.*: das Steuersystem) is too complicated, it is unfair, and it retards savings, investment, and economic growth."[961]

Die den derzeit gültigen Steuersystemen innewohnenden Ungerechtigkeiten wurden bereits ausführlich besprochen. Daher gilt es nur noch zu klären, inwieweit durch eine zielorientierte

---

[957] Vgl. hierzu auch Rose, M., Steuerprogression als automatischer Stabilisator (1975), S. 153. Rose geht an gleicher Stelle auf das Zusammenspiel von Konjunkturpolitik und Vollbeschäftigung ein. Der Einsatz konjunkturpolitischer Maßnahmen kann demnach zu einer unerwünschten Stabilisierung auf Unterbeschäftigungsniveau beitragen.

[958] Vgl. beispielsweise BT-Drs. Nr. 2/481 vom 29.01.1954, S. 61 ff.

[959] Dieser Gedanke ist einzig zur Ablehnung der progressiven Ausgestaltung der florentinischen Einkommensteuer herangezogen worden (vgl. Guicciardini, F., Opere inedite (1862), S. 353 ff., zitiert nach Grabein, M., Geschichte der Lehre von der Steuerprogression (FA 1895), S. 489 ff.). Dennoch soll dieses Argument nachfolgend betrachtet werden, da seine Anwendbarkeit nicht von der Hand zu weisen ist.

[960] Vgl. Lehner, G., Ökonomische Aspekte (1985), S. 18; Tipke, K., Einkommensteuer-Fundamentalreform (StuW 1986), S. 150; Schmidt, K., Notizen zur Steuerreform (FA 1988), S. 193.

[961] Department of the Treasury, Tax Reform (1984), S. VII.

Tarifgestaltung zur Reduktion des Komplexitätsgrades der Besteuerung beigetragen werden kann.

a) Grundkonzeption

Die Vereinfachung des Steuersystems soll dazu dienen, das Besteuerungsverfahren für die Steuerpflichtigen transparenter zu gestalten.[962] Denn besonders in jüngster Zeit wurde seitens der Steuerpflichtigen immer lauter Klage darüber geführt, daß sich das Steuersystem zunehmend kompliziere mit der Folge, daß die Steuerlast mehr und mehr auf die Schultern der Steuerunkundigen drücke.[963] Dieser Vorwurf erscheint durchaus berechtigt, wenn man sich das deutsche Einkommensteuerrecht und auch die Rechtsetzungen anderer Länder vor Augen führt.

Zur Vereinfachung des Steuersystems gibt es verschiedene Anknüpfungspunkte.[964] So erscheint die häufig vorgeschlagene Verbreiterung der Bemessungsgrundlage bei gleichzeitiger Senkung der Steuersätze als sinnvolle Maßnahme zur Erreichung dieser Zielkonzeption.[965] Abstrahiert man jedoch vom Zustand de lege lata, nämlich der Notwendigkeit einer progressiven Tarifgestaltung, kann das Zusammenwirken von Tarifgestaltung und Komplexitätsgrad des Steuersystems als Anhaltspunkt für die Beurteilung der grundlegenden Tariftypen herangezogen werden.

b) Einfluß der grundlegenden Tariftypen auf die Einfachheit des Steuersystems

In der wissenschaftlichen Diskussion wird die Eignung der grundlegenden Tariftypen bezüglich der Vereinfachung des Steuersystems nicht oder nur am Rande behandelt. Dies kann zum einen darauf zurückzuführen sein, daß das Prinzip der direkten Steuerprogression seit geraumer Zeit als ehernes Prinzip der Besteuerung anerkannt wird und somit die Behandlung der alternativen Tariftypen wenig sinnvoll erscheint. Die Nichtbeachtung dieser Begründung kann jedoch auch aus der Befürchtung entspringen, daß sich einer der anderen Tariftypen dem Progressionstarif unter Vereinfachungsgesichtspunkten als überlegen erweist. Ungeachtet dieses Dilemmas sollen

---

[962] Vgl. Volz, W., Besteuerung (1990), S. 24.

[963] Siehe auch Lehner, G., Ökonomische Aspekte (1985), S. 18; Volz, W., Besteuerung (1990), S. 24.

[964] Reformbedarf kann hinsichtlich der Tarifgestaltung und der Bemessungsgrundlage bestehen. Eine Korrektur des Tarifverlaufs erscheint nach Ansicht von Littmann, K., Steuerreform (1985), S. 72, unter Vereinfachungsgesichtspunkten sinnvoller als eine Änderung der Bemessungsgrundlage. Dieser Auffassung ist jedoch entgegenzuhalten, daß Reformmaßnahmen, nicht aber inkrementale Korrekturen innerhalb des geltenden Steuerrechts, auch bezüglich der Bemessungsgrundlage zu Vereinfachungen führen können.

[965] Siehe hierzu Tipke, K., Einkommensteuer-Fundamentalreform (StuW 1986), S. 155 ff.; Folkers, C., Konzept und Wirkungen (WiSt 1987), S. 276; Petersen, H.-G., Mut- und Kraftlosigkeit (wirtschaftsdienst 1987), S. 177; Seidl, C., Krise oder Reform (StuW 1987), S. 211.

nachfolgend die grundlegenden Tarifgestaltungen hinsichtlich ihres Einflusses auf die Einfachheit des Steuersystems geprüft werden.

Bei Anwendung proportionaler Tarifverläufe könnte eine Vielzahl spezieller Regelungen aus den Steuergesetzen eliminiert werden, die momentan dazu dienen, Härten und Unbilligkeiten progressiver Tarifgestaltungen, insbesondere bei außergewöhnlichen Einkünften, zu begegnen. Des weiteren würden die Anreize für intertemporale und/oder interpersonale Verschiebungen der Einkünfte entfallen, da zum einen im Zeitablauf keine Gleichverteilung der Einkommen zur Umgehung der Progressionswirkungen erforderlich ist und zum anderen alle Steuerpflichtigen dem gleichen Steuersatz unterliegen, so daß eine Verteilung der Einkünfte auf mehrere Wirtschaftssubjekte innerhalb einer Interessengemeinschaft wenig sinnvoll erscheint. Schließlich vereinfacht sich die Steuerberechnung für die Steuerpflichtigen, für die quellenabzugsverpflichteten Arbeitgeber sowie für die Finanzverwaltung.

Progressive und regressive Tarife erfordern dagegen zahlreiche Maßnahmen von staatlicher Seite, um Steuerwiderständen zu begegnen. Außerdem muß bei Implementierung dieser Tariftypen dafür Sorge getragen werden, daß die Möglichkeiten einer Steuervermeidung durch legale Einkünfteverschiebungen nicht ausufern, um eine Verletzung der horizontalen Steuergerechtigkeit zu vermeiden. Für den unkundigen Steuerpflichtigen ergibt sich schließlich die Schwierigkeit, bei gegebener Bemessungsgrundlage aus der "Tarifkonstruktion" seine eigene Steuerbelastung zu berechnen.

Die steuertechnischen Unterschiede, die aus der jeweiligen Anwendung von proportionalen oder nicht-proportionalen Tarifverläufen resultieren, zeigen ohne tiefergehende Erläuterung bereits deutlich, daß proportionale Tarife zur Vereinfachung der geltenden komplexen Steuersysteme beitragen könnten.

Der Verweis auf das aus der zunehmenden Vereinfachung des Steuersystems folgende Sinken der Steuergerechtigkeit kann als obsolet angesehen werden[966], da unter Gerechtigkeitserwägungen keine eindeutige Präferenzstruktur in bezug auf die alternativen Tariftypen erstellt werden kann.

---

[966] Volz, W., Besteuerung (1990), S. 24, stellt hierzu in allgemeiner Form fest: "Tatsächlich gibt es eine Reihe von steuerlichen Normen, durch deren Verzicht oder Bereinigung ein Mehr an Steuervereinfachung zu verwirklichen wäre, ohne daß dies zulasten der Gleichmäßigkeit der Besteuerung ginge." Die Implementierung einer Kopfsteuer würde dagegen sicherlich zu einer Vereinfachung des Steuersystems beitragen, sich jedoch andererseits negativ auf die mit dem Steuersystem verbundenen Gerechtigkeitsvorstellungen auswirken.

2. Soziale Einbindung der Steuerpflichtigen

Der Einfluß, der durch die soziale Einbindung der Steuersubjekte in die Gesellschaft auf die Tarifgestaltung ausgeübt wird, fand bereits im 15. Jahrhundert[967] sowie am Ende des 19. Jahrhunderts[968] Eingang in die Analyse der verschiedenen Tarifgestaltungen. Dieser Aspekt besitzt sicherlich auch in der heutigen Zeit eine gewisse Aktualität, da sich die Erwartungen der Gesellschaft an das soziale Verhalten einzelner Gruppenmitglieder stetig steigern.

Daher soll der Grundgedanke dieses Konzepts kurz dargestellt und hinsichtlich der alternativen Tariftypen beurteilt werden.

a) Grundkonzeption

Hohe Einkommen führen regelmäßig zu einer veränderten sozialen Stellung der Besserverdienenden im Vergleich zu den Beziehern niedrigerer Einkommen. Die unterschiedliche Einbindung der Wirtschaftssubjekte in die Gesellschaft bedingt weiterhin eine Veränderung der Erwartungshaltung an die einzelnen Individuen. Verhaltensweisen, die von sozial niedrigstehenden Gruppen nicht gefordert werden, ziemen sich für die Bezieher höherer Einkommen mit der Folge, daß die Nicht-Beachtung dieser ungeschriebenen Regeln Einbußen an sozialem Ansehen nach sich ziehen.

Allerdings haben die "standesüblichen" Verhaltensmuster heutzutage zumeist eine überproportionale Steigerung der Ausgaben der privaten Lebensführung zur Folge. Diese Zusatzaufwendungen lassen sich für die sozial höhergestellten Gruppen nur unter Inkaufnahme von bestimmten Nachteilen vermeiden.

Diese Erkenntnis, die in der neueren finanzwissenschaftlichen Literatur nicht zu finden ist, bildete bereits zum Ende des 19. Jahrhunderts Gegenstand der wissenschaftlichen Diskussion. Die Verfechter der Zusatzausgaben-These legten ihren Ausführungen jedoch die Wertigkeit der Bedürfnisse, die den Angehörigen der verschiedenen sozialen Gruppen erwachsen, zugrunde. Die Sachlage wird sehr anschaulich bei Grabein dargestellt:

> "Denn in der That ist für die höheren Klassen der Gesellschaft, welche geistige Funktionen zu verrichten haben, die Befriedigung mancherlei Bedürfnisse notwendig, die für die unteren Klassen entbehrlich sind. Jene haben das Bedürfnis, z.B. über eine grössere, in ihrer Ausstattung mehr dem ästhetischen Sinne entsprechende Wohnung zu

---

[967] Siehe Guicciardini, F., Opere inedite (1862), S. 353 ff., zitiert nach Grabein, M., Geschichte der Lehre von der Steuerprogression (FA 1895), S. 489 ff.

[968] Siehe Bastable, C. F., Public Finance (1895), S. 285 f.

verfügen, eine verfeinerte, den Magen minder beschwerende Nahrung einzunehmen, sich Erholung oder Anregung durch geistige Genüsse mancher Art zu verschaffen; diese Bedürfnisse sind nicht nur subjektiv, sondern auch objektiv als notwendig zu erachten, weil nur bei ihrer Befriedigung jene Glieder ihre für die Gesellschaft nützlichen und notwendigen Thätigkeiten auszuüben vermögen. Der Handarbeiter bedarf dieser Genüsse nicht, er fühlt auch in den meisten Fällen kein Verlangen danach; für ihn sind dieselben also überflüssig."[969]

b) Beurteilung der grundlegenden Tariftypen hinsichtlich der sozialen Stellung der Steuerpflichtigen

Der These, daß eine höhere soziale Stellung der Steuerpflichtigen zusätzliche Mehrausgaben im Bereich der privaten Lebensführung bedinge, liegt offensichtlich die Forderung zugrunde, auf eine progressive Belastung der höheren Einkommen zu verzichten.[970] Guicciardini leitet aus dieser Grundkonzeption die Notwendigkeit einer proportionalen Belastung der Steuerpflichtigen ab: "Der Zehnte legt dem Reichen ein ebenso grosses Opfer auf, wie dem Armen, und beeinträchtigt ihn ebenso in der Bestreitung notwendiger Ausgaben, wie den Armen; eben deshalb, weil die notwendigen Ausgaben nicht für alle dieselben sind, sondern nach den verschiedenen Stellungen der Bürger verschiedene."[971]

Der vorliegenden Grundkonzeption und der aus ihrer Anwendung resultierenden Schlußfolgerung wohnen jedoch einige Schwachstellen inne, die ihren sinnvollen Einsatz zumindest fragwürdig erscheinen lassen:

Zum einen ergibt sich das Problem, daß die Kosten der privaten Lebensführung zumeist steuerlich unbeachtlich sind. Dagegen ließe sich einwenden, daß die durch die soziale Stellung bedingten Mehrausgaben direkt vom erzielten Einkommen der Steuerpflichtigen abhängen. Außerdem besteht bei einer Verletzung der gesellschaftlichen Normen die Gefahr, Sanktionen bis hin zum Verlust des Arbeitsplatzes in Kauf nehmen zu müssen. Dies hätte zur Folge, daß die Mehrausgaben zur Sicherung der sozialen Stellung gleichzeitig der Erhaltung der eigenen Arbeitskraft dienen und somit durchaus steuerlich beachtlich sind.

Andererseits ist die Frage zu stellen, inwieweit die privat getätigten Ausgaben der Befolgung sozialer Normen oder vielmehr der Befriedigung eigener Bedürfnisse - ohne gesellschaftlichen

---

[969] Grabein, M., Geschichte der Lehre von der Steuerprogression (FA 1895), S. 491.

[970] Vgl. auch Bastable, C. F., Public Finance (1895), S. 285 f.

[971] Guicciardini, F., Opere inedite (1862), S. 393 ff., zitiert in der deutschen Übersetzung nach Grabein, M., Geschichte der Lehre von der Steuerprogression (FA 1895), S. 490.

Stellenwert - dienen. Eine Abgrenzung dieses Sachverhalts erscheint vor dem Hintergrund sich ständig wandelnder sozialer Anschauungen nicht durchführbar.

Erkennt man das Entstehen zusätzlicher Ausgaben aufgrund der sozialen Stellung der Wirtschaftssubjekte an und stimmt man schließlich der Notwendigkeit der Berücksichtigung dieses Einkommensnachteils der Besserverdienenden durch eine zweckorientierte Tarifgestaltung zu, ergibt sich als Folgeproblem die Bestimmung des "richtigen" Tarifverlaufs. Die Feststellung, daß nur über die Anwendung eines proportionalen Steuertarifs den unterschiedlichen Verhältnissen Genüge geleistet werden könne, birgt sicherlich Willkürlichkeiten in sich. Ebenso könnte argumentiert werden, daß die durch die soziale Stellung der Steuerpflichtigen hervorgerufenen Mehrausgaben derart hoch sind, daß sie eine regressive Tarifgestaltung nach sich ziehen müßten. Schließlich wäre mangels gesicherter Erkenntnisse auch die Forderung nach einer mäßigen Progression nicht von der Hand zu weisen.

Somit bleibt festzuhalten, daß die obenstehende Grundkonzeption durchaus ihre Berechtigung besitzt. Jedoch ist die zugrundeliegende Materie derart komplex und und unausgereift, daß sich eine sinnvolle Beurteilung der grundlegenden Tariftypen anhand dieses Ansatzes verbietet.

F. Zusammenfassung der Ergebnisse

Die aus der Analyse der neueren Begründungen resultierenden Ergebnisse sind in übersichtlicher Form in der nachstehenden Abbildung zusammengefaßt.

	Anwendbarkeit des Konzepts	Wirkung der einzelnen Tariftypen		
		proportional	progressiv	regressiv
Einkommensumverteilungsgedanke	bedingt anwendbar	keine Umverteilung	(geringfügiger) positiver Umverteilungseffekt	negativer Umverteilungseffekt
Neidgedanke				
- Beseitigung des Neides	bedingt anwendbar	nicht möglich	theoretisch möglich	nicht möglich
- Reduzierung des Neides	bedingt anwendbar	Reduzierung um konstanten Faktor	Reduzierung um konstanten Faktor	u.U. Reduzierung um konstanten Faktor
Entscheidungsneutralität				
- Zerrwirkungen	ja	keine Verzerrungen	zahlreiche Verzerrungen	zahlreiche Verzerrungen
- Hemmwirkungen	ja	teils keine Aussage möglich, teils keine Beeinträchtigung	teils keine Aussage möglich, teils starke Beeinträchtigung	teils keine Aussage möglich, teils starke Beeinträchtigung
Wirtschaftstheoretische Überlegungen				
- Ordnungspolitik	bedingt anwendbar	keine Wirkungen	geringe positive Wirkungen	negative Wirkungen
- Konjunkturpolitik	nein	keine Aussage möglich	keine Aussage möglich	keine Aussage möglich
Sonstige Aspekte				
- Vereinfachungsaspekt	ja	geeignet	nicht geeignet	nicht geeignet
- Soziale Einbindung der Steuerpflichtigen	nein	keine Aussage möglich	keine Aussage möglich	keine Aussage möglich

Abb. 50: Beurteilung der grundlegenden Tariftypen hinsichtlich der neueren Begründungen

Die Untersuchung hat ergeben, daß auch einigen neueren Begründungen angesichts fehlender Anwendungsvoraussetzungen nur bedingte oder überhaupt keine Aussagekraft innewohnt.

Andererseits legen die uneingeschränkt anwendbaren Konzeptionen der Entscheidungsneutralität und der Steuervereinfachung die Anwendung proportionaler Steuertarife in der praktischen Steuergesetzgebung nahe. Der sinnvolle Einsatz nicht-proportionaler Tariftypen erscheint vor dem Hintergrund dieser Gesichtspunkte nicht möglich.

Bei den bedingt anwendbaren Grundkonzeptionen läßt sich kein eindeutiges Ergebnis hinsichtlich der Vorziehenswürdigkeit proportionaler oder progressiver Steuertarife ableiten. Jedoch kann belegt werden, daß Regressionstarife den beiden vorgenannten Tariftypen unterlegen sind.

Abschließende Würdigung und Ausblick

Die Analyse der geschichtlichen Entwicklung der Begründungen des Prinzips der direkten Steuerprogression hat folgende Erkenntnisse zu Tage gefördert:

(1) Die Anwendung progressiver Tarifverläufe war sehr häufig mit der Existenz finanzieller Notlagen der entsprechenden Staatsgebilde verbunden.

(2) Die permanente Verwirklichung des Prinzips der direkten Steuerprogression konnte sich erst mit Einführung der allgemeinen Einkommensbesteuerung durchsetzen.

(3) Zahlreiche Argumente, die zur Befürwortung des Progressionsprinzips ins Feld geführt wurden, fußten auf der Grundannahme, daß ein bestimmtes Progressionsmaß nicht überschritten wird. Diese Anwendungsvoraussetzung geriet im Zeitablauf jedoch sehr schnell in Vergessenheit.

(4) Die Konzepte zur Begründung des Progressionsprinzips erwiesen sich im Zeitablauf als relativ konstant: Zu unterscheiden ist zwischen traditionellen und neueren Argumentationsansätzen.

(5) Von politisch verantwortlicher Seite wurden die in der wissenschaftlichen Diskussion herausgearbeiteten Argumente zwar häufig gebraucht, die notwendige Umsetzung der hinter diesen Konzepten stehenden Grundideen scheiterte jedoch an deren mangelnder Durchsetzbarkeit.

(6) Das Prinzip der direkten Steuerprogression gilt seit der Jahrhundertwende als unumstößliches Grundprinzip der Besteuerung, so daß alle Versuche seiner Widerlegung zum Scheitern verurteilt waren. Ein Umdenken ist erst in neuerer Zeit zu verspüren.

Bei der näheren Betrachtung der einzelnen Begründungen waren die nachstehend beschriebenen Ergebnisse von besonderer Bedeutung:

(1) Traditionelle Untersuchungen zum Für und Wider der direkten Steuerprogression erweisen sich als wenig aussagekräftig, da keine umfassende Analyse der einzelnen Begründungen erfolgt und auf eine Einbeziehung der relevanten Tariftypen verzichtet wird. Außerdem ist die oftmals erfolgte Festlegung auf eine Referenzbasis zu verwerfen.

(2) Die eingehende Analyse der traditionellen Begründungen hat gezeigt, daß ihre Anwendungsvoraussetzungen oftmals nicht erfüllt sind. Die wenigen aussagefähigen Konzepte lassen keinen klaren Schluß über die Vorziehenswürdigkeit proportionaler oder progressiver Tarifgestaltungen zu. Es kann jedoch festgestellt werden, daß Regressionstarife zahlreiche Nachteile aufweisen.

(3) Die neueren Begründungen, deren stimmige und umfassende Untersuchung in der neueren Literatur noch nicht zu finden ist, können dagegen ein klareres Bild über die Vor- und Nachteile der einzelnen Tariftypen geben. Zwar sind auch hier zum Teil die Anwendungsvoraussetzungen nicht erfüllt, jedoch zeigt sich andererseits eine Überlegenheit der Proportionaltarife gegenüber den nicht-proportionalen Tarifen.

Sicherlich erscheint eine relative Höherbelastung der Besserverdienenden gegenüber den Geringverdienenden rein gefühlsmäßig als unabdingbar, um der steuerlichen "Gerechtigkeit" Genüge zu tun. Allerdings wären auch hohe Einkommen, hoher Ausbildungsstandard oder uneingeschränkte Freizügigkeit für alle Wirtschaftssubjekte zu befürworten. Die Umsetzung dieser grundsätzlichen Zielkonzeptionen scheitert jedoch an den unterschiedlichsten Hindernissen.

Demzufolge kann nur eine detaillierte Analyse abschließend klären, ob das allgemeine Gefühl der Berechtigung der progressiven Belastung der Bezieher höherer Einkommen ökonomisch vertretbar ist. Die vorliegende Untersuchung hat zum Ergebnis, daß diese moralische Einschätzung sich aus ökonomischer Sicht als unzutreffend erweist. Daher kann die Anwendung eines Progressionstarifs nicht legitim sein, so daß sich dem Gesetzgeber ein Überdenken seiner bisherigen Position empfiehlt. Ansätze zur Neuorientierung sind auch in einigen westlichen Industrienationen bereits zu erkennen. Der bundesdeutsche Gesetzgeber hält dagegen an seiner traditionellen progressiven Ausgestaltung des Steuertarifs fest.

Literaturverzeichnis

Aaron, Henry J., (Inflation): Inflation and the Income Tax, Washington 1976

Ackermann, Günther, (100 Jahre Steuerprogression): Leistungsbereitschaft versus Leistungsfähigkeitsprinzip: 100 Jahre Steuerprogression, in: Der Betrieb 1991, Heft 24, S. I (Editorial)

Albers, Willi, (Einkommensbesteuerung in Frankreich): Die Einkommensbesteuerung in Frankreich seit dem Ersten Weltkrieg - Eine Analyse ihrer wirtschaftlichen, sozialen und administrativen Probleme, Kiel 1957

Albers, Willi, (Automatische Stabilisierungswirkung): Die automatische Stabilisierungswirkung der Steuern - Möglichkeiten und Problematik in der Bundesrepublik Deutschland, in: Jahrbücher für Nationalökonomie und Statistik 1967, S. 99 - 131

Albers, Willi, (Umverteilungswirkungen der Einkommensteuer): Umverteilungswirkungen der Einkommensteuer, in: Albers, Willi (Hrsg.): Öffentliche Finanzwirtschaft und Verteilung II, Berlin 1974, S. 69 - 144

Allix, Edgar, (Theorie der progressiven Steuer): Die Theorie der progressiven Steuer, in: Mayer, Hans/Feller, Frank/Reisch, Richard (Hrsg.): Die Wirtschaftstheorie der Gegenwart, Band 4, Wien 1928, S. 246 - 262

Andel, Norbert, (Einkommensteuer): Einkommensteuer, in: Neumark, Fritz (Hrsg.): Handbuch der Finanzwissenschaft, Band 2, 3. Auflage, Tübingen 1980, S. 331 - 401

Andreades, André, (Griechische Staatswirtschaft): Geschichte der griechischen Staatswirtschaft, Hildesheim 1965

Arendt, Herbert, (Entwicklung der englischen Einkommensteuer): Entwicklung und innerer Aufbau der englischen Einkommensteuer, Jena 1931

Atkinson, Anthony B./Stiglitz, Joseph E., (Public Finance): Lectures on Public Finance, New York 1989

Baatz, Dietwulf, (Steuern im Römerreich): "Gebt dem Kaiser, was des Kaisers ist" - Steuern im Römerreich, in: Schultz, Uwe (Hrsg.): Mit dem Zehnten fing es an - Eine Kulturgeschichte der Steuer, München 1986, S. 38 - 50

Badische Landesregierung, (Einführung einer allgemeinen Einkommensteuer): Entwurf eines Gesetzes, die Einführung einer allgemeinen Einkommensteuer betreffend, vom 8. Dezember 1883, mit Motiven, in: Finanzarchiv 1884, S. 308 - 350

Bamberg, Günter/Richter, Wolfram, (Effects of Progressive Taxation on Risk-Taking): The Effects of Progressive Taxation on Risk-Taking, in: Journal of Economics 1984, S. 93 - 102

Baron, J., (Zur Erbschaftssteuer): Zur Erbschaftssteuer, in: Jahrbücher für Nationalökonomie und Statistik 1876, S. 275 - 295

Bastable, Charles F., (Public Finance): Public Finance, 2nd edition, London 1895

Baumstark, Eduard, (Zur Einkommensteuerfrage): Zur Einkommensteuerfrage, Greifswald 1850

Becker, Gary S., (Altruism): Altruism in the Family and Selfishness in the Market Place, in: Economica 1981, S. 1 - 15

Behrens, Bolke, (Giganten auf dem Sprung): Giganten auf dem Sprung - Die hundert größten Unternehmen der Industrie, in: Wirtschaftswoche vom 28.6.1991, S. 104 - 108

Beichelt, Bernd u.a., (Steuernorm und Steuerwirklichkeit): Steuernorm und Steuerwirklichkeit, Band II: Steuermentalität und Steuermoral in Großbritannien, Frankreich, Italien und Spanien, Köln/Opladen 1969

Bellstedt, Christoph, (Steuer als Instrument): Die Steuer als Instrument der Politik - Eine vergleichende Untersuchung der Steuerpolitik in den USA und Deutschland, Berlin 1966

Beloch, Jochen, (Volksvermögen von Attika): Das Volksvermögen von Attika, in: Hermes - Zeitschrift für classische Philologie 1885, S. 237 - 261

Below, Georg von, (Bede): Stichwort: Bede, in: Handwörterbuch der Staatswissenschaften, Band 2, 2. Auflage, Jena 1899, S. 535 - 538

Bickel, Wilhelm, (Steuertariflehre): Stichwort: Steuertariflehre, in: Handwörterbuch der Sozialwissenschaften, Band 10, S. 164 - 170

Birk, Dieter, (Leistungsfähigkeitsprinzip): Das Leistungsfähigkeitsprinzip als Maßstab der Steuernormen - Ein Beitrag zu den Grundfragen des Verhältnisses Steuerrecht und Verfassungsrecht, Köln 1983

Blöcker, M./Petersen, Hans-Georg, (Analyse der deutschen Einkommensteuertarife): Eine vergleichende Analyse der deutschen Einkommensteuertarife von 1958, 1965 und 1975 unter Einbeziehung des Progressionsgrades, in: Public Finance 1975, S. 347 - 365

Blum, Walter J./Kalven, Harry, (Uneasy Case for Progressive Taxation): The Uneasy Case for Progressive Taxation, Chicago/London 1953 (reprint 1978)

Blunden, G. H., (Progressive Income Tax): A Progressive Income Tax, in: Economic Journal 1895, S. 527 - 531

Boeckh, August, (Staatshaushaltung der Athener): Die Staatshaushaltung der Athener, Band 1 - 2, Berlin 1886

Bös, Dieter/Genser, Bernd, (Steuertariflehre): Stichwort: Steuertariflehre, in: Handwörterbuch der Wirtschaftswissenschaften, Band 7, Stuttgart u.a. 1977, S. 412 - 427

Bös, Dieter/Tillmann, Georg, (Neid und progressive Besteuerung): Neid und progressive Besteuerung, in: Hansmeyer, Karl-Heinrich (Hrsg.): Staatsfinanzierung im Wandel, Berlin 1983, S. 637 - 660

Bös, Dieter/Tillmann, Georg, (Neid und progressive Besteuerung): Neid und progressive Besteuerung, in: Bös, Dieter/Rose, Manfred/Seidl, Christian (Hrsg.): Beiträge zur neueren Steuertheorie - Referate des finanztheoretischen Seminars im Kloster Neustift bei Brixen 1983, Berlin 1984, S. 65 - 74

Bös, Dieter/Tillmann, Georg, (Envy Tax): An "Envy Tax": Theoretical Principles and Applications to the German Surcharge on the Rich, in: Public Finance 1985, S. 35 - 63

Bohnet, Armin, (Staatliche Verteilungspolitik): Finanzwissenschaft: Staatliche Verteilungspolitik, München/Wien 1989

Boochs, Wolfgang, (Finanzverwaltung im Altertum): Die Finanzverwaltung im Altertum, Sankt Augustin 1985

Boss, Alfred/Ente, Werner, (Einkommensteuertarife): Die Einkommensteuertarife 1965, 1986 und 1990: Wo liegen die Unterschiede?, in: Finanzarchiv 1988, S. 85 - 113

Bräuer, Karl, (Lehre vom Steuertarif): Umrisse und Untersuchungen zu einer Lehre vom Steuertarif, Jena 1927

Break, George F., (Incentives to work): Income Taxes and Incentives to work: An Empirical Study, in: American Economic Review 1957, S. 529 - 549

Break, George F., (Economic Effects of Taxation): The Incidence and Economic Effects of Taxation, in: Blunden, Alan S./Solow, Robert, M. (Hrsg.): The Economics of Public Finance, Washington 1974, S. 119 - 237

Breit, J., (Erbschaftssteuer): Erbschafts- und Schenkungssteuer, Berlin 1921

Brell, Karl-Heinz, (Problematik der progressiven Einkommensbesteuerung): Zur Problematik der progressiven Einkommensbesteuerung, Diss., Frankfurt 1957

Bringmann, Klaus, (Steuern und Fremdherrschaft): Steuern und Fremdherrschaft - Judäa zur Zeit Jesu, in: Schultz, Uwe (Hrsg.): Mit dem Zehnten fing es an - Eine Kulturgeschichte der Steuer, München 1986, S. 51 - 63

Brockhaus Enzyklopädie, (Griechische Geschichte): Stichwort: Griechische Geschichte, Band 9, 19. Auflage, Mannheim 1989, S. 116 - 128

Brockhaus Enzyklopädie, (Geschichte Großbritanniens und Nordirlands): Stichwort: Großbritannien und Nordirland - Geschichte, Band 9, 19. Auflage, Mannheim 1989, S. 177 - 194

Brümmerhoff, Dieter, (Verteilung der Jahres- und der Lebenseinkommen): Zur Beeinflussung der Verteilung der Jahres- und der Lebenseinkommen durch die Finanzpolitik, Tübingen 1977

Brümmerhoff, Dieter, (Finanzwissenschaft): Finanzwissenschaft, 3. Auflage, München/Wien 1988

Buchanan, James M., (Fiscal Institutions): Fiscal Institutions and Efficiency in Collective Outlay, in: American Economic Review 1964, S. 227 - 235

Buchenberger, (Steuerreform im Grossherzogtum Baden): Die Steuerreform im Grossherzogtum Baden, in: Finanzarchiv 1901, S. 1 - 45

Buchholz, Wolfgang, (Einfluß des Steuerprogressionsgrads): Der Einfluß des Steuerprogressionsgrads auf die Bewertung riskanter Projekte, in: Operations Research Proceedings 1986, S. 450 - 457

Büchner, Richard, (Erbschaftsbesteuerung): Die Entwicklung der englischen Erbschaftsbesteuerung seit 1909, in: Finanzarchiv 1922, S. 399 - 453

Büchner, Richard, (Erbschaft- und Schenkungsteuern): Erbschaft- und Schenkungsteuern, in: Gerloff, Wilhelm/Neumark, Fritz (Hrsg.): Handbuch der Finanzwissenschaft, Band 2, 2. Auflage, Tübingen 1956, S. 539 - 556

Bundesministerium der Finanzen, (Finanzbericht 1986): Finanzbericht 1986, Bonn 1986

Bundesministerium der Finanzen, (Steuern im internationalen Vergleich): Die wichtigsten Steuern im internationalen Vergleich, in: Informationsdienst zur Finanzpolitik des Auslandes, Bonn 1/1989

Campbell, Charles/Philippart, Alain, (Business Operations in France): Business Operations in France - Taxation, in: Silverstein, Leonard (Hrsg.): Tax Management - Foreign Income Portfolios, Nr. 39, 7. Auflage, Stand: September 1990

Canestrini, Giuseppe, (L'arte di stato): La Scienza e L'arte di stato desunta dagli atti officiali della repubblica fiorentina e dei Medici, Florenz 1862

Cansier, Dieter, (Steuern und Investitionsrisiko): Steuern und Investitionsrisiko, in: Cansier, Dieter/Kath, Dietmar (Hrsg.): Öffentliche Finanzen, Kredit und Kapital - Festschrift für Werner Ehrlicher zur Vollendung des 65. Lebensjahres, Berlin 1985, S. 255 - 283

Cassel, Dieter, (Wirtschaftspolitik): Wirtschaftspolitik im Systemvergleich, München 1984

Central Office of Information, (British System of Taxation): The British System of Taxation, 3rd edition, London 1977

Christmann, W., (Theorie der Erbschaftsteuer): Die Theorie der Erbschaftsteuer und ihre finanzpolitische Problematik - Unter besonderer Berücksichtigung der Entwicklung der Erbschaftsteuer in Deutschland, Frankreich und England, Frankfurt 1939

Clamageran, Jean-Jules, (Histoire de L'impôt): Histoire de L'impôt en France depuis L'epoche romaine jusqu'à 1774, Band 1 - 3 , Paris 1867/1868/1876

Cluseau, Max, (Geschichte der französischen Finanzwirtschaft): Geschichte der französischen Finanzwirtschaft vom 18. Jahrhundert bis zur Gegenwart, in: Gerloff, Wilhelm/Neumark, Fritz (Hrsg.): Handbuch der Finanzwissenschaft, Band 1, 2. Auflage, Tübingen 1952, S. 359 - 381

Coffield, James, (History of Taxation): A Popular History of Taxation. From Ancient to Modern Times, London 1970

Cohn, Gustav, (Preußische Steuerreform): Die Preußische Steuerreform, in: Jahrbücher für Nationalökonomie und Statistik 1891, S. 20 - 52

Colm, Gerhard, (Fiscal Policy Proposals): The economics of the current fiscal policy proposals in the United States, in: Finanzarchiv 1963/64, S. 82 - 97

Conrad, Johannes, (Directe Steuern in Sachsen): Die Revision der Gesetzgebung über die directen Steuern in Sachsen, in: Jahrbücher für Nationalökonomie und Statistik 1871, S. 428 - 442

Conrad, Johannes, (Revision der Gesetzgebung): Die Revision der Gesetzgebung über die directen Steuern in Sachsen, in: Jahrbücher für Nationalökonomie und Statistik 1873, S. 227 - 250

Conrad, Johannes, (Steuergesetzgebung in Sachsen): Die neueste Entwicklung der Steuergesetzgebung in Sachsen, in: Jahrbücher für Nationalökonomie und Statistik 1879, S. 445 - 469

Dahn, Felix, (Zum merowingischen Finanzrecht): Zum merowingischen Finanzrecht, in: Brenner, Oscar u.a. (Hrsg.): Germanistische Abhandlungen zum LXX. Geburtstag Konrad von Maurers, Göttingen 1893, S. 335 - 373

Department of the Treasury, (Basic Tax Reform): Blueprints for Basic Tax Reform, Washington 1977

Department of the Treasury, (Tax Reform): Tax Reform for Fairness, Simplicity and Economic Growth, Band 1 und 2, Washington 1984

Dessau, H., (Finanzen des alten Rom): Stichwort: Finanzen des alten Rom, in: Handwörterbuch der Staatswissenschaften, Band 3, 2. Auflage, Jena 1900, S. 949 - 955

Dieterici, Carl, (Geschichte der Steuerreform in Preußen): Zur Geschichte der Steuerreform in Preußen von 1810 bis 1820, Berlin 1875

Dittmann, Heinz, (Grundlagen der Steuerprogression): Die theoretischen Grundlagen der Steuerprogression, Diss., Zürich 1950

Domar, Evsey D./Musgrave, Richard A., (Proportional Income Taxation): Proportional Income Taxation and Risk-Taking, in: Quarterly Journal of Economics 1943/44, S. 388 - 422

Dormbusch, Rüdiger/Fischer, Stanley, (Makroökonomik): Makroökonomik, 3. Auflage, München 1985

Dowell, Stephen, (History of Taxation and Taxes): History of Taxation and Taxes in England, Volume 1 - 3, 3rd edition, London 1965

Duesenberry, James S., (Theory of Consumer Behavior): Income, Saving and the Theory of Consumer Behavior, Oxford 1949

Dziadkowski, Dieter, (Bürgernaher Einkommensteuertarif): Plädoyer für einen transparenten und realitätsbezogenen ("bürgernahen") Einkommensteuertarif, in: Betriebs-Berater 1985, Beilage 9 zu Heft 15

Eckardt, M., (Erbschaftsteuer): Die Entwicklung der Erbschaftsteuer in Deutschland nebst einem Versuch der Würdigung ihrer finanz- und volkswirtschaftlichen Bedeutung, Berlin 1937

Edgeworth, F. Y., (Pure Theory of Taxation): The Pure Theory of Taxation, in: The Economic Journal 1897, S. 550 - 571 (Teil III)

Eheberg, Karl Theodor, (Finanzen): Stichwort: Finanzen und Finanzwirtschaft, in: Handwörterbuch der Staatswissenschaften, Band 3, 2. Auflage, Jena 1900, S. 902 - 936

Eheberg, Karl Theodor, (Finanzen im Mittelalter): Stichwort: Finanzen im Mittelalter, in: Handwörterbuch der Staatswissenschaften, Band 3, 2. Auflage, Jena 1900, S. 955 - 976

Eheberg, Karl Theodor, (Finanzen im 19. Jahrhundert): Stichwort: Finanzen im 19. Jahrhundert, in: Handwörterbuch der Staatswissenschaften, Band 4, 3. Auflage, Jena 1909, S. 207 - 226

Eheberg, Karl Theodor, (Finanzwissenschaft): Finanzwissenschaft, 15. Auflage, Leipzig/Erlangen 1920

Eheberg, Karl Theodor, (Finanzen im Mittelalter): Stichwort: Finanzen im Mittelalter, in: Handwörterbuch der Staatswissenschaften, Band 3, 4. Auflage, Jena 1927, S. 18 - 32

Eheberg, Karl Theodor, (Grundriß der Finanzwissenschaft): Grundriß der Finanzwissenschaft, 5. u. 6. Auflage, Leipzig 1930

Eichhorn, Wolfgang, (Progression der Einkommensteuer): Einige Folgerungen aus der Progression der Einkommensteuer, in: Bös, Dieter/Rose, Manfred/Seidl, Christian (Hrsg.): Beiträge zur neueren Steuertheorie - Referate des finanztheoretischen Seminars im Kloster Neustift bei Brixen 1983, Berlin u.a. 1984, S. 262 - 267

Eisenhart, Hugo, (Philosophie des Staates): Die Philosophie des Staates, Leipzig 1844

Eisenhart, Hugo, (Kunst der Besteuerung): Die Kunst der Besteuerung, Berlin 1868

Elschen, Rainer/Hüchtebrock, Michael, (Steuerneutralität): Steuerneutralität in Finanzwissenschaft und Betriebswirtschaftslehre - Diskrepanzen und Konsequenzen, in: Finanzarchiv 1983, S. 253 - 280

Eucken, Walter, (Grundsätze der Wirtschaftspolitik): Grundsätze der Wirtschaftspolitik, 6. Auflage, Tübingen 1990

Farnsworth, A., (Addington): Addington - Author of the modern income tax, London 1951

Feldman, Allan/Kirman, Alan, (Fairness and Envy): Fairness and Envy, in: American Economic Review 1974, S. 995 - 1005

Feldstein, Martin S., (Effects of Taxation on Risk Taking): The Effects of Taxation on Risk Taking, in: Journal of Political Economy 1969, S. 755 - 764

Fellingham, John C./Wolfson, Mark A., (Alternative Income Tax Structures): The Effects of Alternative Income Tax Structures on Risk Taking in Capital Markets, in: National Tax Journal 1978, S. 339 - 345

Fischer, Curt Eduard, (Die unorganische Steuerordnung): Die unorganische Steuerordnung, in: Finanzarchiv 1953/54, S. 647 - 686

Fischer, Helmut, (Kopfsteuer): Die Kopfsteuer - Eine "gute" Gemeindesteuer?, in: Das Wirtschaftsstudium 1990, S. 567 - 569

Fischenich, Heinrich, (Erbschaftsbesteuerung): Die Erbschaftsbesteuerung in England, Frankreich und Deutschland (Entwicklung, Darstellung, Vergleich), Köln 1929

Foehl, Carl, (Progressive Einkommensbesteuerung): Kritik der progressiven Einkommensbesteuerung, in: Finanzarchiv 1953/54, S. 88 - 109

Foley, D., (Resource Allocation): Resource Allocation and the Public Sector, in: Yale Economic Essays 1967, S. 45 - 98

Folkers, Cay, (Konzept und Wirkungen): Konzept und Wirkungen der großen Steuerreform in den USA, in: Wirtschaftswissenschaftliches Studium 1987, S. 276 - 281

Formby, John/Seaks, Terry/Smith, James, (Measurement and Comparison): Difficulties in the measurement and comparison of tax progressivity: the case of North America, in: Public Finance 1984, S. 297 - 313

Frank, Dieter, (Erbschaftsteuer und Unternehmung): Erbschaftsteuer und Unternehmung - eine steuerrechtliche und betriebswirtschaftliche Untersuchung unter Berücksichtigung des britischen, französischen und schweizerischen Rechts, Berlin 1969

Franke, Siegfried, (Entwicklung der Einkommensbesteuerung): Entwicklung und Begründung der Einkommensbesteuerung, Darmstadt 1981

Fricke, Dieter, (Heimliche Steuererhöhungen): Die "heimlichen Steuererhöhungen", in: Steuer und Wirtschaft 1977, S. 243 - 252

Fricke, Dieter, (Inzidenzbegriffe und Inzidenzkonzepte): Inzidenzbegriffe und Inzidenzkonzepte in der Finanzwissenschaft, in: Das Wirtschaftsstudium 1979, S. 5 - 12

Friebe, Siegrfried, (Steuerreformgesetz 1990): Steuerreformgesetz 1990 vom Parlament verabschiedet, in: Deutsche Steuerzeitung 1988, S. 419 - 425

Friedman, Milton, (Consumption Function): A Theory of the Consumption Function, Princeton 1957

Fuisting, Bernhard, (Geschichtliche Entwicklung des preußischen Steuersystems): Die geschichtliche Entwicklung des preußischen Steuersystems und systematische Darstellung der Einkommensteuer, Berlin 1894

Fuisting, Bernhard, (Grundzüge der Steuerlehre): Grundzüge der Steuerlehre, Band 4, Berlin 1902

Fuld, Ludwig, (Erbschafts- und Schenkungssteuer): Die Erbschafts- und Schenkungssteuer im Großherzogtum Hessen, in: Jahrbücher für Nationalökonomie und Statistik 1885, S. 238 - 251

Fuld, Ludwig, (Hessische Einkommen- und Kapitalrentensteuer): Die hessische Einkommen- und Kapitalrentensteuer, in: Jahrbücher für Nationalökonomie und Statistik 1886, S. 40 - 49

Fux, Boleslav, (Vermögenssteuer): Die Vermögenssteuer, in: Gerloff, Wilhelm (Hrsg.): Handbuch der Finanzwissenschaft, Band 2, Tübingen 1927, S. 133 - 158

Galvin, Charles O., (Income Tax): The Income Tax: how progressive should it be?, Washington 1974

Gensel, J., (Steuerreform im Königreich Sachsen): Die Steuerreform im Königreich Sachsen, in: Annalen des Deutschen Reiches 1874, S. 1373 - 1462

Gensel, J., (Sächsische Einkommensteuer): Die sächsische Einkommensteuer in ihrer praktischen Anwendung, in: Jahrbücher für Nationalökonomie und Statistik 1885, S. 489 - 502

Gerlach, Otto, (Einkommensteuer): Stichwort: Einkommensteuern (Klassensteuern) in Deutschland, in: Handwörterbuch der Staatswissenschaften, Band 3, 2. Auflage, Jena 1900, S. 383 - 419

Gerlach, Otto, (Einkommensteuer): Stichwort: Einkommensteuern (Klassensteuern) in Deutschland, in: Handwörterbuch der Staatswissenschaften, Band 3, 3. Auflage, Jena 1909, S. 697 - 728

Gerloff, Wilhelm, (Problematik hoher Steuerbelastung): Die Problematik hoher Steuerbelastung in der Marktwirtschaft, in: Voigt, Fritz (Hrsg.): Beiträge zur Finanzwissenschaft und Geldtheorie - Festschrift für Rudolf Stucken, Göttingen 1953, S. 21 - 27

Gerloff, Wilhelm, (Steuerwirtschaftslehre): Steuerwirtschaftslehre, in: Gerloff, Wilhelm/Neumark, Fritz (Hrsg.): Handbuch der Finanzwissenschaft, Band 2, 2. Auflage, Tübingen 1956, S. 240- 325

Geraud-Bastet, M., (Tranformation Sociale): Une Transformation Sociale. M. Caillaux et l'Impôt sur le Revenue expliqués, Paris 1910

Giersch, Herbert, (Preis der Prosperität): Der Preis der Prosperität, in: Wirtschaftswoche vom 2.10.1987, S. 56

Glässing, C., (Reform der direkten Steuern im Grossherzogtum Hessen): Der neueste Stand der Reform der direkten Steuern im Grossherzogtum Hessen und die Gesetze über Einkommensteuer und Kapitalrentensteuer vom 25. Juni bezw. 10. Juli 1895, in: Finanzarchiv 1896, S. 273 - 407

Glässing, C., (Neugestaltung der direkten Staatsbesteuerung): Die Neugestaltung der direkten Staatsbesteuerung im Grossherzogtum Hessen, in: Finanzarchiv 1900, S. 178 - 360

Glastetter, Werner, (Konjunkturpolitik): Konjunkturpolitik: Ziele, Instrumente, alternative Strategien, Köln 1987

Grabein, Max, (Geschichte der Lehre von der Steuerprogression): Beiträge zur Geschichte der Lehre von der Steuerprogression, in: Finanzarchiv 1895, S. 471 - 558 (Teil I)

Graeff, F., (Erbschaftsteuer): Die Fortbildung der Erbschaftsteuer in Deutschland, England, Frankreich und Belgien seit dem Weltkriege, Köln 1925

Großfeld, Bernhard, (Einkommensteuer): Die Einkommensteuer - Geschichtliche Grundlagen und rechtsvergleichender Ansatz, Tübingen 1981

Gwartney, J. D./Stroup, R., (Effects of Income Tax Rate Changes): The Effects of Income Tax Rate Changes, in: Courtesy of Economic Review 1982, S. 60 - 76

Hackmann, Johannes, (Das Pareto-Prinzip): Das Pareto-Prinzip: eine allgemein akzeptierbare Grundlage für wohlfahrtstheoretische Untersuchungen?, in: Zeitschrift für Wirtschafts- und Sozialwissenschaften 1974, S. 239 - 265

Hackmann, Johannes, (Progressive Besteuerung): Fördert die progressive Besteuerung die Schattenwirtschaft?, in: Schäfer, Wolf (Hrsg.): Schattenökonomie - Theoretische Grundlagen und wirtschaftspolitische Konsequenzen, Göttingen 1984, S. 102 - 121

Hackmann, Johannes, (Paritianische Wohlfahrtsökonomik): Die normative Basis der paritianischen Wohlfahrtsökonomik, in: Müller, Heinz (Hrsg.): Wohlfahrtsökonomik und Gemeinwohl, Paderborn u.a. 1987, S. 9 - 27

Haensel, Paul, (Erbschaftssteuer in England): Die Erbschaftssteuer in England - Ein Beitrag zur Geschichte der englischen Finanzen, in: Finanzarchiv 1908, S. 507 - 608

Häuser, Karl, (Entwicklung der öffentlichen Finanzwirtschaft): Abriß der geschichtlichen Entwicklung der öffentlichen Finanzwirtschaft, in: Neumark, Fritz (Hrsg.): Handbuch der Finanzwissenschaft, Band 1, 3. Auflage, Tübingen 1977, S. 4 - 51

Hagemann, Robert P./Jones, Brian R./Montador, Bruce R., (Tax Reform): Tax Reform in OECD Countries: Motives, Constraints and Practice, in: OECD Economic Studies, No. 10, Spring 1988, S. 185 - 226

Hall, Robert E./Rabushka, Alvin, (Low Tax, Simple Tax, Flat Tax): Low Tax, Simple Tax, Flat Tax, New York u. a. 1983

Hall, Robert E./Rabushka, Alvin, (The flat tax): The flat tax, Stanford 1985

Haller, Heinz, (Bemerkungen zur progressiven Besteuerung): Bemerkungen zur progressiven Besteuerung und zur steuerlichen Leistungsfähigkeit, in: Finanzarchiv 1959/60, S. 35 - 57

Haller, Heinz, (Steuern): Die Steuern, 3. Auflage, Tübingen 1981

Hansard, (Parliamentary Debates): The Parliamentary Debates - Authorized edition, Vol. XXIII (10.04. - 30.04.1894), London 1894

Hanstein, Wolfgang, (Entstehungsgeschichte): Zur Entstehungsgeschichte der modernen französischen Einkommensteuer, Heidelberg 1931

Harzendorf, Friedrich, (Einkommensteuer in England): Die Einkommensteuer in England, in: Zeitschrift für die gesamte Staatswissenschaft, Ergänzungsheft XLVIII, Tübingen 1914, S. 1 - 202

Hayek, Friedrich August von, (Ungerechtigkeit der Steuerprogression): Die Ungerechtigkeit der Steuerprogression, in: Schweizer Monatshefte 1952, S. 508 - 517

Hayek, Friedrich August von, (Progressive Taxation Reconsidered): Progressive Taxation Reconsidered, in: Sennholz, Mary (Hrsg.): On Freedom and Free Enterprise: Essays in Honor of Ludwig von Mises, Princeton 1956

Hecht, Felix, (Steuerreform im Grossherzogtum Baden): Die Steuerreform im Grossherzogtum Baden, in: Jahrbücher für Nationalökonomie und Statistik 1876, S. 246 - 263

Hecht, Felix, (Zur Reform der direkten Steuern): Zur Reform der direkten Steuern, in: Annalen des Deutschen Reiches 1876, S. 400 - 424

Heckel, Max von, (Taille): Stichwort: Taille, Tallia, Tallagia, in: Handwörterbuch der Staatswissenschaften, Band 7, 2. Auflage, Jena 1901, S. 47 - 50

Heckel, Max von, (Vermögenssteuer): Stichwort: Vermögenssteuer, in: Handwörterbuch der Staatswissenschaften, Band 7, 2. Auflage, Jena 1901, S. 425 - 439

Heiss, Clemens, (Steuerprogression): Die Steuerprogression, in: Archiv für soziale Gesetzgebung 1899, S. 580 - 589

Held, Adolf, (Einkommensteuer): Die Einkommensteuer - Finanzwissenschaftliche Studien zur Reform der directen Steuern in Deutschland, Bonn 1872

Hensel, Albert, (Steuerrecht): Steuerrecht, 3. Auflage, Berlin 1933

Herb, Friedhelm, (Einkommensteuertarif 1990 auf dem Prüfstand): Der Einkommensteuertarif 1990 auf dem Prüfstand - Eine Analyse der Tarifreform bei konstantem Geldwert, in: Der Betrieb 1989, S. 62 - 65

Hicks, Ursula, (Öffentliche Finanzwirtschaft Großbritanniens): Die öffentliche Finanzwirtschaft Großbritanniens 1799 - 1949, in: Gerloff, Wilhelm/Neumark, Fritz (Hrsg.): Handbuch der Finanzwissenschaft, Band 1, 2. Auflage, Tübingen 1952, S. 328 - 339

Hildesheim, C. U., (Steuerreform im alten Rom): Steuerreform im alten Rom - Die Steuerreform zu Ende des 3. Jhd. n. Chr. - Ein Meilenstein im Umbruch des spätrömischen Reiches, in: Steuer und Studium 1990, S. 83 - 85

Hinterberger, Friedrich/Müller, Klaus/Petersen, Hans-Georg, (Gerechte Tariftypen): "Gerechte" Tariftypen bei alternativen Opfertheorien und Nutzenfunktionen, in: Finanzarchiv 1987, S. 45 - 69

Hirth, Georg, (Rechtsgleichheit): Über Culturpolizei und Rechtsgleichheit. Zur Lösung der socialen Frage, in: Annalen des Deutschen Reiches 1873, S. 795 - 862

Hoffmann, Horst-Michael, (Deutsche Erbschaftsteuer): Die neue deutsche Erbschaftsteuer im Vergleich zur englischen Regelung, in: Der Betrieb 1972, S. 1186 - 1192

Hope-Jones, Arthur, (Income Tax): Income Tax in the Napoleonic Wars, Cambridge 1939

Hug, (Bericht der Budgetkommission): Bericht der Budgetkommission der Zweiten Kammer über den Gesetzentwurf, die Abänderung des Einkommensteuer- und Kapitalrentensteuergesetzes betreffend, in: Finanzarchiv 1895, S. 178 - 191

Hunter, William J./Scott, Charles E., (Income Tax Progressivity): The Impact of Income Tax Progressivtiy on Tax Revenue, in: Public Finance Quarterly 1987, S. 188 - 198

Inhülsen, C. H. P., (Englische Nachlaßsteuern): Die englischen Nachlaßsteuern, in: Jahrbücher für Nationalökonomie und Statistik 1898, S. 794 - 807

Inhülsen, C. H. P., (Einkommensteuer in Grossbritannien und Irland): Die Einkommensteuer in Grossbritannien und Irland, in: Jahrbücher für Nationalökonomie und Statistik 1899, S. 71 - 82

Institut "Finanzen und Steuern", (Zur Steuerreform): Zur Steuerreform: Die Einkommensteuer, Schriftenreiche, Heft 100, Band 4 (bearb. von Gielen, Victor), Bonn 1974

Jakobbson, Ulf, (Degree of Progression): On the measurement of the degree of progression, in: Journal of Public Economics 1976, S. 161 - 168

Jäger, Ernst, (Reichsfinanzreform): Die Reichsfinanzreform von 1906 und ihre neuen Steuern, Mönchengladbach 1906

Jeitzinger, Bruno, (Ordnungstheorie): Ordnungstheorie auf entscheidungstheoretischer Ebene, Baden-Baden 1989

Judeich, Albert, (Rentensteuer im Königreiche Sachsen): Die Rentensteuer im Königreiche Sachsen, Dresden 1857

Kaldor, Nicolas, (Expenditure Tax): An Expenditure Tax, Westport 1955 (reprint 1978)

Kapp, Reinhard, (Änderungen im Erbschaftsteuerrecht): Die Änderungen im Erbschaftsteuerrecht nach dem vorliegenden Regierungsentwurf, in: Steuerberater-Jahrbuch 1972/73, S. 403 - 426

Karayannopulos, Johannes, (Finanzwesen des frühbyzantinischen Staates): Das Finanzwesen des frühbyzantinischen Staates, München 1958

Karl-Bräuer-Institut des Bundes der Steuerzahler, (Reform des Einkommensteuertarifs): Zur Reform des Einkommensteuertarifs, Schriftenreihe, Heft 22 (bearb. von Schelle, Klaus), Wiesbaden 1972

Karl-Bräuer-Institut des Bundes der Steuerzahler, (Reform des Lohn- und Einkommensteuertarifs): Ein Vorschlag zur Reform des Lohn- und Einkommensteuertarifs, Schriftenreihe, Heft 56 (bearb. von Borell, Rolf), Wiesbaden 1984

Kay, John A./King, Mervyn A., (British Tax System): The British Tax System, 3rd edition, Oxford 1983

Kendrick, M., (Ability-to-pay Theory of Taxation): The Ability-to-pay Theory of Taxation, in: American Economic Review 1939, S. 92 - 101

Kennedy, William, (English Taxation): Englisch Taxation 1640 - 1799. An Essay on Policy and Opinion, New York 1913

Kiefer, Donald, (Tax Progressivity Indexes): Distributional Tax Progressivity Indexes, in: National Tax Journal 1984, S. 497 - 513

Kirchgässner, Gebhard, (Entwicklung der Einkommensteuerprogression): Die Entwicklung der Einkommensteuerprogression in der Bundesrepublik Deutschland, in: Finanzarchiv 1985, S. 328 - 347

Kisker, Klaus, (Erbschaftsteuer als Mittel der Vermögensredistribution): Die Erbschaftsteuer als Mittel der Vermögensredistribution: Eine empirische und theoretische Untersuchung, Berlin 1964

Kitterer, Wolfgang, (Effizienz- und Verteilungswirkungen): Effizienz- und Verteilungswirkungen des Steuersystems, Frankfurt u.a. 1986

Klein, Ernst, (Geschichte der öffentlichen Finanzen): Geschichte der öffentlichen Finanzen in Deutschland (1500 - 1870), Wiesbaden 1974

Kloten, Norbert, (Typenlehre der Wirtschafts- und Gesellschaftsordnungen): Zur Typenlehre der Wirtschafts- und Gesellschaftsordnungen, in: Ordo - Jahrbuch für die Ordnung von Wirtschaft und Gesellschaft 1955, S. 123 - 143

Köppe, H., (Reichssteuerreform): Die Reichssteuerreform von 1913, in: Finanzarchiv 1914, S. 254 - 319

Köppe, H., (Finanzwissenschaft): Finanzwissenschaft, 9. Auflage, Jena 1923

Körner, Josef, (Wirkungen von Einkommensteuersenkungen): Wirkungen von Einkommensteuersenkungen in den USA und der Bundesrepublik Deutschland, München 1986

Körner, Josef, (Was lineare Progression kosten kann): Einkommensteuertarif: Was lineare Progression kosten kann, in: ifo-Schnelldienst 5/87, S. 4 - 11

Kolms, Heinz, (Steuern II: Geschichte): Stichwort: Steuern II: Geschichte, in: Handwörterbuch der Wirtschaftswissenschaften, Band 7, Stuttgart u.a. 1977, S. 310 - 324

Koren, Stefan, (Steuerreformen): Steuerreformen im internationalen Vergleich, Berlin 1989

Krause-Junk, Gerold, (Steuern IV: Verteilungslehren): Stichwort: Steuern IV: Verteilungslehren, in: Handwörterbuch der Wirtschaftswissenschaften 1977, Band 7, S. 332 - 356

Krause-Junk, Gerold, (Besteuerung): Stichwort: Besteuerung, optimale, in: Handwörterbuch der Wirtschaftswissenschaften 1982, Band 9, S. 701 - 723

Krelle, W., (Wirkung der progressiven Einkommensbesteuerung): Zur Wirkung der progressiven Einkommensbesteuerung, in: Finanzarchiv 1955, S. 22 - 30

Kroker, Rolf/Fuest, Winfried, (Massive Steuersenkungen): Massive Steuersenkungen und Haushaltsüberschüsse: Die Quadratur des Kreises ist doch einmal gelungen, in: Handelsblatt vom 29.09.1988, S. 3.

Külp, Bernhard/Knappe, Eckhard, (Wohlfahrtsökonomik): Wohlfahrtsökonomik, Band 1: Die Wohlfahrtskriterien, 2. Auflage, Düsseldorf 1984

Lang, Karl-Heinrich, (Entwicklung der Steuerverfassungen): Entwicklung der Steuerverfassungen, Berlin/Stettin 1793

Lasteyrie, Charles de, (L'impôt): L'impôt sur le revenue sous l'ancien régime, in: Revue des deux mondes, April 1910, S. 678 - 708

Laum, Bernhard, (Öffentliche Finanzwirtschaft im Altertum): Geschichte der öffentlichen Finanzwirtschaft im Altertum und Frühmittelalter, in: Gerloff, Wilhelm/Neumark, Fritz (Hrsg.): Handbuch der Finanzwissenschaft, Band 1, 2. Auflage, Tübingen 1952, S. 211 - 235

Laux, Hans, (Absurditäten der Steuerreform): Absurditäten der Steuerreform, in: Steuer und Wirtschaft 1976, S. 351 - 360

Lawson, Nigel, (Tax Reform): Tax Reform in the United Kingdom, in: Bulletin 1985, S. 349 - 353

Lefebvre, Francis/Pöllath, R./Rädler, A., (Steuern in Frankreich): Steuern in Frankreich, Paris 1976

Lehner, Gerhard, (Ökonomische Aspekte): Ökonomische Aspekte einer Steuerreform, Wien 1985

Lemcke, Joachim, (Gestaltung des französischen Steuersystems): Die Vorgeschichte und gegenwärtige Gestaltung des französischen Steuersystems, Jena 1927

Lenski, Edgar/Klenk, Friedrich, (Erbschaftsteuer):Erbschaftsteuer, 4. Auflage, Stuttgart 1975

Leser, E., (Britische Erbschaftsbesteuerung): Die britische Erbschaftsbesteuerung, in: Zeitschrift für die gesammte Staatswissenschaft 1881, S. 496 - 534 (Teil II)

Lewald, F., (Direkte Steuern im Grossherzogtum Baden): Die direkten Steuern im Grossherzogtum Baden, in: Finanzarchiv 1886, S. 763 - 814

Lietmeyer, Volker, (Aufbau des deutschen Einkommensteuertarifs): Aufbau des deutschen Einkommensteuertarifs, in: Steuer und Wirtschaft 1984, S. 133 - 140

Linzbach, Peter, (Werdegang der preussischen Einkommensteuer): Der Werdegang der preussischen Einkommensteuer unter besonderer Berücksichtigung ihrer kausalen Entwicklungsfaktoren - Ein Beitrag zur Theorie der Durchsetzbarkeit der Einkommensteuer, Frankfurt/M. 1984

Littmann, Konrad, (Leistungsfähigkeitsprinzip): Ein Valet dem Leistungsfähigkeitsprinzip, in: Haller, Heinz (Hrsg.): Theorie und Praxis des finanzpolitischen Instrumentariums, Tübingen 1970, S. 113 - 134

Littmann, Konrad, (Steuerreform): Steuerreform statt Tarifanpassung, Berlin 1985

Littmann, Konrad, (Parteien verhindern Gerechtigkeit): Parteien verhindern Gerechtigkeit, in: Die Zeit vom 17.10.1986, S. 35

Maatz, (Einkommen- und Ergänzungssteuergesetz): Die Novelle zum preussischen Einkommen- und Ergänzungssteuergesetz, in: Finanzarchiv 1906, S. 566 - 581

Maatz, (Preussische Einkommen- und Ergänzungssteuernovelle): Die preussische Einkommen- und Ergänzungssteuernovelle von 1909, in: Finanzarchiv 1909, S. 803 - 806

Märtz, Thomas, (Analyse von Steuerreformen): Zur Analyse von Steuerreformen mit Hilfe von Lorenzkurven, in: Diskussionsbeiträge aus dem Institut für Volkswirtschaftslehre der Universität Hohenheim, Nr. 32/1987, Stuttgart 1987

Manes, Alfred, (Einkommensteuer in der englischen Finanz-Politik): Die Einkommensteuer in der englischen Finanz-Politik und -Literatur bis zu William Pitts Tode, in: Adler, G. u.a. (Hrsg.): Festgaben für Wilhelm Lexus zur siebzigsten Wiederkehr seines Geburtstages, Jena 1907, S. 97 - 216

Mann, Fritz Karl, (Gerechtigkeit in der Besteuerung): Gerechtigkeit in der Besteuerung, o.O. 1928

Mann, Fritz Karl, (Steuerpolitische Ideale): Steuerpolitische Ideale - Vergleichende Studien zur Geschichte der ökonomischen und politischen Ideen und ihres Wirkens in der öffentlichen Meinung 1600 - 1935, Jena 1937

Marquardt, Joachim, (Römische Staatsverwaltung): Römische Staatsverwaltung, Band 1 - 3, 2. Auflage, Leipzig 1881/1884/1885

Matthiass, B., (Römische Grundsteuer): Römische Grundsteuer und Vektigalrecht, o.O. 1882

Maurer, Andreas, (Gini-Koeffizient): Geometrische Abschätzungen des Gini-Koeffizienten bei klassierten Werten, in: Diskussionsbeiträge des Instituts für Volkswirtschaftslehre der Universität Hohenheim, Nr. 38/1988, Stuttgart 1988

Mayr, Georg von, (Württembergische Steuerreformfragen): Württembergische Steuerreformfragen, in: Zeitschrift für die gesamte Staatswissenschaft 1891, S. 253 - 278

Mellon, Andrew W., (Taxation): Taxation: The people's business, New York 1924

Mersmann, (Steuerneuordnung): Steuerneuordnung 1954 - Grundzüge der Steuerneuordnung, in: Deutsche Steuerzeitung 1954, S. 373 - 381

Mill, John Stuart, (Principles of Political Economy): Principles of Political Economy with some of their applications to social philosophy, London 1909 (First edition 1848, reprint 1976)

Mirrless, J. A., (Theory of Optimum Income Taxation): An Exploration in the Theory of Optimum Income Taxation, in: Review of Economic Studies 1971, S. 175 - 208

Minarik, Joseph J., (Individual Income Tax): The Future of the Individual Income Tax, in: National Tax Journal 1982, S. 231 - 241

Mishan, E. J./Dicks-Mireaux, L. A., (Progressive Taxation): Progressive Taxation in an inflationary economy, in: American Economic Review 1958, S. 590 - 606

Mishan, E. J., (Survey of Welfare Economics): A Survey of Welfare Economics, in: Economic Journal 1960, S. 197 - 265

Mitschke, Joachim, (Bemessungsgrundlage der direkten Besteuerung): Über die Eignung von Einkommen, Konsum und Vermögen als Bemessungsgrundlagen der direkten Besteuerung: Eine meßtechnische Analyse, Berlin 1976

Mitschke, Joachim, (Steuer- und Transferordnung): Steuer- und Transferordnung aus einem Guß: Entwurf einer Neugestaltung der direkten Steuern und Sozialtransfers in der Bundesrepublik Deutschland, Baden-Baden 1985

Moll, Bruno, (Geschichte der englischen Vermögenssteuern): Zur Geschichte der englischen und amerikanischen Vermögenssteuern, München/Leipzig 1912

Moll, Bruno, (Geschichte direkter Steuern): Untersuchungen zur Geschichte des Objektes direkter Steuern, in: Volkswirtschaftliche und wirtschaftsgeschichtliche Abhandlungen: Wilhelm Stieda als Festgruss zur sechzigsten Wiederkehr seines Geburtstages dargebracht, Leipzig 1912, S. 44 - 58

Musgrave, Richard A./Miller, M. H., (Built-in Flexibility): Built-in Flexibility, in: American Economic Review 1948, S. 122 - 128

Musgrave, Richard A./Thin, Tun, (Income Tax Progression): Income Tax Progression, 1929 - 1948, in: Journal of Political Economy 1948, S. 498 - 514

Musgrave, Richard A., (Public Finance): The Theory of Public Finance, New York 1959

Musgrave, Richard A., (Effects of Tax Policy): Effects of Tax Policy on Private Capital Formation, in: Fiscal and Debt Management Policies, New York 1963, S. 45 - 142

Musgrave, Richard A./Musgrave, Peggy B./Kullmer, Lore, (Öffentliche Finanzen): Die öffentlichen Finanzen in Theorie und Praxis, Band 2, 4. Auflage, Tübingen 1988

Musgrave, Richard A./Musgrave, Peggy B., (Public Finance): Public Finance in Theory and Practice, 5th edition, New York u.a. 1989

Myrdal, Gunnar, (Nationalökonomische Doktrinbildung): Das politische Element in der nationalökonomischen Doktrinbildung, 2. Auflage, Bonn - Bad Godesberg 1976

Nasse, Erwin u.a., (Personalbesteuerung): Die Personalbesteuerung - Gutachten auf Veranlassung der Eisenacher Versammlung zur Besprechung der socialen Frage, Leipzig 1873 (reprint 1988)

Naust, Hermann, (Intertemporale Allokation): Direkte Steuern und intertemporale Allokation - Eine wohlfahrtsökonomische Betrachtung, Köln u.a. 1983

Necker, Jacques, (L'administration des finances de la France): De l'administration des finances de la France, in: Stael-Holstein, Auguste Louis de (Hrsg.): Oéuvres complètes de M. Necker, Tome IV, Aalen 1970 (Nachdruck der Ausgabe 1821; Erscheinungsjahr des Originalwerkes 1784)

Neubrand, (Belastung mit direkten Staatssteuern): Die Belastung mit direkten Staatssteuern in Preussen, Bayern, Sachsen, Württemberg und Baden, in: Finanzarchiv 1916, S. 702 - 720

Neumann, Friedrich, (Progressive Einkommensteuer): Die progressive Einkommensteuer im Staats- und Gemeindehaushalt, Leipzig 1874

Neumann, Friedrich, (Steuer nach der Steuerfähigkeit): Die Steuer nach der Steuerfähigkeit - Ein Beitrag zur Kritik und Geschichte der Lehre in der Besteuerung, in: Jahrbücher für Nationalökonomie und Statistik 1880, S. 511 - 578

Neumark, Fritz, (Moderne Einkommensbesteuerung): Theorie und Praxis der modernen Einkommensbesteuerung, Bonn 1947

Neumark, Fritz, (Finanzbedarfsdeckung): Grundsätze und Arten der Haushaltsführung und Finanzbedarfsdeckung, in: Gerloff, Wilhelm/Neumark, Fritz (Hrsg.): Handbuch der Finanzwissenschaft, Band 1, 2. Auflage, Tübingen 1952, S. 606 - 669

Neumark, Fritz, (Probleme der Steuerprogression): Probleme der Steuerprogression, in: Neumark, Fritz (Hrsg.): Wirtschafts- und Finanzprobleme des Interventionsstaates, Tübingen 1961, S. 369 - 390

Neumark, Fritz, (Grundsätze gerechter Steuerpolitik): Grundsätze gerechter und ökonomisch rationaler Steuerpolitik, Tübingen 1970

Neumark, Fritz, (Indexbindungen): Indexbindungen und Besteuerung, in: Ehrlicher, Werner (Hrsg.): Probleme der Indexbindung, Beihefte zu Kredit und Kapital, Heft 2, Berlin 1974, S. 75 - 95

Neumark, Fritz, (Aufstieg der Einkommensteuer): Der Aufstieg der Einkommensteuer - Entstehung und Entwicklung der direkten Besteuerung, in: Schultz, Uwe (Hrsg.): Mit dem Zehnten fing es an - Eine Kulturgeschichte der Steuer, München 1986, S. 232 - 244

Nuglisch, Adolf, (Finanzwesen des Deutschen Reiches): Das Finanzwesen des Deutschen Reiches unter Kaiser Sigmund, in: Jahrbücher für Nationalökonomie und Statistik 1901, S. 145 - 167

Oberhauser, Alois, (Erbschaft- und Schenkungsteuern): Erbschaft- und Schenkungsteuern, in: Neumark, Fritz (Hrsg.): Handbuch der Finanzwissenschaft, Band 3, 3. Auflage, Tübingen 1980, S. 487 - 508

Oechsle, Klaus, (Einkommensteuergesetze): 100 Jahre Einkommensteuergesetze in Deutschland - Ein Beitrag zum preußischen EStG von 1891, in: Steuer und Studium 1991, S. 203 - 206

Organisation for Economic Cooperation and Development, (Taxation in Developed Countries): Taxation in Developed Countries - an International Symposium, Paris 1987

Orth, Elsbeth, (Vom Königsschatz und Kataster): Vom Königsschatz und Kataster - Die Entwicklung der Steuer im fränkischen Reich, in: Schultz, Uwe (Hrsg.): Mit dem Zehnten fing es an - Eine Kulturgeschichte der Steuer, München 1986, S. 74 - 86

o.V., (Ministerielle Denkschrift): Ministerielle Denkschrift, die Weiterführung der Reform der direkten Steuern betreffend im Königreich Sachsen. Vom 9. November 1897, in: Finanzarchiv 1898, S. 382 - 409

o.V., (Taxation and Economic Reforms): New Zealand - Taxation and Economic Reforms Announced, in: World Tax Report 1/1988, S. 13 - 15

o.V., (Kontroverse Reaktion): Kontroverse Reaktion auf Lawsons Finanzreformen, in: Handelsblatt vom 17.03.1988, S. 12

o.V., (Großbritannien wurde zu einer "Steueroase"): Großbritannien wurde zu einer "Steueroase", in: Handelsblatt vom 29.09.1988, S. 1

o.V., (Kleine Steuergeschenke): Die günstige Wirtschaftsentwicklung erlaubt Paris kleine Steuergeschenke, in: Handelsblatt vom 21.9.1989, S. 13.

o.V., (France - Finance Law 1991 adopted): France - Finance Law 1991 adopted, in: Tax News Service 1991, S. 7 - 8

Pausch, Alfons/Pausch, Jutta, (Weltgeschichte der Steuerobrigkeit): Kleine Weltgeschichte der Steuerobrigkeit, Köln 1989

Pechman, Joseph A., (Federal Tax Policy): Federal Tax Policy, 5th edition, Washington 1987

Peffekoven, Rolf, (Ausgabensteuer): Persönliche allgemeine Ausgabensteuer, in: Neumark, Fritz (Hrsg.): Handbuch der Finanzwissenschaft, Band 2, 3. Auflage, Tübingen 1980, S. 418 - 452

Pen, Jan, (Income Distribution): Income Distribution: Facts, theories, policies, New York 1971

Petersen, Hans-Georg, (Reform des Einkommensteuertarifs): Ein Vorschlag zur Reform des Einkommensteuertarifs 1978, in: Finanzarchiv 1976, S. 128 - 146

Petersen, Hans-Georg, (Mut- und Kraftlosigkeit): Ein Dokument der Mut- und Kraftlosigkeit, in: Wirtschaftsdienst 1987, S. 174 - 178

Petersen, Hans-Georg, (Finanzwissenschaft II): Finanzwissenschaft II, Stuttgart u.a. 1988

Pichler, Hanns/Verhonig, Hubert/Hentschel, Norbert, (Inflation und Indexierung): Inflation und Indexierung, Berlin 1979

Pink, Geoffrey, (UK Budget 1988): A Commentary on the United Kingdom Budget 1988, in: European Taxation 1988, S. 139 - 149

Pistorius, Theodor von, (Württembergische Steuerreform): Die württembergische Steuerreform, in: Finanzarchiv 1904, S. 1 - 114

Pistorius, Theodor von, (Steuerrecht): Unser Steuerrecht - Teil I: Allgemeines Steuerrecht, Teil II: Spezielles Steuerrecht, Stuttgart 1928/29

Pitt, Wilhelm, (Speeches): The Speeches of the right honourable William Pitt in the House of Commons, Vol. 1 - 3, 3rd edition, London 1817 (reprint 1972)

Pohmer, Dieter, (Abstimmung des Steuersystems): Zur Abstimmung des Steuersystems auf die Wirtschaftsordnung, in: Finanzarchiv 1954/55, S. 373 - 396

Pohmer, Dieter, (Leistungsfähigkeitsprinzip): Zur Geschichte und Bedeutung des Leistungsfähigkeitsprinzips, in: Finanzarchiv 1984, S. 445 - 489

Pollak, Helga, (Steuertarife): Steuertarife, in: Neumark, Fritz (Hrsg.): Handbuch der Finanzwissenschaft, Band 2, 3. Auflage, Tübingen 1980, S. 239 - 266

Pollak, Helga, (Tarifaufbau): Der Tarifaufbau der deutschen Einkommensteuer, in: Das Wirtschaftsstudium 1985, S. 447 - 455

Popitz, Johannes, (Einkommensteuer): Stichwort: Einkommensteuer, in: Handwörterbuch der Staatswissenschaften, Band 3, 4. Auflage, Jena 1926, S. 400 - 491

Raths, Ernst, (Vermögensteuer in historischer Sicht): Bedeutung und Rechtfertigung der Vermögensteuer in historischer und heutiger Sicht, Zürich 1977

Ramser, Hans-Jürgen, (Verteilungstheorie): Verteilungstheorie, Berlin 1987

Recktenwald, Horst Claus, Analyse zusätzlicher Steuerlasten - Ein Stiefkind der Steuertheorie, in: Steuer und Wirtschaft 1984, S. 265 - 269

Recktenwald, Horst Claus, Neue Analytik der Steuerwirkungen - Ein Konzept für vernachlässigte Forschung, in: Wirtschaftswissenschaftliches Studium 1984, S. 393 - 400

Riedmeier, Karl, (Leistungsfähigkeit): Das Prinzip der Leistungsfähigkeit und der Einkommensteuertarif, in: Deutsches Steuerrecht 1976, S. 359 - 364

Ritschl, Hans, (Steuersystem und Wirtschaftsordnung): Steuersystem und Wirtschaftsordnung, in: Wirtschaftsdienst 1952, S. 415 - 421

Rodbertus, (Nationalökonomie des klassischen Alterthums): Untersuchungen auf dem Gebiete der Nationalökonomie des klassischen Alterthums, in: Jahrbücher für Nationalökonomie und Statistik 1867, S. 81 - 126, S. 385 - 475 (Teil II)

Rose, Manfred, (Steuerprogression als automatischer Stabilisator): Die Steuerprogression als automatischer Stabilisator, Göttingen 1975

Rump, Johann, (Das 2. bis 5. Buch Mose): Das 2. bis 5. Buch Mose in religiösen Betrachtungen für das moderne Bedürfnis, Gütersloh 1912

Sabine, Basil E. V., (History of Income Tax): A History of Income Tax, London 1966

Samuelson, Paul A./Nordhaus, William D., (Volkswirtschaftslehre I): Volkswirtschaftslehre I: Grundlagen der Makro- und Mikroökonomie, 8. Auflage, Köln 1987

Schaich, Eberhard/Ruff, Albert, (Problematik der Anwendung statistischer Verfahren): Zur Problematik der Anwendung statistischer Verfahren der Konzentrationsmessung, in: Allgemeines Statistisches Archiv 1977, S. 99 - 127

Schall, K. F. von, (Reform der direkten Steuern): Beiträge zur Reform der direkten Steuern in Württemberg unter Berücksichtigung der Steuerreform in Preußen, in: Finanzarchiv 1895, S. 1 - 62

Schanz, Georg, (Direkte Steuern Hessens): Die direkten Steuern Hessens und deren neueste Reform, in: Finanzarchiv 1885, S. 235 - 381

Schanz, Georg, (Novelle zum sächsischen Einkommensteuergesetz): Die Novelle zum sächsischen Einkommensteuergesetz vom 2. Juli 1878. Vom 10. März 1894, in: Finanzarchiv 1895, S. 751 - 762

Schanz, Georg, (Einkommensbegriff): Der Einkommensbegriff und die Einkommensteuergesetze, in: Finanzarchiv 1896, S. 1 - 87

Schanz, Georg, (Sparsteuer): Sparsteuer oder progressive Erbschaftsteuer, in: Finanzarchiv 1898, S. 597 - 621

Schanz, Georg, (Bayrisches Ertragssteuersystem): Das bayrische Ertragssteuersystem und seine Entwicklung, in: Finanzarchiv 1900, S. 551 - 772

Schanz, Georg, (Geschichte der Erbschaftssteuer): Studien zur Geschichte und Theorie der Erbschaftssteuer, in: Finanzarchiv 1900, S. 1 - 62 (Teil I), Finanzarchiv 1901, S. 553 - 695 (Teil II)

Schanz, Georg, (Reform der französischen Erbschaftssteuer): Die Reform der französischen Erbschaftssteuer durch das Budgetgesetz vom 26. Februar 1901, in: Finanzarchiv 1901, S. 727 - 740

Schanz, Georg, (Sächsische Steuerreform): Die sächsische Steuerreform vom Jahre 1902, in: Finanzarchiv 1903, S. 234 - 255

Schanz, Georg, (Reichfinanzreform): Die Reichsfinanzreform von 1906, in: Finanzarchiv 1906, S. 627 - 704

Schanz, Georg, (Bayrische Steuerreform): Die bayrische Steuerreform vom Jahre 1918, in: Finanzarchiv 1919, S. 38 - 117

Schanz, Georg, (Erbschaftssteuergesetz): Deutsches Reichserbschaftssteuergesetz vom 20. Juli 1922, in: Finanzarchiv 1922, S. 524 - 538

Schanz, Georg, (Erbschaftssteuer): Stichwort: Erbschaftssteuer, in: Handwörterbuch der Staatswissenschaften, Band 3, 4. Auflage, Jena 1927, S. 794 - 836

Scheel, H. von, (Erbschaftssteuer): Die Erbschaftssteuer, in: Jahrbücher für Nationalökonomie und Statistik 1873, S. 233 - 261

Scheel, H. von, (Progressive Besteuerung): Progressive Besteuerung, in: Zeitschrift für die gesammte Staatswissenschaft 1875, S. 273 - 303

Scheer, Christian, (Verteilungswirkungen der Einkommensteuer): Verteilungswirkungen der Einkommensteuer, Göttingen 1982

Schmidt, Kurt, (Wirtschaftsordnung und öffentliche Mittelverwendung): Wirtschaftsordnung und öffentliche Mittelverwendung, in: Ordo - Jahrbuch für die Ordnung von Wirtschaft und Gesellschaft 1956, S. 163 - 193

Schmidt, Kurt, (Ordnungspolitische Problematik der Progressivbesteuerung): Zur ordnungspolitischen Problematik der Progressivbesteuerung, in: Ordo - Jahrbuch für die Ordnung von Wirtschaft und Gesellschaft 1957, S. 217 - 229

Schmidt, Kurt, (Steuerprogression): Die Steuerprogression, Basel/Tübingen 1960

Schmidt, Kurt, (Notizen zur Steuerreform): Notizen zur Steuerreform - Was geschehen wird und was nötig ist, in: Finanzarchiv 1988, S. 193 - 213

Schmölders, Günter, (Steuersystem und Wettbewerbsordnung): Steuersystem und Wettbewerbsordnung, in: Ordo - Jahrbuch für die Ordnung von Wirtschaft und Gesellschaft 1950, S. 135 - 160

Schmölders, Günter, (Problematik der finanzpolitischen Konjunkturtherapie): Zur Problematik der finanzpolitischen Konjunkturtherapie, in: Neumark, Fritz/Sauermann, Heinz (Hrsg.): Beiträge zur Geld- und Finanztheorie - Wilhelm Gerloff zum siebzigsten Geburtstag, Tübingen 1951, S. 107 - 120

Schmölders, Günter, (Sinn und Wesen der Besteuerung): Wandlungen im Sinn und Wesen der Besteuerung, in: Steuer und Wirtschaft 1953, S. 249 - 260

Schmölders, Günter, (Notwendigkeit der organischen Steuerreform): Die Notwendigkeit der organischen Steuerreform, in: Finanzarchiv 1953/54, S. 21 - 87

Schmölders, Günter, (Finanzpolitik): Finanzpolitik, 3. Auflage, Berlin 1970

Schmölders, Günter/Hansmeyer, Karl-Heinrich, (Allgemeine Steuerlehre): Allgemeine Steuerlehre, 5. Auflage, Berlin 1980

Schneider, Dieter, (Gewinnbesteuerung und Risikobereitschaft): Gewinnbesteuerung und Risikobereitschaft: Zur Bewährung quantitativer Ansätze in der Entscheidungstheorie, in: Zeitschrift für betriebswirtschaftliche Forschung 1977, S. 633 - 666

Schneider, Dieter, (Steuerbilanzen): Steuerbilanzen, Wiesbaden 1978

Schneider, Dieter, (Effects on Risk Taking): The effects of progressive and proportional income taxation on risk taking, in: National Tax Journal 1980, S. 67 - 75

Schneider, Dieter, (Investition, Finanzierung und Besteuerung): Investition, Finanzierung und Besteuerung, 6. Auflage, Wiesbaden 1990

Schöck, Helmut, (Neid und Gesellschaft): Der Neid und die Gesellschaft, Freiburg 1971

Schreiner, Peter, (Zentralmacht und Steuerhölle): Zentralmacht und Steuerhölle - Die Steuerlast im Byzantinischen Reich, in: Schultz, Uwe (Hrsg.): Mit dem Zehnten fing es an - Eine Kulturgeschichte der Steuer, München 1986, S. 64 - 73

Seidl, Christian, (Krise oder Reform): Krise oder Reform des Steuerstaates?, in: Steuer und Wirtschaft 1987, S. 185 - 214

Seiffert, Karl, (Geschichte des Steuerwesens): Beitrag zur Geschichte des Steuerwesens mit besonderer Beziehung auf Bayern, in: Jahrbücher für Nationalökonomie und Statistik 1890, S. 622 - 634

Seligman, Edwin R. A., (Progressive Taxation): Progressive Taxation in Theory and Practice, 2nd edition, Princeton 1909

Seligman, Edwin R. A., (Income Tax): The Income Tax - A Study of the History, Theory and Practice of Income Taxation at home and abroad, 2nd edition, New York 1914

Seligman, Edwin R. A., (Essays in taxation): Essays in taxation, 10th edition, New York 1931

Shehab, F., (Progressive Taxation): Progressive Taxation - A Study in the Development of the Progressive Principle in the British Income Tax, Oxford 1953

Shoup, Carl S., (Federal Estate and Gift Taxes): Federal Estate and Gift Taxes, Westport 1980

Siebert, A., (Entwicklung der direkten Besteuerung): Die Entwicklung der direkten Besteuerung in den süddeutschen Bundesstaaten im letzten Jahrhundert, in: Zeitschrift für die gesamte Staatswissenschaft 1912, S. 1 - 52

Siegenthaler, Ueli, (Leistungsfähigkeitsprinzip): Vom Leistungsfähigkeitsprinzip zum Äquivalenzprinzip: Erhöhte Transparenz und Effizienz bei der Finanzierung von Staatsausgaben, Diss., Luzern 1977

Sigloch, Jochen, (Steuersparen): Steuersparen - (K)ein ökonomisches Motiv? - Festvortrag zum 9. Jahrestag der Universität Bayreuth am 27.11.1984, in: Jahresbericht des Präsidenten 1984, Bayreuth 1984, S. 96 - 113

Sigloch, Jochen, (Verzerrende Wirkungen): Verzerrende Wirkungen von Bemessungsgrundlagen und Tarif auf Unternehmensentscheidungen nach der Steuerreform 1990, in: Steuer und Wirtschaft 1990, S. 229 - 239

Simons, Henry C., (Personal Income Taxation): Personal Income Taxation: The definition of income as a problem of fiscal policy, Chicago 1938

Slemrod, Joel, (Income tax system): Do we know how progressive the income tax system should be?, in: National Tax Journal 1983, S. 361 - 369

Smith, Adam, (Wealth of Nations): An Inquiry into the Nature and Causes of the Wealth of Nations, London 1812 (reprint 1870)

Smith, Dan Throop, (High Progressive Tax Rates): High Progressive Tax Rates: Inequity and Immorality, in: University of Florida Law Review 1968, S. 451 - 463

Söffing, G., (Einkommensteuerreformgesetz): Das Einkommensteuerreformgesetz - Ein Gesamtüberblick, in: Die Information über Steuer und Wirtschaft 1974, S. 385 - 395

Sohmen, Egon, (Allokationstheorie): Allokationstheorie und Wirtschaftspolitik, Tübingen 1976

Stahl, J. M., (Eisphora und ihre Reform): Die "Eisphora" und ihre Reform unter dem Archon Nausinikos, in: Rheinisches Museum für Philologie 1912, S. 391 - 416

Stark, Renate, (Bestimmungsgründe des Einkommensteuertarifs): Die Bestimmungsgründe des Einkommensteuertarifs in der Bundesrepublik Deutschland, Kiel 1985

Statistisches Bureau vereinigter Thüringischer Staaten, (Progressive Einkommensteuer): Eine progressive Einkommensteuer aus dem Anfange dieses Jahrhunderts in Thüringen, in: Jahrbücher für Nationalökonomie und Statistik 1874, S. 191 - 194

Steden, Werner, (Dynamisierung von Steuertarifen): Zur Dynamisierung von Steuertarifen, in: Finanzarchiv 1976, S. 266 - 289

Stein, Lorenz von, (Finanzwissenschaft): Lehrbuch der Finanzwissenschaft, 3. Auflage, Leipzig 1875

Steuerle, Eugene C., (United States): United States, in: Pechman, Joseph A. (Hrsg.): World Tax Reform - A Progress Report, Washington 1988, S. 251 - 260

Stiglitz, Joseph A./Schönfelder, Bruno, (Finanzwissenschaft): Finanzwissenschaft, 2. Auflage, München/Wien 1989

Stressler, Erich, (Less Progressive Taxation): The International Consequences of Less Progressive Taxation, in: Bös, Dieter/Felderer, Bernhard (Hrsg.): The Political Economy of Progressive Taxation, Berlin u.a. 1989, S. 43 - 70

Stourm, René, (Les finances de l'ancien régime): Les finances de l'ancien régime et de la révolution, Paris 1885

Stuart, A. Jacob Cohen, (Progressive Taxation): On Progressive Taxation, nachgedruckt in: Musgrave, Richard A./Peacock, Alan J., (Hrsg.): Classics in the Theory of Public Finance, New York 1967, S. 48 - 71

Suret, Louis, (Théorie de l'Impôt Progressif): Théorie de l'Impôt Progressif, Paris 1909

Swoboda, Peter/Steiner, Peter, (Entrepreneurship and Progressive Taxation): Capital Markets, Entrepreneurship and Progressive Taxation, in: Bös, Dieter/Felderer, Bernhard (Hrsg.): The Political Economy of Progressive Taxation, Berlin u.a. 1989, S. 111 - 143

Tanzi, Vito, (Individual Income Tax): The individual income tax and economic growth - an international comparison, Baltimore 1969

Taussig, F. W., (Principles of Economics): Principles of Economics, Band 1 und 2, 3. Auflage, New York 1939

Taylor, Philip E., (Economic of Public Finance): The Economics of Public Finance, New York 1949

Teichmann, Ulrich, (Grundriß der Konjunkturpolitik): Grundriß der Konjunkturpolitik, 4. Auflage, München 1988

Terhalle, Fritz, (Geschichte der Finanzwirtschaft): Geschichte der deutschen öffentlichen Finanzwirtschaft vom Beginn des 19. Jahrhunderts bis zum Schlusse des zweiten Weltkrieges, in: Neumark, Fritz (Hrsg.): Handbuch der Finanzwissenschaft, Band 1, 2. Auflage, Tübingen 1952

Thiers, Adolphe, (De la properiété): De la properiété, Paris 1848

Tiepelmann, Klaus, (Problematik der Vermögensteuer): Die Problematik der Vermögensteuer, Berlin 1963

Tillmanns, Wolfhard, (Steueränderungen in Frankreich 1986): Steueränderungen in Frankreich 1986, in: Internationale Wirtschaftsbriefe 1986, Fach 5, Gruppe 2, S. 613 - 627

Tillmanns, Wolfhard, (Steueränderungen in Frankreich 1989/90): Steueränderungen in Frankreich 1989/90, in: Internationale Wirtschaftsbriefe 1990, Fach 5, Gruppe 2, S. 769 - 786

Tipke, Klaus, (Einkommensteuer-Fundamentalreform): Einkommensteuer-Fundamentalreform - Notwendigkeit und Möglichkeiten - Zum Vorbild des amerikanischen Reformverfahrens, in: Steuer und Wirtschaft 1986, S. 150 - 169

Tipke, Klaus/Lang, Joachim, (Steuerrecht): Steuerrecht - Ein systematischer Grundriß, 13. Auflage, Köln 1991

Trotabas, L./Basso, J., (Enquete sur les tarifs d'Impôt): Enquete sur les tarifs d'Impôt, in: Morselli, E./Trotabas, L. (Hrsg.): Enquète sur les tarifs d'Impôts, Padua u.a. 1964, S. 97 - 143

Ulbrich, Rudi, (Leistungsfähigkeitsprinzip der Besteuerung): Das Leistungsfähigkeitsprinzip der Besteuerung: Eine kritische Würdigung seiner opfertheoretischen Grundlage und Konsequenzen für die Steuerpolitik, Frankfurt 1975

Varian, Hal R., (Equity, Envy and Efficiency): Equity, Envy and Efficiency, in: Journal of Economic Theory 1974, S. 63 - 91

Varian, Hal R., (Redistributive taxation): Redistributive taxation as social insurance, in: Journal of Public Economics 1980, S. 49 - 68

Vergossen, Hubert, (Begründung der Progressivbesteuerung): Die Begründung der Progressivbesteuerung durch die Hauptvertreter der modernen Nutzwertlehre in der Finanzwissenschaft nebst einem Versuch der Verbindung der Nutzwertlehre mit der organischen Steuerlehre, Diss., Bonn 1936

Vickrey, William, (Problem of Progression): The Problem of Progression, in: University of Florida Law Review 1968, S. 437 - 450

Vickrey, William, (Agenda for Progressive Taxation): Agenda for Progressive Taxation, New York 1947

Viegener, Johannes, (Französische Mehrwertsteuer): Die Französische Mehrwertsteuer, in: Internationale Wirtschaftsbriefe 1987, Fach 5, Gruppe 2, S. 639 - 670

Vocke, Wilhelm, (Geschichte der Einkommen-Steuer in Bayern): Beiträge zur Geschichte der Einkommen-Steuer in Bayern, in: Zeitschrift für die gesammte Staatswissenschaft 1864, S. 221 - 275

Vocke, Wilhelm, (Steuer in der Geschichte): Die Idee der Steuer in der Geschichte, in: Finanzarchiv 1890, S. 1 - 141

Volz, Werner, (Besteuerung): Die Besteuerung privaten Wohneigentums unter besonderer Berücksichtigung der Selbstnutzung, Frankfurt/M. u.a. 1990

Wagner, Adolph, (Finanzwissenschaft): Finanzwissenschaft, Band II: Allgemeine Steuerlehre, 2. Auflage, Leipzig 1890

Wagner, Adolph, (Reform der direkten Staatsbesteuerung): Die Reform der direkten Staatsbesteuerung in Preussen im Jahre 1891, in: Finanzarchiv 1891, S. 237 - 263

Wagner, Adolph, (Deutsche Besteuerung des 19. Jahrhunderts): Finanzwissenschaft, Band IV: Spezielle Steuerlehre - Deutsche Besteuerung des 19. Jahrhunderts, Leipzig 1901

Wagner, Adolph, (Steuergeschichte): Finanzwissenschaft, Band III: Steuergeschichte vom Altertum bis zur Gegenwart, 2. Auflage, Leipzig 1910

Wagner, Richard E., (Death and Taxes): Death and Taxes: Some perspectives on inheritance, inequality, and progressive taxation, Washington 1973

Wagner, Richard E., (Inheritance and the State): Inheritance and the State: tax principles for a free and prosperous Commonwealth, Washington 1977

Waitz, Georg, (Deutsche Verfassungsgeschichte): Deutsche Verfassungsgeschichte - die Deutsche Reichsverfassung von der Mitte des neunten bis zur Mitte des zwölften Jahrhunderts, Band 8, 2. Auflage, Graz 1955

Walzer, Klaus, (Besteuerung nach dem Leistungsfähigkeitsprinzip): Hauptgründe für die Wahl einer Besteuerung nach dem Leistungsfähigkeitsprinzip, in: Steuer und Wirtschaft 1986, S. 201 - 209

West, Max, (Inheritance Tax): The Inheritance Tax, 2nd edition, Washington 1908

Whiteman, Peter G./Milne, David C., (Income Tax): On Income Tax, 2nd edition, London 1978

Wick, Harald, (Indirekte Progression): Die indirekte Progression - Ein Beitrag zur Untersuchung der formalen Gestaltung von Steuertarifen, Jena 1932

Wiegard, Wolfgang, (Beseitigung von Leistungshemmnissen): Steuerreform zur Beseitigung von Leistungshemmnissen, in: Das Wirtschaftsstudium 1984, S. 139 - 143 (Teil I), S. 193 - 197 (Teil II)

Wiese, Herbert, (Steuern im Vereinigten Königreich): Die Steuern im Vereinigten Königreich - Unter Berücksichtigung der Entwicklung seit dem Ersten Weltkrieg, Kiel 1957

Witte, John F., (Income Tax): The politics and development of the federal income tax, Madison 1985

Wöhe, Günter, (Steuern des Unternehmens): Die Steuern des Unternehmens, 5. Auflage, München 1983

Zeumer, Karl, (Geschichte der Reichssteuern): Zur Geschichte der Reichssteuern im frühen Mittelalter, in: Historische Zeitschrift 1898, S. 24 - 45

Zimmermann, Horst/Henke, Klaus-Dirk, (Finanzwissenschaft): Finanzwissenschaft - Eine Einführung in die Lehre von der öffentlichen Finanzwirtschaft, 6. Auflage, München 1990

Zuber, Barbara, (Einkommensteuerreform 1986): Die US-amerikanische Einkommensteuerreform 1986, in: Wirtschaftswissenschaftliches Studium 1987, S. 299 - 302

Rechtsquellenverzeichnis

1. Gesetzesquellen

Badisches Gesetz, die Abänderung des Einkommensteuer- und des Kapitalrentensteuergesetzes betreffend. Vom 26. Juni 1894, in: Finanzarchiv 1895, S. 173 - 178

Badisches Einkommensteuergesetz in der Fassung vom 9. August 1900/28. September 1906, in: Finanzarchiv 1907, S. 596 - 605

Badisches Einkommensteuergesetz in der Fassung vom 1. Juni 1910, in: Finanzarchiv 1913, S. 820 - 830

Gesetz zur Förderung der Stabilität und des Wachstums der Wirtschaft vom 8. Juni 1967, in: BGBl. 1967 I S. 582 - 589

2. Drucksachen

Nationalversammlung-Drs. 1624 Begründung zum Reichseinkommensteuergesetzentwurf vom 29.11.1918

BT-Drs. 1/317 Entwurf eines Gesetzes zur Änderung des Einkommensteuergesetzes vom 12.12.1949

BT-Drs. 2/481 Entwurf eines Gesetzes zur Neuordnung von Steuern vom 29.04.1954

BT-Drs. 3/260 Entwurf eines Gesetzes zur Änderung steuerlicher Vorschriften auf dem Gebiet von Einkommen und Ertrag und des Verfahrensrechts vom 7.3.1958

Bt-Drs. VI/3418 Entwurf eines zweiten Steuerreformgesetzes vom 4.5.1972

BT-Drs. 7/1470 Entwurf eines 3. Steuerreformgesetzes vom 9.1.1974

BT-Drs. 8/2118 Entwurf eines Gesetzes zur Änderung der Einkommensteuer, Gewerbesteuer, Umsatzsteuer und anderer Gesetze vom 22.9.1978

BT-Drs. 10/2884 Entwurf eines Gesetzes zur leistungsfördernden Steuersenkung und zur Entlastung der Familie vom 21.2.1985

BT-Drs. 11/2157 Entwurf eines Steuerreformgesetzes 1990 vom 19.4.1988

GPSR Compliance

The European Union's (EU) General Product Safety Regulation (GPSR) is a set of rules that requires consumer products to be safe and our obligations to ensure this.

If you have any concerns about our products, you can contact us on ProductSafety@springernature.com

In case Publisher is established outside the EU, the EU authorized representative is:

Springer Nature Customer Service Center GmbH
Europaplatz 3
69115 Heidelberg, Germany

Batch number: 10815962

Printed by Printforce, the Netherlands